이제 **오르비**가
학원을 재발명합니다

smart is sexy
Orbi.kr

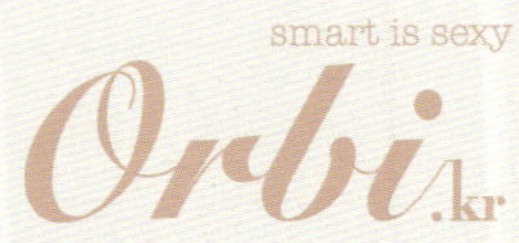

오르비학원은

모든 시스템이 수험생 중심으로 더 강화됩니다.

모든 시설이 최고의 결과가 나올 수 있도록 설계됩니다.

집중을 위해 오르비학원이 수험생 옆으로 다가갑니다.

오르비학원과 시작하면

원하는 대학문이 가장 빠르게 열립니다.

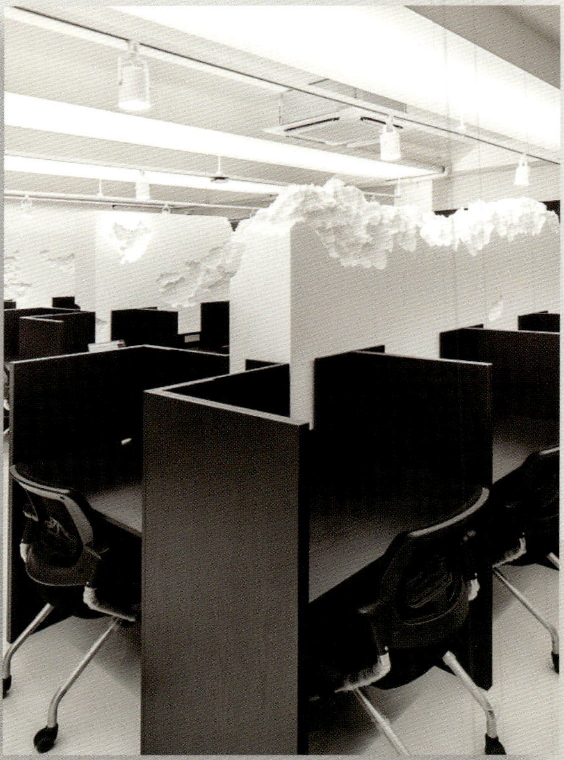

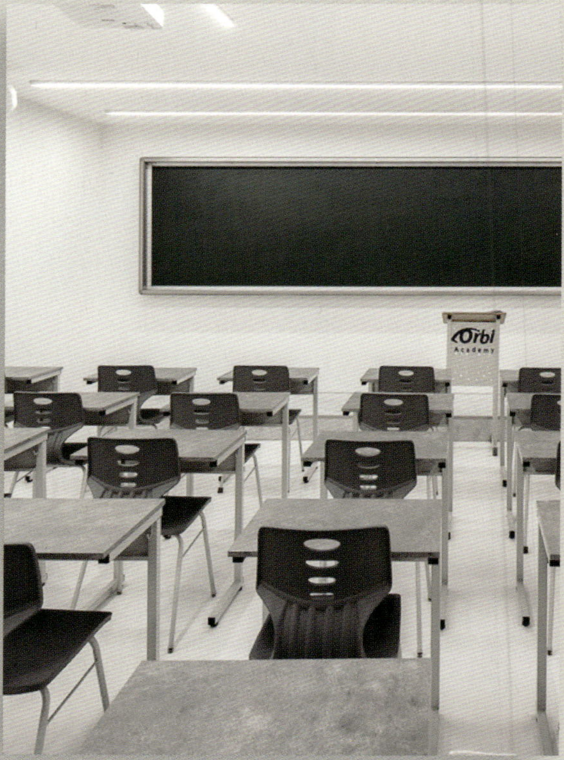

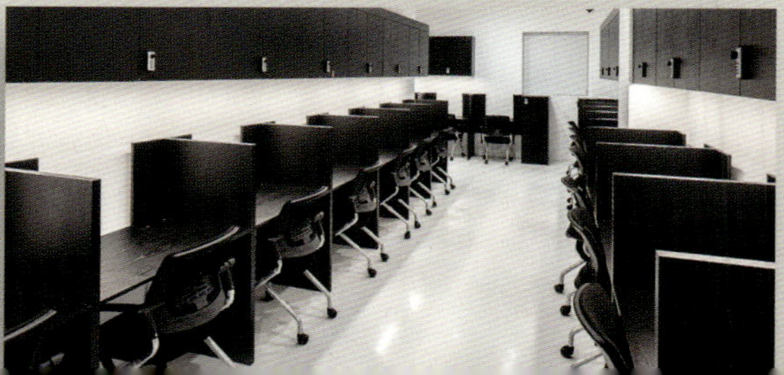

전화 : 02-522-0207 문자 전용 : 010-9124-0207 주소: 강남구 삼성로 61길 15 (은마사거리 도보 3분)

출발의 습관은 수능날까지 계속됩니다.
형식적인 상담이나
관리하고 있다는 모습만 보이거나
학습에 전혀 도움이 되지 않는
보여주기식의 모든 것을 배척합니다.

쓸모없는 강좌와 할 수 없는 계획을 강요하거나
무모한 혹은 무리한 스케줄로
1년의 출발을 무의미하게 하지 않습니다.
형식은 모방해도 내용은 모방할 수 없습니다.

개인의 능력을 극대화 시킬 모든 계획이 오르비학원에 있습니다.

기출의 파급효과

수학 영역

수학 Ⅱ (상)

수학Ⅱ(상)
기출의 파급효과

수학Ⅱ(상)

저자의 말

1. 기출의 파급효과에는 수학II 기출을 푸는 데 필수적인 태도와 도구만을 모두 정리했습니다.
1년 동안 열심히 공부한 학생이 현장에서 평가원 문제를 틀리는 이유는 개념이 부족해서가 아니라, 조건이 필연적으로 요구하는 태도와 도구가 없기 때문입니다. 따라서 각 Chapter를 교과서 목차를 따르지 않고 기출을 푸는데 필요한 태도와 도구를 바탕으로 작성했습니다.

2. 분권의 이유
'미적분도 아니고 수학II 수준에서 분권이 필요할 정도의 분량이 나올 수 있나?' 하는 의문이 들 수도 있습니다. 분권에는 크게 두 가지 이유가 존재하는데,

(1) 필수적이지만 교과서에는 없는 Chapter의 존재
〈Chapter 3. 다양한 정리와 함수의 극대, 극소〉, 〈Chapter 4. 다항함수, 대칭성〉, 〈Chapter 6. 함수의 방정식vs항등식vs부등식〉, 〈Chapter 9. 합성함수와 역함수〉, 〈Chapter 10. 복합적 개념이 포함된 킬러 문항〉 다섯 개의 챕터는 교과서에 없지만 중요한 태도와 도구를 정리한 챕터입니다.

특히 〈Chapter 6. 함수의 방정식vs항등식vs부등식〉, 〈Chapter 9. 합성함수와 역함수〉는 저학년 과정에서 모두 배우는 내용이지만 방정식, 항등식, 부등식, 합성함수, 역함수의 대강의 '느낌'만 가진 채 실제 문제에서 '어떻게' 처리해야 하는지 모르는 학생이 많아 독립된 챕터를 구성했습니다. 따라서 실제 수학II 교육과정에서 직접적으로 다루는 내용보다 훨씬 많은 내용을 다룹니다.

(2) 자세한 해설
기출 해설을 정말 자세히 썼습니다.

어떤 조건부터 적용해야 하는지,
이 조건을 보고 왜 이러한 생각을 할 수밖에 없는지,
이 조건을 보고 왜 이러한 생각을 하면 안 되는지,
여기서 왜 식으로 풀어야 하는지,
여기서 왜 그래프로 풀어야 하는지에 관한 내용을 다 담았습니다.

'딱딱하고', '불친절하게' 해설하면 분량은 많이 줄일 수 있겠으나, 그 경우 '기출의 파급효과'를 선택하는 의미가 퇴색되죠. 진정한 기출 분석은 위와 같은 질문에 모두 답할 수 있게끔 공부하는 것이기에 최대한 해설을 자세하게 썼습니다.

따라서 위의 두 가지 이유로 불가피하게 분권하게 되었습니다. 추천하는 것은 상하권을 순차적으로 학습하는 것이지만 본인이 어느 한 권에 해당하는 내용에는 자신이 있으면 다른 한 권만 공부하셔도 됩니다.

3. **최중요 준킬러 이상급의 기출을 기출의 파급효과 칼럼 예제로 들어 칼럼에서 배운 태도와 도구를 바로 활용할 수 있도록 하였습니다.**
칼럼 속 태도와 도구가 킬러, 준킬러에서 어떻게 보편적으로 이용되는지 직접 확인한다면 태도와 도구들이 더욱 와닿을 것입니다. 어떠한 한 문제에만 적용되는 특수한 스킬 같은 것이 아닙니다. 예제로 든 평가원 기출을 태도와 도구분만 아니라 진화 단계별로도 배치했습니다. 예제들을 '순서대로' 풀다보면 자연스럽게 기출의 진화과정을 느낄 수 있습니다. 태도와 도구 정리가 완성되면 최종 진화 형태인 후반부의 최신 기출문제는 혼자 clear 할 수 있고 이에 대한 보람을 느끼실 겁니다.

4. **선별 문항**
교육청 및 사관학교 문제가 진화한 형태가 평가원에 출제되고 있습니다. 따라서 기존 평가원 기출만을 푸는 것만으로 매년 빠르게 발전하는 수능을 대비하기에는 부족합니다. 하지만 교육청 및 사관학교 문제들까지 모두 풀자니 양이 너무 많습니다. 이를 해결하기 위해 핵심적인 평가원, 교육청, 사관학교 문제를 필요한 만큼만 선별했습니다. **기출의 파급효과 수학Ⅱ에는 평가원, 교육청, 사관학교, 경찰대 기출 중 가장 핵심이 되는 168문제를 담았습니다.** 경찰대 문제는 매우 적습니다. **수학Ⅱ(상) 98문제, 수학Ⅱ(하) 70문제입니다.**

※ 문제 좌표에서 '가형' 또는 'B형' 또는 '자연계'라고 표시된 것을 제외하면 전부 나형' 또는 'A형' 또는 '인문계' 기출입니다.

5. **더 많은 좋은 기출을 풀어보고 싶은 학생들을 위하여 기출의 파급효과 워크북 전자책도 준비하였습니다.**
기출의 파급효과 워크북은 기출에 대한 태도와 도구를 체화하기 시키기 위해 예제보다는 다소 쉬운 유제 **워크북 수학Ⅱ(상) 180문제, 워크북 수학Ⅱ(하) 135문제로** 구성되어 있습니다. 워크북의 유제는 연도순으로 배치되어있습니다.

본권과의 호환성을 위하여 워크북에 담긴 기출 역시 본권의 목차를 따릅니다. **본권 학습을 하면서 워크북도 병행한다면 효과도 배가 될 것입니다.** 본권을 잘 학습하셨다면 워크북에 담긴 기출도 무리 없이 풀릴 겁니다.

본권을 학습하고 더 이상의 기출보단 n제로 학습하길 희망하는 학생들은 n제로 넘어가셔도 좋습니다.
본권만으로도 정말 중요한 기출을 거의 다 본 것이나 마찬가지이기 때문입니다.

짧거나 쉬운 Chapter는 2~3일을 잡으시고 길거나 어려운 Chapter는 6~7일 정도를 잡으시면 됩니다.
이를 따른다면 교재를 빠르면 한 달 내로 늦어도 두 달 내로 완료할 수 있을 것입니다.

개념을 한 번 떼고 쉬운 3~4점 n제(쎈 등등)를 완료한 후 혼자 힘으로 할 수 있는 만큼 기출을 한 번 정도 열심히 풀고 기출의 파급효과를 시작하면 효과가 좋을 것입니다.

9월 평가원을 응시하기 전에 본권과 워크북을 '제대로' 1회독을 완료하기만 해도 실력이 부쩍 늘어나 있을 것입니다. 9월 평가원 이후 수능 전까지는 기출의 파급효과에서 잘 안 풀렸던 기출 위주로 다시 풀며 끊임없이 실전 모의고사로 실전 연습을 한다면 수능 때도 분명 좋은 결과가 있을 것입니다.

수학 1등급, 아직 늦지 않았습니다. 마지막으로 한 번쯤 봐야 할 기출, 기출의 파급효과와 함께 합시다.

간단한 교재 이용법

원활한 교재 이용을 위해 대단원, 중단원, 중소단원, 소단원 구분법을 소개하겠습니다.

대단원 제목입니다.

Chapter

01 함수의 극한, 연속, 미분가능성

대단원에 속한 중단원 제목입니다.

❙ 함수의 극한

중단원에 속한 중소단원 제목입니다.

1. 함수의 극한값 존재 조건(= 수렴 조건)

중소단원에 속한 소단원 제목입니다.

(1) 극한의 사칙연산

위를 참고하여 학습하신다면 Chapter 내용이 더욱 유기적으로 연결될 것입니다. 헷갈린다면 Chapter를 순서대로 읽어나가셔도 전혀 문제가 없습니다.

원활한 교재 이용을 위해 예제, 예제 해설 구분법을 소개하겠습니다.

본문과 함께 소개되는 예제입니다. 칼럼을 읽다 보면 중간중간에 예제들이 등장합니다.

예제(3) 14학년도 6월 평가원 9번

함수 $f(x)$에 대하여 $\lim\limits_{x \to 2} \dfrac{f(x)-3}{x-2} = 5$일 때, $\lim\limits_{x \to 2} \dfrac{x-2}{\{f(x)\}^2 - 9}$ 의 값은? [3점]

① $\dfrac{1}{18}$ ② $\dfrac{1}{21}$ ③ $\dfrac{1}{24}$ ④ $\dfrac{1}{27}$ ⑤ $\dfrac{1}{30}$

본문과 함께 소개되는 예제 해설입니다. 자세하고 본문에서 배운 도구와 태도를 일관적으로 적용합니다.

1. $\lim\limits_{x \to 2} \dfrac{f(x)-3}{x-2} = 5, \ \lim\limits_{x \to 2} \dfrac{x-2}{\{f(x)\}^2 - 9}$

두 극한식을 보자마자 $\lim\limits_{x \to 2} \dfrac{f(x)-3}{x-2} = 5$**을 이용하여** $\lim\limits_{x \to 2} \dfrac{x-2}{\{f(x)\}^2 - 9}$**을 구해야겠다는 생각**이 들어야 한다. 예제(2)는 치환을 해야만 수월하게 풀 수 있었지만, 예제(3)은 출제자가 친절하게 계산에 편한 형태를 제시했다.

2. $\lim\limits_{x \to 2} \dfrac{f(x)-3}{x-2} = 5$에서

$x \to 2$일 때 (분모)$\to 0$이고 극한값이 존재하므로 (분자)$\to 0$

$\therefore \lim\limits_{x \to 2} \{f(x)-3\} = 0, \ \lim\limits_{x \to 2} f(x) = 3$

$$\lim\limits_{x \to 2} \dfrac{x-2}{\{f(x)\}^2 - 9} = \lim\limits_{x \to 2} \dfrac{x-2}{\{f(x)+3\}\{f(x)-3\}} = \lim\limits_{x \to 2} \dfrac{1}{f(x)+3} \times \lim\limits_{x \to 2} \dfrac{x-2}{f(x)-3}$$

$$= \dfrac{1}{6} \times \dfrac{1}{5} = \dfrac{1}{30}$$

답은 ⑤!!

해설 활용법

1. 문제를 완벽하게 풀었다고 생각하더라도 해설을 읽어보세요. 특히, 예제는 해설까지 본문의 연장선이라 생각하시면 됩니다. 본문에서 설명한 일관된 태도와 도구를 적용하면서도 다양한 관점으로 접근하므로 본인의 풀이와 비교하면서 꼼꼼히 읽어보시길 바랍니다.

2. 해설 사이사이에 색을 추가한 글씨로 태도를 적어놨습니다. 실전에서는 사소한 태도에서 등급이 갈리므로 태도도 매우 중요합니다.

3. 문제 해결에 있어서 가장 중요한 것은 조건의 우선순위입니다. 즉, 먼저 적용해야 할 조건이 출제 의도로서 존재하고, 이러한 우선순위는 단계적 풀이와 연결됩니다.

   수학을 잘하는 사람일수록 풀이과정이 깔끔한 이유도 명확한 단계를 밟아나가기 때문입니다. 예제 해설을 보면서 어떤 조건을 우선적으로 적용하는지, 어떠한 단계를 밟아가는지에 주목하세요.

4. 해설은 대부분 학생이 스스로 이해할 수 있도록 친절하면서도, 필연적이고 일관된 논리를 통해 전개됩니다. 어려운 문항일수록 어떠한 필연성과 일관성을 통해 풀어나가는지 기대하고 해설을 보면 좋을 것 같습니다.

파급의 기출효과

cafe.naver.com/spreadeffect
파급의 기출효과 NAVER 카페

기출의 파급효과 시리즈는 기출 분석서입니다. 기출의 파급효과 시리즈는 국어, 수학, 영어, 물리학 1, 화학 1, 생명과학 1, 지구과학 1, 사회·문화가 예정되어 있습니다.

준킬러 이상 기출에서 얻어갈 수 있는 '꼭 필요한 도구와 태도'를 정리합니다.

'꼭 필요한 도구와 태도' 체화를 위해 관련도가 높은 준킬러 이상 기출을 바로바로 보여주며 체화 속도를 높입니다. 단시간 내에 점수를 극대화할 수 있도록 교재가 설계되었습니다.

학습하시다 질문이 생기신다면 '파급의 기출효과' 카페에서 질문을 할 수 있습니다.

교재 인증을 하시면 질문 게시판을 이용하실 수 있습니다.

기출의 파급효과 팀 소속 오르비 저자분들이 올리시는 학습자료를 받아보실 수 있습니다.
위 저자 분들의 컨텐츠 질문 답변도 교재 인증 시 가능합니다.

더 궁금하시다면 https://cafe.naver.com/spreadeffect/15에서 확인하시면 됩니다.

모킹버드

mockingbird.co.kr
수능 대비 온라인 문제은행

모킹버드는 수능 대비에 초점을 맞춘 문제은행 서비스입니다. AI 문항 추천 알고리즘을 통해 이용자의 학습에 최적화된 맞춤형 모의고사를 제공하여 효율적인 수능 성적향상을 목표로 합니다. **수학, 과탐을 서비스 중입니다.**

문항 제작과 검수에 기출의 파급효과 팀뿐만 아니라 지인선 님을 포함한 시대/강대/메가 컨텐츠 팀에서 근무하였고 여러 문항 공모전에서 수상한 이력이 있는 여러 문항 제작자들이 함께 하였습니다.
웹 개발과 알고리즘 개발에는 서울대 컴공, 카이스트 전산학부 출신 개발자들이 참여하였습니다.

모킹버드를 통해 싸고 맛좋은 실모를 온라인으로 뽑아 풀어보고,
AI 문항 추천 알고리즘 기술의 도움을 받아 학습 효율을 극대화해보세요.
가입만 해도 기출은 무제한 무료 이용 가능하고, 자작 실모 1회도 무료로 제공됩니다.

Chapter

00

수학II의 필수 태도와 도구

▮ 필수 태도 : 식 ↔ 그래프

(ⅰ) 식과 그래프 관점의 유연함

수능 수학을 정복하고 싶다면 식과 그래프의 관점을 자유자재로 활용할 수 있어야 한다. 고난도 문제 중에서 어느 하나의 관점으로만 풀리는 문제는 거의 없다. 대부분의 고난도 문항이 식과 그래프의 관점을 번갈아 사용해야 하며, 어느 시점에 특정 관점을 사용해야 하는가에 대한 일관된 기준도 없다.

따라서 많은 경험을 하면서 식과 그래프의 관점을 자유자재로 활용하는 연습을 해야 하는데, 문제를 풀면서 막힐 때마다 두 관점 모두 적용해 보는 것이 가장 좋은 방법이다.

(ⅱ) 의식적으로 그래프 그리기

하위권으로 갈수록 식을 무조건적으로 선호하는 경향이 있는데, 이는 수학Ⅱ의 두 가지 기둥 중 하나를 빼버리는 태도다. 수학Ⅱ를 정복하기 위해서는 의식적으로 그래프를 그리는 습관을 들여야 한다.

설령 그래프를 그릴 수 없는 문제나 그래프를 그릴 수 있지만 굳이 그릴 필요가 없는 문제를 풀더라도 일단은 그래프를 그리려고 시도하는 것 자체가 중요하다.

이러한 점에서 이 책은 상당히 많은 도움을 줄 것이다. 다양한 파트에서 식과 그래프 두 가지 관점을 적용하고, 그래프로 접근할 수 없는 문제는 왜 접근할 수 없는지를 알려주며 독자에게 끊임없이 식과 그래프의 유연한 활용을 부추긴다.

(ⅲ) 실전 TIP

문제 자체에 그래프가 포함되어 있으면 그래프에 기반한 사고는 필수적이다. **그래프를 그려줬다는 말에는 '그래프를 그리지 않을 수 있음에도 불구하고'라는 수식어가 생략돼 있다.** 함수식만 제시하면 될 것을 구태여 그래프를 그려줬다는 것은 제발 그래프를 활용하라는 소리이다.
(물론 문제에서 그래프를 제시하지 않더라도 본인이 스스로 그리려는 시도를 해야 한다.)

본격적으로 이 책을 학습하기 전에
'식과 그래프 관점의 유연한 활용'을 의식하며 한 가지 문항을 풀어보자.

n이 자연수일 때, 함수 $f(x) = \dfrac{x+2n}{2x-p}$이 $f(1) < f(5) < f(3)$을 만족시키도록 하는 자연수 p의 최솟값을 m이라 하자. 자연수 n에 대하여 $p=m$일 때의 함수 $f(x)$와 함수 $g(x) = \dfrac{2x+n}{x+q}$이 $g(f(5)) < g(f(3)) < g(f(1))$을 만족시키도록 하는 자연수 q의 개수를 a_n이라 하자. $\displaystyle\sum_{k=1}^{20} a_k$의 값을 구하시오. [4점]

1. 함수 $f(x) = \dfrac{x + 2n}{2x - p}$ 는 유리함수이다.

분모·분자가 모두 일차식인 유리함수는 점근선과 개형 파악이 가능한 형태로 변형해주자.

※ 점근선 공식: 유리함수 $y = \dfrac{cx + d}{ax + b}$ $(a,\ c \neq 0)$에서

x 점근선은 $x = -\dfrac{b}{a}$ 이고, y 점근선은 $y = \dfrac{c}{a}$ 이다.

증명 : $y = \dfrac{\dfrac{c}{a}(ax + b) - \dfrac{bc}{a} + d}{ax + b} = \dfrac{-\dfrac{bc}{a} + d}{ax + b} + \dfrac{c}{a}$

$$f(x) = \dfrac{\dfrac{1}{2}(2x - p) + \dfrac{p}{2} + 2n}{2x - p}$$

$$= \dfrac{\dfrac{p}{2} + 2n}{2x - p} + \dfrac{1}{2}$$

(점근선의 방정식) : $x = \dfrac{p}{2}$, $y = \dfrac{1}{2}$

(그래프 개형) : $\dfrac{p}{2} + 2n > 0$이므로 유리함수는 두 점근선의 교점을 기준으로 우측 상단과 좌측 하단에 그려진다.

이러한 유리함수 $f(x)$가 $f(1) < f(5) < f(3)$을 만족시킨다. 이 부등식을 해석하는 것이 문제의 핵심이고, 해석에는 식과 그래프 두 가지 방식이 존재한다.

(1) 식의 관점

부등식 $f(1) < f(5) < f(3)$은 $f(x)$를 통해 다음과 같이 나타낼 수 있다.

$$\dfrac{1 + 2n}{2 - p} < \dfrac{5 + 2n}{10 - p} < \dfrac{3 + 2n}{6 - p}$$

이 부등식을 만족하는 자연수 p의 최솟값을 구하면 되는데, 2가지 이유로 이를 식으로 따지기는 매우 어렵다.
① 미지수가 $n,\ p$로 두 개나 있을 뿐만 아니라
② 부등호가 하나가 아닌 두 개나 존재하기 때문이다.

직접 시도해보면 와닿을 테지만, 저 부등식을 식으로 따지기는 거의 불가능하다. 이렇게 **막히는 순간**, 대부분 **문제 해결을 포기**하거나 혹은 **지금까지 풀이에 투자한 시간이 아까워서 식의 관점을 벗어나지 못한다.** 조금만 더 하면 무언가가 나올 것 같다는 기대감 때문이겠다.

학생들이 킬러 문항을 어려워하는 이유가 여기에 존재한다. 킬러 문항을 풀지 못하는 데에는 시간이 없거나 개념이 부족하다는 등의 이유가 있겠지만 이는 부차적이다. 킬러 문항을 풀지 못하는 핵심 요인은 본인이 지금 **잘못된 길로 가고 있다는 확신의 부재**와 그에 따른 **유연한 방향 전환의 부재**이다.

이러한 점에서 식과 그래프의 유연한 전환은 매우 중요하다.
문제로 돌아와서, **부등식을 식으로 따질 수 없으니 그래프를 관찰하자.**

(2) 그래프 관점

부등식 $f(1) < f(5) < f(3)$을 그래프로 따지려면 $y = f(x)$의 그래프를 그려야 한다.

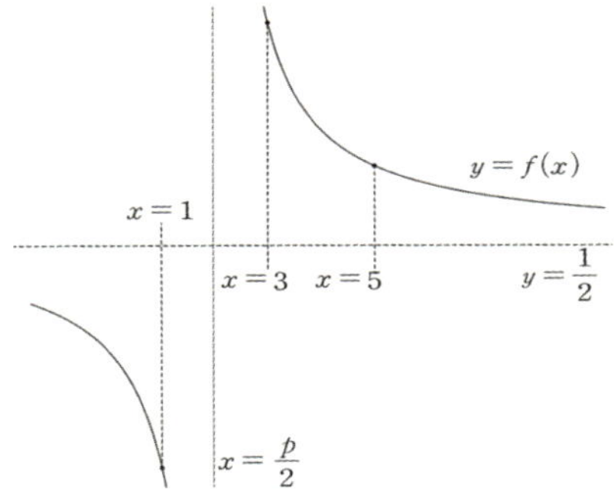

$f(x)$의 그래프 상에서 $f(1) < f(5) < f(3)$를 만족하는 $x = 1$, 3, 5의 위치를 따지면,

점근선 $x = \dfrac{p}{2}$가 $x = 1$과 $x = 3$ 사이에 존재해야 한다.

$$1 < \frac{p}{2} < 3,\ 2 < p < 6$$

따라서 자연수 p의 최솟값은 3이다.

※ 혹시나 그래프 관점으로 접근했으나 위의 해설처럼 깔끔하게 풀지 못했다면, 두 가지 이유 때문이다.

① 경험치의 부재

　낯선 상황에서 함수를 따져보는 경험이 부재했을 확률이 높다. 해결책은 간단하다. 경험을 계속해서 쌓으면 된다. 그래프 조건 $f(1) < f(5) < f(3)$을 이해하지 못했다면, 가장 간단한 증감을 확인할 수 있는 수학Ⅰ의 지수함수 그래프를 통해서라도 증가·감소에 대한 개념을 잡아보자.

② 정립되지 않은 사고 습관

　쉽게 말해서 아직 생각의 틀, 단계, 밀도가 없는 것이다. 위의 풀이를 좀 더 세분화해보자. 유리함수의 개형은 확정되었다. $\dfrac{p}{2} + 2n > 0$이기 때문이다. 그러나 위치는 확정되지 않았다. x 점근선을 모르기 때문이다. 그러나 그것은 중요한 게 아니다. 일단 그래프를 그려놓고, 주어진 부등식을 끼워 맞추면 결국 x 점근선의 위치는 거의 확정된다. 이러한 생각의 단계가 없었다면 그래프로 접근하더라도 헷갈렸을 가능성이 있다.

2. 두 번째 유리함수가 제시되었다.

$$g(x) = \frac{2x+n}{x+q} = \frac{2(x+q)-2q+n}{x+q} = \frac{-2q+n}{x+q} + 2$$

(점근선의 방정식) : $x = -q,\ y = 2$
(그래프 개형) : $-2q+n$의 부호가 정해지지 않았으므로 아직 개형을 알 수 없다.

$f(x)$와 마찬가지로 x 점근선은 미지수이지만, $-2q+n$의 부호가 미정인 관계로 $g(x)$는 개형을
알 수 없다. 쫄 필요 없다. 부등식 $g(f(5)) < g(f(3)) < g(f(1))$을 만족하는 $g(x)$의 그래프 개형은
하나뿐일 것이므로 차분히 CASE를 분류하면 된다.

※ CASE 분류의 관건은 CASE 분류가 필요한 시점을 판단하는 것인데, 이에 대한 가이드라인이 없어
많이들 어려워한다. 하지만 경험을 늘려가면서 자연스레 체화할 수 있는 부분이므로 걱정할 필요 없다.
책과 같이 경험치를 늘리면 나중에는 스스로 CASE를 분류할 수 있을 것이다.

$g(f(5)) < g(f(3)) < g(f(1))$은 합성함수 개념이 첨가되어 부등식 $f(1) < f(5) < f(3)$보다
한 단계 업그레이드 된 부등식이다. 하지만 생각해보면 간단하다. 부등식의 괄호 속 $f(5),\ f(3),$
$f(1)$은 $f(1) < f(5) < f(3)$으로 대소관계가 명확하기 때문이다.

마찬가지로 이 부등식을 식으로 따질 수는 없으니 그래프로 따지자.
$f(1) = a,\ f(3) = b,\ f(5) = c$라 하면, $a < c < b$이다.
∴ $a < c < b$일 때 ∴ $g(c) < g(b) < g(a)$를 만족시키는 CASE를 찾자.

(1) $-2q+n > 0$인 경우

$a < c < b$일 때 $g(c) < g(b) < g(a)$를
만족하려면 $g(a)$의 값이 가장 커야 하므로
$a > -q$ 또는 $b < -q$이어야 한다.

하지만 그림에서 보다시피 $a > -q$이면
$g(b) < g(c) < g(a)$가 되어 조건을 만족시
키지 못하고, $b < -q$일 때도 마찬가지다.
(X)

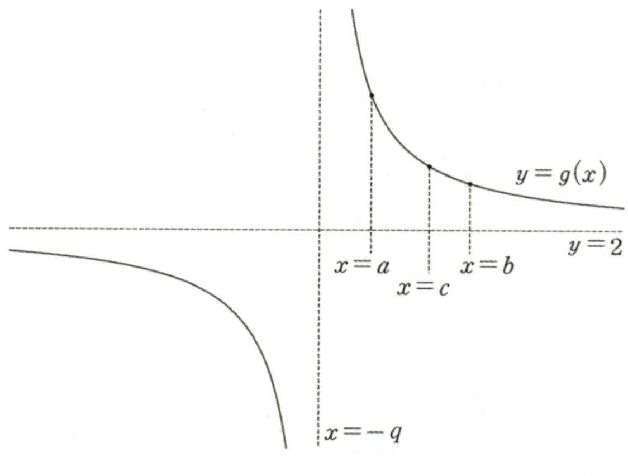

※ 엄밀히 따지자면 $f(x) = \dfrac{x+2n}{2x-3}$에 대하여 $a = f(1) = -2n-1$이고 $-2q+n > 0$에서

$-q > -\dfrac{n}{2}$이므로 $a < -q$이다. $a < -q$이면 조건을 만족시키지 못한다.

(2) $-2q+n=0$인 경우

놓치기 쉬운 경우이다. 그러나 CASE 분류는 각 CASE끼리 겹치지 않는 동시에 가능한 모든 CASE 를 포괄해야 한다.

이 경우 $g(x)=2$인 상수함수가 된다. 따라서 $g(a)=g(b)=g(c)$이므로 부등식을 만족시킬 수 없다.

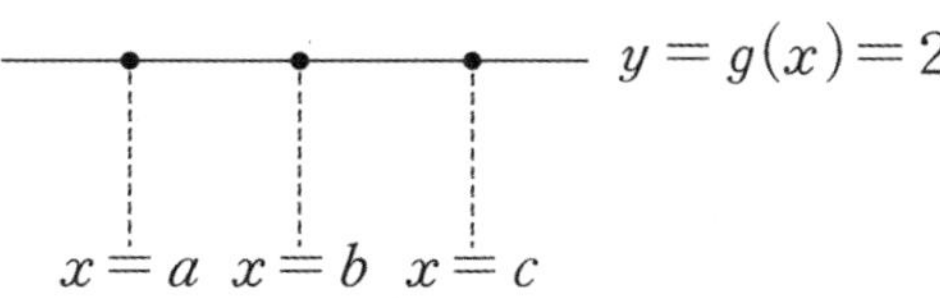

(3) $-2q+n<0$인 경우

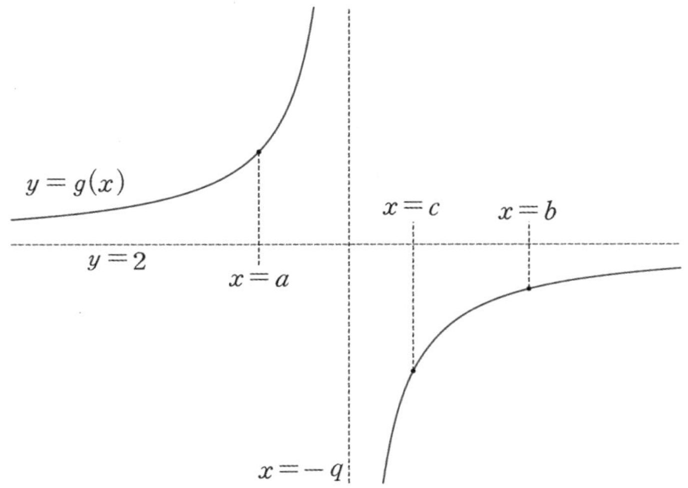

이 경우 $a<-q<c<b$일 때 $g(c)<g(b)<g(a)$를 만족시킨다.

$f(x)=\dfrac{x+2n}{2x-3}$ 이므로 $a=f(1)=-2n-1$, $c=f(5)=\dfrac{2n+5}{7}$ 이다.

$\therefore \ -2n-1<-q<\dfrac{2n+5}{7}, \ -\dfrac{2n+5}{7}<q<2n+1$

그러나 CASE 분류 시 설정했던 부등식도 고려해야 한다.

$-2q+n<0$인 CASE를 살펴보고 있으므로 $\dfrac{n}{2}<q$이다.

따라서 두 부등식의 공통부분을 따져주면 n와 q에 관한 최종적인 부등식은 $\dfrac{n}{2}<q<2n+1$이다.

3. $\dfrac{n}{2} < q < 2n + 1$를 만족하는 자연수 q의 개수가 a_n이다.

이때, $\dfrac{n}{2} < q < 2n + 1$을 만족시키는 자연수 q의 개수는 n이 홀수일 때와 짝수일 때가 서로 다른 규칙의 지배를 받는다.

① $n = 2l - 1$이라 할 때(l은 자연수), 이는 홀수 n을 모든 자연수 l에 관해 표현한 식이 된다.

$$\dfrac{n}{2} < q < 2n + 1, \; l - \dfrac{1}{2} < q < 4l - 1, \; l \le q \le 4l - 2$$

따라서 가능한 q의 개수는 $(4l - 2) - (l) + 1 = 3l - 1$이므로 $a_{2l-1} = 3l - 1$

② $n = 2l$이라 할 때(l은 자연수), 이는 짝수 n을 모든 자연수 l에 관해 표현한 식이 된다.

$$\dfrac{n}{2} < q < 2n + 1, \; l < q < 4l + 1, \; l + 1 \le q \le 4l$$

따라서 가능한 q의 개수는 $(4l) - (l + 1) + 1 = 3l$이므로 $a_{2l} = 3l$

$$\therefore \sum_{k=1}^{20} a_k = \sum_{l=1}^{10} \left(a_{2l-1} + a_{2l} \right) = \sum_{l=1}^{10} (6l - 1) = 6 \times \dfrac{10 \times 11}{2} - 10 = 330 - 10 = 320$$

답은 320!!

※ 수학 I 의 수열 기출을 제대로 공부한 학생이라면, 위와 같이 '짝홀에 따라 다른 규칙'이 존재하는 a_n의 일반항을 $2l - 1$, $2l$을 이용하여 작성할 수 있어야 한다. 몰랐다면 알아두자.

한편, 위의 방법이 연역적 추론이라면 **순수하게 $n = 1, 2, 3, \cdots$ 을 대입하여 a_n의 규칙을 귀납적으로 발견하는 방법도 있다.** 다음 페이지를 보자.

※ 다른 방식으로 수열의 합 구하기 : 귀납적 추론

$n = 1$	$\dfrac{1}{2} < q < 3$	$q = 1,\ 2$
$n = 2$	$1 < q < 5$	$q = 2,\ 3,\ 4$
$n = 3$	$\dfrac{3}{2} < q < 7$	$q = 2,\ 3,\ 4,\ 5,\ 6$
$n = 4$	$2 < q < 9$	$q = 3,\ 4,\ 5,\ 6,\ 7,\ 8$
$n = 5$	$\dfrac{5}{2} < q < 11$	$q = 3 \sim 10$
$n = 6$	$3 < q < 13$	$q = 4 \sim 12$

n에 따른 자연수 q의 개수는 순서대로 2, 3, 5, 6, 8, 9이고, **홀짝에 따른 규칙성을 귀납적으로 발견할 수 있다.**

n이 홀수인 경우 2, 5, 8로 첫째항이 2이고 공차가 3인 등차수열을 이룬다.
n이 짝수인 경우 3, 6, 9로 첫째항이 3이고 공차가 3인 등차수열을 이룬다.

이는 다음의 이유로 인해 **모든 짝수와 홀수에 대해 성립한다.**
n이 홀수인 경우 부등식을 만족시키는 가장 작은 자연수의 값은 1씩 증가하고, 가장 큰 자연수의 값은 4씩 증가하므로 가능한 q의 개수는 3씩 증가한다. 이는 공차가 3인 것에 대응한다.

n이 짝수인 경우도 부등식을 만족시키는 가장 작은 자연수의 값은 1씩 증가하고, 가장 큰 자연수의 값은 4씩 증가하므로 가능한 q의 개수는 3씩 증가한다. 이는 공차가 3인 것에 대응한다.

따라서 $a_1 + a_3 + \cdots + a_{19} = \dfrac{10(2 + 29)}{2} = 155$, $a_2 + a_4 + \cdots + a_{20} = \dfrac{10(3 + 30)}{2} = 165$이므로

$\displaystyle\sum_{k=1}^{20} a_k = 155 + 165 = 320$이다.

※ 등차수열의 합 공식 : 등차수열 $\{a_n\}$에 대해 $a_1 = a$, $a_n = l$일 때, $\displaystyle\sum_{k=1}^{n} a_k = \dfrac{n(a+l)}{2}$

어려운 문항인 건 확실하다. 문제를 분해해본다면
① 식과 그래프 관점의 유연한 전환
② CASE 분류(+ 간단한 함수 추론)
③ 수열의 합
3가지 요소가 중요했고, 이 중에서도 핵심은 ①이다. 계속해서 식에만 매달린다면 주어진 시간 내에 이 문제를 푸는 것은 불가능하다. 하지만 식과 그래프의 유연한 전환이라는 태도만 의식한다면 생각보다 간단하게 해결되는 문항이다.

▌필수 도구 : 방정식의 실근 ↔ 함수의 그래프 간 교점의 x좌표

수학 II 에서 가장 중요한 태도가 **식과 그래프 관점의 전환**이라면,
가장 중요한 도구는 **방정식의 실근과 그래프 교점의 변환이다.**

함수 $f(x)$, $g(x)$에 대해
방정식 $f(x) = g(x)$의 실근은 $y = f(x)$의 그래프와 $y = g(x)$의 그래프의 교점의 x좌표와 같다.

이는 곧 식의 관점, 그래프의 관점과 대응되는데, 방정식이 주어졌을 때
식의 관점을 선택한다면 **인수분해를 통해 방정식 $f(x) = g(x)$의 실근을** 구하면 된다.
그래프의 관점을 선택한다면 $y = f(x)$**와** $y = g(x)$**의 그래프를 그려 두 그래프의 교점을** 관찰하면 된다.

방정식의 형태와 문제 속 다른 조건을 고려하여 '방정식의 실근'과 '그래프 간 교점의 x좌표'를 자유자재로
전환하면 된다.

〈Chapter 1〉과 〈Chapter 2〉는 함수의 극한을 다루므로 방정식이 자주 등장하지는 않지만,
〈Chapter 3, 4, 5〉에서는 방정식이 항상 등장하므로 이 도구를 정말 많이 사용하게 될 것이다.

Chapter

01

함수의 극한, 연속, 미분가능성

▎함수의 극한

$\lim\limits_{x \to a+} f(x) = \lim\limits_{x \to a-} f(x)$이면 $\lim\limits_{x \to a} f(x)$가 존재한다. 즉, '우극한=좌극한'이면 '극한값'이 존재한다.

※ 우극한, 좌극한의 효율적 표현

우극한, 좌극한을 교과서 표현 그대로 쓰자니 매우 번거롭다. 내용(의미)만 같다면, 스스로 알아볼 수 있는 새로운 표현을 일관되게 사용해도 무방하므로 우극한·좌극한을 다음과 같이 표현하자.

우극한 : $\lim\limits_{x \to a+} f(x) = f(a+)$

좌극한 : $\lim\limits_{x \to a-} f(x) = f(a-)$

※ '극한식'과 '극한값'의 구분

논의의 편의성을 위해 저자가 직접 도입했다. 교과서적 표현인 '극한값'뿐만 아니라 **'극한식'이라는 표현을 굳이 쓰는 이유는 모든 극한식이 수렴, 즉 극한값이 존재하는 것은 아니기 때문이다.**

예를 들어 $\lim\limits_{x \to a} f(x) = b$에서

$\lim\limits_{x \to a} f(x)$: 극한식

b : 극한값

함수 $f(x)$에 대해 $\lim\limits_{x \to 0} \dfrac{f(x)}{x} = 1$일 때 〈보기〉에서 옳은 것만을 골라라.

<보 기>

ㄱ. $\lim\limits_{x \to 0} f(x) = 0$

ㄴ. $f(0) = 0$

ㄷ. $f'(0) = 1$

함숫값과 극한값은 독립적인 요소이기에 상황에 맞춰서 판단해야 하지만 혼동하는 학생들이 많다. **특히 극한값이 존재할 때 함숫값 역시 존재한다는 착각**을 많이 하는데 위의 문제가 이를 잘 보여준다.

극한의 성질 '$\lim\limits_{x \to a} \dfrac{f(x)}{g(x)} = k$일 때 $\lim\limits_{x \to a} g(x) = 0$이면 $\lim\limits_{x \to a} f(x) = 0$이다'에 의해 (ㄱ)만 옳다.
극한값이 존재한다고 해서 함숫값도 존재한다는 보장은 없기 때문이다.
직관에 어긋나는 것 같아 이해가 잘 안 된다면 반례가 되는 그래프를 살펴보자.

$$f(x) = \begin{cases} x & (x \neq 0) \\ 1 & (x = 0) \end{cases}$$

이 경우 ㄱ, ㄴ, ㄷ를 다시 풀어보면

ㄱ. $\lim\limits_{x \to 0} f(x) = \lim\limits_{x \to 0} x = 0$ (O)

ㄴ. $f(0) = 1$ (X)

ㄷ. $\lim\limits_{x \to 0} \dfrac{f(x) - f(0)}{x - 0} = \lim\limits_{x \to 0} \dfrac{x - 1}{x - 0} \rightarrow$ 발산 (X)

추가 조건이 없고 극한값이 존재한다는 사실만 주어질 때 극한의 성질로 인해 $\lim\limits_{x \to 0} f(x) = 0$만을 알 수 있지만, 학생들은 바로 $f(0) = 0$으로 판단한다.
이는 극한값과 함숫값을 혼동하는 데서 오는 실수이므로 둘을 섬세하게 구분하자.

※ ㄷ에서 $f(x)$가 $x = 0$에서 미분가능하면 $\lim\limits_{x \to 0} \dfrac{f(x) - f(0)}{x - 0} = f'(0)$이다. 또는 $\lim\limits_{x \to 0} \dfrac{f(x) - f(0)}{x - 0}$의 값이 존재하면 $f(x)$는 $x = 0$에서 미분가능하다. 미분 가능성과 미분계수는 Ch1, 2에서 자세히 배운다.

극한값과 함숫값은 독립적인 요소이므로 좌극한의 존재 여부, 우극한의 존재 여부, 함숫값의 존재 여부에 따라 $2 \times 2 \times 2 = 8$, 총 8가지 경우가 가능하다.

(단, 함숫값이 존재하지 않는다면 함수는 해당 지점에서 '정의'되지 않기 때문에 문제로 내기가 상당히 껄끄럽다. 따라서 대부분 좌극한과 우극한의 존재 여부를 가지고 4가지 경우로 출제된다.)

또한 $\lim\limits_{x \to a}$ 는 $x \neq a$를 내포한다. 따라서 $x \neq a$에서 정의된 항등식, 부등식의 양변에 $\lim\limits_{x \to a}$ 를 취할 수 있다. 실제 문제에서 어떻게 적용되는지 관찰하자.

좌극한 존재 여부	우극한 존재 여부	함숫값 존재 여부
O	O	O
O	O	X
O	X	O
O	X	X
X	O	O
X	O	X
X	X	O
X	X	X

예시 08학년도 수능 가형 3번

함수 $f(x) = \begin{cases} \dfrac{x^2 + x - 12}{x - 3} & (x \neq 3) \\ a & (x = 3) \end{cases}$ 가 실수 전체의 집합에서 연속일 때, a의 값은?

함수 $f(x)$는 $x = 3$에서 연속이므로 $\lim\limits_{x \to 3} f(x) = f(3)$이다.

$\lim\limits_{x \to 3}$ 은 $x \neq 3$을 내포하므로 $f(x) = \dfrac{x^2 + x - 12}{x - 3}$ $(x \neq 3)$의 양변에 $\lim\limits_{x \to 3}$ 을 취하면

$\lim\limits_{x \to 3} f(x) = \lim\limits_{x \to 3} \dfrac{x^2 + x - 12}{x - 3} = \lim\limits_{x \to 3} \dfrac{(x + 4)(x - 3)}{x - 3} = 7 = f(3)$이다. 따라서 $a = 7$이다.

예시 07학년도 6월 평가원 가형 9번 (다)의 풀이 中

$x > 0$인 모든 실수 x에 대해 $-x \leq \dfrac{h(2x) - h(x)}{2x - x} \leq x$이다.

$\lim\limits_{x \to 0+}$ 은 $x > 0$을 내포하므로 부등식에 $\lim\limits_{x \to 0+}$ 을 취하면

$\lim\limits_{x \to 0+} (-x) \leq \lim\limits_{x \to 0+} \dfrac{h(2x) - h(x)}{2x - x} \leq \lim\limits_{x \to 0+} x$이다.

$\lim\limits_{x \to 0+} (-x) = \lim\limits_{x \to 0+} x = 0$이므로 **샌드위치 정리**에 의해 $\lim\limits_{x \to 0+} \dfrac{h(2x) - h(x)}{2x - x} = 0$이다.

이 문제는 유제에서 다시 풀어볼 문제이므로 걱정하지 말자.
샌드위치 정리는 곧 배운다.

x가 양수일 때, x보다 작은 자연수 중에서 소수의 개수를 $f(x)$라 하고, 함수 $g(x)$를

$$g(x) = \begin{cases} f(x) & (x > 2f(x)) \\ \dfrac{1}{f(x)} & (x \leq 2f(x)) \end{cases}$$

라고 하자. 예를 들어, $f\left(\dfrac{7}{2}\right) = 2$이고, $\dfrac{7}{2} < 2f\left(\dfrac{7}{2}\right)$이므로

$g\left(\dfrac{7}{2}\right) = \dfrac{1}{2}$이다. $\displaystyle\lim_{x \to 8+} g(x) = \alpha$, $\displaystyle\lim_{x \to 8-} g(x) = \beta$라고 할 때, $\dfrac{\alpha}{\beta}$의 값을 구하시오. [4점]

---

1. 우극한, 좌극한, 함숫값을 혼동하지 말자. $x \to 8+$일 때 x는 8과 거의 같지만 8보다는 크다.

   $x \to 8-$일 때 x는 8과 거의 같지만 8보다는 작다.

   $x \to 8+$일 때 x보다 작은 소수는 2, 3, 5, 7이므로 $f(x) = 4$이고

   $x > 8 = 2f(x)$이므로 $\displaystyle\lim_{x \to 8+} g(x) = 4$

   $x \to 8-$일 때 x보다 작은 소수는 2, 3, 5, 7이므로 $f(x) = 4$

   $x < 8 = 2f(x)$이므로 $\displaystyle\lim_{x \to 8-} g(x) = \dfrac{1}{4}$

2. $\alpha = 4$, $\beta = \dfrac{1}{4}$이므로 $\dfrac{\alpha}{\beta} = \dfrac{4}{\frac{1}{4}} = 16$ **답은 16!!**

   ※ $g(8) = ?$

   $x = 8 \leq 2f(x)$이므로 $g(8) = \dfrac{1}{4}$이다.

   부등식이 제시되면 가장 중요한 것은 경계, 즉 등호가 성립할 때이다.

(1) 극한의 사칙연산

두 함수 $f(x)$, $g(x)$에 대해 $\lim\limits_{x \to a} f(x) = \alpha$, $\lim\limits_{x \to a} g(x) = \beta$ (α, β는 실수)일 때, 다음을 만족한다.

① $\lim\limits_{x \to a} cf(x) = c\lim\limits_{x \to a} f(x) = c\alpha$ (단, c는 상수)

② $\lim\limits_{x \to a} \{f(x) \pm g(x)\} = \lim\limits_{x \to a} f(x) \pm \lim\limits_{x \to a} g(x) = \alpha \pm \beta$

③ $\lim\limits_{x \to a} f(x)g(x) = \lim\limits_{x \to a} f(x) \lim\limits_{x \to a} g(x) = \alpha\beta$

④ $\lim\limits_{x \to a} \dfrac{f(x)}{g(x)} = \dfrac{\lim\limits_{x \to a} f(x)}{\lim\limits_{x \to a} g(x)} = \dfrac{\alpha}{\beta}$ (단, $\beta \neq 0$)

이 극한의 성질들은 매우 중요하다. 단지 아는 것에서 그치는 게 아니라 극한값을 계산할 때 항상 의식해야 한다. 또한, 위의 성질은 $x \to a+$, $x \to a-$, $x \to \infty$, $x \to -\infty$ 각각에 대해서도 성립한다.

예를 들어 $\lim\limits_{x \to \infty} f(x) = \alpha$, $\lim\limits_{x \to \infty} g(x) = \beta$일 때, $\lim\limits_{x \to \infty} \{f(x) \pm g(x)\} = \lim\limits_{x \to \infty} f(x) \pm \lim\limits_{x \to \infty} g(x) = \alpha \pm \beta$이다.

극한의 사칙연산에서 가장 중요한 것은 각각의 극한값이 존재해야 한다는 점이다. 극한값의 존재 여부를 알 수 없을 때는 절대로 $\lim$를 분배해선 안 된다. 예를 들어 극한식 $\lim\limits_{x \to a} \{f(x) \pm g(x)\}$에 대해,

$\lim\limits_{x \to a} f(x)$, $\lim\limits_{x \to a} g(x)$의 존재 여부를 알 수 없을 때는 $\lim\limits_{x \to a} f(x) \pm \lim\limits_{x \to a} g(x)$처럼 $\lim$ 를 섣불리 나눠줄 수 없다.

(2) $\dfrac{0}{0}$꼴

$\lim\limits_{x \to a} \dfrac{f(x)}{g(x)} = k$ ($k \neq 0$)일 때, $\lim\limits_{x \to a} f(x) = 0$이면 $\lim\limits_{x \to a} g(x) = 0$이다.

$\lim\limits_{x \to a} \dfrac{f(x)}{g(x)} = k$일 때, $\lim\limits_{x \to a} g(x) = 0$이면 $\lim\limits_{x \to a} f(x) = 0$이다.

이에 대해서는 〈Chapter 2. 함수의 극한값 계산과 미분계수〉에서 상세히 다룬다.

(3) 함수의 극한의 대소관계

$x = a$ 부근에서 정의된 세 함수 $f(x)$, $g(x)$, $h(x)$에 대해, $x = a$ 부근의 모든 실수 x에서 $f(x) \leq h(x) \leq g(x)$이고 $\lim\limits_{x \to a} f(x) = \lim\limits_{x \to a} g(x) = \alpha$(단, α는 실수)일 때 $\lim\limits_{x \to a} h(x) = \alpha$이다.

일명 **샌드위치 정리**라 불리는 성질이다.

※ 함수의 극한의 대소관계는 $\lim\limits_{x \to a+}$, $\lim\limits_{x \to a-}$, $\lim\limits_{x \to \infty}$, $\lim\limits_{x \to -\infty}$ 일 때도 성립한다.

함수 $f(x)$에 대하여 $\displaystyle\lim_{x \to 2} \frac{f(x-2)}{x^2-2x} = 4$일 때, $\displaystyle\lim_{x \to 0} \frac{f(x)}{x}$의 값은? [3점]

① 2   ② 4   ③ 6   ④ 8   ⑤ 10

$x - 2 = t$로 치환하자.

$$\lim_{x \to 2} \frac{f(x-2)}{x^2 - 2x} = \lim_{t \to 0} \frac{f(t)}{(t+2)t} = 4,$$

$$\lim_{t \to 0}(t+2) = 2$$

$\displaystyle\lim_{t \to 0}(t+2),\ \lim_{t \to 0}\dfrac{f(t)}{(t+2)t}$ 각각의 값이 존재하므로 서로 곱할 수 있다.

태도 : 극한값을 구할 때는 항상 극한의 성질을 의식하자.

$$\lim_{t \to 0}\frac{f(t)}{(t+2)t} \times \lim_{t \to 0}(t+2) = \lim_{t \to 0}\frac{f(t)}{t} = 4 \times 2 = 8$$

답은 ④!!

※ 잘못된 풀이

$$\lim_{x \to 2}\frac{f(x-2)}{x^2-2x} = \lim_{t \to 0}\frac{f(t)}{(t+2)t} = 4$$에서 (분모)→0이고 극한값이 존재하므로 (분자)→0

$$\therefore \lim_{t \to 0}f(t) = 0$$

→ **여기까지는 맞는 풀이이다.**

$$\lim_{t \to 0}\frac{f(t)}{(t+2)t} = \lim_{t \to 0}\left\{ \frac{1}{(t+2)} \times \frac{f(t)}{t} \right\} = \frac{1}{2}\lim_{t \to 0}\frac{f(t)-f(0)}{t-0} = \frac{1}{2}f'(0) = 4$$

→ **오류를 저지르고 있다. $f(x)$가 연속함수인지 알 수 없으므로 $\displaystyle\lim_{t \to 0}f(t) = f(0) = 0$이라 할 수 없고, $f'(0)$의 존재 여부도 알 수 없다.**

함숫값과 극한값을 정확히 구분하자.

$$\lim_{x \to 0}\frac{f(x)}{x} = f'(0) = 8,$$ 따라서 **답은 8이다.**

→ **우연의 일치로 답은 맞았지만, 과정이 틀렸으므로 틀린 풀이이다.**

---

comment

만약 '함수 $f(x)$'가 아닌 '다항함수 $f(x)$'로 주어졌다면 $f(x)$는 $x = 0$에서 연속이고 미분가능하므로 위의 잘못된 풀이도 맞는 풀이이다.

함수 $f(x)$에 대하여 $\lim\limits_{x \to 2} \dfrac{f(x)-3}{x-2} = 5$ 일 때, $\lim\limits_{x \to 2} \dfrac{x-2}{\{f(x)\}^2-9}$ 의 값은? [3점]

① $\dfrac{1}{18}$ ② $\dfrac{1}{21}$ ③ $\dfrac{1}{24}$ ④ $\dfrac{1}{27}$ ⑤ $\dfrac{1}{30}$

$$1.\ \lim_{x\to 2}\frac{f(x)-3}{x-2}=5,\ \lim_{x\to 2}\frac{x-2}{\{f(x)\}^2-9}$$

두 극한식을 보자마자.

$\lim_{x\to 2}\dfrac{f(x)-3}{x-2}=5$ **을 이용하여** $\lim_{x\to 2}\dfrac{x-2}{\{f(x)\}^2-9}$ **을 구해야겠다는 생각이 들어야 한다.**

예제(2)는 치환을 해야만 수월하게 풀 수 있었지만, 예제(3)은 출제자가 친절하게 계산에 편한 형태를 제시했다.

$2.\ \lim_{x\to 2}\dfrac{f(x)-3}{x-2}=5$ 에서

$x\to 2$일 때 (분모)$\to 0$이고 극한값이 존재하므로 (분자)$\to 0$

$\therefore\ \lim_{x\to 2}\{f(x)-3\}=0,\ \lim_{x\to 2}f(x)=3$

$$\lim_{x\to 2}\frac{x-2}{\{f(x)\}^2-9}=\lim_{x\to 2}\frac{x-2}{\{f(x)+3\}\{f(x)-3\}}=\lim_{x\to 2}\frac{1}{f(x)+3}\times\lim_{x\to 2}\frac{x-2}{f(x)-3}$$

$$=\frac{1}{6}\times\frac{1}{5}=\frac{1}{30}$$

답은 ⑤!!

이 문제도 함수 $f(x)$라고만 주어졌기 때문에
(미분가능한 함수 $f(x)$, 연속함수 $f(x)$, 다항함수 $f(x)$ 따위로 주어지지 않았으므로)
$f(2)=3$, $f'(2)=5$이라 할 수 없다.

다음의 4가지 극한식을 따질 수 있으면 유리함수의 극한은 어렵지 않다.

$$\lim_{x \to 0+} \frac{1}{x}, \quad \lim_{x \to 0-} \frac{1}{x}, \quad \lim_{x \to \infty} \frac{1}{x}, \quad \lim_{x \to -\infty} \frac{1}{x}$$

직관적으로 $\lim\limits_{x \to 0\pm} \dfrac{1}{x}$ 은 $\dfrac{c}{0}$ 꼴이 되므로 발산하고, $\lim\limits_{x \to \pm\infty} \dfrac{1}{x}$ 은 $\dfrac{c}{\infty}$ 꼴이 되므로 0으로 수렴하는 것을 쉽게 알 수 있다. 하지만 **우극한, 좌극한을 좀 더 자세하기 따지기 위해서는 그래프를 관찰하는 것이 좋다.** **유리함수 그래프**를 통해 좀 더 심층적으로 이해해보자.

※ 그래프와 치환은 복잡한 경우를 단순하게 관찰하게 해주므로, 수학II의 다양한 영역에서 활용된다.

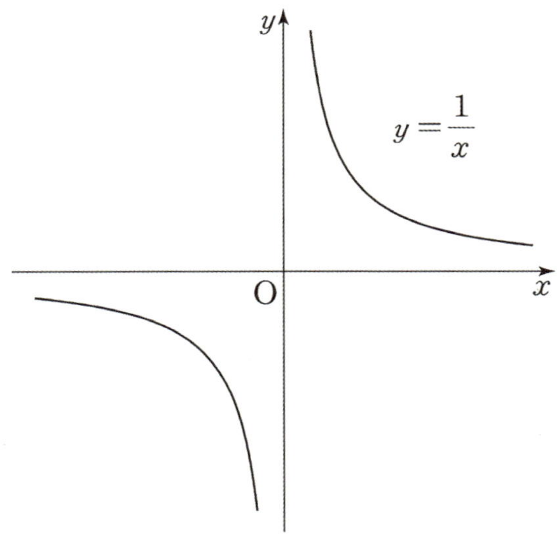

$x \to 0+$ 일 때, $y \to +\infty$ 이다.
$x \to 0-$ 일 때, $y \to -\infty$ 이다.
$x \to +\infty$ 일 때, $y \to 0+$ 이다.
$x \to -\infty$ 일 때, $y \to 0-$ 이다.

이처럼 부호를 정확히 따지는 것은 '합성함수의 극한'을 구할 때에 필수적인 절차이다.

$y = \dfrac{1}{x}$ 의 그래프에서 따진 것처럼, 어떠한 유리함수 식이 제시되더라도 그래프를 그려보면 극한값을 쉽게 따질 수 있다.

실수 전체의 집합에서 정의된 함수 $y = f(x)$의 그래프가 그림과 같다.

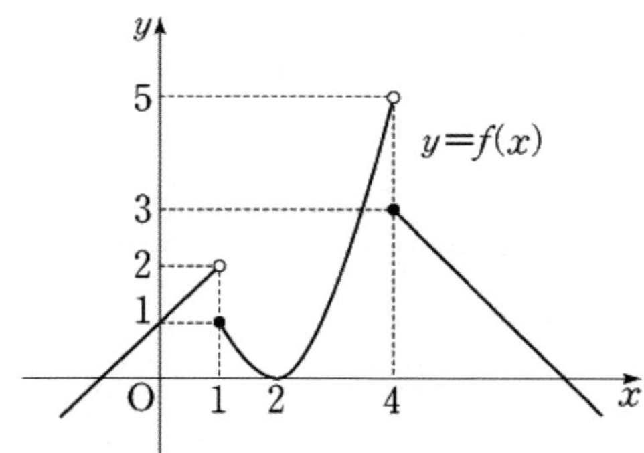

$$\lim_{t \to \infty} f\left(\frac{t-1}{t+1}\right) + \lim_{t \to -\infty} f\left(\frac{4t-1}{t+1}\right)$$의 값은? [3점]

① 3　　　　② 4　　　　③ 5　　　　④ 6　　　　⑤ 7

1. 유리함수와 합성함수의 극한이 동시에 사용된 문항이다.

$g(t) = \dfrac{t-1}{t+1}$ 이라 하면 $\lim\limits_{t\to\infty} f\!\left(\dfrac{t-1}{t+1}\right) = \lim\limits_{t\to\infty} f(g(t))$ 이기 때문이다. 그래도 포인트는 유리함수의 극한이다.

$\lim\limits_{t\to\infty} f\!\left(\dfrac{t-1}{t+1}\right)$ 에서 $\lim\limits_{t\to\infty} \dfrac{t-1}{t+1}$ 은 그래프 없이 바로 따지기 힘들다. $y = \dfrac{t-1}{t+1}$ 의 그래프를 그려 극한을 따지자.

$$y = \frac{t-1}{t+1} = \frac{t+1-2}{t+1} = \frac{-2}{t+1} + 1$$

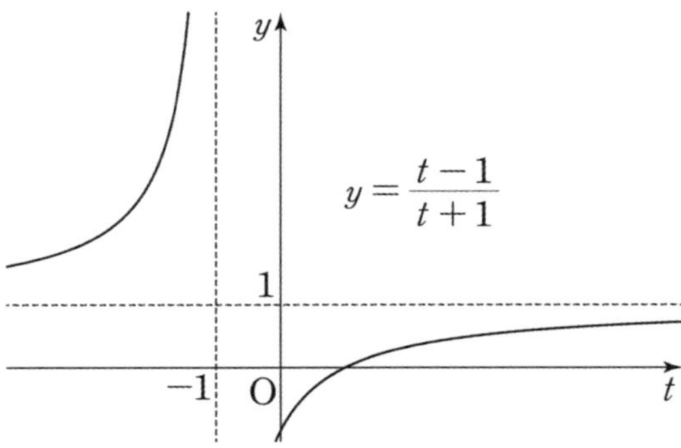

$t \to \infty$ 일 때 $\dfrac{t-1}{t+1} \to 1-$ 이므로

$$\lim_{t\to\infty} f\!\left(\frac{t-1}{t+1}\right) = f(1-) = 2$$

2. $\lim\limits_{t\to-\infty} f\!\left(\dfrac{4t-1}{t+1}\right)$ 도 똑같이 따져주자.

$$y = \frac{4t-1}{t+1} = \frac{4(t+1)-5}{t+1} = \frac{-5}{t+1} + 4$$

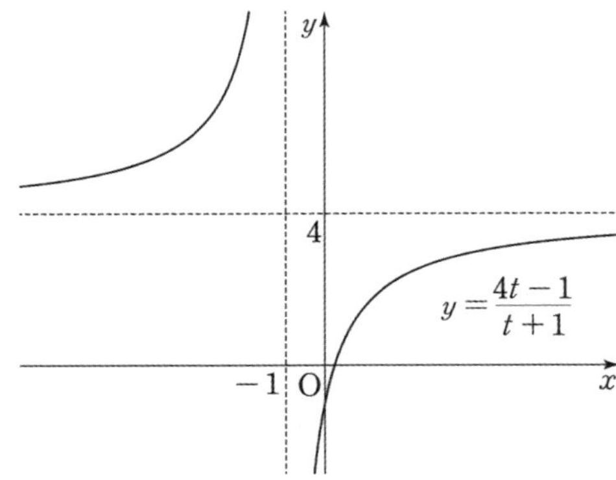

$t \to -\infty$ 일 때 $\dfrac{4t-1}{t+1} \to 4+$ 이므로 $\lim\limits_{t\to-\infty} f\!\left(\dfrac{4t-1}{t+1}\right) = f(4+) = 3$

$$\therefore \lim_{t\to\infty} f\!\left(\frac{t-1}{t+1}\right) + \lim_{t\to-\infty} f\!\left(\frac{4t-1}{t+1}\right) = 2 + 3 = 5$$

답은 ③!!

(1) 합성함수의 극한

합성함수의 극한은 '함수의 극한'을 여러 번 따지는 것에 지나지 않는다.
다만 여러 번 따지는 과정에서 우극한, 좌극한, 함숫값을 혼동하여 실수하는 경우가 많으므로 그것만 주의해 주자.

예를 들어 $\displaystyle\lim_{x \to k+} f(g(x))$를 구하는 상황에서 $\displaystyle\lim_{x \to k+} g(x) = s$라고 할 때,

$\displaystyle\lim_{x \to k+} g(x)$가 s보다 큰 값에서 s로 수렴한다면 $\displaystyle\lim_{x \to k+} f(g(x)) = \lim_{t \to s+} f(t)$이고,

$\displaystyle\lim_{x \to k+} g(x)$가 s보다 작은 값에서 s로 수렴한다면 $\displaystyle\lim_{x \to k+} f(g(x)) = \lim_{t \to s-} f(t)$이며,

$x = k+$ 주변에서 $g(x) = s$라면 ($\displaystyle\lim_{x \to k+} g(x)$가 s에서 s로 수렴한다면) $\displaystyle\lim_{x \to k+} f(g(x)) = f(s)$이다.

합성함수의 극한은 그래프로 판단하자.

특히 위와 같은 합성함수 $f(g(x))$에서 $\displaystyle\lim_{x \to k+} g(x)$의 판정은 그래프가 없으면 매우 힘들다. 함수 $y = g(x)$의 그래프를 그려놓고 위의 예시를 판단한다면 $\displaystyle\lim_{x \to k+} g(x)$가 s보다 큰 값에서 s로 수렴하는지, s보다 작은 값에서 s로 수렴하는지, $x = k+$ 부근에서 $g(x) = s$인지 그래프를 통해 한눈에 판단할 수 있다.

e.g.

12학년도 9월 평가원 가형 11번

$y = f(x)$의 그래프가 아래 그림과 같을 때 $\displaystyle\lim_{x \to 1+} f(f(x)) + \lim_{x \to 2+} f(f(x)) = ?$

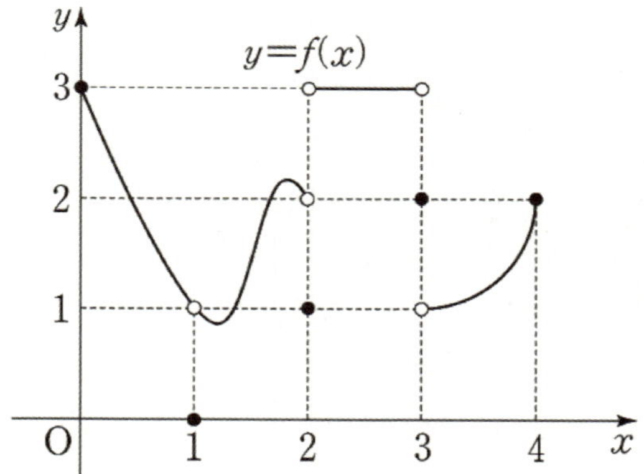

$f(f(1+)) + f(f(2+)) = f(1-) + f(3) = 1 + 2 = 3$이다.

(2) 합성함수의 연속

1. 용어 정리

합성함수는 '안쪽함수'와 '바깥함수'가 존재한다. 합성함수 $y = (f \circ g)(x)$ 혹은 $y = f(g(x))$에서
$g(x)$: 안쪽함수, x가 먼저 들어가는 함수
$f(x)$: 바깥함수, $g(x)$를 거치고 나온 함숫값이 들어가는 함수

2. 불연속 의심 지점 파악

$x = a$에서의 $f(g(x))$의 연속성을 따지는 문제에서는 $f(g(a))$, $f(g(a+))$, $f(g(a-))$ 세 개의 값만 비교해 주면 된다. 반면, 함수 $f(g(x))$가 불연속인 모든 x값을 구해야 할 때는 일일이 모든 정의역을 살펴볼 수 없다. 불연속 의심 지점을 선정해야 한다.

실수 전체의 집합에서 정의된 두 함수 $f(x)$, $g(x)$에 대하여 $f(x)$가 $x = a$에서만 불연속이고, $g(x)$가 $x = b$에서만 불연속일 때 $f(g(x))$의 연속성을 판단해보자. (단, $g(b) \neq a$이다.)

(1) $x \neq b$와 $g(x) \neq a$를 동시에 만족하는 x에 대하여 $f(g(x))$는 연속이다.

$x = b$ 또는 $g(x) = a$를 만족하는 x에 대하여 $f(g(x))$는 불연속이 의심된다.
(불연속 '확정'이 아닌 '의심'임에 주의하자.)

$x = b$에서 $f(g(x))$의 불연속이 의심되는 이유는 쉽게 이해할 수 있다. 안쪽함수 $g(x)$를 거쳐서 나온 $g(b-)$, $g(b+)$, $g(b)$가 바깥함수 $f(x)$로 들어가는데, $x = b$에서 $g(x)$는 불연속이므로 $g(b)$, $g(b+)$, $g(b-)$은 모두 같을 수 없다. 함수에 다른 값을 대입했을 때 다른 값이 나올 가능성이 존재하므로 $x = b$에서 $f(g(x))$의 불연속성이 의심된다.

$g(x) = a$를 만족하는 x에 대하여 함수 $f(g(x))$의 불연속이 의심되는 이유도 어렵지 않다.
$f(t)$가 $t \neq a$인 t에서 연속이므로 $t = g(x)$로 두면 $f(g(x))$도 $g(x) \neq a$에서 연속이다.

조금 더 쉽게 설명하면 다음과 같다. x가 $g(x)$를 거쳐 나온 값이 $f(x)$로 들어간다. 이때, $g(x)$를 거쳐 나온 값이 $f(x)$가 불연속인 $x = a$로 들어가면 $f(g(x))$가 불연속이 될 가능성이 존재한다.
따라서 $g(x) = a$인 x에서 $f(g(x))$의 불연속성이 의심된다.

(2) 의심 지점을 파악했으면 해당 지점에서 합성함수의 좌극한, 우극한, 함숫값을 비교하여 불연속성을 판정해주자.

ⅰ) $x = b$

$x = b$에서 $f(g(b-)) = f(g(b+)) = f(g(b))$이면 함수 $f(g(x))$는 $x = b$에서 연속이다.
$x = b$처럼 **안쪽함수가 불연속인 x**는 그 개수가 아무리 많아도 이렇게 **합성함수의 연속을 일일이 확인할 수밖에 없다.**

ⅱ) $g(x) = a$인 x

그러나 이 경우는 다르다. $g(x) = a$를 만족하는 x에 대해 합성함수의 연속을 일일이 따지지 않고 합성함수의 연속성을 빠르게 판정할 수 있는 방법이 있다. 잠시 방정식 $f(g(x)) = k$ (k는 상수)를 생각해보자. 이 방정식의 근을 따질 때, 우리는 $f(x) = k$의 근부터 따진다. 최종적인 함숫값은 바깥함수인 $f(x)$를 거쳐서 나오기 때문이다.

$g(x) = a$인 x에서 $f(g(x))$의 연속성을 판정할 때도 마찬가지다. **안에서부터 출발하지 말고 바깥에서부터 판단하는 것이다.**

① **우선, $x = a$에서 $f(x)$의 불연속 양상을 따져라.**

$x = a$에서 불연속이라고 다 같은 불연속이 아니다. $x = a$ 부근에서 정의된 함수 $f(x)$에 대해
(좌극한=우극한≠함숫값)인 불연속
(좌극한≠우극한=함숫값)인 불연속
(좌극한≠우극한≠함숫값)인 불연속
(좌극한=함숫값≠우극한)인 불연속
일 수 있다. 예를 들어, $f(x)$의 $x = a$에서의 불연속 양상이 **(좌극한≠우극한=함숫값)**이라 하자.

② **그렇다면 $g(x) = a$인 x에 대해 $g(x-)$, $g(x+)$, $g(x)$ 세 개의 값 중 적어도 하나가 $a-$이고 적어도 하나가 $a+$ 또는 a인 x에서 함수 $f(g(x))$는 불연속이다.**

$g(x) = a$이므로 $g(x-)$, $g(x+)$ 두 개의 값 중 적어도 하나가 $a-$이면 된다.

예를 들어, $g(1-) = a-$, $g(1+) = a+$, $g(1) = a$라 하자. $f(g(x))$의 $x = 1$에서의 연속성을 따져주면
$f(g(1-)) = f(a-)$, $f(g(1+)) = f(a+)$, $f(g(1)) = f(a)$가 나오는데,
$f(x)$는 $x = a$에서 (좌극한≠우극한=함숫값)이므로 $f(g(x))$는 $x = 1$에서 불연속이다.

반면 $g(1-) = a+$, $g(1+) = a+$, $g(1) = a$라 하자. $f(g(x))$의 $x = 1$에서의 연속성을 따져주면
$f(g(1-)) = f(a+)$, $f(g(1+)) = f(a+)$, $f(g(1)) = f(a)$가 나오는데,
$f(x)$는 $x = a$에서 (좌극한≠우극한=함숫값)이므로 $f(g(x))$는 $x = 1$에서 연속이다.

$g(x) = a$인 x를 따질 때는 바깥함수의 불연속 양상부터 따지고 들어가면,
$y = g(x)$의 그래프를 보고 빠르게 $f(g(x))$가 불연속인 지점을 찾아낼 수 있다.

합성함수의 연속성 판단에서 배운 내용을 직접 적용하여 아래의 그림에서 $f(g(x))$가 불연속인 모든 x의 값을 찾아보자. (단, $f(x)$는 $x=0$에서만 불연속이고, $g(x)$는 $x=\pm 3$에서만 불연속이다.)

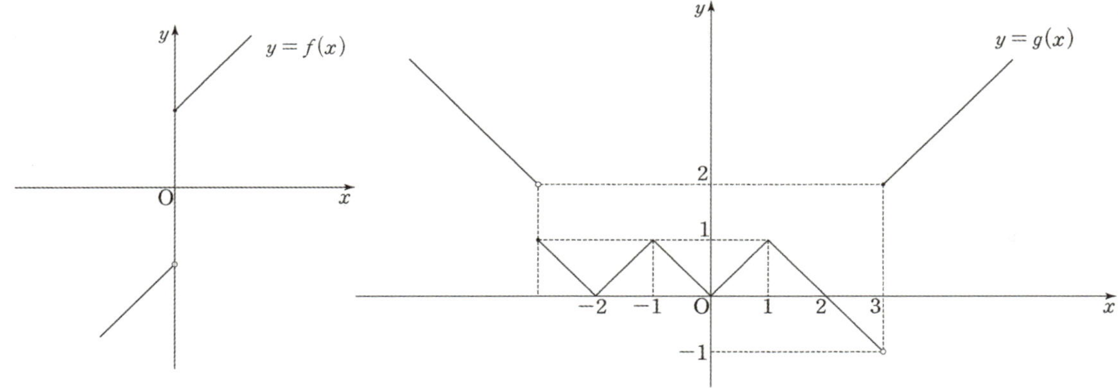

불연속 의심 지점부터 파악하자. 안쪽함수가 불연속인 $x=\pm 3$과, 바깥함수가 불연속인 x를 안쪽함수가 함숫값으로 갖는 지점, 즉 $g(x)=0$을 만족하는 x가 불연속 의심 지점이다.

(1) $x=\pm 3$

안쪽함수가 불연속인 지점은 연속의 정의를 통해 $f(g(x-))=f(g(x+))=f(g(x))$를 직접 따지는 수 밖에 없다.

  (i) $x=-3$
$$f(g(-3-))=f(2+)=3$$
$$f(g(-3+))=f(1-)=2$$
$$f(g(-3))=f(1)=2$$
$f(g(-3-))\neq f(g(-3+))=f(g(-3))$이므로 $f(g(x))$는 $x=-3$에서 불연속이다.

  (ii) $x=3$
$$f(g(3-))=f(-1+)=-2$$
$$f(g(3+))=f(2+)=3$$
$$f(g(3))=f(2)=3$$
$f(g(3-))\neq f(g(3+))=f(g(3))$이므로 $f(g(x))$는 $x=3$에서 불연속이다.

(2) $g(x)=0$인 x

$g(x)=0$을 만족하는 x의 값은 -2, 0, 2이다. 각각의 x에 대해 연속의 정의를 일일이 따지고 있을 여유가 없다. **바깥함수의 불연속 양상부터** 따지고 들어가면 $y=g(x)$의 그래프를 보고 빠르게 $f(g(x))$가 불연속인 지점을 찾아낼 수 있다. $f(x)$는 $x=0$에서 **(좌극한≠우극한=함숫값)**이다.
$g(x)$의 그래프를 관찰하면 $x=-2$, $x=0$, $x=2$ 중 $f(g(x))$가 불연속이 되는 x는 $x=2$ 뿐이다.

따라서 $f(g(x))$가 불연속이 되는 모든 x의 값은 -3, 3, 2이다.

함수 $f(x)$는 구간 $(-1, 1]$에서 $f(x) = (x-1)(2x-1)(x+1)$이고, 모든 실수 x에 대하여 $f(x) = f(x+2)$ 이다. $a > 1$에 대하여 함수 $g(x)$가

$$g(x) = \begin{cases} x & (x \neq 1) \\ a & (x = 1) \end{cases}$$

일 때, 합성함수 $(f \circ g)(x)$가 $x = 1$에서 연속이다.
a의 최솟값은? [4점]

① 2   ② $\dfrac{5}{2}$ ③ 3   ④ $\dfrac{7}{2}$ ⑤ 4

합성함수 $(f \circ g)(x)$가 $x = 1$에서 연속이 되도록 하는 a의 최솟값을 구해야 한다.
특정한 x값에서의 연속성을 따져주는 것이므로 우극한, 좌극한, 함숫값을 일일이 따져보자.

$f(g(1-)) = f(1-) = 0$
$f(g(1+)) = f(1+) = 0$
$f(g(1)) = f(a)$

세 개의 값이 모두 동일해야 하므로 $f(a) = 0$이어야 한다.
함수 $f(x)$는 구간 $(-1, 1]$에서 $f(x) = (x-1)(2x-1)(x+1)$이고, 모든 실수 x에 대하여

$f(x) = f(x+2)$이므로 $f(a) = 0$을 만족시키는 a는 $1 + 2n$ 또는 $\dfrac{1}{2} + 2n$ (단, n은 정수) 꼴이다.

이 중 $a > 1$을 만족하는 가장 작은 a의 값은 $\dfrac{1}{2} + 2 = \dfrac{5}{2}$이다.

답은 ②!!

실수 전체의 집합에서 정의된 함수 $f(x)$의 그래프가 그림과 같다.

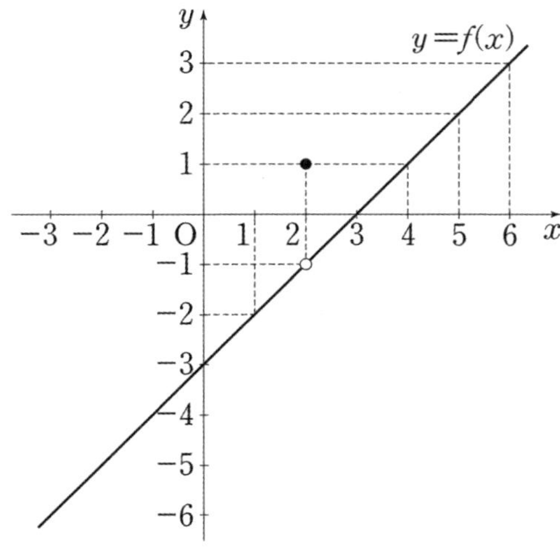

합성함수 $(f \circ f)(x)$가 $x=a$에서 불연속이 되는 모든 a의 값의 합은? (단, $0 \leq a \leq 6$이다.) [3점]

① 3　　　　　② 4　　　　　③ 5　　　　　④ 6　　　　　⑤ 7

1. 특정한 x값(a)에서의 연속성을 판단하는 것처럼 보이지만 사실은 함수 $f(f(x))$가 불연속이 되도록 하는 x값을 모두 구해야 하는 문제이다.

   불연속 의심 지점을 파악하자. 안쪽함수가 불연속인 $x=2$와 바깥함수가 불연속인 x를 안쪽함수가 함숫값으로 갖는 지점, 즉 $f(x)=2$를 만족하는 x가 불연속 의심 지점이다.

2. i) $x=2$

   $f(f(2+))$, $f(f(2-))$, $f(f(2))$ 세 개의 값을 비교하자.

   $f(f(2+))=f(-1+)=-4$
   $f(f(2-))=f(-1-)=-4$
   $f(f(2))=f(1)=-2$

   따라서 $x=2$에서 함수 $f(f(x))$는 불연속이다.

   ii) $f(x)=2$인 x

   $f(f(x))$의 바깥함수부터 따지자.
   바깥함수 $f(x)$의 $x=2$에서 불연속 양상을 따져주면 **(좌극한=우극한≠함숫값)**이다.
   따라서 안쪽함수 $f(x)$에 대해 $f(x)=2$인 x에 대해 $f(x-)$, $f(x+)$, $f(x)$ 세 개의 값 중 적어도 하나가 $2-$ 또는 $2+$이고, 적어도 하나가 2인 x에서 $f(f(x))$는 불연속이다.

   안쪽함수 $f(x)$에 대해 $f(x)=2$를 만족하는 x는 5가 유일한 상황에서
   $f(5-)=2-$, $f(5+)=2+$, $f(5)=2$이므로 $x=5$에서 함수 $f(f(x))$는 불연속이다.

   따라서 i , ii 에 의하여 조건을 만족시키는 모든 a의 값의 합은 $2+5=7$이므로 **답은 ⑤!!**

$f(x)=2$를 만족하는 x는 5가 유일하므로 바깥에서부터 따지지 않고 그냥 $f(f(5+))$, $f(f(5-))$, $f(f(5))$ 세 개의 값을 비교해서 풀 수도 있다. 하지만 만약 $f(x)=2$를 만족하는 x가 여러 개 존재한다면 본문에서 설명한 대로 바깥에서부터 따지는 게 매우 유리하다.

그림은 실수 전체의 집합에서 정의된 함수 $y = f(x)$의 그래프이다.

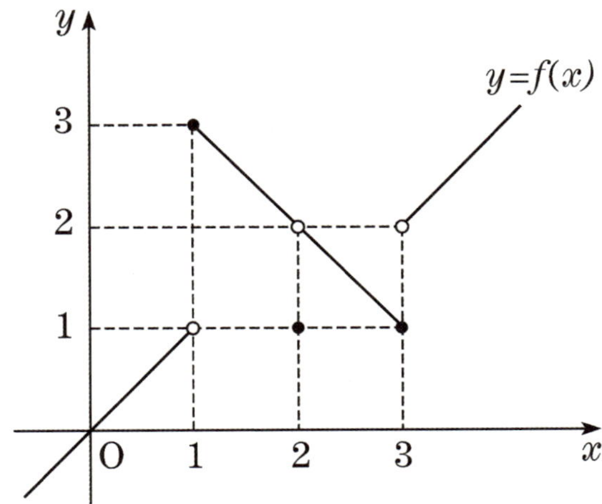

함수 $f(x)$는 $x = 1$, $x = 2$, $x = 3$에서만 불연속이다. 이차함수 $g(x) = x^2 - 4x + k$에 대하여 함수 $(f \circ g)(x)$가 $x = 2$에서 불연속이 되도록 하는 모든 실수 k의 합을 구하시오. [4점]

1. 함수 $(f \circ g)(x)$가 $x=2$에서 불연속이 되도록 만들어주자. 특정한 x에서 따지는 합성함수의 연속성
   이므로 연속의 정의를 통해 $f(g(2+))$, $f(g(2-))$, $f(g(2))$의 값을 직접 구하는 것이 제일 빠르다.

   $f(g(2+))$, $f(g(2-))$, $f(g(2))$ 세 개의 값을 비교해야 하는 상황에서, 함수 $y=g(x)$의 그래프를
   그리지 않는다면 $g(2+)$와 $g(2-)$를 따지기는 매우 까다롭다. 그래프를 그리자.

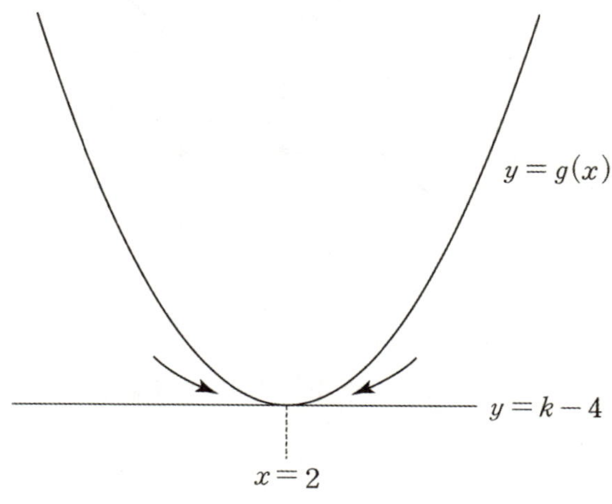

   희열을 느껴야 한다. 그래프를 그려보니 한눈에 들어온다.
   $g(x)$는 $x=2$에서 극솟값을 가지므로 $x\to2\pm$일 때 $g(x)\to(k-4)+$이다.

   $$f(g(2+))=f((k-4)+)$$
   $$f(g(2-))=f((k-4)+)$$
   $$f(g(2))=f(k-4)$$

2. $x=2$에서 $f(g(x))$가 불연속이어야 하므로 위의 세 개의 값 중 적어도 두 개는 서로 달라야 한다.

   $y=f(x)$의 그래프를 이용하자. 연속성 판단의 1순위는 그래프다.
   $y=f(x)$의 그래프 상에서 우극한과 함숫값이 다른 x는 2, 3이므로
   $k-4=2$ 또는 $k-4=3$이어야 한다.
   $\therefore\ k=6$ 또는 $k=7$

   조건을 만족하는 모든 k 값의 합은 13이다.

   답은 13!!

안쪽함수의 극한값, 함숫값 판정에 그래프는 매우 중요한 역할을 한다. 그래프를 그리려고 노력하자.

▎함수의 연속성

연속성 파트는 '연속의 정의'를 이용하여 따지는 게 정석적이지만, 실전에서 매번 일일이 따지고 있을 여유가 없으므로 **기출에서 등장한 일관된 패턴과 조건에 빠르게 적용할 수 있는 도구와 태도를 배운다는** 느낌으로 학습하면 된다.

1. 함수의 연속 조건(정의)

함수 $f(x)$가 $x=a$에서 연속이 되려면 다음의 조건을 만족해야 한다.

① **함숫값의 존재** : $x=a$에서 함수 $f(x)$가 정의되어 있다. ($=f(a)$가 존재한다.)

② **극한값의 존재** : $\lim\limits_{x \to a} f(x)$가 존재한다. ($\Leftrightarrow \lim\limits_{x \to a+} f(x) = \lim\limits_{x \to a-} f(x)$)

③ **함숫값=극한값** : $\lim\limits_{x \to a} f(x) = f(a)$

쉽게 말해, $\lim\limits_{x \to a+} f(x) = \lim\limits_{x \to a-} f(x) = f(a)$ 을 만족시키면 $f(x)$는 $x=a$에서 연속이다.

태도 : 함수의 연속 개념이 문제에서 등장하면 기본적으로 함수의 연속 조건에 충실하자.

2. 연속성 판단의 1순위는 식이 아닌 그래프

이론적으로는 연속의 정의에 따라 $f(a-)$, $f(a+)$, $f(a)$ **세 개의 값을 직접 비교하면 모든 연속성을 따질 수 있지만,** 우리는 문제를 빠르게 풀어야 하므로 그래프를 통해 빠르게 연속성을 판단하는 방법을 익힐 필요가 있다.

물론 항상 그래프만으로 따질 수 있는 것은 아니다.
그래프를 그릴 수 없거나 그래프를 통해 따지기 애매한 경우 그때 식의 도움을 빌리면 된다.

태도 : 연속성 판단의 1순위는 그래프이다. 그래프로 따지기 힘든 경우에 연속성의 정의에 따라 식으로 따지자.
　　　　실전에서 연속성을 판단할 때는 이 태도가 매우 중요하다.

※ 연속함수의 성질

두 함수 $f(x)$, $g(x)$가 $\boldsymbol{x=a}$**에서 연속**이면 다음 함수들도 모두 $\boldsymbol{x=a}$**에서 연속**이다.

① $f(x) \pm g(x)$　　　　　　　　　② $cf(x)$ (단, c는 상수)

③ $f(x)g(x)$　　　　　　　　　　　④ $\dfrac{f(x)}{g(x)}$ (단, $g(a) \neq 0$)

닫힌 구간 $[-1,\ 1]$ 에서 정의된 함수 $y=f(x)$ 의 그래프가 그림과 같다.

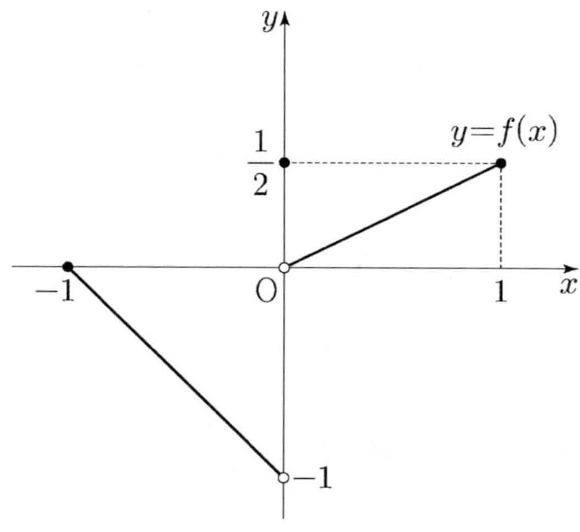

닫힌 구간 $[-1,\ 1]$ 에서 두 함수 $g(x),\ h(x)$ 가

$$g(x)=f(x)+|f(x)|,\quad h(x)=f(x)+f(-x)$$

일 때, <보기>에서 옳은 것만을 있는 대로 고른 것은? [4점]

<보 기>

ㄱ. $\displaystyle\lim_{x\to 0} g(x)=0$

ㄴ. 함수 $|h(x)|$ 는 $x=0$ 에서 연속이다.

ㄷ. 함수 $g(x)|h(x)|$ 는 $x=0$ 에서 연속이다.

① ㄱ　　　② ㄷ　　　③ ㄱ, ㄴ　　　④ ㄴ, ㄷ　　　⑤ ㄱ, ㄴ, ㄷ

함수 $y = g(x)$와 함수 $y = h(x)$의 그래프를 그리자. 연속성 판단의 1순위는 그래프다.

(1) $g(x) = f(x) + |f(x)|$

$g(x) = \begin{cases} 2f(x) & (f(x) \geq 0) \\ 0 & (f(x) < 0) \end{cases}$ 이므로 $y = g(x)$의 그래프는 다음과 같다.

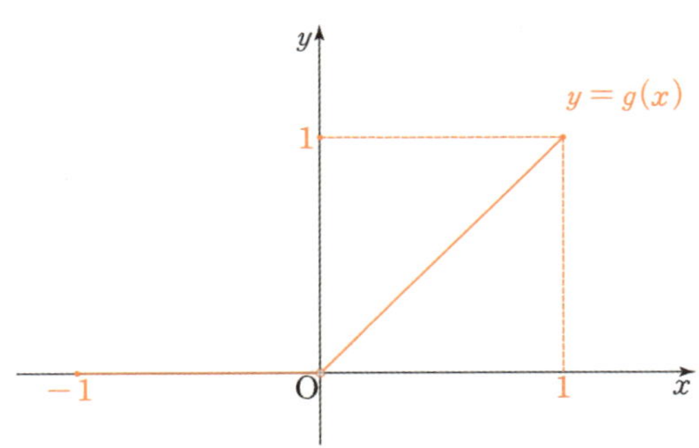

(2) $h(x) = f(x) + f(-x)$

$y = f(-x)$의 그래프는 $y = f(x)$의 그래프를 y축에 대해 대칭시킨 것이다.

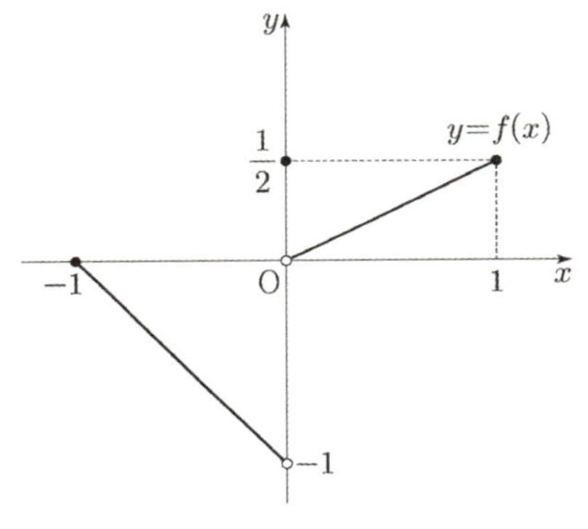
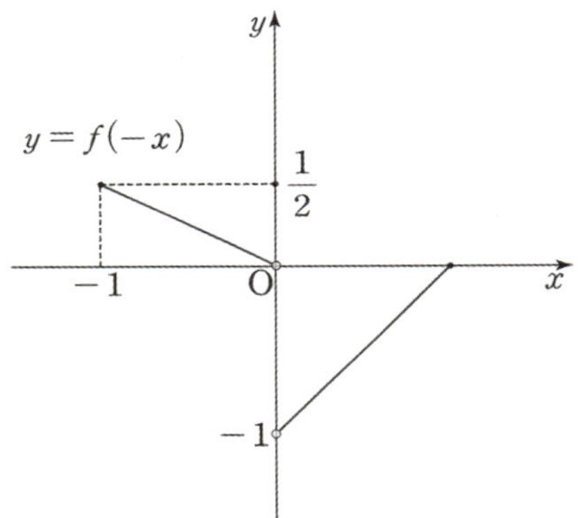

$y = f(-x)$의 그래프와 $y = f(x)$의 그래프를 서로 더하면 $y = h(x)$의 그래프가 된다.

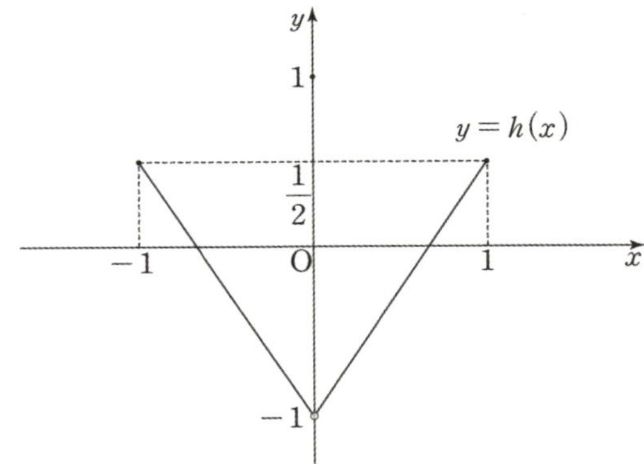

※ $h(-x) = f(-x) + f(-(-x)) = f(-x) + f(x) = h(x)$이다. 즉, 닫힌 구간 $[-1, 1]$에서 $h(x) = h(-x)$이므로 $h(x)$는 **닫힌 구간 $[-1, 1]$에서 우함수(y축 대칭함수)**이다. 우함수와 기함수는 〈Chapter 4. 다항함수, 대칭성〉에서 자세히 배운다.

$y = g(x)$의 그래프와 $y = h(x)$의 그래프를 바탕으로 보기를 따지자.

1. $\lim\limits_{x \to 0} g(x) = 0$

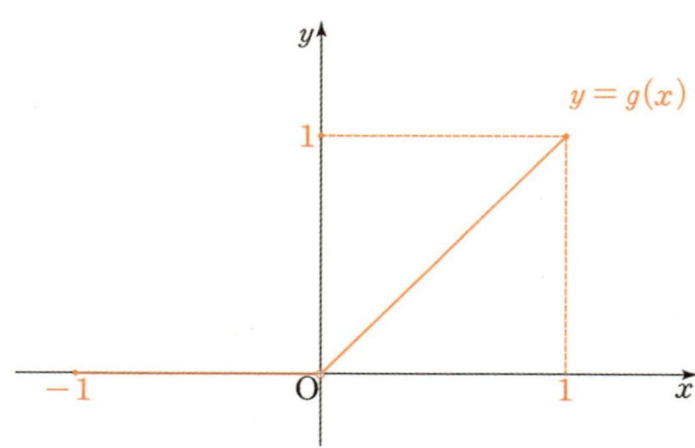

그래프를 보면 $\lim\limits_{x \to 0} g(x) = 0$이다. (O)

극한값과 함숫값을 헷갈리지 말자.

2. **함수 $|h(x)|$는 $x = 0$에서 연속이다.**

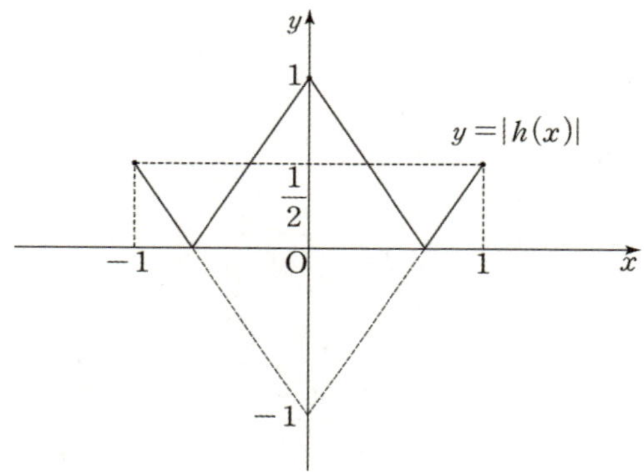

$y = |h(x)|$의 그래프는 $x = 0$에서 연속이다. (O)

3. **함수 $g(x)|h(x)|$는 $x = 0$에서 연속이다.**

선지 (ㄱ), (ㄴ)에서 활용한 $y = g(x)$의 그래프와 $y = |h(x)|$의 그래프를 보자.
(ㄱㄴㄷ문항에서 ㄱ, ㄴ은 ㄷ을 위한 힌트이자 길잡이이다.)

$$\lim\limits_{x \to 0-} g(x)|h(x)| = 0 \times 1 = 0$$
$$\lim\limits_{x \to 0+} g(x)|h(x)| = 0 \times 1 = 0$$
$$g(0)|h(0)| = 1 \times 1 = 1$$

극한값과 함숫값이 다르므로 함수 $g(x)|h(x)|$는 $x = 0$에서 불연속이다. (X)

옳은 것은 ㄱ, ㄴ이므로 **답은 ③!!**

3. $f(x)g(x)$의 연속성 판단

〈함수의 곱〉
연속x연속=연속
연속x불연속=미확정
불연속x불연속=미확정

〈함수의 덧셈, 뺄셈〉
연속 ± 연속 = 연속
연속 ± 불연속 = 불연속
불연속 ± 불연속 = 미확정

〈함수의 나눗셈〉
분수함수의 연속성

이 중에서 문제로 출제되는 것은
미확정인 **연속x불연속, 불연속×불연속, 불연속±불연속, 분수함수의 연속성이다.**

불연속±불연속 유형은 별다른 해법이 존재하지 않으므로 연속의 정의에 충실할 수밖에 없다.
즉, 정직하게 $f(a+) \pm g(a+)$, $f(a-) \pm g(a-)$, $f(a) \pm g(a)$ 세 개의 값을 비교하여 연속성을 판단하면
된다. 세 값이 모두 같다면 $x = a$에서 연속이고, 단 하나라도 다르다면 $x = a$에서 불연속이다.

반면, 연속x불연속 유형과 불연속×불연속 유형은 연속성 판정의 태도와 도구가 존재하며 가장 많이 출제되는 경우다.
특히, 연속x불연속 유형의 출제 빈도가 압도적이다.
다음 페이지에서 연속×불연속 유형을 먼저 살펴보고, 불연속×불연속 유형을 살펴보자.

분수함수의 연속성은 꽤 복잡하고, 오개념도 많으므로 〈4. 분수함수의 연속성〉 파트에서 독립적으로 공부하자.

(1) 불연속함수 $f(x)$와 연속함수 $g(x)$에 대해 $f(x)g(x)$의 연속성

$x = a$ 부근에서 정의된 함수 $f(x)$가 $x = a$에서 불연속이고, 함수 $g(x)$는 연속이라고 해보자.
이때, $f(a+)$, $f(a-)$가 모두 존재하는지 아닌지에 따라 $f(x)g(x)$의 $x = a$에서의 연속성 판단이 두 가지
CASE로 나뉜다.

(ⅰ) 만약 $f(a+)$, $f(a-)$가 모두 존재한다면 $f(x)g(x)$가 $x = a$에서 연속이 되기 위한 조건은 $g(a) = 0$이다.

매우 유명한 공식이다. 증명도 매우 간단하다.
$g(x)$는 $x = a$에서 연속이므로 $\displaystyle\lim_{x \to a+} g(x) = \lim_{x \to a-} g(x) = g(a) = k$ 이다. (단, k는 상수.)

$f(x)$는 $x = a$에서 불연속이고 좌·우 극한값이 모두 존재하므로
$\displaystyle\lim_{x \to a+} f(x) = p, \ \lim_{x \to a-} f(x) = q, \ f(a) = r$이다.
(단, p, q, r은 상수이고 p, q, r 중 적어도 두 개의 값은 서로 다르다.)

$f(x)g(x)$가 $x = a$에서 연속이 되려면 $\displaystyle\lim_{x \to a+} f(x)g(x) = \lim_{x \to a-} f(x)g(x) = f(a)g(a)$를 만족해야 한다.
즉, $pk = qk = rk$여야 한다. p, q, r 중 적어도 두 개의 값이 서로 다르므로 이를 만족하려면 $k = 0$이어야
한다. 따라서 $f(x)g(x)$가 $x = a$에서 연속이 되기 위한 조건은 $g(a) = 0$이다.

**대부분의 연속성 관련 기출 문제가 이 유형에 속하고 풀이법도 $g(a) = 0$이다. 하지만 매번 이 유형이
나올 때마다 $\displaystyle\lim_{x \to a+} f(x)g(x) = \lim_{x \to a-} f(x)g(x) = f(a)g(a)$을 따지기는 매우 귀찮다.**

따라서 $f(a)$, $f(a+)$, $f(a-)$가 모두 존재할 때 이를 $x = a$에서 '수렴하는 불연속'이라 부르자.

**예를 들어, $f(x)$가 $x = a$, $x = b$에서 수렴하는 불연속이고 $g(x)$가 실수 전체의 집합에서 연속이면,
$f(x)g(x)$가 실수 전체의 집합에서 연속일 조건은 $g(a) = g(b) = 0$이다.**

(ⅱ) 만약 $f(a+)$, $f(a-)$ 중 하나라도 존재하지 않는다면
$\displaystyle\lim_{x \to a+} f(x)g(x) = \lim_{x \to a-} f(x)g(x) = f(a)g(a)$를 직접 따져봐야 한다.

함수 $f(x)$가 $x = a$에서 불연속이고 함수 $g(x)$가 실수 전체의 집합에서 연속일 때,
$g(a) = 0$이기만 하면 $f(x)g(x)$가 연속이라 생각하는 경우가 있지만 이는 오개념이다.
예를 들어, $f(x) = \dfrac{1}{x^2}$이고 $g(x) = x$일 때 $f(x)g(x) = \dfrac{1}{x}$이므로 $x = 0$에서 여전히 불연속이다.

**이처럼 $f(x)$가 수렴하는 불연속이 아닌 경우는 직접 $f(x)$, $g(x)$의 함수식을 곱하여
$\displaystyle\lim_{x \to a+} f(x)g(x) = \lim_{x \to a-} f(x)g(x) = f(a)g(a)$를 확인해야 한다.**

(2) 불연속함수 $f(x)$와 불연속함수 $g(x)$에 대해 $f(x)g(x)$의 연속성

실수 전체의 집합에서 정의된 함수 $f(x)$가 $x=a$에서만 불연속이고,
실수 전체의 집합에서 정의된 함수 $g(x)$가 $x=b$에서만 불연속이라 할 때 (단, 불연속 지점 모두 '수렴하는 불연속') $f(x)g(x)$가 실수 전체의 집합에서 연속이 될 조건을 구해보자.

① $f(x)$와 $g(x)$의 불연속 지점이 겹치는 경우 $(a=b)$

많이들 놓치는 경우지만 반드시 확인해야 한다. $a=b$인 경우 $f(x)$와 $g(x)$ 모두 $x=a$에서 불연속이다.
불연속×불연속 유형은 그 결과가 연속일지 불연속일지 알 수 없기에,
직접 $\displaystyle\lim_{x\to a+}f(x)g(x)=\lim_{x\to a-}f(x)g(x)=f(a)g(a)$을 확인해야 한다.

② $f(x)$와 $g(x)$의 불연속 지점이 겹치지 않는 경우 $(a\neq b)$

이 경우에는 함수 하나씩 단계적으로 따져라. 함수들을 복합적으로 생각하는 순간, 사고가 꼬이기 시작한다.
비단 연속성뿐만 아니라 다른 함수 문제도 마찬가지이다.
하나의 문제에서 함수가 여러 개가 제시되면 복합적으로 따지지 마라.

단계적으로 따지는 것은 이러한 과정을 의미한다.

ⅰ) 먼저 따질 함수를 정한다.
　　$f(x)$로 정하자.

ⅱ) $f(x)$의 불연속 지점을 해결하자.
　　$x=a$에서 $f(x)$는 수렴하는 불연속이고,
　　$g(x)$는 연속이므로 $g(a)=0$이면 $f(x)$의 불연속 지점이 해결된다.

ⅲ) $f(x)$의 불연속 지점은 해결되었으므로 $g(x)$의 불연속 지점을 해결하자.
　　$x=b$에서 $g(x)$는 수렴하는 불연속이고, $f(x)$는 연속이므로 $f(b)=0$이면 된다.

기출 문제를 풀면서 지금까지 배운 연속성 관련 태도와 도구를 적용해 보자.

두 함수

$$f(x) = \begin{cases} x+3 & (x \leq a) \\ x^2 - x & (x > a) \end{cases}, \ g(x) = x - (2a+7)$$

에 대하여 함수 $f(x)g(x)$가 실수 전체의 집합에서 연속이 되도록 하는 모든 실수 a의 값의 곱을 구하시오. [4점]

1. $f(x)$는 미지수 a를 경계로 구간에 따라 정의된 함수이므로 그래프를 그릴 수 없다.
   즉, **그래프를 통해 연속성을 판단할 수 없으므로 연속의 정의에 따라 식으로 판단**해야 한다.

   $g(x)$는 실수 전체의 집합에서 연속이고, $f(x)$의 불연속 의심점은 $x=a$뿐이므로
   $x=a$에서의 연속성만 체크하면 된다.

   이때, 불연속 의심점이라고 한 것에 주목하자. $f(x)$는 $x=a$에서 불연속이라고 확정할 수 없다.
   따라서 $f(x)$의 $x=a$에서의 연속 여부에 따라 두 가지 케이스로 나눠야 한다.

   (1) $f(x)$가 $x=a$에서 연속인 경우

   이 경우 $f(x)g(x)$는 실수 전체의 집합에서 연속이다.

   $$f(a-)=f(a+)=f(a)\text{이므로 } a+3=a^2-a,\ a^2-2a-3=0$$
   $$\therefore\ a=3 \text{ 또는 } a=-1$$

   (2) $f(x)$가 $x=a$에서 불연속인 경우

   $f(x)$는 $x=a$에서 '수렴하는 불연속'이므로 $g(a)=0$이면 $f(x)g(x)$는 $x=a$에서 연속이다.

   주의 : $f(x)$가 $x=a$에서 불연속이므로 $a\neq 3,\ a\neq -1$이어야 한다.
   　　　 실수는 사소하지만 논리적인 부분에서 발생한다.
   　　　 평가원이 실수를 유도하는 집단은 아니지만, 평소에 빈틈없는 논리적 사고로 공부하면서
   　　　 애초에 실수할 수 없는 풀이가 가능하도록 연습하자.

   $$g(a)=0\text{이므로 } -a-7=0$$
   $$\therefore\ a=-7\ (\neq 3,\ -1)$$

2. 따라서 (1), (2)에 의하여 가능한 모든 실수 a의 값의 곱은 $3\times(-1)\times(-7)=21$이다.

답은 21!!

---

1. 기본적으로 그래프를 그릴 수 있다면 그래프를 통해 연속성을 따지고, 그래프를 그릴 수 없다면 식으로 연속성을 따진다.
2. 확실한 불연속 지점인지 불연속 의심점인지 정확히 파악하라.
3. 단계적이고, 논리적인 사고를 체화하여 애초에 실수가 나올 수 없는 풀이를 추구하자.

함수

$$f(x) = \begin{cases} x+2 & (x < -1) \\ 0 & (x = -1) \\ x^2 & (-1 < x < 1) \\ x-2 & (x \geq 1) \end{cases}$$

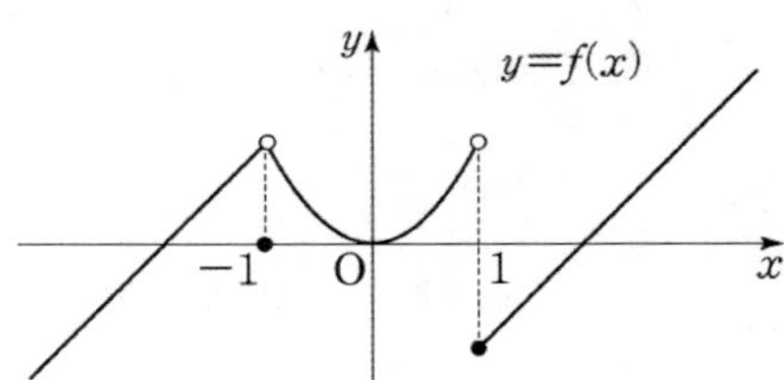

에 대하여 옳은 것만을 <보기>에서
있는 대로 고른 것은? [3점]

<보   기>

ㄱ. $\displaystyle\lim_{x \to 1+} \{f(x) + f(-x)\} = 0$

ㄴ. 함수 $f(x) - |f(x)|$ 가 불연속인 점은 1 개이다.

ㄷ. 함수 $f(x)f(x-a)$ 가 실수 전체의 집합에서 연속이 되는 상수 a 는 없다.

① ㄱ　　　② ㄱ, ㄴ　　　③ ㄱ, ㄷ　　　④ ㄴ, ㄷ　　　⑤ ㄱ, ㄴ, ㄷ

그래프가 제시됐으므로 그래프를 바탕으로 사고하자. 판단이 애매할 때는 식의 도움을 빌린다.

1. $x = 1$에서의 우극한을 물었으므로, 그 지점에만 집중하면 된다.

〈그래프 관점〉

$y = f(x)$의 그래프를 보면 $f(1+) = -1$이다. $y = f(-x)$의 그래프는 $y = f(x)$의 그래프를 y축에 대해 대칭시킨 것이므로 오른쪽 그림과 같다. 따라서 $\lim\limits_{x \to 1+} f(-x) = 1$이다.

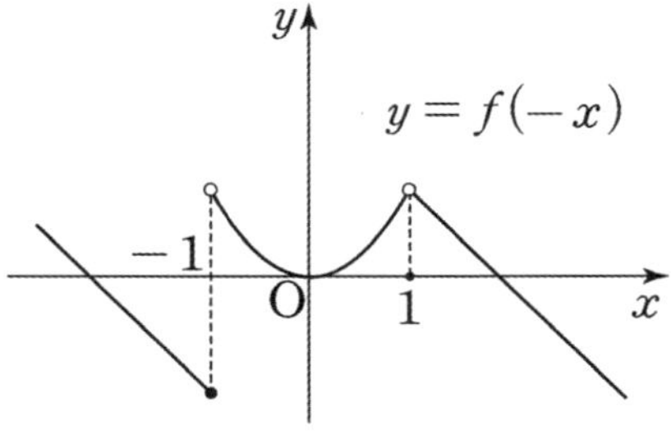

$$\therefore \lim_{x \to 1+} \{f(x) + f(-x)\} = -1 + 1 = 0 \ (\text{O})$$

〈식의 관점〉

$$\lim_{x \to 1+} \{f(x) + f(-x)\} = f(1+) + f(-1-) = -1 + 1 = 0$$

2. 절댓값이 포함된 함수의 연속성을 따져야 하고, 연속성을 따지는 데에 그래프는 굉장히 유용하다. 또한, 식으로 따지기 까다로운 절댓값이 등장했으며 불연속인 모든 점을 구해야 한다.

따라서 $y = f(x) - |f(x)|$**의 그래프를 그려서 연속성을 판단하는 게 유리하다.** 연속성 판단의 1순위는 그래프이다.

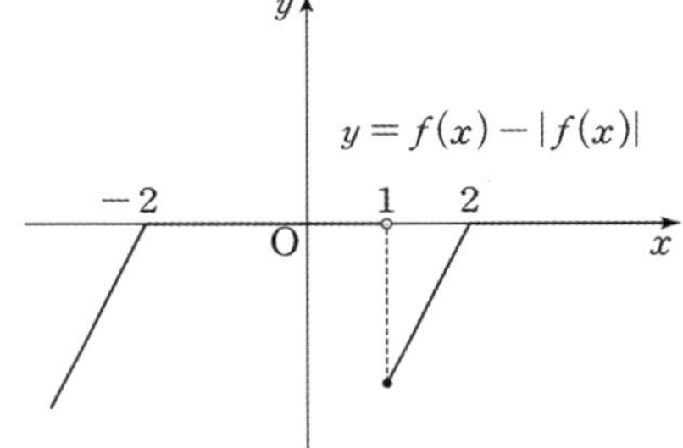

$$f(x) - |f(x)| = \begin{cases} 0 & (f(x) \geq 0) \\ 2f(x) & (f(x) < 0) \end{cases}$$

이므로 $y = f(x) - |f(x)|$의 그래프는 오른쪽 그림과 같다. 함수 $f(x) - |f(x)|$는 $x = 1$에서 불연속이다. (O)

※ 식 판단

그래프로 연속성을 판단할 수 있는 경우에 굳이 식을 쓴다면 시간이 더 소요되므로, 기준은 그래프로 두는 게 효율적이다. 하지만 빠른 판단을 위해 그래프를 우선시하는 것일 뿐, 식으로도 연속성 판단이 가능하다.

만약 선지 (ㄴ)이 '$x = 1$에서 함수 $f(x) - |f(x)|$는 불연속이다.'로 제시되었다면 식으로 판단하는 것도 나쁘지 않다.

그러나 지금처럼 불연속점을 모두 구해야 하는 경우 식으로 일일이 따지기는 힘들므로 그래프를 그려 한눈에 판단하는 것이 훨씬 수월하다.

3. $f(x)f(x-a)$가 실수 전체의 집합에서 연속이 되게끔 하는 a를 찾아보자. $f(x)$와 $f(x-a)$는 모두 불연속함수이므로 불연속 지점이 겹칠 때와 겹치지 않을 때로 케이스를 나누자.

태도 : 단정적 진술이 나온 경우, 반례를 찾으려는 시도를 해야 한다.

(1) 불연속 지점이 겹칠 때 ($a=0$)

함수 $f(x)$는 $x=-1$과 $x=1$에서 불연속이므로 함수 $\{f(x)\}^2$의 불연속 의심 지점은 $x=-1$과 $x=1$이다.

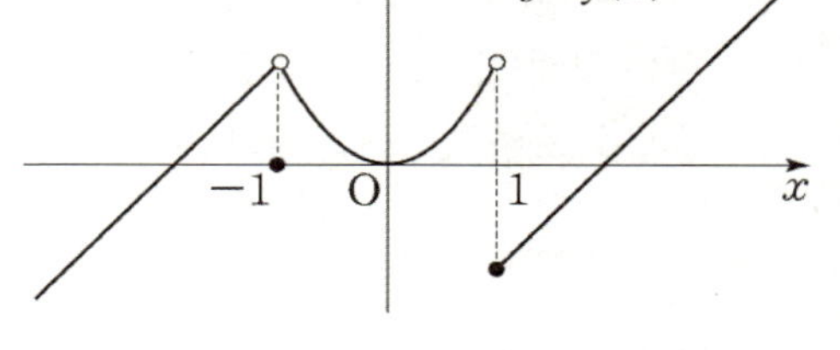

$$\{f(-1-)\}^2 = 1\times 1 = 1,$$
$$\{f(-1+)\}^2 = 1\times 1 = 1,$$
$$\{f(-1)\}^2 = 0\times 0 = 0$$
$$\{f(1-)\}^2 = 1\times 1 = 1, \ \{f(1+)\}^2 = (-1)\times(-1) = 1, \ \{f(1)\}^2 = (-1)\times(-1) = 1$$

함수 $\{f(x)\}^2$은 $x=1$에서는 연속이지만 $x=-1$에서 불연속이다. 따라서 $a=0$인 경우 함수 $f(x)f(x-a)$는 실수 전체의 집합에서 연속이 될 수 없다.

※ 대부분 학생이 $a=0$인 경우를 따지지 않았을 것으로 예상된다. 하지만 $a=0$인 경우도 반드시 따져줘야 한다. $a=0$인 경우 함수 $\{f(x)\}^2$은 $x=-1$, $x=1$에서 **불연속×불연속이 되고,** 불연속×불연속은 그 결과가 연속일지 불연속일지 알 수 없으므로 직접 따져봐야 한다.

$\{f(x)\}^2$**이 $x=\pm 1$에서 동일한 불연속×불연속이더라도 $x=1$에서는 연속인 반면 $x=-1$에서는 불연속이다.** 만약 $a=0$일 때 $x=-1$일 때도 연속으로 만들어주고 다른 a의 값에서는 연속이 되지 못하게끔 $f(x)$를 구성했다면 많은 학생들이 선지 (ㄷ)을 틀렸을 것이다. $a=0$을 따지지 않고 선지 (ㄷ)을 틀렸다고 판단할 가능성이 크기 때문이다.

(2) 불연속 지점이 겹치지 않을 때 ($a \neq 0$)

$f(x)$의 불연속 지점부터 해결하자. $f(x)$는 $x=\pm 1$에서 불연속이다. $f(x)f(x-a)$가 이 두 지점에서 연속이 되려면 $y=f(x-a)$의 그래프가 두 점 $(-1,0)$, $(1,0)$을 동시에 지나가야 한다. 이를 만족하려면 $y=f(x)$의 그래프를 x축 방향으로 -1만큼 평행이동하거나, 1만큼 평행이동 하면 되므로 a의 값은 -1 또는 1이다.

$a=-1$**일 때 $f(x-a)$의 불연속 지점이 해결되는지 체크하자.** $f(x-a)$는 $x=-2$, $x=0$에서 불연속이다. $f(-2)=f(0)=0$이므로, $f(x-a)$의 불연속 지점도 해결되었다.

$a=1$**일 때 $f(x-a)$의 불연속 지점이 해결되는지 체크하자.** $f(x-a)$는 $x=2$, $x=0$에서 불연속이다. $f(2)=f(0)=0$이므로, $f(x-a)$의 불연속 지점도 해결되었다.

따라서 $a=\pm 1$일 때 함수 $f(x)f(x-a)$는 실수 전체의 집합에서 연속이다. (X)

옳은 것은 ㄱ, ㄴ이므로 **답은 ②!!**

집합 $\{x|0 < x < 2\}$ 에서 정의된 함수 $f(x)$ 가

$$f(x) = \begin{cases} \dfrac{1}{x} - 1 & (0 < x \leq 1) \\[2mm] \dfrac{1}{x-1} - 1 & (1 < x < 2) \end{cases}$$

일 때, 함수 $y = f(x)g(x)$ 가 $x = 1$ 에서 연속이 되도록 하는 함수 $g(x)$ 를 <보기>에서 모두 고른 것은? [3점]

<보 기>

ㄱ. $g(x) = (x-1)^2$ $(0 < x < 2)$

ㄴ. $g(x) = (x-1)^3 + 1$ $(0 < x < 2)$

ㄷ. $g(x) = \begin{cases} x^2 + 1 & (0 < x \leq 1) \\ (x-1)^3 & (1 < x < 2) \end{cases}$

① ㄱ   ② ㄴ   ③ ㄱ, ㄷ   ④ ㄴ, ㄷ   ⑤ ㄱ, ㄴ, ㄷ

$f(x)$는 $x = 1$에서의 우극한이 존재하지 않는다.
수렴하지 않는 불연속이 등장했으므로 안전하게 $f(x)$의 식과 $g(x)$의 식을 직접 곱해보는 게 좋다.

〈정석적 풀이 : $f(x)g(x)$의 식을 바탕으로 연속의 정의를 직접 따지기〉

1. $g(x) = (x-1)^2 \ (0 < x < 2)$

$$f(x)g(x) = \begin{cases} \dfrac{(x-1)^2}{x} - (x-1)^2 & (0 < x \le 1) \\ (x-1) - (x-1)^2 & (1 < x < 2) \end{cases}$$

$f(1-)g(1-) = f(1+)g(1+) = f(1)g(1) = 0$이다. $x = 1$에서 연속이다. (O)

2. $g(x) = (x-1)^3 + 1 \ (0 < x < 2)$

$$f(x)g(x) = \begin{cases} \{(x-1)^3 + 1\}\left(\dfrac{1}{x} - 1\right) & (0 < x \le 1) \\ \{(x-1)^3 + 1\}\left(\dfrac{1}{x-1} - 1\right) = (x-1)^2 + \dfrac{1}{x-1} - (x-1)^3 - 1 & (1 < x < 2) \end{cases}$$

$f(1-)g(1-) = f(1)g(1) = 0$이지만 $f(1+)g(1+) = \infty$ 이다. $x = 1$에서 불연속이다. (X)

3. $g(x) = \begin{cases} x^2 + 1 & (0 < x \le 1) \\ (x-1)^3 & (1 < x < 2) \end{cases}$

$$f(x)g(x) = \begin{cases} (x^2 + 1)(\dfrac{1}{x} - 1) & (0 < x \le 1) \\ (x-1)^2 - (x-1)^3 & (1 < x < 2) \end{cases}$$

$f(1-)g(1-) = f(1+)g(1+) = f(1)g(1) = 0$이다. $x = 1$에서 연속이다. (O)

연속인 경우는 ㄱ, ㄷ이므로 답은 ③!!

〈$g(x)$의 연속성을 구분하여 푸는 풀이〉

선지 (ㄱ), (ㄴ) : $g(x)$는 연속함수
선지 (ㄷ) : $g(x)$는 $x=1$에서 불연속

① ㄱ, ㄴ은 연속×불연속 유형이다.
　$f(x)$와 $g(x)$를 좀 더 자세히 살펴보면,

　$x=1$에서
　$f(x) : f(1-)=0,\ f(1+)=\infty,\ f(1)=0 \rightarrow$ 발산
　$g(x)$: 연속

　$f(x)$가 만약 수렴하는 불연속이라면
　$g(1)=0$일 경우 $f(x)g(x)$는 $x=1$에서 연속이지만 $f(1+)=\infty$이므로 이 풀이를 적용할 수 없다.
　그러나 식 작성을 줄일 수는 있다.

　$f(1-)=0,\ f(1)=0$이므로 $g(x)$의 값과 관계없이 $f(1-)g(1-)=f(1)g(1)=0$이다.
　따라서 $x>1$일 때만 두 식을 직접 곱해서 $f(1+)g(1+)$이 0인지 확인해주면 된다.

② ㄷ은 불연속×불연속 유형이다.
　연속×불연속 유형을 제외한 형태에서는 별다른 쉬운 해법이 없어 연속의 정의를 통해 식으로 확인
　하는 수밖에 없다.

최고차항의 계수가 1이고 $f(-3)=f(0)$인 삼차함수 $f(x)$에 대하여 함수 $g(x)$를

$$g(x)=\begin{cases} f(x) & (x<-3 \text{ 또는 } x\geq 0) \\ -f(x) & (-3\leq x<0) \end{cases}$$

이라 하자. 함수 $g(x)g(x-3)$이 $x=k$에서 불연속인 실수 k의 값이 한 개일 때, <보기>에서 옳은 것만을 있는 대로 고른 것은? [4점]

───────────────── <보 기> ─────────────────

ㄱ. 함수 $g(x)g(x-3)$은 $x=0$에서 연속이다.

ㄴ. $f(-6)\times f(3)=0$

ㄷ. 함수 $g(x)g(x-3)$이 $x=k$에서 불연속인 실수 k가 음수일 때 집합 $\{x\,|\,f(x)=0,\ x$는 실수$\}$의 모든 원소의 합이 -1이면 $g(-1)=-48$이다.

① ㄱ   ② ㄱ, ㄴ   ③ ㄱ, ㄷ   ④ ㄴ, ㄷ   ⑤ ㄱ, ㄴ, ㄷ

1. 함수 $g(x)$가 $x=-3$, $x=0$에서 모두 연속이면
$f(-3)=-f(-3) \Rightarrow f(-3)=0$, $f(0)=-f(0) \Rightarrow f(0)=0$ 이 성립한다.
그런데 $f(-3)=f(0)=0$ 이면 함수 $g(x-3)$도 실수 전체의 집합에서 연속이 되므로,
문제의 주어진 조건에 모순이다. (함수 $g(x)g(x-3)$이 불연속인 x가 하나 있어야 한다.)

따라서 $f(-3)=f(0)\neq 0$ 이고, 함수 $g(x)$는 $x=-3$에서 불연속, $x=0$에서도 불연속이다.
함수 $g(x-3)$은 $x=0$에서 불연속, $x=3$에서도 불연속이므로 함수 $g(x)g(x-3)$은 $x=-3$,
$x=0$, $x=3$에서 불연속이 될 수도 있고, 이 중 하나의 x에서만 불연속이어야 한다.

2. $x=0$ 에서 함수 $g(x)g(x-3)$의 연속성을 파악해보자.

$$\lim_{x \to 0-} g(x)g(x-3) = -f(0)f(-3), \quad \lim_{x \to 0+} g(x)g(x-3) = -f(0)f(-3),$$

$g(0)g(-3) = -f(0)f(-3)$이므로 함수 $g(x)g(x-3)$은 $x=0$에서 연속이고, 선지 ㄱ.은 참.

$x=-3$ 에서 함수 $g(x)g(x-3)$의 연속성을 파악해보자.

$$\lim_{x \to -3-} g(x)g(x-3) = f(-3)f(-6), \quad \lim_{x \to -3+} g(x)g(x-3) = -f(-3)f(-6),$$

$g(-3)g(-6) = f(-3)f(-6)$ 이므로 함수 $g(x)g(x-3)$이 $x=-3$에서 연속이 되기 위한
필요충분조건은 $-f(-3)f(-6) = f(-3)f(-6) \Rightarrow f(-6) = 0$ 이다. $\cdots$ (①)

$x=3$ 에서 함수 $g(x)g(x-3)$의 연속성을 파악해보자.

$$\lim_{x \to 3-} g(x)g(x-3) = -f(3)f(0), \quad \lim_{x \to 3+} g(x)g(x-3) = f(3)f(0), \quad g(3)g(0) = f(3)f(0)$$

이므로 함수 $g(x)g(x-3)$이 $x=3$에서 연속이 되기 위한 필요충분조건은
$-f(3)f(0) = f(3)f(0) \Rightarrow f(3) = 0$ 이다. $\cdots$ (②)

따라서 함수 $g(x)g(x-3)$이 $x=k$에서 불연속인 실수 k의 값이 한 개이기 위해서는
(①), (②)에 관계없이 $f(-6) \times f(3) = 0$ 이므로 선지 ㄴ.도 참이다.

---

3. 선지 ㄴ.과 (②)로부터 $f(3)=0$임을 알 수 있으므로, $f(x) = (x-3)(x^2+ax+b)$라 할 수
있다. $f(-3) = 18a - 6b - 54$, $f(0) = -3b$ 이므로 $f(-3) = f(0) \Rightarrow b = 6a - 18$ 이다.
선지 ㄷ.의 집합의 모든 원소의 합이 -1이기 위해서는 방정식 $f(x) = 0$ 이
$x=3$을 포함한 서로 다른 세 실근을 갖는 경우 $\cdots$ (③)
$x=-4$를 중근으로 갖고, $x=3$을 실근으로 갖는 경우 $\cdots$ (④)
$x=-4$를 실근으로 갖고, $x=3$을 중근으로 갖는 경우 $\cdots$ (⑤)를 생각해볼 수 있다.

(③)의 경우, 방정식 $f(x)=0$ 의 서로 다른 세 실근의 합은 이차방정식 $x^2+ax+6a-18=0$ 의
근과 계수의 관계에 의하여 $3-a = -1 \Rightarrow a = 4$ 임을 알 수 있다.
그런데 이 경우 $x^2+ax+6a-18=0 \Rightarrow x^2+4x+6=0$, $D<0$ 이므로 모순이다.

(④)의 경우, $f(x) = (x-3)(x^2+ax+6a-18) \Rightarrow x^2+ax+6a-18 = (x+4)^2$
$\Rightarrow a=8$, $6a-18=16$ 이므로 모순이다.

(⑤)의 경우, $= (x-3)(x^2+ax+6a-18) \Rightarrow x^2+ax+6a-18 = (x-3)(x+4)$
$\Rightarrow a=1$, $6a-18=-12$ 이므로 모순이 아니다.
따라서 $f(x) = (x-3)^2(x+4) \Rightarrow g(-1) = -f(-1) = -48$ 이므로 선지 ㄷ.도 참이다.

답은 ⑤!!

최고차항의 계수가 4이고 서로 다른 세 극값을 갖는 사차함수 $f(x)$와 두 함수 $g(x)$,

$$h(x) = \begin{cases} 4x + 2 & (x < a) \\ -2x - 3 & (x \geq a) \end{cases}$$

가 있다. 세 함수 $f(x)$, $g(x)$, $h(x)$가 다음 조건을 만족시킨다.

> (가) 모든 실수 x에 대하여 $|g(x)| = f(x)$, $\displaystyle\lim_{t \to 0+} \frac{g(x+t) - g(x)}{t} = |f'(x)|$ 이다.
>
> (나) 함수 $g(x)h(x)$는 실수 전체의 집합에서 연속이다.

$g(0) = \dfrac{40}{3}$일 때, $g(1) \times h(3)$의 값을 구하시오. (단, a는 상수이다.) [4점]

1. 사차함수 $f(x)$ 는 최솟값을 갖고,

모든 실수 x 에 대하여 $|g(x)| = f(x) \geq 0$ 인 것에서 사차함수 $f(x)$ 의 최솟값은 음수가 아니다.

사차함수 $f(x)$ 가 $x = \alpha$, $x = \beta$, $x = \gamma \, (\alpha < \beta < \gamma)$ 에서 극값을 갖고, $x = \gamma$ 에서 최솟값을

갖는다 하자.

함수 $|f'(x)|$ 는 실수 전체의 집합에서 연속이므로

함수 $\displaystyle\lim_{t \to 0+} \frac{g(x+t) - g(x)}{t} = \lim_{s \to 0+} g'(x+s)$ 도 실수 전체의 집합에서 연속이고,

모든 실수 x 에 대하여 $\displaystyle\lim_{s \to 0+} g'(x+s) \geq 0$ 이다.

따라서 이를 만족시키기 위해서는 함수 $f(x)$ 가 감소하는 모든 구간에서 $g(x) = -f(x)$,

함수 $f(x)$ 가 증가하는 모든 구간에서 $g(x) = f(x)$ 가 되어야 하고,

$f(\gamma) > 0$ 이면 함수 $g(x)$ 가 $x = p$ 에서 불연속인 p 의 개수는 3 ,

$f(\gamma) = 0$ 이면 함수 $g(x)$ 가 $x = p$ 에서 불연속인 p 의 개수는 2 이다.

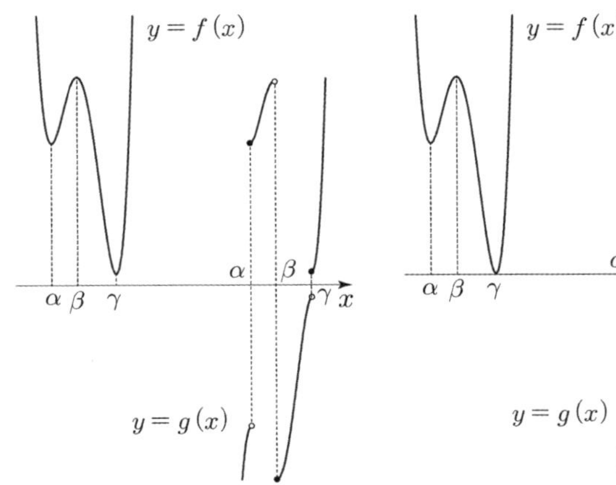

2. 함수 $g(x)$ 가 $x = p$ 에서 불연속인 것에서 조건 (나)를 만족시키기 위해서는

함수 $g(x)h(x)$ 가 $x = p$ 에서 연속이어야 하므로

$g(p)h(p) = \displaystyle\lim_{x \to p-} g(x)h(x) = \lim_{x \to p+} g(x)h(x)$ 가 성립한다.

따라서 $h(p) = \displaystyle\lim_{x \to p-} h(x) = \lim_{x \to p+} h(x) = 0 \, \cdots \, ①$ 이거나

$h(p) \neq 0$ 이고 $h(p) = -\displaystyle\lim_{x \to p-} h(x) = \lim_{x \to p+} h(x) \, \cdots \, ②$ 가 성립하여야 한다.

① 을 만족시키는 실수 p 의 값은

$a \leq -\dfrac{3}{2}$ 일 때 $p = -\dfrac{3}{2}$, $-\dfrac{3}{2} < a \leq -\dfrac{1}{2}$ 일 때 존재하지 않고, $a > -\dfrac{1}{2}$ 일 때 $p = -\dfrac{1}{2}$ 이다.

실수 p 가 ② 를 만족시키면 함수 $h(x)$ 는 $x = p$ 에서 반드시 불연속이므로 $p = a$ 이고,

$4p + 2 = -(-2p-3)$ 에서 $p = a = \dfrac{1}{2}$ 이다.

따라서 ①, ② 를 만족시키는 실수 p 의 개수는 상수 a 의 값에 따라 2 개까지 존재할 수 있으므로

$a = \dfrac{1}{2}$ 이고, $f(\alpha) = 0$ 이거나 $f(\gamma) = 0$ 임을 알 수 있다.

3. $f(\alpha) = 0$ 이면 함수 $g(x)$ 는 $x = -\dfrac{1}{2}$, $x = \dfrac{1}{2}$ 에서 불연속이므로

$\beta = -\dfrac{1}{2}$, $\gamma = \dfrac{1}{2}$, $g(0) < 0$ 이다.

따라서 $f(\gamma) = 0$ 이고, 함수 $g(x)$ 는 $x = -\dfrac{1}{2}$, $x = \dfrac{1}{2}$ 에서 불연속이므로

$\alpha = -\dfrac{1}{2}$, $\beta = \dfrac{1}{2}$, $g(0) = f(0)$ 이다.

$f'(x) = 16\left(x + \dfrac{1}{2}\right)\left(x - \dfrac{1}{2}\right)(x - \gamma)$ 이므로 양변을 부정적분하면

$f(x) = 4x^4 - \dfrac{16\gamma}{3}x^3 - 2x^2 + 4\gamma x + \dfrac{40}{3}$

$f(\gamma) = -\dfrac{4}{3}\gamma^4 + 2\gamma^3 + \dfrac{40}{3} = 0$, $(2\gamma^2 + 5)(\gamma + 2)(\gamma - 2) = 0$, $\gamma = 2$

따라서 $g(1) = -f(1) = -\dfrac{38}{3}$, $h(3) = -9$ 이므로 $g(1) \times h(3) = 114$ 이다.

답은 114!!

4. 분수함수의 연속성

분수함수의 형성부터 살펴보자. 다음 두 가지 조건을 보고 $f(x)$의 식을 작성해 봐라.

(가) $f(x)$는 실수 전체의 집합에서 정의된 함수이다.
(나) 모든 실수 x에 대해 $(x-1)f(x)=(x-1)(x-2)$이다.

(나)에서 $(x-1)$을 지운 다음 $f(x)=x-2$라고 생각한 사람은 오개념을 가지고 있으므로 집중하자.

1. 항등식에서는 함부로 '약분'을 하면 안 된다. 반드시 '나누기'를 통해 양변의 공통항을 지워야 한다.

즉, $(x-1)f(x)=(x-1)(x-2)$에서도 $(x-1)$을 함부로 약분하면 안되고,
반드시 양변을 $(x-1)$로 나누는 과정을 거쳐야 한다.

나누기를 하면 '0이 아닌 수' 개념이 등장한다. 모든 나누는 수나 문자의 값은 0이 아니어야 한다.
따라서 양변을 $(x-1)$로 나눌 때에도 $x-1 \neq 0$, 즉 $x \neq 1$을 전제로 나누기를 해야 한다.
앞으로 양변을 문자 a로 나눌 때는 $(a \neq 0)$을 반드시 옆에 써두자.

정리하면 다음과 같다.
$(x-1)f(x)=(x-1)(x-2)$의 양변을 $(x-1)$로 나누면 $f(x)=x-2 \ (x \neq 1)$이다.
(실제 기출 문제에서는 $f(x)=\dfrac{(x-2)(x-1)}{x-1} \ (x \neq 1)$로 제시하는 경우가 많다.)

2. Q) 그러면 (가) 조건은 도대체 무엇인가? $f(x)$는 모든 실수 x에서 정의되어야 하는데,
  $f(x)=x-2$는 1이 아닌 모든 실수에서 정의되었지 않았나? $f(1)$은 도대체 무엇인가?

A) $f(1)$은 존재한다. $f(x)$는 $x=1$에서도 정의되었기 때문이다.
하지만 (가), (나) 조건만 가지고는 $f(1)$의 값을 알 수 없다.

여기서 출제자가 $f(1)$의 값을 알려주는 두 가지 방법이 존재한다.
(i) 위의 두 조건과는 독립적으로 $f(1)$의 값을 알 수 있는 다른 조건을 제시하든가,
(ii) (가) 조건을 '$x=1$에서 연속인 $f(x)$' 또는 '실수 전체의 집합에서 연속인 $f(x)$'로 바꾸던가.

(ii)가 많이 등장하는 조건인데, 이렇게 되면 연속의 정의를 이용할 수 있다.
$f(x)$가 $x=1$에서 연속이면 $\lim\limits_{x\to 1}f(x)=f(1)$이다. $\lim\limits_{x\to 1}$ 은 $x \neq 1$을 내포하므로
$f(x)=x-2 \ (x \neq 1)$의 양변에 $\lim\limits_{x\to 1}$ 를 취해주면 $\lim\limits_{x\to 1}f(x)=\lim\limits_{x\to 1}(x-2)=-1=f(1)$이다.

따라서 $f(x)=x-2 \ (x \neq 1)$, $f(1)=-1$이므로 모든 실수 x에 대하여 $f(x)=x-2$이다.

두 자연수 $a,\ b\ (a < b < 8)$에 대하여 함수 $f(x)$는

$$f(x) = \begin{cases} |x+3|-1 & (x < a) \\ x-10 & (a \le x < b) \\ |x-9|-1 & (x \ge b) \end{cases}$$

이다. 함수 $f(x)$와 양수 k는 다음 조건을 만족시킨다.

(가) 함수 $f(x)f(x+k)$는 실수 전체의 집합에서 연속이다.
(나) $f(k) < 0$

$f(a) \times f(b) \times f(k)$의 값을 구하시오. [4점]

1. 함수 $f(x)$ 에 대하여

$\displaystyle \lim_{x \to a-} f(x) = |a+3| - 1$, $\displaystyle \lim_{x \to a+} f(x) = f(a) = a - 10$ 인데, a 는 6 이하의 자연수이므로

$|a+3| - 1 \neq a - 10$ 이다. 따라서 함수 $f(x)$ 는 $x = a$ 에서 불연속이다. $\cdots$ ①

$\displaystyle \lim_{x \to b-} f(x) = b - 10$, $\displaystyle \lim_{x \to b+} f(x) = f(b) = |b-9| - 1$ 인데, b 는 7 이하의 자연수이므로

$b - 10 \neq |b-9| - 1$ 이다. 따라서 함수 $f(x)$ 는 $x = b$ 에서 불연속이다.

한편, $f(k) < 0$ 이므로 $a \leq k < b$ 또는 $8 < k < 10$ 이고, $\cdots$ ②

함수 $f(x+k)$ 는 $x = a - k$, $x = b - k$ 에서만 불연속이다.

2. 조건 (가)에 의하여 함수 $f(x)f(x+k)$ 는 $x = a - k$ 에서 연속이어야 하는데,

함수 $f(x)$ 는 $x = a - k$ 에서 연속이므로 $\displaystyle \lim_{x \to a-k} f(x) = f(a-k)$ 이다.

$\displaystyle \lim_{x \to (a-k)-} f(x+k) = \lim_{x \to a-} f(x)$, $\displaystyle \lim_{x \to (a-k)+} f(x+k) = \lim_{x \to a+} f(x) = f(a)$ 이므로

$f(a-k)(|a+3| - 1) = f(a-k)(a-10)$

따라서 $f(a-k) = 0$ ($\because$ ①) 이고, $\cdots$ ③ $a - k = -4$ 또는 $a - k = -2$

ⅰ) $a - k = -4$ 인 경우

②에 의하여 $a + 4 < b$ 또는 $4 < a < 6$

함수 $f(x)$ 는 $x = b$ 에서 불연속이고, 함수 $f(x+k)$ 는 $x = b$ 에서 연속이므로

③에 의하여 $f(b+k) = f(a+b+4) = 0$

이때, $a+b+4 = 8$ 또는 $a+b+4 = 10$ 이므로 $a+b = 4$ 또는 $a+b = 6$ 인데

두 경우 모두 ②를 만족시키지 않는다.

ⅱ) $a - k = -2$ 인 경우

②에 의하여 $a + 2 < b$ ($\because a$ 는 6 이하의 자연수)

함수 $f(x)$ 는 $x = b$ 에서 불연속이고, 함수 $f(x+k)$ 는 $x = b$ 에서 연속이므로

③에 의하여 $f(b+k) = f(a+b+2) = 0$ 이면 함수 $f(x)f(x+k)$ 가 $x = b$ 에서 연속이다.

이때 $a+b+2 = 8$ 또는 $a+b+2 = 10$ 이므로 $a+b = 6$ 또는 $a+b = 8$

$a+b = 6$, $a+2 < b$ 를 만족시키는 a , b 의 순서쌍 (a, b) 는 $(1, 5)$ 뿐이고,

$a+b = 8$, $a+2 < b$ 를 만족시키는 a , b 의 순서쌍 (a, b) 는 $(1, 7)$, $(2, 6)$ 뿐이다.

3. $a=1$, $b=5$, $k=3$ 일 때,

함수 $f(x)$는 $x=1$, $x=5$ 에서만 불연속이고

함수 $f(x+3)$은 $x=-2$, $x=2$ 에서만 불연속이다.

i) , ii)에 의하여 함수 $f(x)f(x+3)$은 $x=-2$, $x=5$ 에서 연속이므로

함수 $f(x)f(x+3)$이 $x=1$, $x=2$ 에서 연속인지를 확인하면 된다.

$f(1+3)=f(4)\neq 0$ 이므로 ③에 의하여 함수 $f(x)f(x+3)$은 $x=1$ 에서 불연속이고

$f(2)\neq 0$ 이므로 ③에 의하여 함수 $f(x)f(x+3)$은 $x=2$ 에서 불연속이다.

같은 방법으로 $a=1$, $b=7$, $k=3$ 일 때도 함수 $f(x)f(x+3)$이 불연속인 x 가 존재한다.

$a=2$, $b=6$, $k=4$ 일 때,

함수 $f(x)$는 $x=2$, $x=6$ 에서만 불연속이고

함수 $f(x+4)$는 $x=-2$, $x=2$ 에서만 불연속이다.

i) , ii)에 의하여 함수 $f(x)f(x+4)$는 $x=-2$, $x=6$ 에서 연속이므로

함수 $f(x)f(x+4)$가 $x=2$ 에서 연속인지를 확인하면 된다.

$$\lim_{x\to 2-} f(x)f(x+4)=\lim_{x\to 2-} f(x)\lim_{x\to 2-} f(x+4)=\lim_{x\to 2-} f(x)\lim_{x\to 6-} f(x)=-16,$$

$$\lim_{x\to 2+} f(x)f(x+4)=\lim_{x\to 2+} f(x)\lim_{x\to 2+} f(x+4)=\lim_{x\to 2+} f(x)\lim_{x\to 6+} f(x)=-16,$$

$$f(2)f(6)=-16$$

따라서 함수 $f(x)f(x+4)$가 $x=2$ 에서 연속이므로 실수 전체의 집합에서 연속이다.

$a=2$, $b=6$, $k=4$ 이므로 $f(a)f(b)f(k)=f(2)f(6)f(4)=(-8)(2)(-6)=96$

답은 96!!

※ 연역적 풀이, 케이스 분류가 포함된 문항이다.

이 내용을 바탕으로 분수함수의 연속성 관련 기출 문제를 살펴보자.

함수 $f(x) = \begin{cases} \dfrac{(3x+2)(x-3)}{x-3} & (x \neq 3) \\ a & (x = 3) \end{cases}$ 가 실수 전체의 집합에서 연속일 때, 상수 a의 값을 구하시오. [4점]

함수 $f(x) = \begin{cases} \dfrac{x^2 - 5x + a}{x-3} & (x \neq 3) \\ b & (x = 3) \end{cases}$ 가 실수 전체의 집합에서 연속일 때, $a+b$의 값은? (단, a와 b는 상수이다.) [4점]

연속의 정의를 바로 적용하여 (1)에서는 $\lim\limits_{x \to 3} \dfrac{(3x+2)(x-3)}{x-3} = a$를 풀고,

(2)에서는 $\lim\limits_{x \to 3} \dfrac{x^2 - 5x + a}{x-3} = b$를 풀면 된다. (1)의 답은 11이고, (2)의 답은 7이다.

우리가 배운 내용을 적용하면
(1)은 '모든 실수 x에 대해 $(x-3)f(x) = (3x+2)(x-3)$이고, $f(x)$는 $x = 3$에서 연속이다.'에서 형성된 것이고, (2)는 '모든 실수 x에 대해 $(x-3)f(x) = x^2 - 5x + a$이고, $f(x)$는 $x = 3$에서 연속이다.'에서 형성된 것이다.

결론적으로 (1)에서 $f(x) = 3x + 2$이고, (2)에서 $f(x) = x - 2$이지만 분수함수의 연속 개념을 제대로 알고 있는지를 알아보기 위해 저런 형태로 출제하는 것이다.

물론 위의 두 문제는 오개념이 없어도 쉽게 맞힌다. 하지만 제대로 공부하지 않은 학생에게는 다음 페이지와 같은 문제가 굉장히 까다롭다. 분수함수의 연속성에서 배운 내용을 의식하면서 풀어보자.

최고차항의 계수가 1인 삼차함수 $f(x)$에 대하여 실수 전체의 집합에서 연속인 함수 $g(x)$가 다음 조건을 만족시킨다.

(가) 모든 실수 x에 대하여 $f(x)g(x) = x(x+3)$이다.

(나) $g(0) = 1$

$f(1)$이 자연수일 때, $g(2)$의 최솟값은? [4점]

① $\dfrac{5}{13}$　　② $\dfrac{5}{14}$　　③ $\dfrac{1}{3}$　　④ $\dfrac{5}{16}$　　⑤ $\dfrac{5}{17}$

1. (나)에서 $g(0)=1$이므로 (가)에 $x=0$을 대입해보자. 조건 간 관계는 필수적으로 관찰해야 한다.

$$f(0)g(0)=0, \ f(0)=0 \ (\because \ g(0)\neq 0)$$

$f(x)$는 최고차항의 계수가 1인 삼차함수이고 $f(0)=0$이므로 $f(x)=x(x^2+ax+b)$

$$\therefore \ x(x^2+ax+b)g(x)=x(x+3)$$

배운 내용을 적용하자.

항등식의 양변을 x로 나누면 $(x^2+ax+b)g(x)=x+3 \ (x\neq 0)$이 된다.

2. 한편, 아직 사용하지 않은 조건은 '$g(0)=1$, $g(x)$가 실수 전체의 집합에서 연속, $f(1)=$ 자연수'
이다.

※ $g(0)=1$을 이미 사용했다고 생각할 수 있지만 그렇지 않다. 1에서는 엄밀히 $g(0)=1$ 속에 내포된
$g(0)\neq 0$를 사용한 것이지 1이라는 숫자 자체를 적용한 적은 없다.

$f(1)=$ 자연수를 제외한 조건은 모두 $g(x)$**에 관한 조건**이므로
$(x^2+ax+b)g(x)=x+3 \ (x\neq 0)$**의 양변을 (x^2+ax+b)로 나누자.**
단, $x^2+ax+b\neq 0$이어야 한다.

$$g(x)=\frac{x+3}{x^2+ax+b} \ (x^2+ax+b\neq 0, \ x\neq 0)$$

$g(0)=1$을 적용하고 싶지만 $x\neq 0$이므로 $\lim\limits_{x\to 0}$를 취하자.

$g(x)$는 $x=0$에서 연속이므로 $\lim\limits_{x\to 0}g(x)=g(0)$이다.

$$g(0)=\lim\limits_{x\to 0}g(x)=\lim\limits_{x\to 0}\frac{x+3}{x^2+ax+b}=\frac{3}{b}=1$$

$$\therefore \ b=3$$

3. 마지막으로 $g(2)$의 최솟값을 구하기 위해 a의 범위를 알아내자.

아직 함수 $g(x)$가 '실수 전체'의 집합에서 연속이라는 조건을 완전히 사용하지 않았다.

$g(x) = \dfrac{x+3}{x^2+ax+3}$ $(x^2+ax+3 \neq 0,\ x \neq 0)$에서 $x^2+ax+3 = 0$을 만족시키는 실수 x가

존재한다고 가정하고 그 값을 p라 하자. 즉, $p^2+ap+3 = 0$이다.

$g(x) = \dfrac{x+3}{x^2+ax+3}$은 $x^2+ax+3 \neq 0,\ x \neq 0$인 x에서 정의되었으므로 $x = p$에서 정의되지 않는다.

하지만 $g(x)$는 실수 전체의 집합에서 연속이다.

즉, $\lim\limits_{x \to 0} g(x) = g(0)$을 따진 것처럼 $\lim\limits_{x \to p} g(x) = g(p)$를 따지자.

하지만 $\lim\limits_{x \to p} g(x)$의 값은 존재하지 않는다!! $p^2+ap+3 = 0$이기 때문에 $x \to p$에서 $\dfrac{c}{0}$꼴이 되어

발산하기 때문이다!

Q) 아니 그럼 x^2+ax+3이 $(x+3)$을 인수로 가져 분모·분자의 $x+3$을 약분하면 되지 않나요?

A) 설령 x^2+ax+3이 $x+3$을 인수로 가져 $x^2+ax+3 = (x+3)(x+1)$이 된다 하더라도

$g(x) = \dfrac{(x+3)}{(x+3)(x+1)} = \dfrac{1}{x+1}$이 되어 $\lim\limits_{x \to -1} g(x) = \pm\infty$으로 발산한다. 따라서 $g(x)$는

$x = -1$에서 정의되지 않는다.

정리하자면, $x^2+ax+3 = 0$이 되는 x가 존재한다면, $g(x)$가 불연속이 되는 x가 반드시 존재하므로 $x^2+ax+3 \neq 0$이어야 한다.

즉, 방정식 $x^2+ax+3 = 0$의 판별식 $D < 0$이므로 $D = a^2 - 12 < 0$

$-2\sqrt{3} < a < 2\sqrt{3}$

4. $f(1)$이 자연수라는 조건을 마지막으로 적용해주면,

$f(x) = x(x^2+ax+3)$
$f(1) = 4+a$

$4+a$가 자연수이므로 $a = -3,\ -2,\ -1,\ 0,\ 1,\ \cdots$

$-2\sqrt{3} < a < 2\sqrt{3}$ 이므로 **가능한 a는 -3 이상 3 이하의 정수다.**

$g(x) = \dfrac{x+3}{x^2+ax+3}$ 에서 $g(2) = \dfrac{5}{7+2a}$ 이므로

$g(2)$는 $a = 3$일 때 최솟값 $\dfrac{5}{13}$을 갖는다.

답은 ①!!

※모든 실수 x에 대해 $(x^2 + ax + 3)g(x) = (x+3)(x+1)$일 때, 함수 $g(x)$가 실수 전체의 집합에서 연속이 되는 경우는?

본문에서 한 것처럼 **방정식** $x^2 + ax + 3 = 0$이 허근을 가져야 하므로 $D < 0$이면 될까?
맞긴 하다. 하지만 반쪽짜리 답이다.
함수 $g(x)$가 실수 전체의 집합에서 연속이 되는 경우가 하나 더 존재하기 때문이다.

$$g(x) = \frac{(x+3)(x+1)}{x^2 + ax + 3} \ (x^2 + ax + 3 \neq 0) \text{에서 } a = 4 \text{라고 해보자.}$$

이 경우 $g(x) = \dfrac{(x+3)(x+1)}{(x+3)(x+1)} \ (x \neq -1, \ x \neq -3)$이다.

이때, $\lim\limits_{x \to -1} g(x) = \lim\limits_{x \to -3} g(x) = 1$이고, $g(x)$는 실수 전체의 집합에서 연속이므로

$$\lim\limits_{x \to -1} g(x) = g(-1) = 1$$
$$\lim\limits_{x \to -3} g(x) = g(-3) = 1$$

이다.

따라서 $g(x) = 1$이 되므로 $g(x)$는 실수 전체의 집합에서 연속이 될 수 있다.

즉, 분수함수가 실수 전체의 집합에서 연속일 조건은 '분모 $\neq 0$'이 아니다!

분수함수가 $\dfrac{0}{0}$꼴인 경우에는 분모, 분자의 공통 인수가 약분되어 부정형이 아닐 수 있음으로 주의해야

한다. ($\dfrac{0}{0}$꼴, 부정형은 기본 개념 중에서도 기본 개념이므로 당연히 알고 있어야 한다.)

분수함수의 연속성 내용이 아직도 잘 이해되지 않는다면, 원인은 '개념 부족'이므로 극한 개념을 공부한 다음 이 내용을 다시 공부하자. 〈Chapter 2〉를 공부한 다음, 돌아와서 이 파트를 공부해도 좋다.

함수의 미분가능성

연속성 파트와 똑같다. 미분가능성 또한 미분계수의 존재 조건인 '좌미분계수=우미분계수'를 이용하여 따지는 게 정석적이지만, 실전에서 매번 일일이 따지고 있을 여유가 없으므로 **기출에서 등장한 일관된 패턴과 조건에 빠르게 적용할 수 있는 도구와 태도를 배운다는 느낌으로 학습하면 된다.**

1. 미분가능하기 위해서는 연속이 보장되어야 한다.

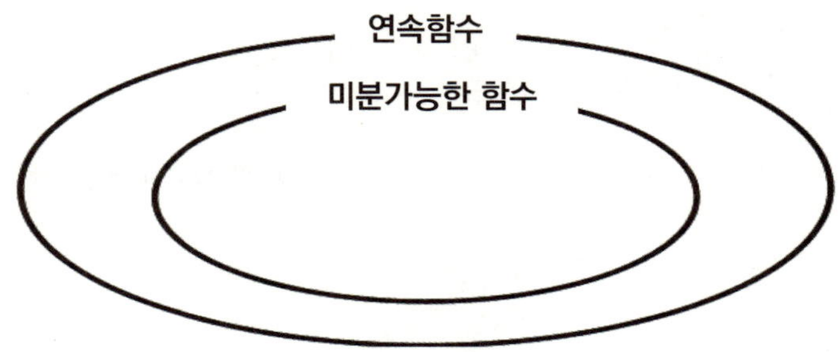

어떤 함수가 $x = a$에서 미분가능하면, 그 함수는 $x = a$에서 연속이다. 증명은 다음과 같다.

함수 $f(x)$가 $x = a$에서 미분가능하면 $f'(a) = \lim\limits_{x \to a} \dfrac{f(x) - f(a)}{x - a}$가 존재한다는 것을 이용하여 $\lim\limits_{x \to a} f(x) = f(a)$가 존재함을 보이면 된다. 수렴하는 극한끼리는 서로 곱할 수 있으므로

$$\lim_{x \to a} \{f(x) - f(a)\} = \lim_{x \to a} \left\{ \frac{f(x) - f(a)}{x - a} \times (x - a) \right\} = f'(a) \times 0 = 0$$

$$\lim_{x \to a} f(x) = \lim_{x \to a} [\{f(x) - f(a)\} + f(a)] = 0 + f(a) = f(a)$$

태도 : 미분가능 조건을 보면 연속성은 당연히 깔고 가자.
　　　 연속에 대한 언급이 없더라도 미분가능하면 당연히 연속임을 인지해야 한다.

함수 $f(x)$가 $x=a$에서 미분가능하다는 것은 $f'(a)$가 존재한다는 말과 같다.

$\lim\limits_{x \to a} \dfrac{f(x)-f(a)}{x-a}$ 혹은 $\lim\limits_{h \to 0} \dfrac{f(a+h)-f(a)}{h}$ 의 값이 존재한다면 $f'(a)$가 존재한다.

극한값의 존재 조건에 의해 $\lim\limits_{x \to a} \dfrac{f(x)-f(a)}{x-a}$의 값이 존재하려면 **좌극한과 우극한이 같아야 한다.**

이를 수식적으로 표현하면 $\lim\limits_{x \to a-} \dfrac{f(x)-f(a)}{x-a} = \lim\limits_{x \to a+} \dfrac{f(x)-f(a)}{x-a}$ 이다. 여기서 $\lim\limits_{x \to a-} \dfrac{f(x)-f(a)}{x-a}$,

$\lim\limits_{x \to a+} \dfrac{f(x)-f(a)}{x-a}$는 각각 함수 $f(x)$의 $x=a$에서의 좌미분계수와 우미분계수를 의미하므로 함수 $f(x)$의

$x=a$에서의 좌미분계수와 우미분계수가 같으면 $f(x)$는 $x=a$에서 미분가능하다. 즉, $f'(a)$가 존재한다.

미분계수의 정의를 이용하면 어떠한 함수든 그 미분가능성을 따질 수 있으므로 정확하게 외워두자.

3. 좌미분계수, 우미분계수 심화

(1) 좌미분계수는 도함수의 좌극한이 아니고, 우미분계수는 도함수의 우극한이 아니다.

$f(x)$의 $x=a$에서 좌미분계수는 $\lim\limits_{x \to a-} f'(x)$가 아니고,

$f(x)$의 $x=a$에서 우미분계수는 $\lim\limits_{x \to a+} f'(x)$가 아니다.

일반적으로 이런 오해를 하고 있는데, 자주 등장하는 다음의 두 가지 상황에서는 위의 설명이 맞기 때문이다.

① $f(x)$가 미분가능한 함수일 때
② 미분가능한 함수 $g(x)$, $h(x)$에 대해 함수 $f(x) = \begin{cases} g(x) & (x < a) \\ h(x) & (x \geq a) \end{cases}$가 $x=a$에서 연속일 때

특히 ②를 자세히 살펴보면,

$(f(x)$의 $x=a$에서의 좌미분계수$) = \lim\limits_{x \to a-} \dfrac{f(x)-f(a)}{x-a} = \lim\limits_{x \to a-} \dfrac{g(x)-g(a)}{x-a} = g'(a)$

$(f(x)$의 $x=a$에서의 우미분계수$) = \lim\limits_{x \to a+} \dfrac{f(x)-f(a)}{x-a} = \lim\limits_{x \to a+} \dfrac{h(x)-h(a)}{x-a} = h'(a)$이고

$g'(a) = \lim\limits_{x \to a-} g'(x),\ h'(a) = \lim\limits_{x \to a+} h'(x)$이므로

$(f(x)$의 $x=a$에서 좌미분계수$) = \lim\limits_{x \to a-} f'(x)$

$(f(x)$의 $x=a$에서 우미분계수$) = \lim\limits_{x \to a+} f'(x)$

그러나 모든 $f(x)$에 대해 $f(x)$의 $x=a$에서 좌미분계수는 $\lim\limits_{x \to a-} f'(x)$, $f(x)$의 $x=a$에서 우미분계수는 $\lim\limits_{x \to a+} f'(x)$인 것은 아니다. 예를 들어, **함수 $f(x)$가 $x=a$에서 불연속인 경우 도함수 $f'(x)$는 $x=a$에서 정의되지 않는다.** 즉, $f'(a)$가 존재하지 않는다. 하지만 극한값과 함숫값은 다르다고 배웠듯이, **$f'(a)$가 존재하지 않더라도 $\lim\limits_{x \to a\pm} f'(x)$는 존재할 수 있다.**

그러므로 도함수의 극한과 좌·우미분계수를 함부로 연결지으면 안 된다.

좌미분계수의 정확한 정의는 $\lim\limits_{x \to a-} \dfrac{f(x)-f(a)}{x-a}$이고, 우미분계수의 정확한 정의는 $\lim\limits_{x \to a+} \dfrac{f(x)-f(a)}{x-a}$이다.

사실 수학Ⅱ에 등장하는 대부분의 함수는 좌미분계수, 우미분계수를 각각 도함수의 좌극한, 우극한으로 봐도 큰 지장은 없다. 앞에서 살펴본 두 가지 경우가 대부분이기 때문이다. 이를 저격하는 문항이 출제될 가능성은 낮지만 '개념' 자체는 정확히 알고 있는 것이 중요하다. 설명만 들으면 "이게 무슨 소리지?"가 자동으로 나올 것이다. 예제 문제를 풀어보자.

예제(16) 13년 3월 교육청 B형 20번

함수 $f(x)$가 다음과 같다.

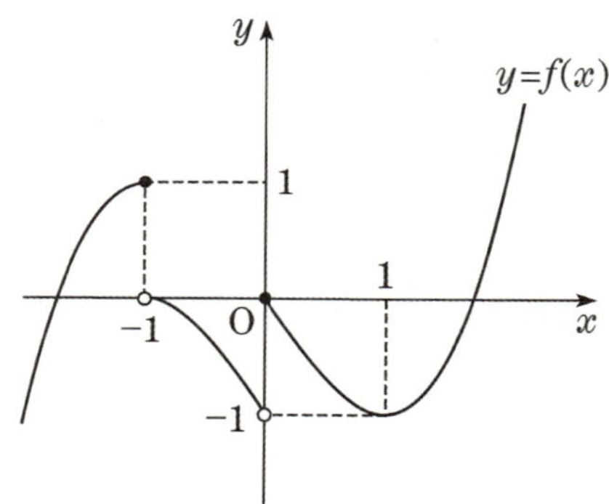

$$f(x) = \begin{cases} \dfrac{1}{2}(x^3 - 3x) & (x \leq -1 \text{ 또는 } x \geq 0) \\ \dfrac{1}{2}(x^3 - 3x) - 1 & (-1 < x < 0) \end{cases}$$

옳은 것만을 <보기>에서 있는 대로 고른 것은?

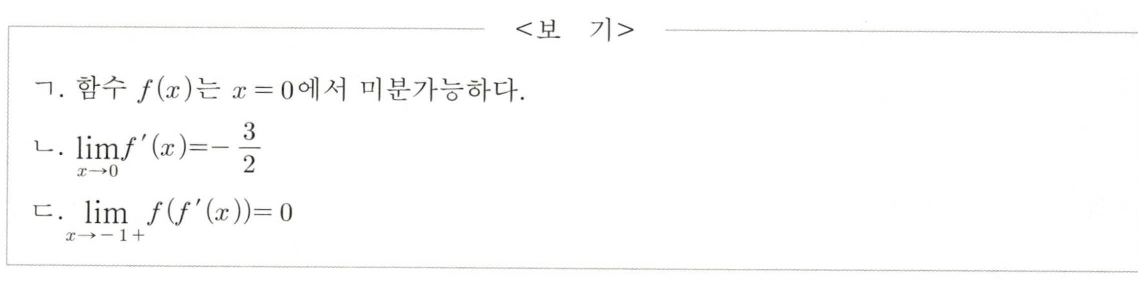

<보 기>

ㄱ. 함수 $f(x)$는 $x=0$에서 미분가능하다.

ㄴ. $\lim\limits_{x \to 0} f'(x) = -\dfrac{3}{2}$

ㄷ. $\lim\limits_{x \to -1+} f(f'(x)) = 0$

① ㄱ　　　② ㄴ　　　③ ㄷ　　　④ ㄱ, ㄷ　　　⑤ ㄴ, ㄷ

1. 함수 $f(x)$는 $x=0$에서 불연속이므로 미분가능하지 않은 것은 당연하다. (X)

※ 명제 '함수 $f(x)$가 $x=a$에서 미분가능하면 함수 $f(x)$는 $x=a$에서 연속이다.'와
대우 명제인 '함수 $f(x)$가 $x=a$에서 불연속이면 함수 $f(x)$는 $x=a$에서 미분가능하지 않다.'는
모두 참이다.

2. $y=f'(x)$의 그래프를 그려보자. 단, $f(x)$는 $x=-1$과 $x=0$에서 불연속이므로 해당 지점에서
미분가능하지 않다. 즉, $f'(-1)$과 $f'(0)$은 존재하지 않는다. 나머지 x에서의 $f'(x)$ 식은 제시된
$f(x)$를 미분하여 얻을 수 있다.

$$\therefore \ f'(x) = \frac{3}{2}(x^2 - 1) \ (x \neq -1, \ x \neq 0)$$

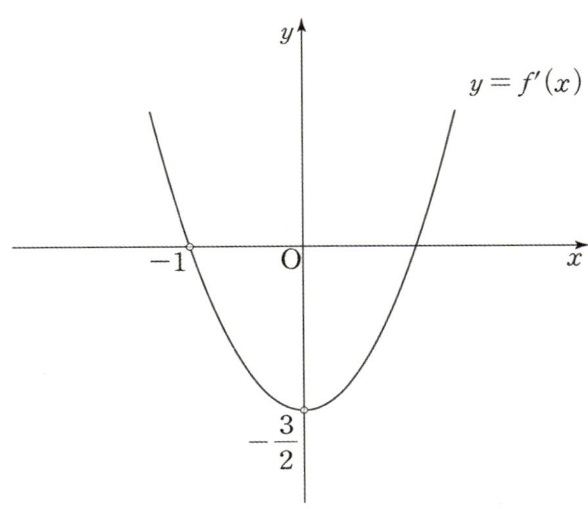

$x=0$에서 $f'(x)$의 함숫값은 존재하지 않지만 극한값은 존재한다. $\displaystyle\lim_{x \to 0} f'(x) = -\frac{3}{2}$ (O)

※ 본문에서 말했듯이 $f(x)$의 좌미분계수는 $f'(x)$의 좌극한이 아니고, $f(x)$의 우미분계수는 $f'(x)$
의 우극한이 아니라는 점을 이 문제가 잘 보여준다. 문제 속 $f(x)$는 $x=0$에서 미분가능하지 않지만,
$\displaystyle\lim_{x \to 0} f'(x)$는 존재한다. 다시 말하지만, 좌미분계수의 정확한 정의는 $\displaystyle\lim_{x \to a-} \frac{f(x)-f(a)}{x-a}$ 이고,
우미분계수의 정확한 정의는 $\displaystyle\lim_{x \to a+} \frac{f(x)-f(a)}{x-a}$ 이다.

3. 합성함수의 극한이다. 좌극한, 우극한, 함숫값을 정확히 따지기 위해서 $f'(x)$의 그래프와 $f(x)$의
그래프를 관찰하자. $f(f'(-1+)) = f(0-) = -1$ (X)

옳은 것은 ㄴ뿐이므로 **답은 ②!!**

(2) 미분가능하지 않아도 좌미분계수, 우미분계수는 존재할 수 있다.

$x = a$에서 미분가능한 함수 $f(x)$가 $f(a) = 0$, $f'(a) \neq 0$이면 $|f(x)|$는 $x = a$에서 미분가능하지 않다.
그러나 $|f(x)|$의 $x = a$에서의 좌미분계수와 우미분계수는 모두 존재한다. 이때, 두 값은 서로 부호만 다르고 절댓값이 같다.

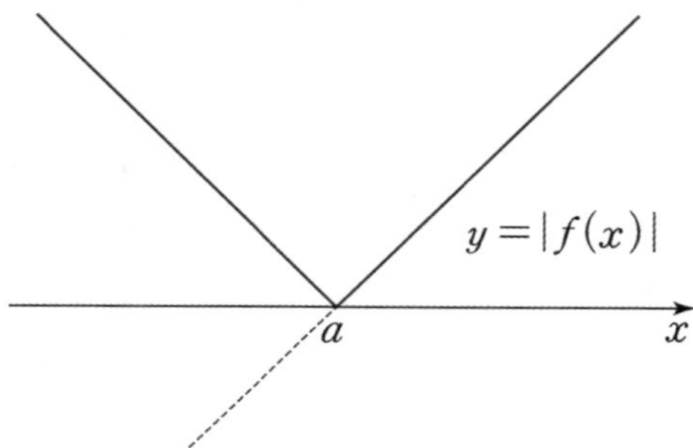

예를 들어 $f(x) = x - a$라 하면, $|f(x)| = \begin{cases} x - a & (x \geq a) \\ -x + a & (x < a) \end{cases}$이다.

$$(|f(x)| \text{의 } x = a \text{에서의 좌미분계수}) = \lim_{x \to a-} \frac{|f(x)| - |f(a)|}{x - a} = \lim_{x \to a-} \frac{-(x - a)}{x - a} = -1$$

$$(|f(x)| \text{의 } x = a \text{에서의 우미분계수}) = \lim_{x \to a+} \frac{|f(x)| - |f(a)|}{x - a} = \lim_{x \to a+} \frac{x - a}{x - a} = 1$$

$|f(x)|$는 $x = a$에서 좌미분계수와 우미분계수 모두 존재하지만 미분계수는 존재하지 않는다.

예제(17) 16학년도 9월 평가원 21번

실수 t에 대하여 직선 $x = t$가 두 함수
$$y = x^4 - 4x^3 + 10x - 30, \; y = 2x + 2$$
의 그래프와 만나는 점을 각각 A, B라 할 때, 점 A와 점 B 사이의 거리를 $f(t)$라 하자.

$$\lim_{h \to 0+} \frac{f(t+h) - f(t)}{h} \times \lim_{h \to 0-} \frac{f(t+h) - f(t)}{h} \leq 0$$

을 만족시키는 모든 실수 t의 값의 합은? [4점]

① -7　　　② -3　　　③ 1　　　④ 5　　　⑤ 9

1. 점 A의 좌표 : $(t,\, t^4 - 4t^3 + 10t - 30)$, 점 B의 좌표 : $(t,\, 2t + 2)$

두 점 A, B는 모두 직선 $x = t$ 위에 존재하므로 두 점 사이의 거리는 두 점의 y좌표의 차와 같다. 따라서 점 A와 점 B 사이의 거리 $f(t) = \left| t^4 - 4t^3 + 8t - 32 \right|$ 이다.

2. $\displaystyle\lim_{h \to 0+} \frac{f(t+h) - f(t)}{h} \times \lim_{h \to 0-} \frac{f(t+h) - f(t)}{h} \leq 0$

함수 $f(t)$는 모든 실수 t에서 우미분계수와 좌미분계수가 모두 존재하므로

$\displaystyle\lim_{h \to 0+} \frac{f(t+h) - f(t)}{h}$ 는 함수 $f(t)$의 t에서의 **우미분계수**

$\displaystyle\lim_{h \to 0-} \frac{f(t+h) - f(t)}{h}$ 는 함수 $f(t)$의 t에서의 **좌미분계수**를 의미한다.

※ 뾰족점에서 $f(t)$는 미분가능하지 않지만 우미분계수와 좌미분계수가 모두 존재한다.
　　이때, 두 값은 서로 부호가 다르고 절댓값이 같다.

※ 편의를 위해 우미분계수를 $f'(t+)$, 좌미분계수를 $f'(t-)$로 표현하자.

$f'(t+)f'(t-) \leq 0$을 만족하려면 $f'(t) = 0$이거나 $f'(t+)f'(t-) < 0$이어야 한다.
$f'(t+)f'(t-) < 0$은 $f(t)$ 그래프의 뾰족점을 의미하므로
$y = f(t)$의 그래프를 그린 다음 $f'(t) = 0$ 또는 뾰족점을 갖는 t의 값을 구하자.

3. $f(t) = \left| t^4 - 4t^3 + 8t - 32 \right|$

$g(t) = t^4 - 4t^3 + 8t - 32$라 하면 $f(t) = \left| g(t) \right|$ 이다. $y = g(t)$의 그래프를 먼저 그리자.

$g'(t) = 4t^3 - 12t^2 + 8$에서 조립제법을 이용하면 $g'(t) = 4(t-1)(t^2 - 2t - 2)$
따라서 방정식 $g'(t) = 0$은 $t = 1$, $t = 1 \pm \sqrt{3}$ 을 근으로 갖는다. $g'(t)$의 그래프를 그려 증감을 확인하면 함수 $g(t)$는 $t = 1 \pm \sqrt{3}$ 에서 극솟값을 갖고, $t = 1$에서 극댓값을 가지므로 함수 $g(t)$의 그래프는 그림과 같다.

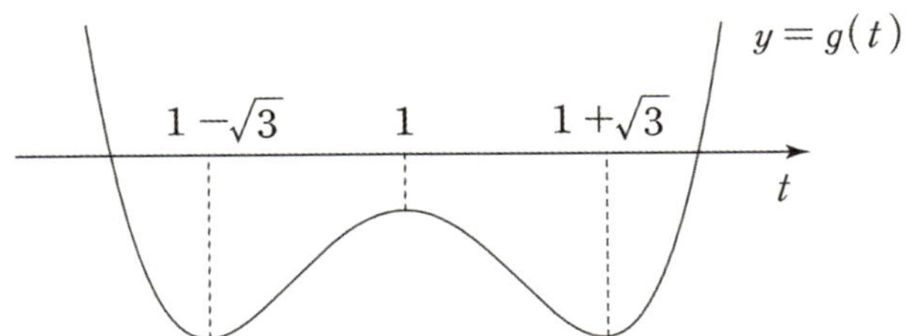

4. 함수 $y = f(t)$의 그래프는 $y = g(t)$의 그래프에서 t축의 윗부분은 그대로 두고, t축의 아랫부분을 t축에 대하여 대칭시킨 것이다.

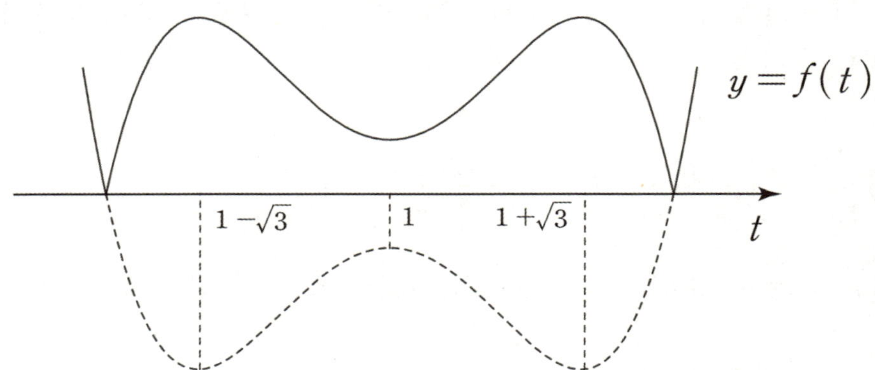

함수 $y = f(t)$는 서로 다른 두 점에서 뾰족점을 갖고, 서로 다른 세 점에서 미분계수가 0이다.

뾰족점을 갖는 서로 다른 두 점의 x좌표를 구하기 위해 방정식 $g(t) = 0$을 풀어야 할까?
아니다. **함수 $g(t)$의 그래프는 $x = 1$에 대해 대칭**이므로 방정식 $g(t) = 0$의 두 실근 또한 $x = 1$에 대해 대칭이다. 따라서 그 두 근을 더하면 2가 된다.

따라서 $f'(t+)f'(t-) \leq 0$을 만족시키는 모든 실수 t의 값의 합은
$1 + (1 - \sqrt{3}) + (1 + \sqrt{3}) + 2 = 5$이다.

답은 ④!!

※ $g'(t) = 0$이 되는 세 점의 t좌표는 이미 구했기 때문에 그대로 사용했지만, 이 세 점의 t좌표에도 대칭성이 적용되어 세 점의 t좌표는 크기 순으로 등차중항이 1인 등차수열을 이룬다. (그래프를 보면 한 눈에 알 수 있다.) 따라서 모든 실수 t의 값의 합을 $1 \times 3 + 2 = 5$로 계산해도 된다.

(3) 함수 $f(x)$가 $x = a$에서 불연속이면, 좌미분계수와 우미분계수는 동시에 존재할 수 없다.

함수 $f(x)$가 $x = 0$에서 불연속인 몇 가지 경우에서, 좌미분계수와 우미분계수를 살펴보자.

(ⅰ)

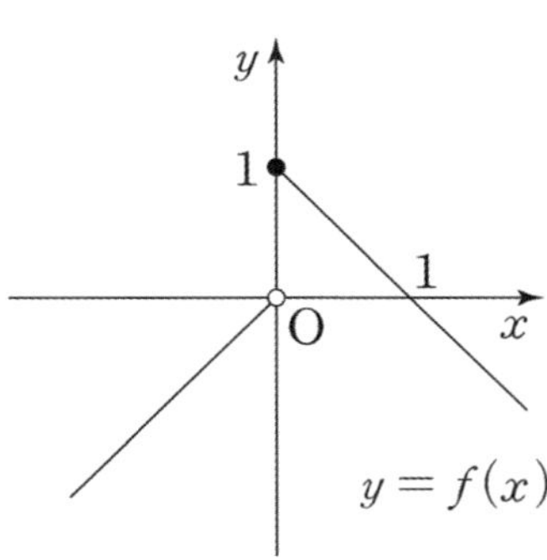

$f(x)$는 $x = 0$에서 좌미분계수가 존재하지 않고, 우미분계수는 존재한다. $\left(f(x) = \begin{cases} x & (x < 0) \\ -x+1 & (x \geq 0) \end{cases} \right)$

$(f(x)$의 $x = 0$에서의 좌미분계수$) = \lim\limits_{x \to 0-} \dfrac{f(x) - f(0)}{x - 0} = \lim\limits_{x \to 0-} \dfrac{x - 1}{x} \to$ 발산(존재 X)

$(f(x)$의 $x = 0$에서의 우미분계수$) = \lim\limits_{x \to 0+} \dfrac{f(x) - f(0)}{x - 0} = \lim\limits_{x \to 0+} \dfrac{(-x+1) - (1)}{x} = \lim\limits_{x \to 0+} \dfrac{-x}{x} = -1 \to$ 존재

아래의 두 함수에서도 같은 방식으로 $x = 0$에서 좌·우미분계수의 존재성을 증명할 수 있다.

(ⅱ)

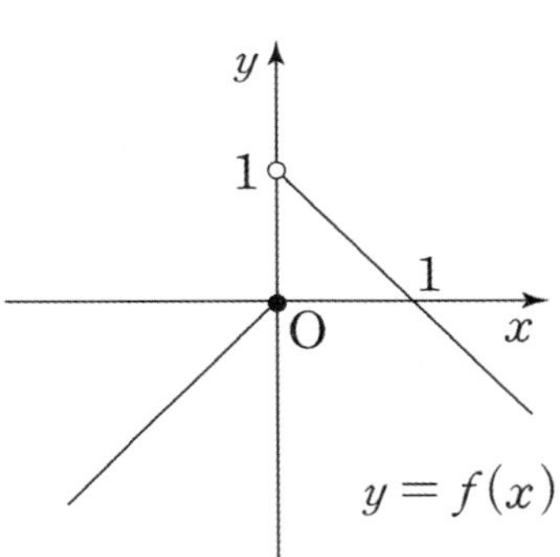

$f(x)$는 $x = 0$에서 좌미분계수는 존재하고 우미분계수는 존재하지 않는다. $f(x) = \begin{cases} x & (x \leq 0) \\ -x+1 & (x > 0) \end{cases}$

(ⅲ)

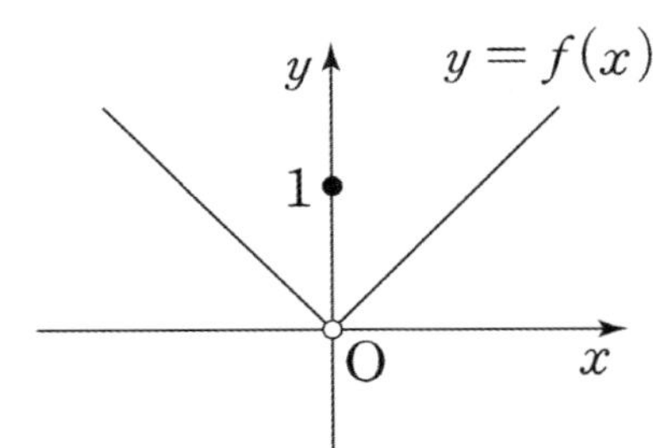

$f(x)$는 $x = 0$에서 좌미분계수와 우미분계수 모두 존재하지 않는다. $f(x) = \begin{cases} 1 & (x = 0) \\ |x| & (x \neq 0) \end{cases}$

2에서 배운 것처럼, 어떤 함수든 미분계수의 정의를 이용하여 미분가능성을 따질 수는 있지만, **융통성 없이 모든 문제에서 미분계수의 정의를 사용하고 있을 시간이 없다.** 그래프를 통해 미분가능성을 따지는 방법도 알아두자.

함수의 그래프가 '뾰족한 점'에서 미분가능하지 않고, '매끄럽게 연결'되는 지점에서 미분가능하다.
그래프만 가지고 뾰족점 여부를 판단하기 애매하다면 치트키인 미분계수의 정의를 사용하면 된다.

> ※ 사실 수학Ⅱ에서 그래프로 뾰족점 판단이 애매한 경우는 거의 없다.
> 수학Ⅱ에서 등장하는 함수의 미분은 다항함수의 미분인데, 다항함수나 다항함수로 이루어진 함수(대표적으로 구간에 따라 정의된 함수)의 그래프는 뾰족점이 명확하기 때문이다.

뾰족점을 만드는 가장 대표적인 장치가 절댓값이므로 **절댓값을 포함한 함수의 미분가능성을 묻는 경우 그래프로 따지는 경우가 많다.** 절댓값 함수의 미분가능성을 살펴보자.

$x = a$에서 미분가능한 함수 $f(x)$에 대해 $f(a) = 0$이라고 할 때,

(1) $f'(a) \neq 0$인 경우 함수 $|f(x)|$는 $x = a$에서 미분가능하지 않다.
$|f(x)|$의 $x = a$에서의 우미분계수와 좌미분계수는 절댓값만 같고 부호가 다르기 때문이다.
즉, 뾰족점이다.

(2) $f'(a) = 0$인 경우 함수 $|f(x)|$는 $x = a$에서 미분가능하다.
$|f(x)|$의 $x = a$에서의 우미분계수와 좌미분계수는 0으로 같기 때문이다. 즉, 접점이다.

이를 그래프에서 따져보자. $f(x) = x^2(x-1)$일 때, 함수 $|f(x)|$는 $x = 1$에서만 미분가능하지 않다.

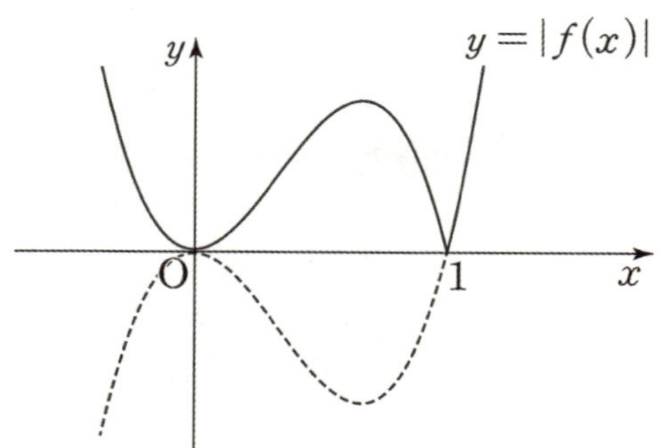

이 내용을 숙지하면 $f(x)$의 그래프만 보고도 $|f(x)|$의 미분가능성을 따질 수 있다.
방정식 $f(x) = 0$의 두 실근 0과 1에서 $|f(x)|$의 미분가능성이 의심되지만,
$f'(0) = 0$이므로 $x = 0$에서 미분가능하고, $f'(1) \neq 0$이므로 $x = 1$에서 미분가능하지 않다.

두 양수 p, q와 함수 $f(x) = x^3 - 3x^2 - 9x - 12$에 대하여 실수 전체의 집합에서 연속인 함수 $g(x)$가 다음 조건을 만족시킬 때, $p+q$의 값은? [4점]

(가) 모든 실수 x에 대하여 $xg(x) = |xf(x-p) + qx|$이다.

(나) 함수 $g(x)$가 $x = a$에서 미분가능하지 않은 실수 a의 개수는 1이다.

---

① 6　　　　② 7　　　　③ 8　　　　④ 9　　　　⑤ 10

1. 함수 $f(x) = x^3 - 3x^2 - 9x - 12$ 를 미분하면 $f'(x) = 3x^2 - 6x - 9 = 3(x+1)(x-3)$ 이므로
$f(x)$ 는 $x = -1$ 에서 극댓값 $f(-1) = -7$ 을 갖고, $x = 3$ 에서 극솟값 $f(3) = -39$ 를 갖는다.

2. $|xf(x-p) + qx| = |x| \times |f(x-p) + q|$ 이므로

조건 (가)에서 $g(x) = \begin{cases} |f(x-p)+q| & (x > 0) \\ -|f(x-p)+q| & (x < 0) \end{cases}$ 이다. (등호는 함부로 넣지 마라)

$h(x) = |f(x-p)+q|$ 라 하면, $g(x) = \begin{cases} h(x) & (x > 0) \\ -h(x) & (x < 0) \end{cases}$ 이다.

이때, $g(0+) = h(0)$, $g(0-) = -h(0)$ 에서
$g(x)$ 는 실수 전체의 집합에서 연속이므로 $h(0) = -h(0)$, $h(0) = 0$ 이다.
따라서 $g(0) = 0$ 이고, $g(x)$ 는 원점을 지난다. (이처럼 연속을 이용해서 $g(0)$ 의 값을 알아내야 한다)

3. 함수 $h(x)$ 는 삼차함수에 절댓값을 씌운 함수이므로 $h(x)$ 의 미분가능성을 확인해야 하는 점은
$h(x) = 0$ 일 때이다. $h(\alpha) = h'(\alpha) = 0$ 을 만족시키면 함수 $h(x)$ 는 $x = \alpha$ 에서 미분가능하다.

$F(x) = f(x-p) + q$ 라 하면 $h(x) = |F(x)|$, $F(0) = 0$ 이다.
또한 $x \geq 0$ 에서 $g(x) \geq 0$, $x < 0$ 에서 $g(x) \leq 0$ 임을 알 수 있다.

방정식 $F(x) = 0$ 의 실근의 개수를 기준으로 CASE를 나누어 살펴보자.

(1) 방정식 $F(x) = 0$ 의 실근이 0 뿐일 때

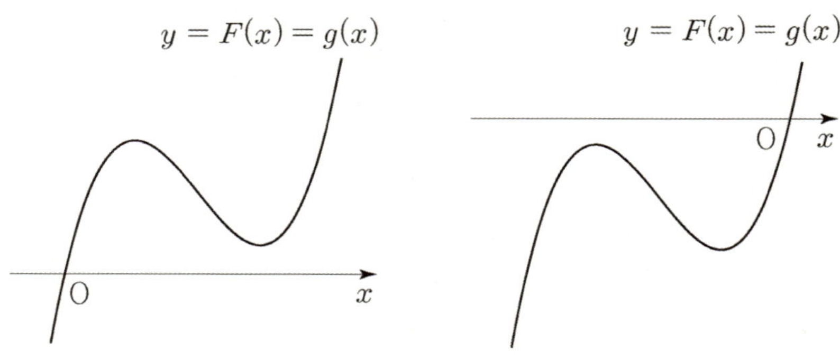

$F(x) = g(x)$ 이고 $g(x)$ 는 실수 전체의 집합에서 미분가능하다. (x)

(2) 방정식 $F(x) = 0$의 서로 다른 실근의 개수가 2일 때

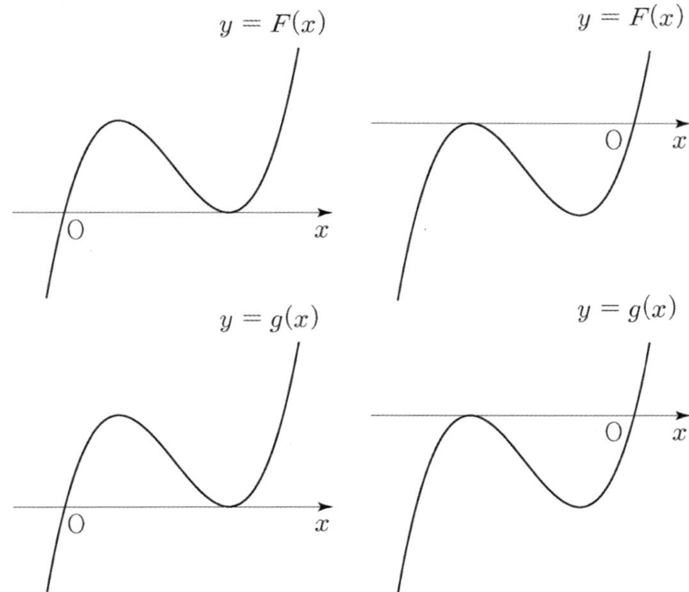

① $F'(0) \neq 0$이면 $F(x) = g(x)$이고 $g(x)$는 실수 전체의 집합에서 미분가능하다. (x)

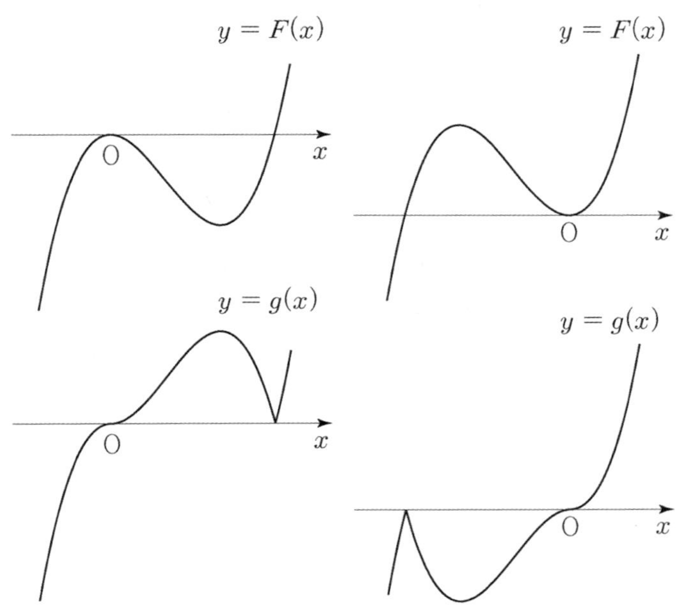

② $F'(0) = 0$이면 $g(x)$는 한 점에서만 미분가능하지 않다. (o)

(3) 방정식 $F(x) = 0$의 서로 다른 실근의 개수가 3일 때

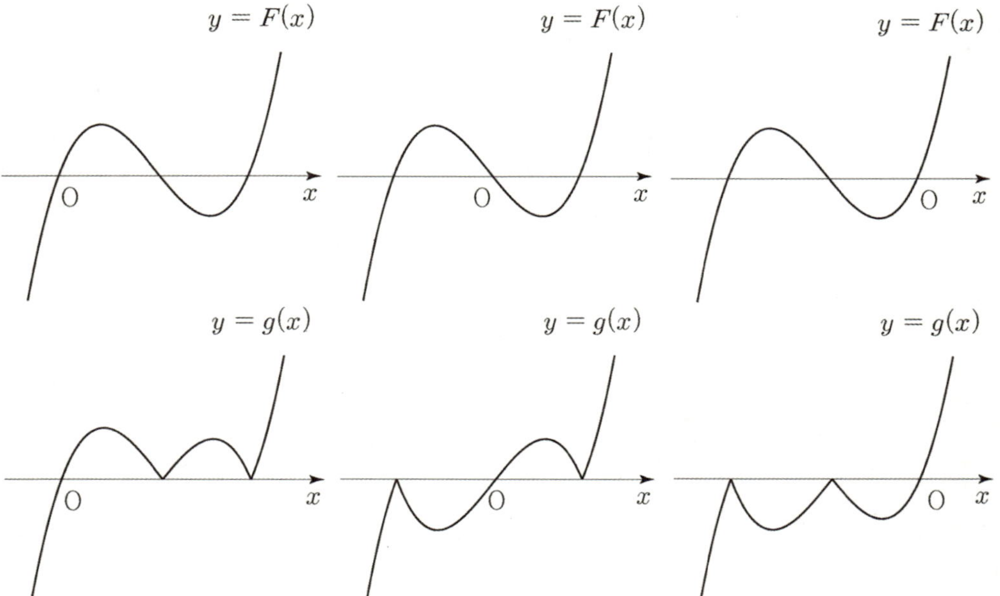

$g(x)$는 두 점에서 미분가능하지 않다. (x)

따라서 $F'(0) = 0$, $h(0) = h'(0) = 0$ 이다.

4. $f(x)$의 두 극점 $(-1, -7)$, $(3, -39)$를 각각 x축 방향으로 p, y축 방향으로 q만큼
   평행이동한 두 점 $(-1+p, -7+q)$, $(3+p, -39+q)$ 중의 한 점이 원점이 되어야 한다.
   그런데 p, q가 양수이므로 $p = 1$, $q = 7$에서 $p + q = 8$ 이다.

답은 ③!!

해설에서는 방정식 $F(x) = 0$의 실근의 개수를 기준으로 CASE를 나눠 따져봤지만,
실전에서는 '특수한 경우'부터 먼저 따져야 한다. 일반적인 경우를 먼저 따지고 있을 시간이 없다.
다항함수와 미분가능성에서 가장 특수한 경우는 역시 '접할 때'이다.
이 문제도 역시 함수 $F(x)$가 $x = 0$에서 x축에 접할 때가 답이었다.
〈Chapter 5〉의 함수 추론에서 다시 한번 '특수한 경우'에 대한 중요성이 언급될 것이다.

$x=a$에서 미분가능한 함수 $f(x)$, $g(x)$에 대하여 함수 $h(x)=\begin{cases} f(x) & (x<a) \\ g(x) & (x \geq a) \end{cases}$를 살펴보자.

(1) 함수 $h(x)$가 $x=a$에서 연속이 되기 위한 조건

연속의 정의에 따라 $\displaystyle\lim_{x \to a+} h(x)=\lim_{x \to a-} h(x)=h(a)$를 만족해야 한다.

$$\lim_{x \to a+} h(x)=\lim_{x \to a+} g(x)=g(a)$$

$$\lim_{x \to a-} h(x)=\lim_{x \to a-} f(x)=f(a)$$

$$h(a)=g(a)$$

이므로 $f(a)=g(a)$이어야 한다.

(2) 함수 $h(x)$가 $x=a$에서 미분가능하기 위한 조건

우선, $h(x)$가 $x=a$에서 연속이어야 하므로 $f(a)=g(a)$를 만족해야 한다.
미분가능의 선행조건은 연속이라는 점을 잊지 말자.

다음으로, $h(x)$가 $x=a$에서 미분가능하려면 $x=a$에서 좌미분계수와 우미분계수가 서로 같아야 한다.

$$(h(x)\text{의 } x=a\text{에서의 좌미분계수})=\lim_{x \to a-} \frac{h(x)-h(a)}{x-a}=\lim_{x \to a-} \frac{f(x)-f(a)}{x-a}=f'(a)$$

$$(h(x)\text{의 } x=a\text{에서의 우미분계수})=\lim_{x \to a+} \frac{h(x)-h(a)}{x-a}=\lim_{x \to a+} \frac{g(x)-g(a)}{x-a}=g'(a)$$

두 값이 서로 같아야 하므로 $g'(a)=f'(a)$이어야 한다.

결론을 바탕으로 **구간에 따라 정의된 함수의 미분가능성의 핵심 태도**를 정리하자.
구간에 따라 정의된 함수 $h(x)=\begin{cases} f(x) & (x<a) \\ g(x) & (x \geq a) \end{cases}$가 있을 때,

① **함수 $h(x)$가 $x=a$에서 연속**
② **$f(x)$, $g(x)$가 $x=a$에서 미분가능**

이면 미분계수의 정의를 일일이 사용할 필요 없이
$f'(x)$, $g'(x)$를 구한 다음 $x=a$를 대입하여 $f'(a)$와 $g'(a)$를 비교하면 된다.

$$(h(x)\text{의 } x=a\text{에서의 좌미분계수})=f'(a)$$
$$(h(x)\text{의 } x=a\text{에서의 우미분계수})=g'(a)$$

이기 때문이다.

좌표평면 위에 그림과 같이 어두운 부분을 내부로 하는 도형이 있다. 이 도형과 네 점 $(0, 0)$, $(t, 0)$, (t, t), $(0, t)$를 꼭짓점으로 하는 정사각형이 겹치는 부분의 넓이를 $f(t)$라 하자.

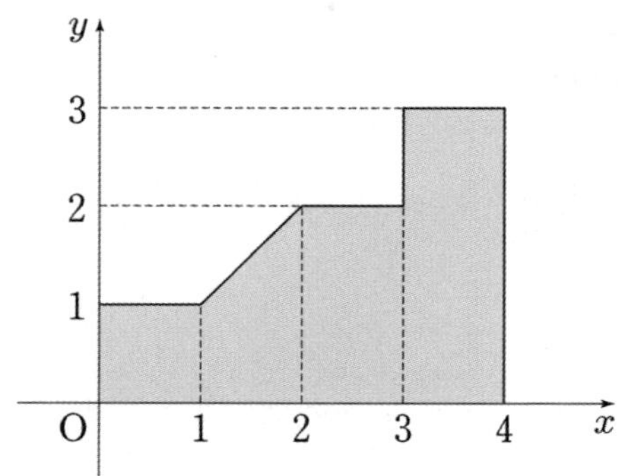

열린 구간 $(0, 4)$에서 함수 $f(t)$가 미분가능하지 않은 모든 t의 값의 합은? [4점]

① 2   ② 3   ③ 4   ④ 5   ⑤ 6

두 가지 풀이가 가능하다. 첫 번째 풀이부터 살펴보자.

〈첫 번째 풀이〉

1. 구간에 따라 정의된 함수의 미분가능성 판정을 요구하는 문항이다. **제시된 그래프로 미분가능성을 바로 판단할 수 없으므로 구간에 따른 $f(t)$의 식을 작성하여 구간의 경계에서 좌·우미분계수를 직접 따져야 한다.** 제시된 도형에서 구간의 경계는 $t = 1, \, 2, \, 3$이므로 각 구간에서 $f(t)$의 식을 구하자.

(1) $0 < x < 1$

네 점 $(0, 0)$, $(t, 0)$, (t, t), $(0, t)$를 네 꼭짓점으로 하는 정사각형 자체가 겹치는 부분의 넓이가 된다. 정사각형 한 변의 길이가 t이므로 겹치는 부분의 넓이는 t^2.

(2) $1 \leq x < 2$

(넓이가 1인 정사각형 + 사다리꼴)이 겹치는 부분이 된다. 사다리꼴의 밑변 길이는 t, 윗변 길이는 1, 높이는 $(t-1)$이므로 넓이는 $\dfrac{(t+1)}{2}(t-1) = \dfrac{t^2 - 1}{2}$이다. 따라서 겹치는 부분의 넓이는

$$1 + \frac{t^2 - 1}{2} = \frac{t^2 + 1}{2}$$

(3) $2 \leq x < 3$

(넓이가 1인 정사각형 + 넓이가 $\dfrac{3}{2}$인 사다리꼴 + 직사각형)이 겹치는 부분이 된다.

직사각형의 넓이는 $2(t-2)$이므로 겹치는 부분의 넓이는 $\dfrac{5}{2} + (2t - 4) = 2t - \dfrac{3}{2}$

(4) $3 \leq x < 4$

(넓이가 1인 정사각형 + 넓이가 $\dfrac{3}{2}$인 사다리꼴 + 넓이가 2인 직사각형 + 직사각형)이 겹치는 부분이 된다. 직사각형의 가로 길이는 $(t-3)$, 높이는 3이므로 겹치는 부분의 넓이는

$$\frac{9}{2} + (3t - 9) = 3t - \frac{9}{2}$$

$$(1){\sim}(4)\text{를 종합하면}\quad f(t) = \begin{cases} t^2 & (0 < t < 1) \\[2mm] \dfrac{t^2 + 1}{2} & (1 \leq t < 2) \\[2mm] 2t - \dfrac{3}{2} & (2 \leq t < 3) \\[2mm] 3t - \dfrac{9}{2} & (3 \leq t < 4) \end{cases}$$

구간에 따라 정의된 함수 $f(t)$의 $t = 1, 2, 3$에서의 미분가능성을 확인하자.

이때, $f(t)$는 $t = 1, \, 2, \, 3$에서 **연속이고 각 구간 경계의 좌우 함수가 모두 미분가능하다.**

따라서 미분계수의 정의를 사용하지 않고, 각 구간의 **도함수를 구한 다음** $t = 1, \, 2, \, 3$을 대입하**여 좌·우미분계수를 구하자.**

$$2.\ f'(t)=\begin{cases}2t & (0<t<1)\\ t & (1<t<2)\\ 2 & (2<t<3)\\ 3 & (3<t<4)\end{cases}$$

※ $f'(t)$의 경계($t=1,\ 2,\ 3$)에서 섣불리 등호를 넣으면 안 된다.

$t=a$에서 우미분계수와 좌미분계수가 다르다면 $f'(a)$는 존재하지 않기 때문이다.

결과적으로는 세 개의 경계 중 $t=2$에서만 미분가능하므로 $t=2$에만 등호를 넣어야 한다.

$f(t)$의 $t=1$에서의 좌·우미분계수는 각각 $2, 1$이다.

$f(t)$의 $t=2$에서의 좌·우미분계수는 각각 $2, 2$이다.

$f(t)$의 $t=3$에서의 좌·우미분계수는 각각 $2, 3$이다.

$f(t)$는 $t=1$과 $t=3$에서 좌미분계수와 우미분계수가 다르므로 함수 $f(t)$는 $t=1$, $t=3$에서 미분가능하지 않다. **따라서 답은 ③!!**

〈두 번째 풀이 : 정적분으로 정의된 함수를 활용하여 푸는 풀이〉

도형을 이루는 함수를 $g(x)$라 하자. 도형은 모두 제 1사분면에 존재하므로 **도형과 네 점 $(0,\,0)$, $(t,\,0)$, $(t,\,t)$, $(0,\,t)$를 꼭짓점으로 하는 정사각형이 겹치는 부분의 넓이를 정적분으로 표현해도 전혀 무리가 없다.**

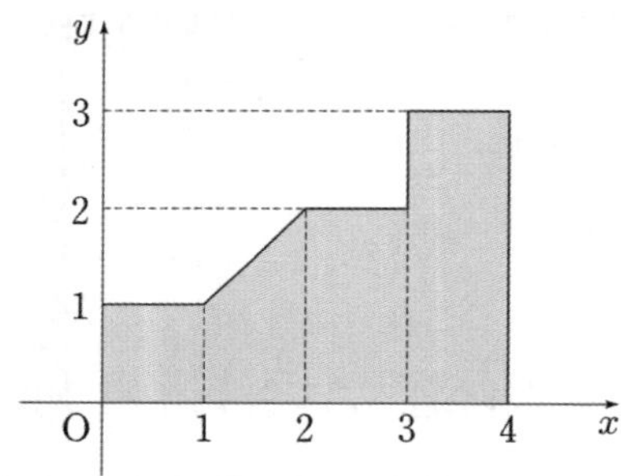

$$f(t)=\begin{cases}2\displaystyle\int_0^t x\,dx & (0<t<1)\\[2mm] 1+\displaystyle\int_1^t x\,dx & (1\le t<2)\\[2mm] \dfrac{5}{2}+\displaystyle\int_2^t 2\,dx & (2\le t<3)\\[2mm] \dfrac{9}{2}+\displaystyle\int_3^t 3\,dx & (3\le t<4)\end{cases}$$

네 개의 구간에 포함된 **정적분으로 정의된 함수의 피적분함수는 모두 연속이므로 정적분으로 정의된 함수를 t에 대해 미분할 수 있다.**

※ 함수 $f(x)$가 닫힌 구간 $[a,b]$에서 연속일 때, $\dfrac{d}{dx}\displaystyle\int_a^x f(t)\,dt=f(x)$ (단, $a<x<b$)

$-$ 〈Chapter 7. 부정적분과 정적분〉

$f(t)$를 t에 대하여 미분하면 1번 풀이에서 구한 $f'(t)$와 같은 식이 나온다.

$$f'(t)=\begin{cases}2t & (0<t<1)\\ t & (1<t<2)\\ 2 & (2<t<3)\\ 3 & (3<t<4)\end{cases}$$

이후 풀이는 동일하다.

위의 정적분으로 정의된 함수 풀이가 헷갈린다면, 정적분 파트의 기본 개념을 공부하도록 하자.

함수 $f(x)$는

$$f(x) = \begin{cases} x+1 & (x < 1) \\ -2x+4 & (x \geq 1) \end{cases}$$

이고, 좌표평면 위에 두 점 $A(-1, -1)$, $B(1, 2)$가 있다. 실수 x에 대하여 점 $P(x, f(x))$에서 점 A까지의 거리의 제곱과 점 B까지의 거리의 제곱 중 크지 않은 값을 $g(x)$라 하자. 함수 $g(x)$가 $x = a$에서 미분가능하지 않은 모든 a의 값의 합이 p일 때, $80p$의 값을 구하시오. [4점]

1. 구간에 따라 정의된 함수의 미분가능성을 판단하는 문항이다. 14학년도 예비시행 21번에서는 구간의 경계를 한눈에 파악할 수 있었지만, 이번에는 '거리'를 직접 따져 경계를 찾아야 한다는 점에서 조금 더 까다롭다.

제시된 그래프를 통해 $g(x)$의 미분가능성을 바로 판단할 수 없으므로 $g(x)$의 식을 작성하여 경계에서의 좌미분계수와 우미분계수를 직접 따져야 한다.

우선 $x = 1$은 $f(x)$의 식이 바뀌는 경계이므로 당연히 $g(x)$의 경계가 된다.
한눈에 파악할 수 없는 다른 경계는 2가지 방법으로 구할 수 있다.

(1) 거리 공식 이용

$f(x)$ 위의 점 P는 $x = 1$을 경계로 두 가지 식으로 나타낼 수 있다.
$$\begin{cases} \mathrm{P}(x,\ x+1) & (x < 1) \\ \mathrm{P}(x,\ -2x+4) & (x \geq 1) \end{cases}$$

① $x < 1$

$\mathrm{P}(x,\ x+1)$와 $\mathrm{A}(-1,\ -1)$ 사이의 거리의 제곱 : $(x+1)^2 + (x+2)^2$

$\mathrm{P}(x,\ x+1)$와 $\mathrm{B}(1,\ 2)$ 사이의 거리의 제곱 : $2(x-1)^2$

$x = -\dfrac{3}{10}$일 때 두 값이 같다. 따라서 $x < -\dfrac{3}{10}$일 때는 점 A 까지의 거리가 더 가깝고,

$x > -\dfrac{3}{10}$일 때는 점 B 까지의 거리가 더 가깝다.

② $x \geq 1$

동일한 방식으로 구해주면 경계는 $x = \dfrac{21}{8}$이 된다.

$-\dfrac{3}{10} \leq x < \dfrac{21}{8}$일 때는 점 B 까지의 거리가 더 가깝고,

$x > \dfrac{21}{8}$일 때는 점 A 까지의 거리가 더 가깝다.

$$\text{따라서 } g(x) = \begin{cases} \overline{\mathrm{AP}}^2 & (x < -\frac{3}{10}) \\ \overline{\mathrm{BP}}^2 & (-\frac{3}{10} \leq x < 1) \\ \overline{\mathrm{BP}}^2 & (1 \leq x < \frac{21}{8}) \\ \overline{\mathrm{AP}}^2 & (x \geq \frac{21}{8}) \end{cases} = \begin{cases} 2x^2 + 6x + 5 & (x < -\frac{3}{10}) \\ 2x^2 - 4x + 2 & (-\frac{3}{10} \leq x < 1) \\ 5x^2 - 10x + 5 & (1 \leq x < \frac{21}{8}) \\ 5x^2 - 18x + 26 & (x \geq \frac{21}{8}) \end{cases}$$

(2) 수직 이등분선 이용

선분 AB의 수직 이등분선이 있을 때,
수직 이등분선 위의 모든 점은 점 A와 점 B까지의 거리가 동일하다.

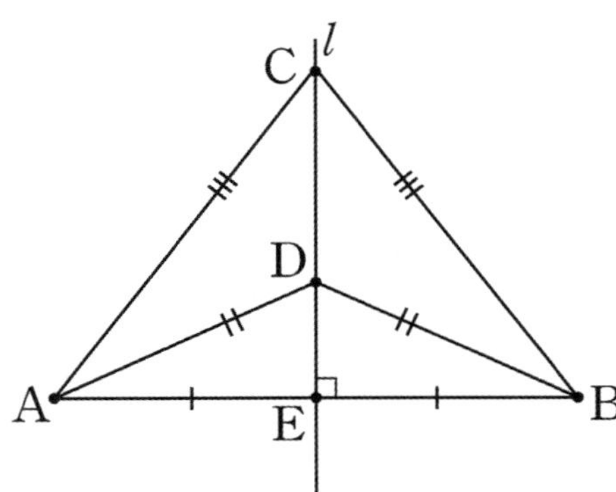

이 특징을 이용하여 문제 속 점 A와 점 B를 잇는 선분의 수직 이등분선의 직선의 방정식을 구한 다음 그 직선과 $f(x)$의 교점을 구해주면 교점이 바로 $g(x)$의 경계가 된다.

직선의 방정식은 한 점과 기울기만 알면 구할 수 있다.

$\overline{\mathrm{AB}}$의 중점 : $\left(0, \dfrac{1}{2}\right)$

$\overline{\mathrm{AB}}$의 기울기와 수직인 기울기 : $-\dfrac{2}{3}$ ($\overline{\mathrm{AB}}$의 기울기와 곱했을 때 -1이 되는 수)

따라서 선분 AB의 수직 이등분선의 방정식 : $y = -\dfrac{2}{3}x + \dfrac{1}{2}$

선분 AB의 수직이등분선과 $y = f(x)$와의 교점을 구해주면 $x = -\dfrac{3}{10}$과 $x = \dfrac{21}{8}$이 나오므로 두 지점이 경계가 된다.

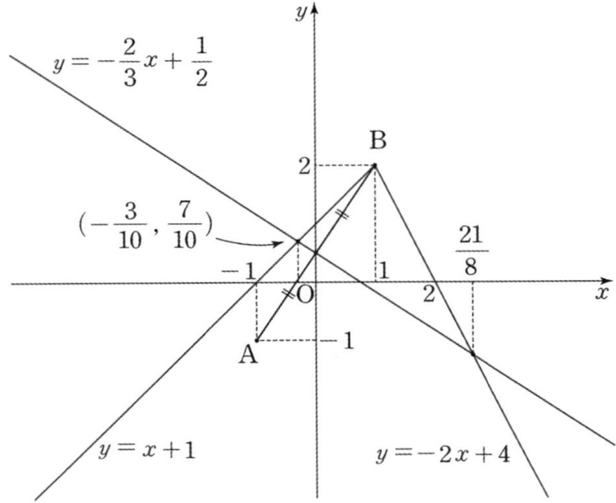

$$2.\ g(x) = \begin{cases} 2x^2 + 6x + 5 & (x < -\dfrac{3}{10}) \\[2mm] 2x^2 - 4x + 2 & (-\dfrac{3}{10} \le x < 1) \\[2mm] 5x^2 - 10x + 5 & (1 \le x < \dfrac{21}{8}) \\[2mm] 5x^2 - 18x + 26 & (x \ge \dfrac{21}{8}) \end{cases}$$

구간에 따라 정의된 함수 $g(x)$는 $x = -\dfrac{3}{10}$, $x = 1$, $x = \dfrac{21}{8}$에서 연속이고,

각 구간 경계의 좌우 함수가 모두 미분가능하다.

따라서 미분계수의 정의를 쓸 필요 없이 **각 구간의 도함수를 구한 다음**

$x = -\dfrac{3}{10}$, $x = 1$, $x = \dfrac{21}{8}$을 대입하여 좌·우미분계수를 구하자.

$$g'(x) = \begin{cases} 4x + 6 & (x < -\dfrac{3}{10}) \\[2mm] 4x - 4 & (-\dfrac{3}{10} < x < 1) \\[2mm] 10x - 10 & (1 < x < \dfrac{21}{8}) \\[2mm] 10x - 18 & (x > \dfrac{21}{8}) \end{cases}$$

※ 경계$(x = -\dfrac{3}{10},\ 1,\ \dfrac{21}{8})$에서의 미분가능성을 따지기 전에는 등호를 넣을 수 없다.

경계$(x = -\dfrac{3}{10},\ 1,\ \dfrac{21}{8})$에서의 좌미분계수와 우미분계수를 따져주면,

함수 $g(x)$는 $x = -\dfrac{3}{10}$과 $x = \dfrac{21}{8}$에서 미분가능하지 않다.

따라서 $80p = 80\left(-\dfrac{3}{10} + \dfrac{21}{8}\right) = -24 + 210 = 186$이다.

답은 186!!

미분가능한 함수 $f(x)$에 대하여 함수 $g(x)$가 다음 조건을 만족시킬 때, $g(x)$가 실수 전체의 집합에서 미분가능할 조건을 알아보자.

(가) $-1 \leq x < 1$일 때, $g(x) = f(x)$이다.
(나) 모든 실수 x에 대하여 $g(x+2) = g(x)$이다.

모든 실수 x에 대하여 $g(x+2) = g(x)$이므로 $g(x)$는 주기가 2인 함수다.
$-1 \leq x < 1$일 때, $g(x) = f(x)$이므로
$g(x)$의 그래프는 $-1 \leq x < 1$에서의 $f(x)$ 그래프가 반복되는 형태다.

$-1 < x < 1$일 때 $g(x) = f(x)$이므로 미분가능하고 $g(x)$는 주기함수이므로
$x = -1$과 $x = 1$에서의 미분가능성만 확인해주면 된다.

(가), (나)에 의해 $-3 \leq x < 1$에서 $g(x)$의 식은 다음과 같다.

$$g(x) = \begin{cases} f(x+2) & (-3 \leq x < -1) \\ f(x) & (-1 \leq x < 1) \\ f(x-2) & (1 \leq x < 3) \end{cases}$$

(i) $x = -1$

우선, **연속**이 되기 위해 $g(-1-) = g(-1+) = g(-1)$을 만족해야 한다.
즉, $\displaystyle\lim_{x \to -1-} f(x+2) = \lim_{x \to -1+} f(x) = f(-1)$이어야하므로 $f(1) = f(-1)$

다음으로 **미분가능**하기 위해 좌미분계수와 우미분계수가 서로 같아야 한다.

$$g'(-1-) = \lim_{x \to -1-} \frac{g(x) - g(-1)}{x - (-1)} = \lim_{x \to -1-} \frac{f(x+2) - f(-1)}{x+1} = \lim_{x \to -1-} \frac{f(x+2) - f(1)}{(x+2) - 1}$$

$x + 2 = t$로 놓으면 $\displaystyle\lim_{x \to -1-} \frac{f(x+2) - f(1)}{(x+2) - 1} = \lim_{t \to 1-} \frac{f(t) - f(1)}{t - 1} = f'(1)$

$$g'(-1+) = \lim_{x \to -1+} \frac{g(x) - g(-1)}{x - (-1)} = \lim_{x \to -1+} \frac{f(x) - f(-1)}{x - (-1)} = f'(-1)$$

따라서 $f(1) = f(-1)$, $f'(1) = f'(-1)$이면 $g(x)$는 $x = -1$에서 미분가능하다.

(ii) $x = 1$

우선, **연속**이 되기 위해 $g(1-) = g(1+) = g(1)$을 만족해야 한다.
즉, $\lim\limits_{x \to 1-} f(x) = \lim\limits_{x \to 1+} f(x-2) = f(1)$이어야 하므로 $f(1) = f(-1)$

다음으로 **미분가능**하기 위해 좌미분계수와 우미분계수가 서로 같아야 한다.

$$g'(1-) = \lim_{x \to 1-} \frac{g(x) - g(1)}{x-1} = \lim_{x \to 1-} \frac{f(x) - f(1)}{x-1} = f'(1)$$

$$g'(1+) = \lim_{x \to 1+} \frac{g(x) - g(1)}{x-1} = \lim_{x \to 1+} \frac{f(x-2) - f(1)}{x-1} = \lim_{x \to 1+} \frac{f(x-2) - f(-1)}{(x-2) - (-1)}$$

$x - 2 = t$로 놓으면 $\lim\limits_{x \to 1+} \dfrac{f(x-2) - f(-1)}{(x-2) - (-1)} = \lim\limits_{t \to -1+} \dfrac{f(t) - f(-1)}{t - (-1)} = f'(-1)$

따라서 $f(1) = f(-1)$, $f'(1) = f'(-1)$이면 $g(x)$는 $x = 1$에서 미분가능하다.

따라서 (i), (ii)에 의하여 $f(1) = f(-1)$, $f'(1) = f'(-1)$**이면** $g(x)$**는 실수 전체의 집합에서 미분가능하다. 그러나 주기함수가 나올 때마다 이처럼 연속과 미분계수의 정의를 사용하기는 꽤 번거롭다. 결론을 기억**하자.

만약 '$-1 \le x < 1$일 때 $g(x) = f(x)$이고, 모든 실수 x에 대하여 $g(x+2) = g(x)$이다'와 같은 주기함수 $g(x)$가 등장하고 $f(x)$가 실수 전체의 집합에서 미분가능한 경우 $g(x)$가 실수 전체의 집합에서 미분가능할 조건은 $f(-1) = f(1)$, $f'(-1) = f'(1)$이다.

식으로 외우기보다 그래프로 이해하면 좋다. $g(x)$의 그래프를 그려 보면,
연속이 되기 위해 $x = \pm 1$에서 그래프가 **연결**되어야 하므로 $f(-1) = f(1)$이어야 한다.
미분가능하기 위해 $x = \pm 1$에서 그래프가 **매끈하게 연결**되어 뾰족점을 형성하지 않아야 하므로 $f'(-1) = f'(1)$이어야 한다.

단, 이러한 그래프 해석은 $f(x)$가 미분가능한 경우에만 가능하다. 수학Ⅱ에서 주기함수를 구성하는 함수는 대부분 미분가능한 함수이므로 이 도구도 대부분 적용할 수 있다.

또한, 주기함수는 아니지만 주기성을 띄는 함수에도 이 내용을 적용할 수 있다.

> 미분가능한 함수 $f(x)$와 정수 n에 대하여 함수 $g(x)$는
> $$g(x) = f(x-n) + n \ (n \le x < n+1)$$이다.
>
> 이때, 함수 $g(x)$가 실수 전체의 집합에서 미분가능하기 위한 조건은?

$0 < x < 1$에서 $g(x) = f(x)$이므로 미분가능하다. $g(x)$의 그래프는 $0 \le x < 1$에서의 $f(x)$의 그래프가 반복되는 형태이므로 $x = 0$과 $x = 1$에서의 **미분가능성만 확인해주면 된다.**

$f(x)$가 미분가능한 함수이므로 굳이 연속의 정의와 미분계수의 정의를 따질 필요 없이 **그래프를 통해 조건을 파악**하면 된다. $g(x)$의 그래프를 직접 그려보자.

연속이 되기 위해 $x = 0$, $x = 1$에서 그래프가 **연결**되어야 하므로 $f(0) + 1 = f(1)$이어야 한다.
그리고 **미분가능하기 위해** $x = 0$, $x = 1$에서 그래프가 **매끈하게 연결**되어 뾰족점을 형성하지 않아야 하므로 $f'(0) = f'(1)$이어야 한다.

따라서 $g(x)$가 실수 전체의 집합에서 미분가능할 조건은 $f(0) + 1 = f(1)$, $f'(0) = f'(1)$이다.

아직까지 **그래프 판단이 의심스럽다면** 마지막으로 정의를 통한 증명과정을 보여주겠다.

$x = 0$부터 살펴보자. $g(x) = \begin{cases} f(x+1) - 1 & (-1 \le x < 0) \\ f(x) & (0 \le x < 1) \\ f(x-1) + 1 & (1 \le x < 2) \end{cases}$

우선, **연속**이 되기 위해 $\displaystyle\lim_{x \to 0-} g(x) = \lim_{x \to 0+} g(x) = g(0)$을 만족해야 한다.
즉, $\displaystyle\lim_{x \to 0-} \{f(x+1) - 1\} = \lim_{x \to 0+} f(x) = f(0)$이어야하므로 $f(1) - 1 = f(0)$

다음으로 **미분가능**하기 위해 좌미분계수와 우미분계수가 서로 같아야 한다.
$$g'(0-) = \lim_{x \to 0-} \frac{g(x) - g(0)}{x - 0} = \lim_{x \to 0-} \frac{f(x+1) - 1 - f(0)}{x - 0} = \lim_{x \to 0-} \frac{f(x+1) - f(1)}{(x+1) - 1}$$
$x + 1 = t$로 놓으면 $\displaystyle\lim_{x \to 0-} \frac{f(x+1) - f(1)}{(x+1) - 1} = \lim_{t \to 1-} \frac{f(t) - f(1)}{t - 1} = f'(1)$
$$g'(0+) = \lim_{x \to 0+} \frac{g(x) - g(0)}{x - 0} = \lim_{x \to 0+} \frac{f(x) - f(0)}{x - 0} = f'(0)$$

따라서 $f(0) + 1 = f(1)$, $f'(0) = f'(1)$이면 $g(x)$는 $x = 0$에서 미분가능하다.
$x = 1$에서도 똑같이 따져보면 동일한 결론이 나온다.

**따라서 $g(x)$가 실수 전체의 집합에서 미분가능할 조건은
$f(0) + 1 = f(1)$, $f'(0) = f'(1)$로 그래프로 따졌을 때와 일치한다.**
이제부터 주기함수 또는 주기성을 띄는 함수에서 구성 함수가 미분가능한 경우에는 그래프를 이용하여 빠르게 판단하자.

최고차항의 계수가 1인 사차함수 $f(x)$에 대하여 함수 $g(x)$가 다음 조건을 만족시킨다.

> (가) $-1 \le x < 1$일 때, $g(x) = f(x)$이다.
> (나) 모든 실수 x에 대하여 $g(x+2) = g(x)$이다.

옳은 것만을 <보기>에서 있는 대로 고른 것은? [4점]

<보 기>

ㄱ. $f(-1) = f(1)$이고 $f'(-1) = f'(1)$이면, $g(x)$는 실수 전체의 집합에서 미분가능하다.
ㄴ. $g(x)$가 실수 전체의 집합에서 미분가능하면, $f'(0)f'(1) < 0$이다.
ㄷ. $g(x)$가 실수 전체의 집합에서 미분가능하고 $f'(1) > 0$이면, 구간 $(-\infty, -1)$에 $f'(c) = 0$인 c가 존재한다.

① ㄱ   ② ㄴ   ③ ㄱ, ㄷ   ④ ㄴ, ㄷ   ⑤ ㄱ, ㄴ, ㄷ

1. 모든 실수 x에 대하여 $g(x+2)=g(x)$이므로 $g(x)$는 주기가 2인 함수다. $-1 \le x < 1$일 때, $g(x)=f(x)$이므로 $g(x)$의 그래프는 $-1 \le x < 1$에서의 $f(x)$ 그래프가 반복되는 형태다.

$-1 \le x < 1$일 때 $g(x)=f(x)$이므로 미분가능하고 $g(x)$는 주기함수이므로 $x=-1$과 $x=1$에서 **미분가능하면 실수 전체의 집합에서 미분가능하다.**

본문에서 배운 대로, $f(-1)=f(1)$이고 $f'(-1)=f'(1)$이면 $g(x)$**의 그래프는** $x=\pm 1$**에서 매끈하게 연결**되므로 미분가능하다. (O)

2. **구체적 수치와 식이 제시된 단정적 진술이므로 반례를 찾자.**
   $g(x)$가 실수 전체의 집합에서 미분가능하므로 $g(x)$는 $x=\pm 1$에서 미분가능하다.

   따라서 $f(-1)=f(1)$이고 $f'(-1)=f'(1)$이다.
   $f(-1)=f(1)$, $f'(-1)=f'(1)$인 상황에서 $f'(0)f'(1) \ge 0$이 되는 경우를 찾으면 되고,
   가장 쉬운 경우는 $f(x)=(x-1)^2(x+1)^2$이다.
   반례가 존재하므로 ㄴ은 틀렸다. (X)

3. 열린 구간에서 $f(x)$의 미분계수의 존재성을 묻고 있으므로 평균값 정리를 적용하자.
   평균값 정리는 〈Chapter 3〉에서 배운다.

   ※ **평균값 정리 : 함수 $f(x)$가 닫힌 구간 $[a, b]$에서 연속이고 열린 구간 (a, b)에서 미분가능하면 $\dfrac{f(b)-f(a)}{b-a}=f'(c)$인 c가 열린 구간 (a, b)에 적어도 하나 존재한다.**

   함수 $f(x)$는 사차함수로 실수 전체의 집합에서 미분가능하므로 평균값 정리를 적용할 수 있다.

   $g(x)$가 실수 전체의 집합에서 연속이므로 $f(-1)=f(1)$이다.
   $\dfrac{f(1)-f(-1)}{1-(-1)}=f'(c)=0$인 c가 구간 열린 구간 $(-1, 1)$에 적어도 하나 존재하므로,
   구간 $(-\infty, -1)$에 $f'(c)=0$인 c가 존재한다......?

   이상한 낌새를 눈치채야 한다.
   구간 $(-\infty, -1)$은 열린 구간 $(-1, 1)$을 포함하지 않는다. 따라서 평균값 정리로는 구간 $(-\infty, -1)$에서 $f'(c)=0$인 c가 존재하는지 따질 수 없다.

   그래프로 따져야 한다. $f(x)$는 사차함수이고, (ㄷ)에서 꽤 많은 정보를 알 수 있으므로 그래프를 충분히 그릴 수 있다. 생각해보고 다음 페이지를 보자.

$g(x)$가 실수 전체의 집합에서 미분가능하고 $f'(1) > 0$이므로
$f(-1) = f(1)$, $f'(-1) = f'(1) > 0$ 이다.

따라서 최고차항의 계수가 양수인 사차함수 $y = f(x)$의 그래프 개형은 다음과 같다.
$x = -1$과 $x = 1$에서의 $f(x)$ 그래프 일부를 그린 다음 이를 연결하는 그래프 개형을 찾으면 된다.

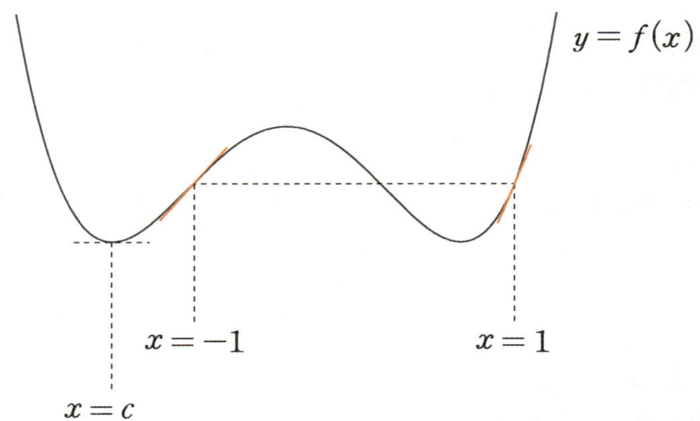

$(-\infty, -1)$에서 $f(x)$는 극솟값을 갖는다. 극소점은 $f'(x) = 0$을 만족하므로 ㄷ은 옳다. (O)

※ (ㄷ)의 식 풀이에 미련이 남는다면, '평균값 정리'가 아닌 '사잇값 정리'로 증명할 수 있다. 이는 〈Chapter 3〉에서 배울 것이므로 지금은 (ㄷ)을 그래프로만 따질 수 있으면 된다.

옳은 것은 ㄱ, ㄷ이므로 **답은 ③!!**

1. 주기함수에서 반복되는 함수가 미분가능한 경우에는 그래프를 이용하여 미분가능성을 빠르게 판단하자!

2. (ㄷ)에서 평균값 정리를 적용할 수 없음에도 평균값 정리 풀이를 보여준 것은 끼워 맞추기식 해설을 방지하기 위함이다. 발상적으로 풀이를 떠올리는 것이 아니라, 조건을 바탕으로 필연의 길을 따라가면 답은 나온다.

3. 식 ↔ 그래프
이 책에서 가장 먼저 배운 내용이다. (ㄷ)에서도 '식의 관점'인 평균값 정리가 막혔을 때, 빠르게 '그래프 관점'으로 넘어가야 한다.
그래프를 소홀히 여기지 말자. 수능이 측정하고 싶은 가장 중요한 능력치 중 하나가 바로 '그래프 이해 능력'이다. "그래도 식으로 엄밀하게 다 따져야지!"라고 생각한다면 수능 수학을 몰라도 한참 모르는 것이다.

하나의 함수뿐만 아니라, 두 함수를 곱한 상황에서 미분가능성을 따지는 경우도 자주 등장한다.

어떤 함수를 제시하든 미분계수의 정의에 충실하여 '좌미분계수=우미분계수'를 따지면 미분가능성을 판정할 수 있다. 하지만 **특정한 조건을 만족시키는 경우 함수 $f(x)g(x)$의 미분가능성을 그래프로 판단할 수도 있다.**

구간에 따라 정의된 함수 $f(x)$와 다항함수 $g(x)$에 대하여 함수 $f(x)g(x)$의 미분가능성을 그래프로 판단하는 법을 이해해보자. $f(x)$, $g(x)$ 모두 불연속함수인 경우는 그래프로 판단하기 어려우므로 미분계수의 정의에 따라 일일이 좌·우미분계수를 비교할 수밖에 없다.

두 함수의 곱의 미분가능성은 상당히 민감한 주제이므로 간단히 판단하기 힘들고, 본문을 읽어보면 알겠지만 제한사항이 많다.

그래도 한번 공부해보면 나름 쏠쏠한 도구이므로 이를 소개하는 차원으로 파트를 할애했다. 너무 따져야 할 게 많다고 생각되면 이 도구는 넘어가도 좋다. 식을 통해 얼마든지 직접 따져보면 되기 때문이다. 기출문제를 먼저 풀어보고 도구를 살펴보자.

예제(22) 07학년도 수능 가형 7번

함수 $f(x)$가

$$f(x) = \begin{cases} 1-x & (x < 0) \\ x^2 - 1 & (0 \leq x < 1) \\ \dfrac{2}{3}(x^3 - 1) & (x \geq 1) \end{cases}$$

일 때, <보기>에서 옳은 것을 모두 고른 것은? [3점]

< 보 기 >

ㄱ. $f(x)$는 $x = 1$에서 미분가능하다.
ㄴ. $|f(x)|$는 $x = 0$에서 미분가능하다.
ㄷ. $x^k f(x)$가 $x = 0$에서 미분가능하도록 하는 최소의 자연수 k는 2이다.

① ㄱ   ② ㄴ   ③ ㄱ, ㄷ   ④ ㄴ, ㄷ   ⑤ ㄱ, ㄴ, ㄷ

함수

$$f(x) = \begin{cases} -x & (x \le 0) \\ x-1 & (0 < x \le 2) \\ 2x-3 & (x > 2) \end{cases}$$

와 상수가 아닌 다항식 $p(x)$에 대하여 <보기>에서 옳은 것만을 있는 대로 고른 것은? [4점]

<보 기>

ㄱ. 함수 $p(x)f(x)$가 실수 전체의 집합에서 연속이면 $p(0) = 0$이다.

ㄴ. 함수 $p(x)f(x)$가 실수 전체의 집합에서 미분가능하면 $p(2) = 0$이다.

ㄷ. 함수 $p(x)\{f(x)\}^2$이 실수 전체의 집합에서 미분가능하면 $p(x)$는 $x^2(x-2)^2$으로 나누어 떨어진다.

① ㄱ   ② ㄱ, ㄴ   ③ ㄱ, ㄷ   ④ ㄴ, ㄷ   ⑤ ㄱ, ㄴ, ㄷ

도구를 먼저 공부한 다음 예제를 해설하겠다.

함수 $f(x)g(x)$의 미분가능성을 그래프로 판단하는 일은 상당히 까다롭다.
따라서 우리는 아래와 같은 한정된 함수만을 다룰 것이다.

① 미분가능한 함수 $p(x), q(x)$에 대하여 $f(x) = \begin{cases} p(x) & (x < a) \\ q(x) & (x \geq a) \end{cases}$ 이고 $g(x)$는 다항함수이다.

② $f(x)$가 $x = a$에서 불연속일 때, $f(a+) \neq f(a-)$을 만족시키는 수렴하는 불연속이다.

다음과 같은 그래프가 위 조건을 만족시키는 $f(x)$의 예시이다. 흔히 볼 수 있는 구간에 따라 정의된 함수이다.

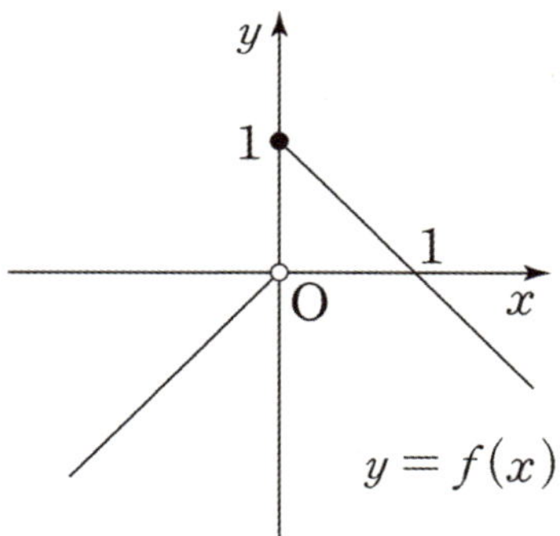

다음 페이지에서 $f(x)g(x)$가 미분가능할 조건을 살펴보자.

1. $f(x)$가 $f(a+) \neq f(a-)$를 만족시키는 수렴하는 불연속일 때

20학년도 수능 20번에서 $x=0$과 같은 케이스다.

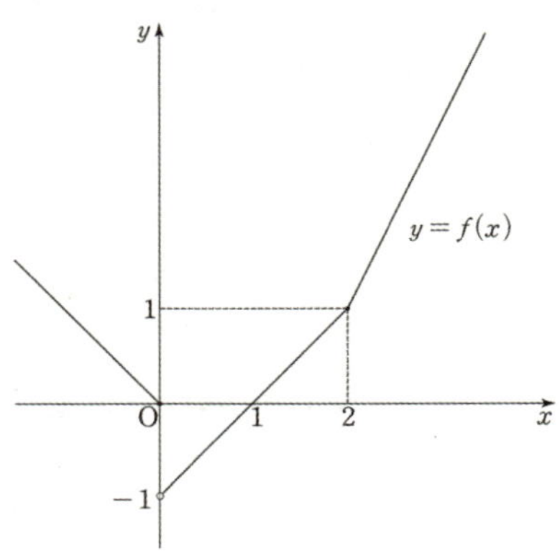

(1) $f(x)g(x)$가 $x=a$에서 연속일 조건

: $g(a)=0 \iff g(x)$는 $x=a$에서 x축과 만난다. $\iff g(x)$는 $(x-a)$를 인수로 가진다.

이는 연속성 파트에서 이미 공부한 내용이므로 증명은 생략한다.

(2) $f(x)g(x)$가 $x=a$에서 미분가능할 조건

: $g(a)=0, \, g'(a)=0 \iff g(x)$는 $x=a$에서 x축과 접한다. $\iff g(x)$는 $(x-a)^2$을 인수로 가진다.

먼저 $f(x)g(x)$가 $x=a$에서 연속이어야 하므로 $g(a)=0$이다.

$$f(x)g(x) = \begin{cases} p(x)g(x) \ (x < a) \\ q(x)g(x) \ (x \geq a) \end{cases}$$가 $x=a$에서 미분가능하려면

$x=a$에서의 좌미분계수와 우미분계수가 서로 같아야 한다.

함수 $f(x)g(x)$는 $x=a$에서 연속이고, $p(x)g(x)$와 $q(x)g(x)$는 $x=a$에서 미분가능하다.

따라서
(함수 $f(x)g(x)$의 $x=a$에서의 좌미분계수)$= p'(a)g(a) + p(a)g'(a)$
(함수 $f(x)g(x)$의 $x=a$에서의 우미분계수)$= q'(a)g(a) + q(a)g'(a)$

이때, $g(a)=0$이므로 $p(a)g'(a)=q(a)g'(a)$을 만족시키면 되고 $p(a) \neq q(a)$이므로
$g'(a)=0$이어야 한다. 따라서 $f(x)g(x)$가 $x=a$에서 미분가능할 조건은 $g(a)=0, \, g'(a)=0$이다.

※ $x=a$에서 불연속이고 $f(a+)=f(a-)$을 만족시키는 $f(x)$는 왜 제외되었나요?

예를 들어 $f(x) = \begin{cases} x \ (x \neq 0) \\ 1 \ (x=0) \end{cases}$, $g(x)=x$이면

$f(x)g(x)=x^2$이므로 $x=0$에서 미분가능하지만 $g(x)$는 x^2으로 나누어 떨어지지 않는다.

2 $f(x)$가 $x = a$에서 연속이면서 미분불가능일 때

20학년도 수능 20번에서 $x = 2$와 같은 케이스다.

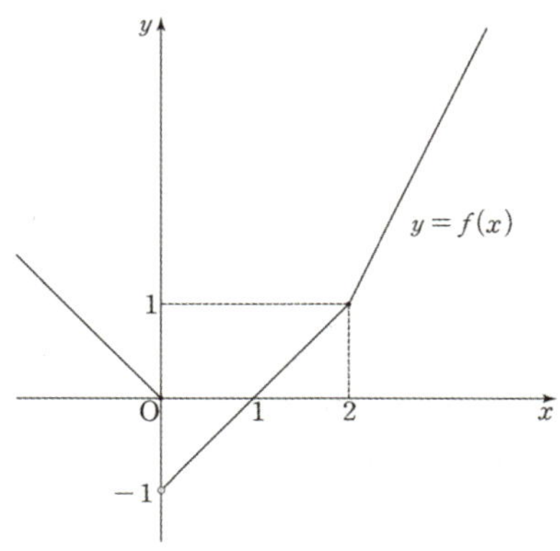

(1) $f(x)g(x)$가 $x = a$에서 연속일 조건

: $f(x), g(x)$ 모두 $x = a$에서 연속이므로 추가 조건이 필요하지 않다. 연속×연속=연속이다.

(2) $f(x)g(x)$가 $x = a$에서 미분가능할 조건

: $g(a) = 0 \Leftrightarrow g(x)$는 $x = a$에서 x축과 만난다. $\Leftrightarrow g(x)$는 $(x - a)$을 인수로 가진다.

1-(2)와 똑같이 증명하면 된다.

$$f(x)g(x) = \begin{cases} p(x)g(x) & (x < a) \\ q(x)g(x) & (x \geq a) \end{cases}$$가 $x = a$에서 미분가능하려면

$x = a$에서의 좌미분계수와 우미분계수가 서로 같아야 한다.

함수 $f(x)g(x)$는 $x = a$에서 연속이고, $p(x)g(x)$와 $q(x)g(x)$는 $x = a$에서 미분가능하다.

따라서
(함수 $f(x)g(x)$의 $x = a$에서의 좌미분계수)$= p'(a)g(a) + p(a)g'(a)$
(함수 $f(x)g(x)$의 $x = a$에서의 우미분계수)$= q'(a)g(a) + q(a)g'(a)$

이때, $p(a) = q(a)$이므로 $p'(a)g(a) = q'(a)g(a)$을 만족시키면 되고, $p'(a) \neq q'(a)$이므로
$g(a) = 0$이어야 한다. 따라서 $f(x)g(x)$가 $x = a$에서 미분가능할 조건은 $g(a) = 0$이다.

3. $f(x)$가 $x = a$에서 미분가능할 때는 $f(x)g(x)$도 $x = a$에서 연속이면서 미분가능하다.

20학년도 수능 20번에서 $x \neq 0, x \neq 2$인 케이스다.

$f(x)$는 $x=0$에서 불연속이고, $x=1$에서 미분가능하다.

1. $f(x)$의 $x=1$에서의 좌미분계수와 우미분계수를 따져주면 서로 같음을 알 수 있다.
   따라서 $f(x)$는 $x=1$에서 미분가능하다. (O)

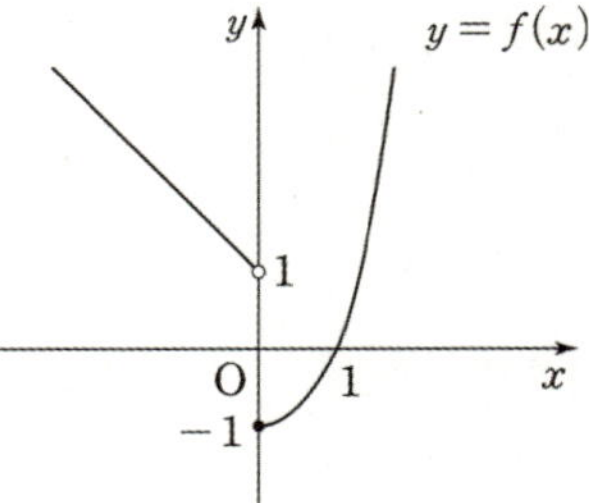

2. $|f(x)|$의 $x=0$에서 좌미분계수는 -1, 우미분계수는 0이므로
   $|f(x)|$는 $x=0$에서 미분가능하지 않다. (X)

3. 불연속함수 $f(x)$에 다항함수 x^k를 곱했으며 도구를 적용할 수 있다.
   본문에서 살펴본 대로 $x=0$에서 미분가능하기 위한 최소의 자연수 k는 2이다.
   그래프로 빠르게 판단할 수 있지만 직접 식으로도 증명해보자. (O)

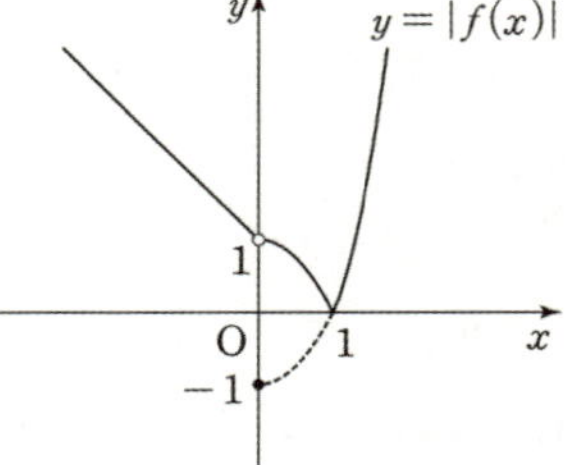

옳은 것은 ㄱ, ㄷ이므로 답은 ③!!

이 문항의 선지 (ㄷ)를 심층적으로 공부한 학생이라면 20학년도 수능 20번 문항을 쉽게 맞혔을 확률이 높다.
기출은 무조건 반복된다. 기출 공부를 소홀히 해서는 안 된다.

<20학년도 수능 20번 해설>

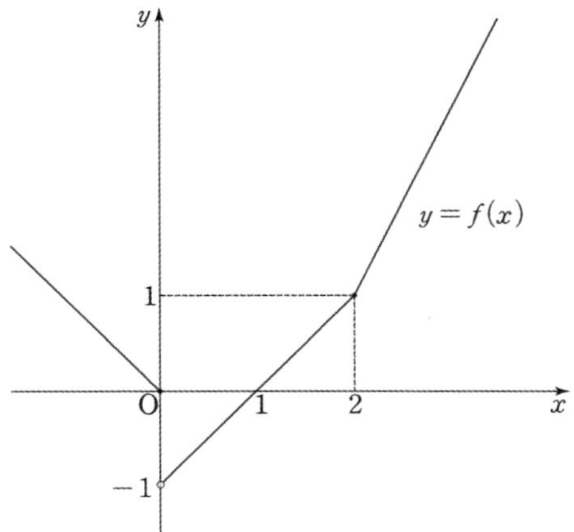

1. 배운 내용을 적용하자. 설명은 생략한다. (O)

2. $f(x)$는 $x = 2$에서 연속이지만 미분가능하지 않다.
   따라서 $p(x)f(x)$가 $x = 2$에서 미분가능하려면 $p(2) = 0$이어야 한다. (O)

3. $y = \{f(x)\}^2$와 $y = p(x)$의 곱으로 다시 생각하자.
   $\{f(x)\}^2$은 $x = 0$에서 불연속이고, $x = 2$에서 연속이면서 미분불가능하다.
   나머지 x에서는 모두 미분가능하다.

   공부한 대로 함수 $p(x)\{f(x)\}^2$가 실수 전체의 집합에서 미분가능하려면
   $p(x)$가 $x^2(x-2)$를 인수로 가져야 한다. 그래프로 빠르게 판단할 수 있지만 식으로도 증명해보자.

   따라서 $p(x)$가 $x^2(x-2)$로 나누어떨어지는 것은 확실하지만 $x^2(x-2)^2$로 나누어떨어진다고 확정할 수는 없다. (X)

옳은 것은 ㄱ, ㄴ이므로 **답은 ②!!**

함수 $f(x) = |3x - 9|$에 대하여 함수 $g(x)$는

$$g(x) = \begin{cases} \dfrac{3}{2}f(x+k) & (x < 0) \\ f(x) & (x \geq 0) \end{cases}$$

이다. 최고차항의 계수가 1인 삼차함수 $h(x)$가 다음 조건을 만족시킬 때, 모든 $h(k)$의 값의 합을 구하시오. (단, $k > 0$) [4점]

(가) 함수 $g(x)h(x)$는 실수 전체의 집합에서 미분가능하다.
(나) $h'(3) = 15$

1. 함수 $g(x)$는 구간에 따라 정의된 함수다.

$g(x)$가 각각의 구간 내에서는 모두 연속이므로 구간의 경계인 $x = 0$에서의 연속성만 따져주면 된다. 그런데 $x = 0$에서 연속인지 아닌지 알 수 없다. 모든 $h(k)$의 값의 합을 구하라는 발문의 이유가 여기에 존재했다. $x = 0$에서 연속일 때와 불연속일 때로 CASE를 나눠 k의 값을 구하자.

1) 함수 $g(x)$가 $x = 0$에서 연속일 때

$$\frac{3}{2}f(k) = f(0)\text{이다.}$$

$$\frac{3}{2}|3k - 9| = 9, \ |k - 3| = 2 \quad \therefore \ k = 1 \text{ 또는 } k = 5$$

함수 $g(x)h(x)$가 실수 전체의 집합에서 미분가능하도록 하는 $h(x)$를 찾아주자.

k의 값과 관계없이 $g(x) = |3x - 9| \ (x \geq 0)$는 **$x = 3$에서 연속이지만 미분불가능(뾰족점)이므로** $g(x)h(x)$가 $x = 3$에서 미분가능하기 위해 $h(x)$는 $(x - 3)$을 인수로 가져야 한다.

$g(x)$는 **$x = 0$에서 연속이지만 미분가능성은 알 수 없으므로** 따져줘야 한다.
만약 $g(x)$가 $x = 0$에서 미분가능하다면 $g(x)h(x)$도 $x = 0$에서 미분가능할 것이고, 미분가능하지 않다면 $h(x)$는 x를 인수로 가져야 한다.

ⅰ) $k = 1$인 경우

$$g(x) = \begin{cases} \dfrac{3}{2}|3x - 6| & (x < 0) \\ |3x - 9| & (x \geq 0) \end{cases}$$

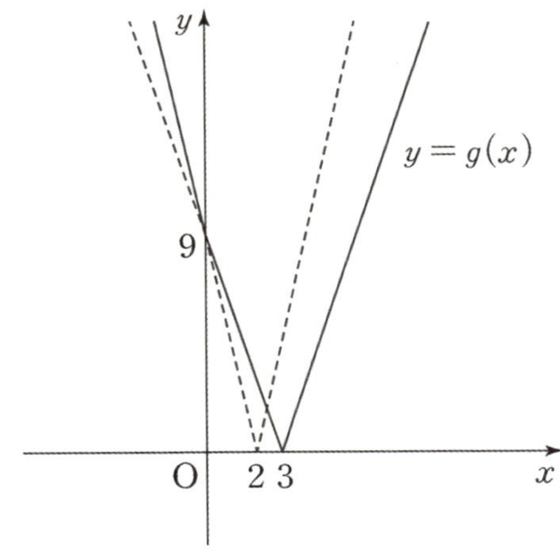

$g(x)$의 그래프는 $x = 0$에서 뾰족하다. 즉, $g'(0-) = -\dfrac{9}{2}$, $g'(0+) = -3$ 으로 $g(x)$는 $x = 0$에서 미분가능하지 않으므로 $h(x)$는 x를 인수로 가진다.

$$\therefore \ h(x) = x(x-3)(x-a) \ (a\text{는 상수})$$

(나) 조건을 적용하자. 곱의 미분에 의해 $h'(3) = 3(3-a) = 15$
$a = -2$이므로 $h(x) = x(x-3)(x+2)$
따라서 $h(k) = h(1) = 1 \times (-2) \times 3 = -6$

ii) $k = 5$인 경우

$$g(x) = \begin{cases} \dfrac{3}{2}|3x+6| & (x < 0) \\ |3x-9| & (x \geq 0) \end{cases}$$

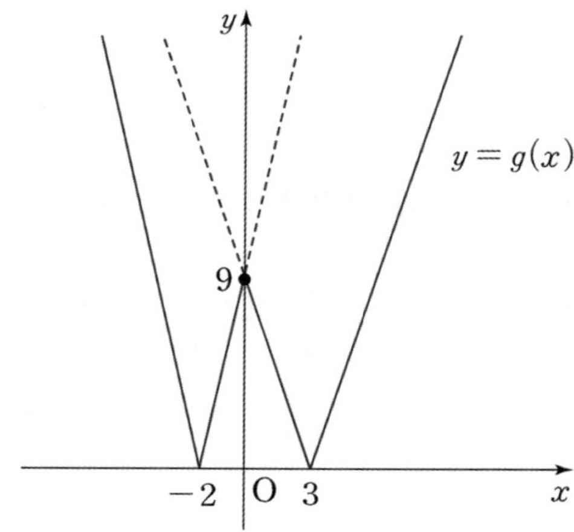

함수 $g(x)$는 $x = 0$에서 뾰족하다. 즉, $g'(0-) = \dfrac{9}{2}$, $g'(0+) = -3$으로 $g(x)$는 $x = 0$에서 미분가능하지 않으므로 $h(x)$는 x를 인수로 가진다.

또한 위의 그림에서 보다시피 $g(x)$는 $x = -2$에서도 뾰족점으로 미분가능하지 않다.
따라서 $h(x)$는 $(x+2)$를 인수로 가진다.
$$\therefore \ h(x) = x(x-3)(x+2)$$

$h(x)$의 완전한 식이 나왔으므로 $h(x)$가 (나)를 만족시키는지 확인하면 된다.
$h'(3) = 3(3+2) = 15$이므로 마지막으로 남은 조건 (나)까지 만족시킨다.
따라서 $h(k) = h(5) = 5 \times 2 \times 7 = 70$

2. 태도 : 현재 위치 파악

호흡이 긴 문항은 쉽게 길을 잃을 수 있다. 킬러 문항을 풀 때는 수시로 풀이 단계 속 본인의 위치를 파악하자.

지금까지 함수 $g(x)$가 $x = 0$에서 연속인 케이스를 살펴봤다.
지금부터는 함수 $g(x)$가 $x = 0$에서 불연속인 케이스를 살펴보자.

2) 함수 $g(x)$가 $x = 0$에서 불연속일 때

$k = 1$ 또는 $k = 5$일 때 함수 $g(x)$가 $x = 0$에서 연속이었으므로 $x = 0$에서 불연속일 때 $k \neq 1$, $k \neq 5$이고 도구를 적용할 수 있다.

따라서 $g(x)h(x)$가 $x = 0$에서 미분가능하려면 함수 $h(x)$는 x^2을 인수로 가져야 한다.
스스로 증명해보자.

또한 함수 $g(x)$는 $x = 3$에서 뾰족점이므로 함수 $g(x)h(x)$가 $x = 3$에서 미분가능하기 위해서 함수 $h(x)$는 $(x - 3)$을 인수로 가져야 한다. 따라서 $h(x) = x^2(x - 3)$이다.

남은 조건 $h'(3) = 15$을 대입해보자.
$h'(3) = 3^2 = 9$이므로 조건을 만족시키지 못한다.

따라서 가능한 모든 $h(k)$의 값의 합은 $-6 + 70 = 64$이다.

답은 64 !!

〈Chapter 1. 함수의 극한과 연속〉 최종 comment

1. 극한을 다룰 때는 극한값과 함숫값을 잘 구별하자.
2. 극한 계산은 항상 극한의 성질에 의거하여 진행하자.
3. 연속성 판단의 1순위는 그래프다. 그래프로 따질 수 없을 때 식으로 따지자.
4. 연속성과 미분가능성을 책에서 배운 도구나 그래프를 통해 따지기 어려운 경우, 치트키인 '연속의 정의'와 '미분계수의 정의'를 사용하면 된다. 정의를 사용하면 어떤 함수든 연속성과 미분가능성을 따질 수 있다.

함수의 극한값 계산과 미분계수

함수의 극한값 계산과 미분계수

정말 중요하다. 까다로운 극한값 계산 문제가 등장하여 복병이 되거나, 킬러 문항 속 하나의 소재로서 등장하는 경우가 많기 때문이다. 따라서 극한값 계산을 위한 태도, 도구를 일관되게 공부하는 것이 매우 중요하다.

우선 **극한의 꼴을 살펴보자. 유의미하게 문제로서 제시되는 극한식은 대부분 부정형이다.**
부정형이 아닌 극한식은 단순한 대입, 계산 문제에 지나지 않기 때문이다.

4가지 부정형 : $\dfrac{0}{0}$ **꼴,** $\dfrac{\infty}{\infty}$ **꼴,** $0 \times \infty$ **꼴,** $\infty - \infty$ **꼴**

태도 : 극한식을 보면 가장 먼저 꼴 결정부터 해라.

꼴 결정은 매우매우 중요하지만 대부분이 소홀히 여기는 것이 사실이다.
지금부터 다룰 태도와 도구들을 일관되게 적용하기 위해서는 꼴을 확인하는 절차가 반드시 선행되어야 하므로 항상 극한식의 꼴을 의식하자.

※ $0 \times \infty$ **꼴과** $\infty - \infty$ **은 수능에 거의 등장하지 않고 중요도도 많이 떨어지기에 다루지 않겠다.**
   혹시나 출제된다면 유리화를 하거나 최고차항으로 묶어서 쉽게 해결할 수 있다.

나머지 2개의 꼴 중 비교적 간단한 $\dfrac{\infty}{\infty}$ 꼴부터 공부한 뒤, 가장 중요한 $\dfrac{0}{0}$ 꼴을 공부하자.

$\dfrac{\infty}{\infty}$꼴의 극한값 계산

수학 II 의 극한값 계산에서 등장하는 극한식의 분모·분자는 대부분 다항식이므로 **여기서는 분모, 분자가 모두 다항식인 $\dfrac{\infty}{\infty}$꼴만 다루겠다.** 다항식이 아닌 $\dfrac{\infty}{\infty}$꼴이 출제된다면 근호($\sqrt{}$)를 포함한 무리식일 것인데 유리화로 쉽게 해결할 수 있다.

1. 최고차항으로 나누기

이때의 최고차항은 분모와 분자를 통틀어 차수가 가장 큰 항을 말한다.

분모, 분자에 다항식이 있는 $\dfrac{\infty}{\infty}$꼴을 공부할 때 **최고차항으로 나누는 도구**가 계속해서 사용되는데 그 이유는 다음과 같다.

극한값 계산은 궁극적으로 결국 ∞ 와 0 의 영향을 없애는 것을 의미한다.
$\dfrac{\infty}{\infty}$꼴에서는 ∞ 의 영향을 없애고, $\dfrac{0}{0}$꼴에서는 0 의 영향을 없앤다.

$x\to\infty$ 인 상황에서 분모, 분자의 상수항을 제외한 모든 항은 ∞ 로 간다.
이때 다항식을 최고차항으로 나누게 된다면 최고차항을 제외하고는 전부 0이 되어버리기 때문에(∞ 의 영향을 지워버리기 때문에) 최고차항만 가지고 극한값을 쉽게 판별할 수 있게 된다.

2. 분모, 분자 차수에 따른 극한값 비교

분모, 분자 차수	극한값
분자 〉 분모	극한값 존재 X (발산)
분자 = 분모	최고차항의 계수비
분자 〈 분모	0

위의 구분을 기억한다면 분모, 분자가 다항식인 $\dfrac{\infty}{\infty}$꼴에서 일일이 최고차항으로 나눌 필요가 없다.

문제를 많이 풀다 보면 저절로 암기될 것이다. 다음 페이지에서 위 표의 증명을 살펴보자.

분모, 분자 차수	극한값
분자 〉 분모	극한값 존재 X (발산)
분자 = 분모	최고차항의 계수비
분자 〈 분모	0

최고차항으로 나눠보면 쉽게 증명할 수 있다.

① **분자 〉 분모**

최고차항은 '분자'에 존재한다. 분자의 최고차항으로 분모, 분자를 나누게 된다면 분자는 최고차항의 계수가 남지만, 분모의 항은 모두 0이 되어버린다. 즉, $\dfrac{c}{0}$가 되어 **발산**한다.

e.g. $\displaystyle\lim_{x\to\infty}\dfrac{x^4+x^3}{x^3+x^2}=\lim_{x\to\infty}\dfrac{1+\dfrac{1}{x}}{\dfrac{1}{x}+\dfrac{1}{x^2}}\ \to$ 발산

② **분모 = 분자**

분모와 분자의 차수가 같다. 이 경우 최고차항으로 분모, 분자를 나누게 된다면 분모, 분자 모두 최고차항의 계수가 남는다. 따라서 극한값은 **최고차항의 계수비**(=분모의 최고차항의 계수/분자의 최고차항의 계수 $\neq 0$)가 된다.

e.g. $\displaystyle\lim_{x\to\infty}\dfrac{3x^4+x^3}{2x^4+x^2}=\lim_{x\to\infty}\dfrac{3+\dfrac{1}{x}}{2+\dfrac{1}{x^2}}=\dfrac{3}{2}$

③ **분자 〈 분모**

최고차항은 '분모'에 존재한다. 분모의 최고차항으로 분모, 분자를 나누게 된다면 분모는 최고차항의 계수가 남지만, 분자는 0이 되어버린다. 즉, $\dfrac{0}{c}$이 되어 **극한값은 0이 된다.**

e.g. $\displaystyle\lim_{x\to\infty}\dfrac{x^3+x^2}{x^4+x^2}=\lim_{x\to\infty}\dfrac{\dfrac{1}{x}+\dfrac{1}{x^2}}{1+\dfrac{1}{x^2}}=0$

다항식 $f(x), g(x)$에 대하여 $\lim\limits_{x \to \infty} \dfrac{f(x)}{g(x)} = a$, $\lim\limits_{x \to 0} \dfrac{f(x)}{g(x)} = b$이고,

a, b가 모두 0이 아닌 실수일 때

$a : \dfrac{f의\ (최고차항)의\ 계수}{g의\ (최고차항)의\ 계수}$ (단, f, g의 차수 동일)

　→ 이를 최고차항 계수비라 부르자.

$b : \dfrac{f의\ (최저차항)의\ 계수}{g의\ (최저차항)의\ 계수}$ (단, f, g의 최저차항의 차수 동일)

　→ 이를 최저차항 계수비라 부르자.

위의 결론을 외우는 식으로 공부하면 수능 수학에서 절대로 고득점을 받을 수 없다.
설명과정을 **이해**하는 과정에서 자연스레 저러한 결론이 **스며드는 느낌**이 들도록 공부하자.

(1) 두 극한값이 0이 아니어야 하는 이유

① $\lim\limits_{x \to \infty} \dfrac{f(x)}{g(x)} = 0$인 경우

분모, 분자의 차수에 따른 극한값 비교에서 살펴봤듯이, 이는 분모 $g(x)$의 차수가 분자 $f(x)$의 차수보다 큰 경우에 해당하므로 최고차항의 계수비라 할 수 없다.

② $\lim\limits_{x \to 0} \dfrac{f(x)}{g(x)} = 0$인 경우

다음 페이지에서 $\lim\limits_{x \to 0} \dfrac{f(x)}{g(x)}$를 총체적으로 살펴보자.

$$\left\langle \lim_{x \to 0} \frac{f(x)}{g(x)} \right\rangle$$

$\lim\limits_{x \to \infty} \dfrac{f(x)}{g(x)}$ 에서는 '최고차항'의 차수를 비교했지만, $\lim\limits_{x \to 0} \dfrac{f(x)}{g(x)}$ 에서는 '최저차항'의 차수를 비교해야 한다.

그 이유는 위에서 말한 극한값 계산의 궁극적 의미와 연결된다.

극한값 계산은 궁극적으로 결국 ∞ 와 0 의 영향을 없애는 것을 의미한다.

$\dfrac{\infty}{\infty}$ 꼴에서는 ∞ 의 영향을 없애고, $\dfrac{0}{0}$ 꼴에서는 0 의 영향을 없앤다.

따라서 $\lim\limits_{x \to 0} \dfrac{f(x)}{g(x)}$ 에서는 0의 영향을 지워야 하는데, 극한식을 최저차항으로 나누면 된다.

이때의 **최저차항은 분모와 분자를 통틀어서 차수가 가장 작은 항을 의미**하며, 최저차항으로 나눌 때, 분모·분자 각각의 최저차항의 차수에 따라 3가지 양상이 존재한다.

① **분자의 최저차항의 차수 〉 분모의 최저차항의 차수**

분모의 최저차항으로 나누게 된다면, 분자는 모두 0으로 가는 반면 분모는 최저차항의 계수가 남게 된다.

즉, $\dfrac{0}{c}$ 가 되어 극한값은 0이다.

$$\text{e.g. } \lim_{x \to 0} \frac{x^3 + x^2}{x^4 + x^2 + x} = \lim_{x \to 0} \frac{x^2 + x}{x^3 + x + 1} = 0$$

② **분자의 최저차항 차수 = 분모의 최저차항 차수**

분모의 최저차항으로 나누게 된다면 분자, 분모 모두 최저차항의 계수가 남게 된다.

따라서 **극한값은 최저차항의 계수비(=분자의 최저차항의 계수/분모의 최저차항의 계수 $\neq 0$)가 된다.**

$$\text{e.g. } \lim_{x \to 0} \frac{x^3 + 2x}{x^4 + x^2 + x} = \lim_{x \to 0} \frac{x^2 + 2}{x^3 + x + 1} = 2$$

③ **분자의 최저차항 차수 〈 분모의 최저차항 차수**

분자의 최저차항으로 나누게 된다면, 분모는 모두 0으로 가는 반면 분자는 최저차항의 계수가 남게 된다.

즉, $\dfrac{c}{0}$ 가 되어 극한값은 존재하지 않는다.

$$\text{e.g. } \lim_{x \to 0} \frac{x^3 + x}{x^4 + x^2} = \lim_{x \to 0} \frac{x^2 + 1}{x^3 + x} \quad \rightarrow \text{ 발산}$$

위의 3가지 구분을 생각한다면 $\lim\limits_{x \to 0} \dfrac{f(x)}{g(x)} = b$ 에서 b가 최저차항 계수비가 되기 위해서는 당연히 $b \neq 0$이어야 한다.

(2) 극한값 a, b가 각각 최고차항 계수비, 최저차항 계수비인 이유

$\displaystyle\lim_{x\to\infty}\frac{f(x)}{g(x)}$의 분모, 분자 최고차항 차수에 따른 3가지 비교와

$\displaystyle\lim_{x\to 0}\frac{f(x)}{g(x)}$의 분모, 분자 최저차항 차수에 따른 3가지 비교로 답변을 대신한다.

〈최고차항 계수비, 최저차항 계수비〉에서 가장 중요한 태도를 짚어보고 끝내자.

태도 : 다항식 f, g에 대해 $\displaystyle\lim_{x\to\infty}\frac{f(x)}{g(x)}=a$, $\displaystyle\lim_{x\to 0}\frac{f(x)}{g(x)}=b$을 본다면 극한값$(a,\ b)$이 0인지 아닌지를 따져라.

$a\neq 0$이라면 a는 최고차항 계수비이다.
$a=0$이라면 '$f(x)$의 차수 $\langle$ $g(x)$의 차수'이다.

$b\neq 0$이라면 b는 최저차항 계수비이다.
$b=0$이라면 '$f(x)$의 최저차항의 차수 $\rangle$ $g(x)$의 최저차항의 차수'이다.

---

comment

$\dfrac{\infty}{\infty}$꼴 최종 comment

1. 극한식을 본다면 꼴 결정부터 먼저 하자.

2. 수학Ⅱ에서 출제되는 $\dfrac{\infty}{\infty}$꼴의 분모, 분자는 대부분 다항식이므로 책에서 나온 도구를 적용하자.

3. $\dfrac{\infty}{\infty}$꼴임을 확인한다면 극한값이 존재하는지, 극한값이 존재한다면 그것이 0인지 아닌지를 반드시 따지자.

다항함수 $f(x)$와 두 자연수 $m,\, n$이

$$\lim_{x \to \infty} \frac{f(x)}{x^m} = 1, \quad \lim_{x \to \infty} \frac{f'(x)}{x^{m-1}} = a$$

$$\lim_{x \to 0} \frac{f(x)}{x^n} = b, \quad \lim_{x \to 0} \frac{f'(x)}{x^{n-1}} = 9$$

를 모두 만족시킬 때, 옳은 것만을 <보기>에서 있는 대로 고른 것은? (단, $a,\, b$는 실수이다.) [4점]

<보　기>

ㄱ. $m \geq n$

ㄴ. $ab \geq 9$

ㄷ. $f(x)$가 삼차함수이면 $am = bn$이다.

① ㄱ　　　② ㄷ　　　③ ㄱ, ㄴ　　　④ ㄴ, ㄷ　　　⑤ ㄱ, ㄴ, ㄷ

4가지 극한값을 보자마자 아무 생각 없이 최고차항 계수비와 최저차항의 계수비 도구를 적용하여

$$f(x) = x^m + \cdots + bx^n$$

$$f'(x) = ax^{m-1} + \cdots + 9x^{n-1}$$

을 도출했다면 논리적 비약을 저지른 것이며, 본문 공부를 제대로 하지 않은 결과이다.

문제 어디에도 a, $b \neq 0$ 라는 조건은 주어지지 않았으므로 최고차항의 계수비와 최저차항의 계수비 도구를 곧바로 적용해선 안 된다.

우선, $\lim\limits_{x \to \infty} \dfrac{f(x)}{x^m} = 1$ 에서 $f(x)$ 의 최고차항은 x^m 이라고 자신 있게 말해도 된다.

하지만 $\lim\limits_{x \to 0} \dfrac{f(x)}{x^n} = b$ 에서는 $b \neq 0$ 이라는 보장이 없으므로 $f(x)$ 의 최저차항을 bx^n 이라고 말할 수 없다. $b = 0$ 인 경우도 직접 따져봐야 한다.

〈$b = 0$ 인 경우〉

본문 속 $\lim\limits_{x \to 0} \dfrac{f(x)}{g(x)}$ 의 3가지 비교에 따라, $b = 0$ 이라면 $f(x)$ 의 최저차항의 차수는 n 보다 커야 한다.

$f(x) = x^m + \cdots + px^k \ (k > n)$ 으로 미지수 p, k 를 포함하여 $f(x)$ 의 최저차항을 설정하자.

$f(x)$ 의 식을 미분한 $f'(x)$ 의 식을 아직 사용하지 않은 극한식에 대입하여 미지수를 파악하자.

$$f'(x) = mx^{m-1} + \cdots + pkx^{k-1}$$

$$\lim\limits_{x \to \infty} \dfrac{f'(x)}{x^{m-1}} = a$$

분모의 차수와 분자의 차수가 $m-1$ 로 동일하므로 $a = m \neq 0$ 이다.

$$\lim\limits_{x \to 0} \dfrac{f'(x)}{x^{n-1}} = 9$$

극한값이 0이 아니므로 분모의 최저차항의 차수와 분자의 최저차항의 차수가 서로 같다.

$$k - 1 = n - 1$$

$$\therefore \ k = n$$

그런데 $b = 0$ 일 때 $k > n$ 이므로 **모순이 발생한다. 따라서 $b \neq 0$ 이다.** 우리가 원하던 $a \neq 0$, $b \neq 0$ 정보를 도출했으므로 **최고차항 계수비, 최저차항 계수비 도구**를 적용해주자.

$f(x) = x^m + \cdots + bx^n$, $f'(x) = mx^{m-1} + \cdots + bnx^{n-1}$에서 $f'(x)$의 최고차항과 최저차항의 계수가 각각 a, 9이므로 $m = a$, $bn = 9$이다. 보기를 보자.

1. $m < n$인 경우를 살펴보자.

태도 : A가 헷갈릴 때 $\sim A$를 확인해보는 것은 유용하면서도 필연적인 사고다.

$\displaystyle \lim_{x \to \infty} \frac{f(x)}{x^m} = 1$을 통해, 다항함수 $f(x)$의 최고차항은 x^m인 것은 확정되었다.

이때, 만약 $m < n$이라면 $\displaystyle \lim_{x \to 0} \frac{f(x)}{x^n}$에서 분모의 최저차항의 차수($n$)가 분자의 최저차항의 차수 ($\leq m$) 보다 커버리게 된다. 이 경우 본문에서 배운 바대로 극한값은 존재하지 않는다. 하지만 $\displaystyle \lim_{x \to 0} \frac{f(x)}{x^n} = b$로 극한값이 존재하므로 $m < n$은 조건을 만족시키지 못한다. 따라서 $m \geq n$이다. (O)

※ $m \geq n$인 경우를 자세히 살펴보면,
$m > n$인 경우는 $f(x)$의 최고차항과 최저차항이 독립적으로 존재하므로 **다항식의 항이 여러 개 있는 경우**를 의미하고,
$m = n$인 경우는 $f(x)$의 최고차항과 최저차항이 동일한 상황을 의미하므로 다항식의 항이 단 하나인 경우를 의미한다.

2. 부등식 판단을 요구하고 있다.
선지 (ㄱ)에서 부등식 $m \geq n$을 얻었으므로 이 부등식을 바탕으로 판단하자.

$m \geq n$과 $b \geq 9$을 연결하기 위해서는 m, n, a, b의 관계식이 필요하다.
보기로 들어가기 전 이미 구해놨다. $m = a$, $bn = 9$

$m \geq n$에서 m 대신 a를 대입하고, n 대신 $\dfrac{9}{b}$를 대입하자. $a \geq \dfrac{9}{b}$, $ab \geq 9$ (O)

3. '삼차함수'를 통해 $f(x)$의 차수를 알 수 있다. $f(x)$의 차수는 m이므로 $m = 3$

$am = bn$을 판단해야 하므로, m, n, a, b의 관계식이 필요하다. $m = a$, $bn = 9$

$m = a = 3$이므로 $am = 9$, $bn = 9$
따라서 $am = bn$이다. (O)

ㄱ, ㄴ, ㄷ 모두 옳으므로 **답은 ⑤**!!

도구와 태도 두 가지 측면에서 너무너무 중요한 문항이다. 최고차항 계수비, 최저차항 계수비 도구의 <u>전제 조건을 100% 이해해야만</u> 제대로 풀 수 있었다. 또한, 책에서 소개하는 도구를 당연히 암기해야겠지만, 이를 <u>맹목적으로 적용하는 것은 모르는 것만 못하다.</u> 특정 도구(풀이)가 떠오른다면, 문제 속 '어떤 조건'을 보고 떠올랐는지, 문제에 그 도구(풀이)를 적용할 수 있는 조건이 갖추어졌는지를 끊임없이 의식해야 한다.

최고차항의 계수가 1이 아닌 다항함수 $f(x)$가 다음 조건을 만족시킬 때, $f'(1)$의 값을 구하시오.

[4점]

(가) $\displaystyle\lim_{x \to \infty} \frac{\{f(x)\}^2 - f(x^2)}{x^3 f(x)} = 4$

(나) $\displaystyle\lim_{x \to 0} \frac{f'(x)}{x} = 4$

1.(가) $\displaystyle\lim_{x\to\infty}\dfrac{\{f(x)\}^2-f(x^2)}{x^3f(x)}=4$, (나) $\displaystyle\lim_{x\to0}\dfrac{f'(x)}{x}=4$

분모·분자가 모두 다항식인 수렴하는 두 극한식($\displaystyle\lim_{x\to\infty}$, $\displaystyle\lim_{x\to0}$)이 제시되었다. 최고차항 계수비, 최저차항 계수비 도구가 떠올라야겠다. 오류를 범해서는 안 되므로 극한값을 확인하자.

다행히 두 극한값 모두 0이 아니므로 **계수비 도구를 그대로 적용할 수 있다. (가) 조건부터 따지자.**

(가) $\displaystyle\lim_{x\to\infty}\dfrac{\{f(x)\}^2-f(x^2)}{x^3f(x)}=4$

그런데 분모와 분자의 차수를 알 수 없다. $f(x)$의 차수에 관한 추가 조건도 제시되지 않았다.
어떻게 해야 할까? $f(x)$의 최고차항을 미지수를 포함한 형태로 설정한 다음 이를 극한식에 대입하여 직접 알아내는 수밖에 없다.

$f(x)$의 최고차항 : ax^n (단, $a\neq0$, n은 음이 아닌 정수)

$f(x)$의 최고차항을 $f(x)$ 자리에 대입하면 $\displaystyle\lim_{x\to\infty}\dfrac{a^2x^{2n}-ax^{2n}}{ax^{3+n}}=\lim_{x\to\infty}\dfrac{(a^2-a)x^{2n}}{ax^{3+n}}=4$

0이 아닌 극한값이 존재하므로 분모, 분자의 차수는 서로 같고, 최고차항의 계수비는 4이다.

문제에 의해 $f(x)$의 최고차항의 계수는 1이 아니다.
즉, $a\neq1$이므로 분모의 최고차항은 $(a^2-a)x^{2n}$이고, 분자의 최고차항은 ax^{3+n}이다.

$\therefore 3+n=2n,\ n=3$

$\dfrac{a^2-a}{a}=4,\ a-1=4\ (\because a\neq0,\ a\neq1),\ a=5$

2.(나) $\displaystyle\lim_{x\to0}\dfrac{f'(x)}{x}=4\ \to\ f'(x)$의 최저차항 : $4x$

따라서 (가), (나)를 종합하면 $f'(x)=15x^2+4x$이고 $f'(1)=19$

답은 19!!

다음 조건을 만족시키는 모든 다항함수 $f(x)$에 대하여 $f(1)$의 최댓값은? [4점]

$$\lim_{x \to \infty} \frac{f(x) - 4x^3 + 3x^2}{x^{n+1} + 1} = 6, \quad \lim_{x \to 0} \frac{f(x)}{x^n} = 4 \text{ 인 자연수 } n \text{이 존재한다.}$$

① 12   ② 13   ③ 14   ④ 15   ⑤ 16

1. $\displaystyle\lim_{x \to \infty} \frac{f(x) - 4x^3 + 3x^2}{x^{n+1} + 1} = 6$

분모·분자 모두 다항식으로 이루어진 $\dfrac{\infty}{\infty}$ 꼴이며 0이 아닌 극한값이 존재한다.

따라서 분모, 분자의 차수는 동일하며 극한값은 최고차항 계수비에 해당한다.

그런데 $n+1$과 3의 대소관계를 알 수 없어 $f(x)$의 차수를 따지기 어렵다. $f(x)$의 차수를 파악할 수 있는 다른 조건이 없으므로 CASE를 분류하자.

태도 : 추가 조건이 없어 더 이상 알 수 없을 때는 CASE 분류

1) $n+1 < 3\ (n=1)$

분자의 $(-4x^3)$이 그대로 존재한다면 분자의 차수가 더 크게 되어 극한값은 존재하지 않게 된다.

따라서 $f(x)$가 $4x^3$을 최고차항으로 가져 분자의 차수가 $n+1$이 되게 해야 한다. 최고차항 계수비는 6이 되어야 하므로 $f(x)$는 다음과 같다.

$$f(x) = 4x^3 + 3x^2 + \cdots$$

분자의 $3x^2$을 간과하면 $f(x) = 4x^3 + 6x^2 + \cdots$로 실수할 수 있으니 주의하자.

2) $n+1 = 3$

분모·분자 차수는 서로 동일하다. 최고차항 계수비가 6이 되어야 하므로,

$$f(x) = 10x^3 + \cdots$$

3) $n+1 > 3$

분모·분자 차수는 서로 동일하다. 최고차항 계수비가 6이 되어야 하므로,

$$f(x) = 6x^{n+1} + \cdots$$

가능한 $f(x)$ 식이 세 개나 등장했다. 발문을 최댓값으로 제시한 이유가 여기에 존재했다.

2. $\displaystyle\lim_{x \to 0} \frac{f(x)}{x^n} = 4$

분모·분자 모두 다항식으로 이루어진 $\displaystyle\lim_{x \to 0} \dfrac{f(x)}{g(x)}$ 꼴이며 0이 아닌 극한값이 존재한다.

따라서 분모, 분자의 최저차항 차수가 서로 동일하며 최저차항 계수비는 4이다.

$$f(x) = \cdots + 4x^n$$

1에서 구한 $f(x)$의 식들과 $f(x)$의 최저차항을 종합하면 다음의 세 가지 경우가 가능하다.

$n+1 < 3$인 경우) $f(x) = 4x^3 + 3x^2 + 4x$, $f(1) = 11$

$n+1 = 3$인 경우) $f(x) = 10x^3 + 4x^2$, $f(1) = 14$

$n+1 > 3$인 경우) $f(x) = 6x^{n+1} + 4x^n$, $f(1) = 10$

$f(1)$의 최댓값은 14이므로 **답은 ③!!**

1. 분모, 분자의 차수를 알 수 없어 CASE를 분류했다.

11학년도 6월 평가원 가형 23번에서도 자연스레 다항함수 $f(x)$의 차수를 따졌다.

> (가) $\displaystyle\lim_{x \to \infty} \frac{\{f(x)\}^2 - f(x^2)}{x^3 f(x)} = 4$
>
> 그런데 분모와 분자의 '차수'를 알 수 없다. $f(x)$의 차수에 관한 추가 조건도 제시되지 않았다.
> 어떻게 해야 하는가? 최고차항을 **미지수를 포함한 형태로 설정 후 극한식에 대입하는 수밖에 없다.**
>
> $f(x)$의 최고차항 : ax^n (단, $a \neq 0$, n은 음이 아닌 정수)

이는 모두 **다항함수의 태도**와 연결된다. **다항함수라는 단어를 보자마자 차수와 최고차항 계수 판단은 자동반사적으로 해줘야 한다.** 이와 관련된 내용은 〈Chapter 4. 다항함수〉에서 자세히 다룬다.

2. CASE 분류 vs 미지수 설정

그런데, 똑같이 최고차항을 알 수 없는 상황에서 11학년도 6월 평가원 가형 23번은 미지수를 설정해서 대입했고 20학년도 6월 평가원 20번은 CASE 분류를 적용했다. 이 둘을 어떻게 구분할까? 알 수 없는 상황이라 하더라도 후자는 '$n+1$ 과 3이라는 비교 대상'이 존재했다. 하지만 전자는 극한식의 분모·분자가 모두 $f(x)$를 포함하여 비교 대상 자체가 존재하지 않았다.

따라서 비교 대상이 존재한 후자에서는 세 가지 CASE를 생각해 볼 수 있었고, 비교 대상이 존재하지 않았던 전자에서는 $f(x)$의 최고차항을 직접 설정하여 대입하는 수밖에 없었다.

3. 문제에서 구하라는 것에 주목하기

Q) $f(1)$이 아닌 $f'(1)$을 구하라는 이유가 무엇일까?
A) $f(x)$의 완전한 식을 얻을 수 없기 때문이다.

이처럼 문제 속의 모든 미지수를 알아낼 수 없어, 구해야 할 것이 특이한 문항들이 종종 등장한다.

$\dfrac{0}{0}$ 꼴의 극한값 계산

함수의 극한값 계산에서 가장 많이 등장하는 것이 $\dfrac{0}{0}$ 꼴이다.

$\dfrac{0}{0}$ 꼴은 (사고와 계산의 두 측면에서) 가장 까다로운 부정형일뿐더러, 추후 등장할 미분계수와 이어지기 때문

이다. 따라서 $\dfrac{0}{0}$ 꼴을 풀기 위한 유용한 관점을 알려주고자 한다.

문제 속에서 꼴 결정을 통해 $\dfrac{0}{0}$ 꼴임을 알아챘다면 (다시 말하지만 가장 먼저 꼴 결정부터 해야 한다)
분모와 분자의 0의 개수를 비교해라.

이때, $\displaystyle\lim_{x\to a}\dfrac{g(x)}{f(x)}$ 에서 분모가 0을 가진다는 것은 $\displaystyle\lim_{x\to a}f(x)=0$ 을 의미한다.
(분자가 0을 가진다면 $\displaystyle\lim_{x\to a}g(x)=0$ 이다.)

즉, 여기서 말하는 0은 함숫값이 아니라 극한값이기 때문에 $f(x)$ 가 $x=a$ 에서 정의되지 않거나 불연속일 수도 있다.
그러나 $f(x)$ 가 다항함수라면 $\displaystyle\lim_{x\to a}f(x)=f(a)=0$ 이므로 다음의 인수정리 관점으로 이해해도 된다.

'다항함수 $f(x)$ 가 인수 $(x-a)$ 를 가지고 있다.'

$\dfrac{\infty}{\infty}$ 꼴과 마찬가지로 수학 II 에서 출제되는 대부분의 $\dfrac{0}{0}$ 꼴 극한식의 분모·분자는 다항식이므로 **'인수정리 관점'을
가지는 것을 매우 추천**한다.

예를 들어, 다항함수 $f(x)$, $g(x)$ 에 대해 $\displaystyle\lim_{x\to 3}\dfrac{f(x)+g(x)}{x-3}=2$ 라면 (분모)$\to 0$ 이므로
$f(3)+g(3)=0$ 과 더불어 인수정리의 관점으로 '$f(x)+g(x)$ 가 $(x-3)$ 을 인수로 가진다'고도 말할 수
있어야 한다.

※ 다항함수 $f(x)$ 에 대하여 $f(a)=0$ 이면 $f(x)$ 는 $(x-a)$ 를 인수로 가지고, 이를 인수정리라 부른다.
　책에서 자주 등장하는 정리이므로 외우자.

0을 가지는 것의 의미를 알아봤으니, 다시 돌아와서 분모, 분자 0 개수를 비교하자.

〈분모·분자 0개수 비교〉

분모·분자 0 개수 비교	극한값
(분자) 〉 (분모)	0
(분자) = (분모)	c(c는 0이 아닌 상수)
(분자) 〈 (분모)	없음

이를 〈$\dfrac{0}{0}$꼴의 극한값 계산에 필수적인 극한의 성질〉과 연결지어 이해해보자.

〈$\dfrac{0}{0}$꼴의 극한값 계산에 필수적인 극한의 성질〉

$\displaystyle\lim_{x \to a}\dfrac{f(x)}{g(x)} = k$ (k는 실수)일 때,

① $\displaystyle\lim_{x \to a}g(x) = 0$이면 $\displaystyle\lim_{x \to a}f(x) = 0$이어야 한다.

② $\displaystyle\lim_{x \to a}f(x) = 0$이면 $\displaystyle\lim_{x \to a}g(x) = 0$이어야 한다. (단, $k \neq 0$)

이미 〈Chapter 1〉에서 한 번 만나본 공식이다. **이 공식을 단순히 암기하는 것이 아니라 이렇게 될 수밖에 없는 필연적인 이유를 이해하고, 분모·분자 0개수 비교 관점과 연결짓자.**

$\displaystyle\lim_{x \to a}\dfrac{f(x)}{g(x)} = k$**이므로 극한식은 수렴한다. (극한값 k가 존재한다.)**

① $x \to a$**일 때 (분모)**$\to 0$**이면,**

(분자)$\to 0$으로 가지 않는다면 극한값은 존재할 수 없다. $\dfrac{c}{0}$꼴이 되어서 발산하기 때문이다.

따라서 (분자)$\to 0$이다.

② $x \to a$**일 때 (분자)**$\to 0$**이면, $k = 0$일 때와 $k \neq 0$일 때를 따로 생각해야 한다.**

$k = 0$**이라면 분모는 분자보다 0의 개수가 적어야 한다.** 분모와 분자의 0개수가 동일하다면 분자의 0이 상쇄되어버려 극한값이 0이 될 수 없기 때문이다.

e.g. $\displaystyle\lim_{x \to a}f(x) = 0$, $\displaystyle\lim_{x \to a}g(x) = \beta$ $(\beta \neq 0)$이면 $\displaystyle\lim_{x \to a}\dfrac{f(x)}{g(x)} = 0$이다.

$k \neq 0$**이라면 분모와 분자의 0의 개수가 같아야 한다.** 분자의 0을 없애야 하기 때문이다.

〈극한의 성질〉과 〈분모·분자 0개수 비교〉를 연결지으면 다음과 같다.

$$\lim_{x \to a} \frac{f(x)}{g(x)} = k\,(k\text{는 실수})\text{일 때, } k \neq 0\text{인 경우 : (분자의 0의 개수)} = \text{(분모의 0의 개수)}$$

$$k = 0\text{인 경우 : (분자의 0의 개수)} > \text{(분모의 0의 개수)}$$

이 내용을 바탕으로 연습문제를 풀어보자.

연습문제

두 다항함수 $f(x)$, $g(x)$에 대해, 아래의 각각의 경우에서 $f(x)$, $g(x)$의 $x = a$에서의 0의 개수를 말해보고, 이를 인수정리의 관점으로도 말해보자.

$$(\text{i})\ \lim_{x \to a} \frac{f(x)}{(x-a)} = 0, \quad (\text{ii})\ \lim_{x \to a} \frac{(x-a)}{g(x)} = 2, \quad (\text{iii})\ \lim_{x \to a} \frac{f(x)}{x-b} = 3 \ (\text{단, } a \neq b)$$

(i) $f(x)$는 0을 두 개 이상 가진다. $f(x)$의 0의 개수가 하나라면 극한값은 0이 아니기 때문이다. 인수정리 관점에서 $f(x)$는 $(x-a)^2$을 인수로 가진다.

(ii) $g(x)$는 0을 하나 가진다. $g(x)$가 0을 두 개 이상 가지면 $\dfrac{c}{0}$꼴이 되어 극한값이 존재하지 않기 때문이다. 인수정리 관점에서 $g(x)$는 $(x-a)$를 인수로 가지고, $(x-a)^2$을 인수로 갖지 않는다.

(iii) $f(x)$는 0을 갖지 않는다. $f(x)$가 0을 가진다면 극한값은 0이기 때문이다. 인수정리 관점에서, $f(x)$는 $(x-a)$를 인수로 갖지 않는다. 즉, $\lim\limits_{x \to a} \dfrac{f(x)}{x-b}$은 $\dfrac{0}{0}$ 꼴이 아니다.

comment

앞선 페이지의 극한의 성질을 무작정 외우려 하지 말고, **분모·분자의 0개수 비교 관점과 연결지어 이해하자.** 극한값이 0인지 아닌지에 따라 분모·분자의 0개수를 비교하면 연결지으면 지극히 당연한 성질임을 알 수 있다. 결국에는 내용이 암기되겠지만, **추구하는 방향은 암기가 아닌 자연스러운 이해와 체화가 되어야 한다.**

최고차항의 계수가 1인 두 삼차함수 $f(x)$, $g(x)$가 다음 조건을 만족시킨다.

> (가) $g(1) = 0$
>
> (나) $\displaystyle\lim_{x \to n} \frac{f(x)}{g(x)} = (n-1)(n-2) \ (n = 1, 2, 3, 4)$

$g(5)$의 값은? [4점]

① 4 ② 6 ③ 8 ④ 10 ⑤ 12

1. **초반부터 꽤 많은 정보를 알려준다.** $f(x)$, $g(x)$는 모두 최고차항의 계수가 1인 삼차함수이다.
    그러나 정보가 많다고 해서 $f(x) = x^3 + ax^2 + bx + c$로 최고차항의 계수가 1인 삼차함수의 일반식
    을 세우는 짓은 절대로 하지 말자. 생각하기를 거부하는 것과 다름없다.

(가) $g(1) = 0$
    인수정리에 의해 $g(x)$는 $(x-1)$을 인수로 가진다. 이를 (나)와 연결하자.

(나) $\lim\limits_{x \to n} \dfrac{f(x)}{g(x)} = (n-1)(n-2)$ $(n = 1,\ 2,\ 3,\ 4)$
    n은 이산적인 값이므로 $n = 1$, $n = 2$, $n = 3$, $n = 4$ 각각의 경우를 하나씩 따져보자.

   1) $\lim\limits_{x \to 1} \dfrac{f(x)}{g(x)} = 0$

      (가)에서 $g(1) = 0$이므로 (분모)$\to 0$이다. 극한의 성질에 의해, (분자)$\to 0$이므로
      $\lim\limits_{x \to 1} f(x) = f(1) = 0$이다. 따라서 인수정리에 의해 $f(x)$는 $(x-1)$을 인수로 가진다.
      여기서 끝내면 안 된다.
      극한값이 0이기 때문에 (분자의 0 개수 > 분모의 0 개수)인 상황이다.
      분자의 0 개수가 구체적으로 몇 개인지는 알 수 없지만, $f(x)$가 $(x-1)^2$을 인수로 가지는 것
      은 확실하다.

   2) $\lim\limits_{x \to 2} \dfrac{f(x)}{g(x)} = 0$
      1)보다는 조금 까다롭다. 분모가 0을 가지는지 알 수 없기 때문이다.
      따라서 필연적으로 $g(2) = 0$일 때와 $g(2) \neq 0$일 때로 CASE를 나눠야 한다.

     ① $g(2) = 0$
        이 경우 $f(x)$는 무조건 $(x-2)^2$을 인수로 가져야 한다.
        그러나 $(x-1)^2$을 인수로 갖는 삼차함수 $f(x)$가 $(x-2)^2$를 인수로 가질 수는 없다.
        사차 이상이 되어버리기 때문이다.
        따라서 $g(2) \neq 0$이다.

     ② $g(2) \neq 0$
        이 경우 $f(x)$는 $(x-2)$를 인수로 가져야 한다.
        따라서 $f(x)$는 $(x-1)^2$과 $(x-2)$를 인수로 가지므로 $f(x) = (x-1)^2(x-2)$

3) $\displaystyle\lim_{x \to 3} \frac{f(x)}{g(x)} = 2$

$\displaystyle\lim_{x \to 3} \frac{f(x)}{g(x)} = \frac{f(3)}{g(3)} = 2$이다. $f(3) = 4$이므로 $g(3) = 2$이다.

4) $\displaystyle\lim_{x \to 4} \frac{f(x)}{g(x)} = 6$

$\displaystyle\lim_{x \to 4} \frac{f(x)}{g(x)} = \frac{f(4)}{g(4)} = 6$이다. $f(4) = 18$이므로 $g(4) = 3$이다.

2. $g(x)$는 최고차항의 계수가 1인 삼차함수이고 $(x-1)$을 인수로 가지므로

$g(x) = (x-1)(x^2 + ax + b)$로 식을 세울 수 있다.

미지수 a, b의 값은 두 개의 정보 $g(3) = 2$, $g(4) = 3$을 통해 알아낼 수 있다.

태도 : n개의 미지수를 알아내려면 서로 다른 n개의 정보가 필요하다.

$g(x) = (x-1)(x^2 + ax + b)$

$g(3) = 2(9 + 3a + b) = 2$

$g(4) = 3(16 + 4a + b) = 3$

두 방정식을 연립하면, $a = -7$, $b = 13$이다. 따라서 $g(5) = 12$이므로 **답은 ⑤!!**

※ 센스를 발휘한다면 a, b의 값을 다음과 같이 구할 수도 있다.

그러나 발상적인 측면이 강하므로 무조건 소화해야 할 필요는 없다.

$g(x) = (x-1)(x^2 + ax + b) = (x-1)G(x)$

$g(3) = 2$, $g(4) = 3$이므로 $G(3) = G(4) = 1$ $\qquad \therefore \; G(x) = (x-3)(x-4) + 1$

$\therefore \; g(5) = 4G(5) = 4 \times 3 = 12$

문제에서 구해야 할 것에 주목해보자. 문제에서 구해야 할 함수는 $f(x)$, $g(x)$ 2개인데 구해야 할 것에 $f(x)$는 빠져 있다. 그 이유가 뭘까?

$g(5)$를 구하기 위해서는 $f(x)$의 완전한 식을 알 수밖에 없도록 문제를 설계했기 때문에 $g(5)$를 묻는 것은 결국 $f(x)$를 묻는 것도 포함하는 것이다.

이런 세부적인 문제 구조까지는 당연히 알 필요는 없지만 이를 필자가 굳이 언급하는 이유는 **평가원이 1번부터 30번까지 모든 것을 명확한 의도로 철저하게 설계한다는 것을 알려주기 위함이다.**

최고차항의 계수가 1인 사차함수 $f(x)$가 있다.

실수 t에 대하여 함수 $g(x)$를 $g(x)=|f(x)-t|$라 할 때,

$$\lim_{x \to k} \frac{g(x)-g(k)}{|x-k|}$$

의 값이 존재하는 서로 다른 실수 k의 개수를 $h(t)$라 하자. 함수 $h(t)$는 다음 조건을 만족시킨다.

> (가) $\displaystyle\lim_{t \to 4+} h(t)=5$
>
> (나) 함수 $h(t)$는 $t=-60$과 $t=4$에서만 불연속이다.

$f(2)=4$이고 $f'(2)>0$일 때, $f(4)+h(4)$의 값을 구하시오. [4점]

1. $\displaystyle \lim_{x \to k} \frac{g(x)-g(k)}{|x-k|}$ 가 존재할 필요충분조건은

$-\displaystyle \lim_{x \to k-} \frac{g(x)-g(k)}{x-k} = \lim_{x \to k+} \frac{g(x)-g(k)}{x-k}$ 이고, 이를 정리하면

$\displaystyle \lim_{x \to k-} \frac{g(x)-g(k)}{x-k} + \lim_{x \to k+} \frac{g(x)-g(k)}{x-k} = 0$ 이다.

따라서 실수 t 에 대하여 $\displaystyle \lim_{x \to k-} \frac{g(x)-g(k)}{x-k} + \lim_{x \to k+} \frac{g(x)-g(k)}{x-k} = 0$ 이 되도록 하는

서로 다른 실수 k 의 개수가 $h(t)$ 이다.

$\displaystyle \lim_{x \to k-} \frac{g(x)-g(k)}{x-k} + \lim_{x \to k+} \frac{g(x)-g(k)}{x-k} = 0$ 인 경우는

함수 $g(x)$ 가 $x = k$ 에서 미분가능할 때, $g'(k) = 0$ … (①) 또는

함수 $g(x)$ 가 $x = k$ 에서 미분가능하지 않을 때 … (②) 이다.

따라서 함수 $h(t)$ 의 정의와 (①), (②) 에 착안하여 조건 (가), 조건 (나)를 모두 만족시키는

사차함수 $f(x)$ 의 그래프를 찾아내는 것이 합리적인 풀이이다.

---

2. 조건 (가)를 보자.

$\displaystyle \lim_{t \to 4+} h(t) = 5$ 라는 것은 t 가 4 보다 큰 쪽에서 4 로 접근해올 때,

(①), (②) 를 만족시키는 서로 다른 실수 k 의 개수가 5 라는 것이다.

그러므로 다음과 같이 경우를 분류하여 생각해볼 수 있다.

ⅰ) 함수 $f(x)$ 가 하나의 극점만을 가질 때

함수 $h(t)$ 의 최댓값은 4 이므로 절대로 $\displaystyle \lim_{t \to 4+} h(t) = 5$ 일 수 없다.

($f'(x) = 0$ 인 서로 다른 x 가 하나일 때는, 함수 $h(t)$ 의 최댓값이 3 임을 쉽게 알 수 있다.)

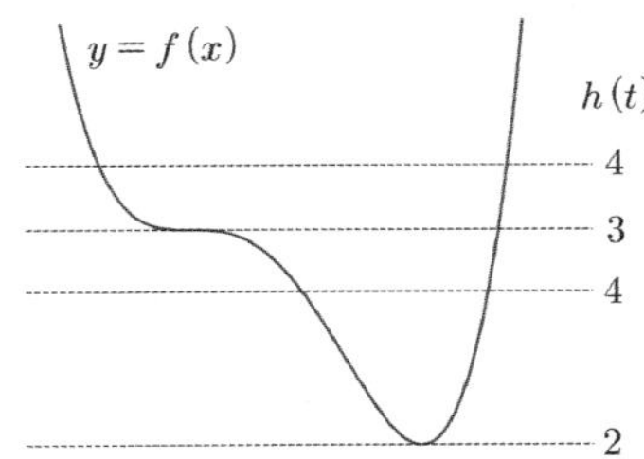

ii) 함수 $f(x)$ 가 서로 다른 세 극값을 가질 때

$\lim\limits_{t \to 4+} h(t) = 5$ 인 사차함수 $f(x)$ 가 존재하지만, 조건 (나)에 반드시 모순이다.

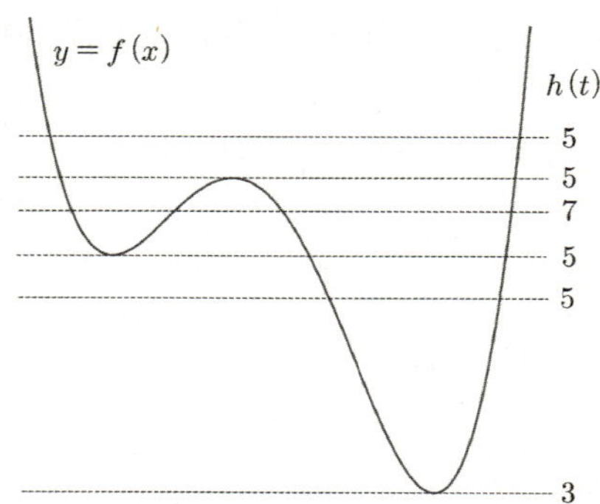

iii) 함수 $f(x)$ 가 $x = \alpha$, $x = \beta$ $(\alpha < \beta)$ 에서 동일한 최솟값을 가지고, $x = \gamma$ 에서 극댓값을 가질 때

$\lim\limits_{t \to 4+} h(t) = 5$ 이고 조건 (나)를 만족시키는 사차함수 $f(x)$ 가 존재하고,

이 사차함수의 최솟값은 -60 , 극댓값은 4 이다.

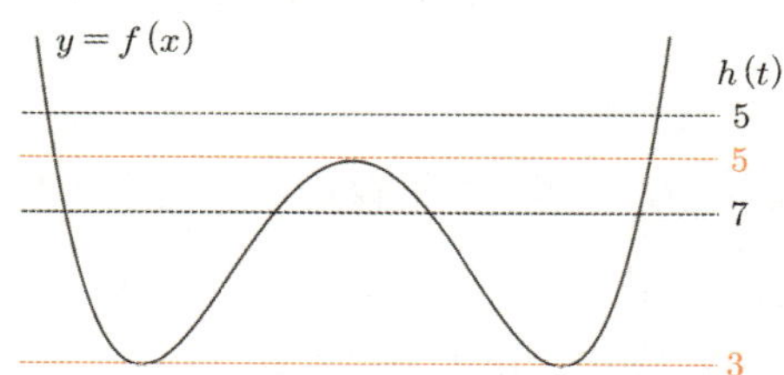

$f(2) = 4$, $f'(2) > 0$ 이므로 방정식 $f(x) = 4$ 의 실근의 최댓값은 2 이고,
사차함수 $f(x)$ 의 그래프는 직선 $x = \gamma$ 에 대하여 대칭이므로
α , γ , β 는 이 순서대로 공차가 양수인 등차수열을 이룬다.

$\alpha = \gamma - d$, $\beta = \gamma + d$ $(d > 0)$ 로 두면,
인수정리와 미분에 의하여 $f(x) = (x - \gamma + d)^2 (x - \gamma - d)^2 - 60$ 이다.
$f(\gamma) = d^4 - 60 = 4 \implies d = 2\sqrt{2}$ 이고,

사차함수의 그래프의 비율 관계에 의하여 $2 - \gamma = \sqrt{2}\left\{(\gamma + 2\sqrt{2}) - \gamma\right\} \implies \gamma = -2$ 이므로,
$f(x) = (x + 2 + 2\sqrt{2})^2 (x + 2 - 2\sqrt{2})^2 - 60$ 에서 $f(4) = 724$, $h(4) = 5$ 이다.
따라서 $f(4) + h(4) = 729$ 이다.

답은 729!!

두 양수 a, $b\,(b > 3)$과 최고차항의 계수가 1인 이차함수 $f(x)$에 대하여 함수

$$g(x) = \begin{cases} (x+3)f(x) & (x < 0) \\ (x+a)f(x-b) & (x \geq 0) \end{cases}$$

이 실수 전체의 집합에서 연속이고 다음 조건을 만족시킬 때, $g(4)$의 값을 구하시오. [4점]

$$\lim_{x \to -3} \frac{\sqrt{|g(x)| + \{g(t)\}^2} - |g(t)|}{(x+3)^2}$$ 의 값이 존재하지 않는 실수 t의 값은 -3과 6뿐이다.

1. 함수

$$g(x) = \begin{cases} (x+3)f(x) & (x < 0) \\[2mm] (x+a)f(x-b) & (x \geq 0) \end{cases}$$

이 실수 전체의 집합에서 연속이므로 $\displaystyle\lim_{x \to 0-} g(x) = \lim_{x \to 0+} g(x) = g(0)$이다.

$\displaystyle\lim_{x \to 0-} g(x) = 3f(0)$, $\displaystyle\lim_{x \to 0+} g(x) = af(-b)$, $g(0) = af(-b)$이므로 $3f(0) = af(-b)$이다. $\cdots$ ㉠

2. 유리화를 활용하여 주어진 극한 식을 정리해보자.

$$\lim_{x \to -3} \frac{\sqrt{|g(x)| + \{g(t)\}^2} - |g(t)|}{(x+3)^2} = \lim_{x \to -3} \frac{|g(x)| + \{g(t)\}^2 - |g(t)|^2}{(x+3)^2 \left(\sqrt{|g(x)| + \{g(t)\}^2} + |g(t)|\right)}$$

$$= \lim_{x \to -3} \frac{|g(x)|}{(x+3)^2 \left(\sqrt{|g(-3)| + \{g(t)\}^2} + |g(t)|\right)} = \lim_{x \to -3} \frac{|(x+3)f(x)|}{(x+3)^2 \left(\sqrt{0 + \{g(t)\}^2} + |g(t)|\right)}$$

$$= \lim_{x \to -3} \frac{|(x+3)f(x)|}{(x+3)^2 \left(\sqrt{0 + \{g(t)\}^2} + |g(t)|\right)} = \lim_{x \to -3} \frac{|f(x)|}{|x+3| \times 2|g(t)|} \quad \cdots ㉡$$

이때, $t \neq -3$이고 $t \neq 6$인 모든 실수 t에 대하여

$\displaystyle\lim_{x \to -3} \frac{|f(x)|}{|x+3| \times 2|g(t)|}$의 값이 존재한다.

모든 실수 t에 대하여 $\displaystyle\lim_{x \to -3} |x+3| \times 2|g(t)| = 0$이므로 $\displaystyle\lim_{x \to -3} |f(x)| = 0$, $f(-3) = 0$이고,

실수 k에 대하여 $f(x) = (x+3)(x+k)$이다. 이를 ㉡에 대입하자.

3.

$$\lim_{x \to -3} \frac{|f(x)|}{|x+3| \times 2|g(t)|} = \lim_{x \to -3} \frac{|(x+3)(x+k)|}{|x+3| \times 2|g(t)|} = \lim_{x \to -3} \frac{|x+k|}{2|g(t)|}$$의 값이 존재하지

않는 모든 실수 t의 값은 -3, 6이므로 방정식 $g(t) = 0$의 실근은 $t = -3$, $t = 6$ 뿐이다.

따라서 $g(6) = (6+a)f(6-b) = 0$이고, a는 양수이므로 $f(6-b) = 0$이다.
$f(6-b) = (6-b+3)(6-b+k) = 0$에서 $b = 9$ 또는 $b - k = 6$이다.

(1) $b = 9$인 경우

$$g(x) = \begin{cases} (x+3)^2(x+k) & (x < 0) \\[2mm] (x+a)(x-6)(x-9+k) & (x \geq 0) \end{cases}$$

을 살펴보자. $x < 0$에서 방정식 $(x+3)^2(x+k) = 0$의 실근이 $x = -3$ 뿐이어야 하므로
$k = 3$ 또는 $k \leq 0$이다.

마찬가지로, $x \geq 0$에서 방정식 $(x+a)(x-6)(x-9+k) = 0$의 실근이 $x = 6$ 뿐이어야 하므로
$9 - k < 0$ 또는 $k = 3$이다.

따라서 $k = 3$ 이므로 $f(x) = (x+3)^2$ 이고, ⊙에서 $3f(0) = af(-9)$ 이므로 $27 = 36a$,

$a = \dfrac{3}{4}$ 이다.

이때, $x \geq 0$ 에서 $g(x) = \left(x + \dfrac{3}{4}\right)(x-6)^2$ 이므로 $g(4) = \left(4 + \dfrac{3}{4}\right) \times (4-6)^2 = 19$ 이다.

(2) $b - k = 6$ 인 경우

$$g(x) = \begin{cases} (x+3)^2(x+k) & (x < 0) \\ (x+a)(x-b+3)(x-6) & (x \geq 0) \end{cases}$$

을 살펴보자. $x < 0$ 에서 방정식 $(x+3)^2(x+k) = 0$ 의 실근이 $x = -3$ 뿐이므로
$k = 3$ 또는 $k \leq 0$ 이다.

마찬가지로, $x \geq 0$ 에서 방정식 $(x+a)(x-b+3)(x-6) = 0$ 의 실근이 $x = 6$ 뿐이므로
$b - 3 = 6$ 이다. $(\because b > 3)$

따라서 $b = 9$, $k = 3$ 이므로 $f(x) = (x+3)^2$ 이고, (1)의 결과와 같다.

(1), (2)에 의하여 답은 19 이다.

답은 19!!

이처럼 어려운 문항일수록 문제를 정확히 분해하여 출제자가 요구하는 요소를 파악할 수 있어야 한다.

먼저, 주어진 극한식을 보고 **유리화를 반사적으로 떠올려야** 하고,

$$\lim_{x \to -3} \frac{|f(x)|}{|x+3| \times 2|g(t)|}$$ 까지는 기계적으로 식 조작을 마쳐야 한다.

$t \neq -3, 6$ 일 때 극한값이 존재해야 하므로 분모, 분자의 0 개수 관점에서 $f(-3) = 0$ 이 되는 것은 자명하다.

이후, $\lim_{x \to -3} \dfrac{|x+k|}{2|g(t)|}$ 에서 $t = -3, 6$ 일 때 극한값이 존재하지 않으므로 역시 0 개수 관점에서

$g(-3) = g(6) = 0$ 이 되는 것은 **자명**하다. 위의 사고과정이 자연스러워질 때까지 문제를 풀어보자.

$\dfrac{0}{0}$꼴의 하이라이트다. 일반적으로 $\dfrac{0}{0}$꼴의 극한값은 **인수분해, 미분계수, 로피탈** 세 가지 도구로 구할 수 있다.

더욱 일반적이고 정석적인 것이 인수분해와 미분계수의 관점이지만 하나의 문제를 다양한 관점으로 푸는 습관을 기르는 것이 좋고, $\dfrac{0}{0}$꼴에서의 로피탈 정리를 정확히 배우고 엄밀히 적용할 수만 있다면 극한값 계산에 상당히 유용한 관계로 로피탈 정리도 소개하고자 한다.

(1) 인수분해

간단하면서 가장 일반적인 방식이다. **인수분해**를 한 후, 극한식이 부정형이 되게 하는 **공통인수를 약분한** 후, 대입을 하면 된다. **쉽게 말해 분모와 분자의 0을 없애준다는 느낌이다.** 이 느낌이 매우 중요하다.

극한값 계산 문제가 난이도 중 이상으로 출제되고 출제 의도가 인수분해인 경우, 출제자가 바보가 아닌 이상 곧바로 인수분해가 가능한 형태로 식을 제시하지 않을 것이다. 학생 스스로 '한 문자를 다른 문자에 관해 정리, 분모·분자를 0이 아닌 문자로 곱하기·나누기, 유리화 등의 행위'를 통해 **능동적으로 인수분해 하는 것이 중요하다.**

특히, 인수분해 풀이를 하기 위한 필수적인 행위는 **대입**이다. 곧바로 인수분해가 가능한 형태로 식을 제시하지 않는 많은 경우 $f(x)$, $g(x)$ 따위의 함수 형태를 포함한 극한식을 제시한다.
문제에서 $f(x)$, $g(x)$의 식이 주어졌다면 이를 바로 대입해서 극한값을 구할 수 있다.

(2) 미분계수 (함수가 미분가능한 경우에만 사용 가능)

바로 다음에 나올 미분계수 파트가 이에 해당하는 모든 내용이다.
미분계수 자체도 $\dfrac{0}{0}$꼴인 극한값에 포함되는 관계로 $\dfrac{0}{0}$꼴 계산의 하위 항목으로 넣었다.

단, $\displaystyle\lim_{x \to a} \dfrac{f(x) - f(a)}{x - a}$의 극한값을 $f'(a)$로 대답할 수 있으려면, $f(x)$가 $x = a$에서 미분가능하다는 조건이 필요하다. 수학 II 에서 등장하는 대부분의 극한식의 분모·분자는 다항식이므로 이를 충족시킨다.
자세한 내용은 미분계수 파트에서 공부하자.

(3) ($\frac{0}{0}$ 꼴에서의) 로피탈 정리 : 교과 외 도구

$\frac{\infty}{\infty}$ 꼴에도 로피탈 정리를 똑같이 적용할 수 있으나, 오개념을 낳고 극한식에 무분별하게 로피탈을 적용할

가능성이 높은 관계로 설명하지 않는다. **지금부터 설명하는 로피탈 정리는 모두 $\frac{0}{0}$ 꼴에 해당한다.**

로피탈은 교과 외 과정이므로 원칙적으로는 사용하지 않는 게 맞다. 게다가 로피탈 정리는 제약 조건이 많아 그 조건을 정확히 파악해야 하고 적용할 때마다 이를 엄밀히 따진 다음에야 쓸 수 있다.

이런 난점을 감안하더라도 하나의 문제를 여러 관점으로 푸는 것은 굉장히 유용하다.
문제를 풀다 막혀도 다른 관점으로 생각할 힘이 생기며, 푼 문제를 검토할 때에도 다른 방식으로 검토할 수 있다. 따라서 조금 까다롭더라도 로피탈을 제대로 이해하고 최후의 수단으로 활용할 수 있었으면 하는 마음에 로피탈 정리를 소개한다.

(로피탈이 아니면 풀 수 없는 문제는 절대로 출제되지 않으므로 정 내키지 않는다면 로피탈은 공부하지 않아도 좋다.)

① 주의점

로피탈 정리는 절대로 무분별하게 사용하지 마라. 극한값 계산 문제에서 다른 도구로 풀리지 않을 때 **최후의 수단으로만 활용하라.** 주의사항을 숙지했다면 본격적으로 로피탈 정리를 공부해보자.

② 로피탈 정리 사용 조건

$$\lim_{x \to a} \frac{f(x)}{g(x)} \text{에서,}$$

1. $f(x)$와 $g(x)$ 모두 $x = a$에서 미분가능
2. $f(a) = 0$, $g(a) = 0$
3. $g'(a) \neq 0$

이면 $\lim_{x \to a} \frac{f(x)}{g(x)} = \lim_{x \to a} \frac{f'(x)}{g'(x)}$ 이다.

태도 : 로피탈 정리를 적용할 때는 로피탈 정리를 쓰기 위한 조건을 반드시 따져주자.

③ **로피탈 정리 이해**

로피탈 조건을 모두 충족시키는 $f(x)$, $g(x)$에 대해 미분계수의 정의를 이용하여
고등학교 범위 내에서 로피탈 정리를 최대한 이해해보자.

$$\lim_{x \to a} \frac{f(x)}{g(x)} = \lim_{x \to a} \frac{\dfrac{f(x)-f(a)}{x-a}}{\dfrac{g(x)-g(a)}{x-a}} = \frac{f'(a)}{g'(a)} = \lim_{x \to a} \frac{f'(x)}{g'(x)}$$

(1) $f(a) = g(a) = 0$이므로 $\lim\limits_{x \to a} \dfrac{f(x)}{g(x)} = \lim\limits_{x \to a} \dfrac{f(x)-f(a)}{g(x)-g(a)}$ 이다.

(2) 다음으로 $\lim\limits_{x \to a}$ 는 $(x \neq a)$를 내포한다.

즉, $(x-a) \neq 0$이므로 $\dfrac{f(x)}{g(x)}$의 분모·분자를 $(x-a)$로 나눌 수 있다.

$$\lim_{x \to a} \frac{f(x)}{g(x)} = \lim_{x \to a} \frac{f(x)-f(a)}{g(x)-g(a)} = \lim_{x \to a} \frac{\dfrac{f(x)-f(a)}{x-a}}{\dfrac{g(x)-g(a)}{x-a}}$$

(3) $f(x)$, $g(x)$ 모두 $x = a$에서 미분가능하므로 미분계수의 정의상

(분자)$= \lim\limits_{x \to a} \dfrac{f(x)-f(a)}{x-a} = f'(a)$, (분모)$= \lim\limits_{x \to a} \dfrac{g(x)-g(a)}{x-a} = g'(a)$이다.

분모, 분자의 극한값이 모두 존재하므로 극한의 성질에 따라 분모·분자 각각에 $\lim$를 나눠줄 수 있다.

최종적으로 극한값은 $\dfrac{f'(a)}{g'(a)}$ 이 된다.

$$\lim_{x \to a} \frac{f(x)}{g(x)} = \lim_{x \to a} \frac{f(x)-f(a)}{g(x)-g(a)} = \lim_{x \to a} \frac{\dfrac{f(x)-f(a)}{x-a}}{\dfrac{g(x)-g(a)}{x-a}} = \frac{\lim\limits_{x \to a} \dfrac{f(x)-f(a)}{x-a}}{\lim\limits_{x \to a} \dfrac{g(x)-g(a)}{x-a}} = \frac{f'(a)}{g'(a)}$$

(4) 그런데 마지막 부분이 애매하다.

Q) $\dfrac{f'(a)}{g'(a)} = \lim\limits_{x \to a} \dfrac{f'(x)}{g'(x)}$ 은 어떻게 증명하나요?

A) **아쉽게도, 대학 과정이다.** 만약 로피탈 정리를 소화할 생각이라면, 이 부분은 '그냥 받아들이는' 수밖에 없

다. **하지만 $\lim\limits_{x \to a} \dfrac{f(x)}{g(x)} = \lim\limits_{x \to a} \dfrac{\dfrac{f(x)-f(a)}{x-a}}{\dfrac{g(x)-g(a)}{x-a}} = \dfrac{f'(a)}{g'(a)}$ 까지는 '극한식'을 '미분계수'로 바라보는 아주**

멋진 풀이이므로, 이 정도만 증명하면 로피탈 풀이를 사용할 자격을 얻은 셈이라 봐도 무방하다.

수학 II 기출 문제에서 로피탈 정리가 적용 가능한 문항이 그렇지 않은 문항보다 압도적으로 많기에 로피탈
풀이를 계속 소개할 것이지만, 영 찝찝하면 로피탈 풀이는 포기해도 좋다.

④ 분모·분자를 미분할 수 없다면 로피탈 적용 금물

수학Ⅱ에서는 다항함수 이외의 함수의 미분은 배우지 않는다. 이론적으로는 미분계수의 정의를 사용하여 다항함수가 아닌 함수의 도함수를 구할 수 있겠지만, 그러한 도함수를 외우고 활용할 수 있어야만 풀 수 있는 문제는 미적분 과정에서 배운다.

따라서 극한식의 분자 분모가 다항함수로 이루어지지 않았다면 로피탈 정리를 적용하지 말자.

(미적분 선택자 참고 : 이 책을 공부하는 미적분 선택 학생은 아래 내용을 무시하자. 미적분에서는 미분할 수 있는 함수가 훨씬 많으므로 로피탈 정리 조건을 만족한다면 로피탈 정리를 더욱 확장해서 쓸 수 있다.)

1. 합성함수

로피탈 정리를 적용한다면 분모와 분자를 미분해야 하는데 **합성함수의 미분은 수학Ⅱ 교육과정이 아니다.**
$f(x+1)$, $f(x^2)$, $f(-x)$, $f(-x+1)$, $\cdots$ 는 모두 합성함수이므로 수학Ⅱ 교육과정에서는 미분할 수 없다.

※ 물론 저런 식으로 제시된 함수 자체를 다룰 수 없다는 말은 아니다. 관점의 차이일 뿐 평행이동, 대칭이동, 대입의 관점으로 저런 형태를 충분히 수학Ⅱ에서도 설명할 수 있고, 합성함수의 관점으로 저런 함수를 바라본다고 해도 미분만 할 수 없을 뿐이지 충분히 문제로 낼 수는 있다.

> **예시 12년 7월 교육청 5번**
>
> 함수 $f(x) = \int (x^2 + 2x)dx$ 일 때, $\lim\limits_{h \to 0} \dfrac{f(2+h) - f(2-h)}{h}$ 의 값은? [3점]

바로 다음에 다룰 내용인 미분계수를 본격적으로 공부하고 난 뒤에는 주어진 극한식을 곧바로 미분계수의 관점으로 바라볼 수 있을 것이다. 혹은 $f(x)$의 식이 주어졌으므로 대입 풀이를 적용할 수도 있다.

그런데 로피탈 풀이를 적용하면 어떤가? 일단 로피탈 정리를 쓰기 위한 조건은 모두 만족한다.
따라서 분모를 미분하면 1이 되지만 분자는 미분할 수 없다.
$f(2+h)$와 $f(2-h)$가 모두 합성함수의 형태이기 때문이다.
로피탈 풀이를 쓸 때는 합성함수가 아님을 확인하고 사용하자.

※ $f(x)$의 식을 대입하여 분자를 다항식으로 만들어준다면 로피탈 정리를 적용할 수는 있겠다.
　　그러나 $f(x)$는 $x^2 + 2x$의 부정적분이므로
　　$x = 2+h$와 $x = 2-h$를 대입하면 계산이 꽤 복잡해지므로 절대 출제 의도는 아니다.

2. 이외에도 유리함수, 무리함수, 지수함수 등 다항함수가 아닌 경우에는 절대로 미분할 수 없다.

수학Ⅱ 과정에서는 다항함수 외의 함수는 미분할 수 없다. 극한식의 분모·분자가 모두 다항식이 아니라면 로피탈 풀이는 금물이다.

(1) 분모, 분자를 동일한 항으로 나누거나 곱해서 원하는 형태를 만들어낼 수 있다.

문제를 출제할 때 항상 위에서 나온 도구들이 바로 보이게끔 극한식의 형태를 제시하지는 않는다. 다시 말해 **학생 스스로 도구를 적용하기 위해 극한식의 형태를 조작**할 수 있어야 한다. 그런 의미에서 이 도구를 언급한 것이지, 이 도구가 특별한 스킬인 것은 아니다.

(2) 극한의 성질 : 사칙연산

조건으로 제시된 극한식을 직접 이용해서 극한값을 구하는 문제에서 사용된다. 〈Chapter 1〉의 극한의 사칙연산 예제로 나온 기출 두 문항을 다시 보자.

13학년도 6월 평가원 9번

함수 $f(x)$에 대하여 $\displaystyle\lim_{x \to 2}\frac{f(x-2)}{x^2-2x}=4$ 일 때, $\displaystyle\lim_{x \to 0}\frac{f(x)}{x}$ 의 값은? [3점]

14학년도 6월 평가원 9번

함수 $f(x)$에 대하여 $\displaystyle\lim_{x \to 2}\frac{f(x)-3}{x-2}=5$ 일 때, $\displaystyle\lim_{x \to 2}\frac{x-2}{\{f(x)\}^2-9}$ 의 값은? [3점]

두 문제 모두 하나의 극한값을 조건으로 제시하고 새로운 극한값을 묻는 구조이다. 풀이 방법도 극한의 사칙연산으로 동일하다. **그런데 출제 의도가 ②번인 문항들은 완전히 새로운 극한값을 묻는다고 할 수 없다.** 구해야 할 극한식을 극한의 사칙연산을 통해 조건으로 제시된 극한식으로 나타낼 수 있기 때문이다.

또한 이러한 문항에서는 **주로 함수 $f(x)$로 제시되는 경우가 많다.** 굳이 '다항함수 $f(x)$ 또는 미분가능한 함수 $f(x)$' 등으로 제시할 필요가 없기 때문이다. 수렴하는 극한식을 가지고 극한의 사칙연산을 이용하는 것이므로 함수가 연속일 필요도, 미분가능일 필요도 없는 것이다.

(3) 치환

치환은 '공통부분'이 있을 때, 수능 수학에서 자주 쓰이는 도구이다. 극한값 계산에서도 치환이 쓰이는데, 이때의 치환은 공통부분 치환과는 다르다.

① 문자 치환

e.g. $f\left(\dfrac{1}{x}\right)$를 포함한 극한식에서 $\dfrac{1}{x} = t$로 치환하면 $f\left(\dfrac{1}{x}\right) = f(t)$이다.

단, $x \to a$일 때 $t \to \dfrac{1}{a}$이다.

② 함수 치환

e.g. $\lim\limits_{x \to \infty} \{2f(x) - 3g(x)\} = 2$일 때, $\lim\limits_{x \to \infty} \dfrac{8f(x) - 3g(x)}{3g(x)}$의 값을 구한다고 하자.

이때, $2f(x) - 3g(x) = h(x)$라 하면,

$\lim\limits_{x \to \infty} h(x) = 2$가 되고 $\lim\limits_{x \to \infty} \dfrac{8f(x) - 3g(x)}{3g(x)}$를 $h(x)$와 $f(x)$와 관한 극한식으로 만든 다음 극한값을 구할 수 있다. 이 문제는 유제에서 만나볼 예정이다. 한편, 치환 시에는 항상 범위를 주의해야 한다.

예를 들어, $\{f(x)\}^2 = g(x)$에서 함수 $f(x)$의 치역이 실수 전체의 집합이더라도, $g(x) \geq 0$이다.

극한값 계산의 태도와 도구를 의식적으로 생각하며 기출 문항을 풀어보자.

다항함수 $g(x)$에 대하여 극한값 $\lim\limits_{x \to 1} \dfrac{g(x) - 2x}{x - 1}$가 존재한다.

다항함수 $f(x)$가 $f(x) + x - 1 = (x-1)g(x)$를 만족시킬 때, $\lim\limits_{x \to 1} \dfrac{f(x)g(x)}{x^2 - 1}$의 값은? [3점]

① 1 　　　 ② 2 　　　 ③ 3 　　　 ④ 4 　　　 ⑤ 5

$\lim\limits_{x \to 1} \dfrac{g(x) - 2x}{x - 1}$ 에서 $x \to 1$일 때 (분모)$\to 0$이고 극한값이 존재하므로 (분자)$\to 0$이다.

$\lim\limits_{x \to 1} \{g(x) - 2x\} = 0$

$g(x) - 2x$는 연속함수이므로 $\lim\limits_{x \to 1} \{g(x) - 2x\} = g(1) - 2 = 0$

$\therefore \ g(1) = 2$

$\lim\limits_{x \to 1} \dfrac{f(x)g(x)}{x^2 - 1}$ 의 극한값은 **인수분해와 로피탈 두 가지 방법으로 구할 수 있다.**

가장 정석적인 인수분해의 풀이부터 살펴보자.

1. 인수분해

인수분해 풀이를 하기 위해서는 $f(x),\, g(x)$를 x에 관한 식으로 나타내어 주어진 극한식에 대입해야 한다.

$f(x) + x - 1 = (x - 1)g(x)$를 통해 $f(x),\, g(x)$의 식을 얻어내야 하는데 그럴 수가 없다.
다른 조건이 없기 때문이다.

하나의 함수로 정리하는 것이 최선인데, $f(x)$를 $g(x)$에 관한 식으로 정리하여 대입하는 것이 가장 쉬운 방법이다.

$(x - 1)$이라는 공통부분까지 존재하므로 $(x - 1)$을 이항하여 $f(x)$를 $g(x)$에 관한 식으로 정리하는 것이 더욱 출제 의도에 가깝다.

$f(x) = (x - 1)\{g(x) - 1\}$

※ $g(x)$를 $f(x)$에 관한 식으로 정리하여 대입하는 것도 불가능하지는 않지만,
양변을 $(x - 1)$로 나눠줘야 하고 이는 $x \neq 1$이라는 제한조건이 따르기 때문에 비교적 복잡하다.

$$\lim_{x \to 1} \frac{f(x)g(x)}{x^2 - 1} = \lim_{x \to 1} \frac{[(x-1)\{g(x)-1\}]g(x)}{x^2 - 1} = \lim_{x \to 1} \frac{\{g(x)-1\}g(x)}{x + 1} = \frac{(2-1)\times 2}{2} = 1$$

답은 ①!!

※ 극한식이 부정형이 되게 하는 $(x - 1)$이라는 인수를 약분해주었고 최종 형태는 $\dfrac{0}{0}$꼴이 아니기 때문에 $x = 1$을 대입하면 바로 극한값이 도출된다.

태도 : 극한식이 부정형이 되게 하는 인수를 약분하는 것이 인수분해 풀이의 핵심이다.

2. 로피탈

로피탈 정리를 적용하려면 반사적으로 '조건'을 따져주자.

$$\lim_{x \to 1} \frac{f(x)g(x)}{x^2 - 1}$$

① $x = 1$에서 분모, 분자의 함숫값은 0이다.

$x = 1$일 때 (분모)$= 0$이다. $x = 1$일 때 (분자)$= 0$이기 위해 $f(1) = 0$ 또는 $g(1) = 0$이어야 한다.

$f(x) + x - 1 = (x - 1)g(x)$의 양변에 $x = 1$을 대입하면 $f(1) = 0$임을 알 수 있다. (O)

② $x = 1$에서 분모, 분자 모두 미분가능하다.

(분모)는 실수 전체의 집합에서 미분가능하다.

$f(x), g(x)$ 모두 다항함수이므로 실수 전체의 집합에서 미분가능하다.

따라서 (분자)인 $f(x)g(x)$도 실수 전체의 집합에서 미분가능하다. (O)

③ 분모의 $x = 1$에서의 미분계수는 0이 아니다.

분모를 미분하여 $x = 1$을 대입하면 그 값은 2이다. (O)

3가지 조건을 모두 만족함을 확인했다. 분모, 분자를 각각 x에 대하여 미분하자.

$$\lim_{x \to 1} \frac{f(x)g(x)}{x^2 - 1} = \lim_{x \to 1} \frac{f'(x)g(x) + f(x)g'(x)}{2x} = \frac{f'(1)g(1) + f(1)g'(1)}{2}$$

이 값을 알기 위해 $f'(1)$을 구해야 한다.

$f(x) + x - 1 = (x - 1)g(x)$의 양변을 x에 대하여 미분하자.

$f'(x) + 1 = g(x) + (x - 1)g'(x)$

$f'(1) + 1 = g(1)$

$f'(1) = g(1) - 1 = 2 - 1 = 1$

$$\therefore \frac{f'(1)g(1) + f(1)g'(1)}{2} = \frac{2 + 0}{2} = 1$$

답은 ①!!

다항함수 $f(x)$가

$$\lim_{x \to 0+} \frac{x^3 f\left(\frac{1}{x}\right) - 1}{x^3 + x} = 5, \quad \lim_{x \to 1} \frac{f(x)}{x^2 + x - 2} = \frac{1}{3}$$

을 만족시킬 때, $f(2)$의 값을 구하시오. [3점]

1. $\displaystyle\lim_{x\to 0+}\dfrac{x^3 f\left(\dfrac{1}{x}\right)-1}{x^3+x}=5$을 보자마자 **치환**을 떠올리자. 함수의 괄호 속에 '분수꼴의 변수'가 있다면 극한값 계산이 상당히 까다로우므로 괄호 속을 예쁜 t로 바꿔주자.

$\dfrac{1}{x}=t$라 할 때, $\displaystyle\lim_{x\to 0+}\dfrac{x^3 f\left(\dfrac{1}{x}\right)-1}{x^3+x}=\lim_{t\to\infty}\dfrac{\dfrac{1}{t^3}f(t)-1}{\dfrac{1}{t^3}+\dfrac{1}{t}}$

분모, 분자에 '분수꼴'이 있는 것이 매우 까다로우므로 분모 분자에 t^3를 곱해주면,

$\displaystyle\lim_{t\to\infty}\dfrac{f(t)-t^3}{1+t^2}=5$

복잡한 $\dfrac{0}{0}$꼴로 보였던 것이 사실은 간단한 $\dfrac{\infty}{\infty}$꼴이었다. 극한식의 분모, 분자가 모두 다항식이고 0이 아닌 극한값이 존재하므로, 분모·분자 다항식 차수는 서로 동일하고 극한값은 최고차항 계수비에 해당한다. 따라서 $f(t)=t^3+5t^2+\cdots$

2. $\displaystyle\lim_{x\to 1}\dfrac{f(x)}{x^2+x-2}=\dfrac{1}{3}$

$x\to 1$일 때 (분모)$\to 0$이고 극한값이 존재하므로 (분자)$\to 0$

$\displaystyle\lim_{x\to 1}f(x)=f(1)=0$

1에서 구한 $f(x)$의 삼차, 이차항과 $f(1)=0$을 종합하자. **인수정리**에 의해 $f(x)$는 $(x-1)$을 인수로 갖고, $f(x)$의 삼차항과 이차항이 x^3, $5x^2$이므로 $f(x)$의 식은 다음과 같다.

$f(x)=(x-1)(x^2+6x+a)$

$\displaystyle\lim_{x\to 1}\dfrac{(x-1)(x^2+6x+a)}{(x+2)(x-1)}=\lim_{x\to 1}\dfrac{x^2+6x+a}{x+2}=\dfrac{7+a}{3}=\dfrac{1}{3}$

$a=-6$이므로 $f(2)=10$이다. **답은 10!!**

1. **치환**이 핵심이었다.

2. $f(x)$의 삼차, 이차항과 $f(1)=0$을 종합하여 $f(x)$의 식을 구할 때, $f(x)=(x-1)(x^2+6x+a)$을 바로 도출할 수 있으면 한다. $f(x)=x^3+5x^2+ax+b$로 식을 설정하여 $f(1)=0$을 대입하고 다시 인수분해를 하면 시간이 꽤 소요된다. 이 상황에서 $f(1)=0$을 보고 대입을 떠올리기보다 **인수정리의 관점으로 '$f(x)$는 $(x-1)$을 인수로 갖는다'를 바로 떠올릴 수 있도록 연습하자.**

$\dfrac{0}{0}$꼴에서 인수정리의 관점을 가지라고 강조했었다!

3. $\displaystyle\lim_{x\to 1}\dfrac{f(x)}{x^2+x-2}=\dfrac{1}{3}$은 로피탈로도 풀 수 있다. 로피탈 조건을 따져보면서 스스로 시도해보자.

최고차항의 계수가 1인 이차함수 $f(x)$가

$$\lim_{x \to 0} |x| \left\{ f\left(\frac{1}{x}\right) - f\left(-\frac{1}{x}\right) \right\} = a, \quad \lim_{x \to \infty} f\left(\frac{1}{x}\right) = 3$$

을 만족시킬 때, $f(2)$의 값은? (단, a는 상수이다.) [4점]

① 1 ② 3 ③ 5 ④ 7 ⑤ 9

1. 절댓값은 당연히 제거해야 하며 이는 우극한과 좌극한을 나누는 행위로 필연적으로 이어져야 한다.

극한식 $\displaystyle\lim_{x \to 0} |x|\left\{ f\!\left(\dfrac{1}{x}\right) - f\!\left(-\dfrac{1}{x}\right) \right\}$의 극한값이 존재하므로 우극한과 좌극한은 동일하다.

$$\lim_{x \to 0+} |x|\left\{ f\!\left(\dfrac{1}{x}\right) - f\!\left(-\dfrac{1}{x}\right) \right\} = \lim_{x \to 0-} |x|\left\{ f\!\left(\dfrac{1}{x}\right) - f\!\left(-\dfrac{1}{x}\right) \right\} = a$$

$x \to 0+$일 때 x는 양수이고, $x \to 0-$일 때 x는 음수이다.

$$\lim_{x \to 0+} x\left\{ f\!\left(\dfrac{1}{x}\right) - f\!\left(-\dfrac{1}{x}\right) \right\} = \lim_{x \to 0-} (-x)\left\{ f\!\left(\dfrac{1}{x}\right) - f\!\left(-\dfrac{1}{x}\right) \right\} = a$$

2. 괄호 안의 $\dfrac{1}{x}$를 보고 치환을 떠올릴 수 있어야 한다.

$\dfrac{1}{x} = t$라 할 때 $x \to 0+$이면 $t \to \infty$이고, $x \to 0-$이면 $t \to -\infty$이다.

($t = \dfrac{1}{x}$의 그래프를 직접 그려 확인해 보자.)

$$\therefore \lim_{t \to \infty} \frac{\{f(t) - f(-t)\}}{t} = \lim_{t \to -\infty} \frac{\{f(t) - f(-t)\}}{-t} = a$$

절댓값 제거, 치환을 통해 우리에게 익숙한 극한식 형태로 바꿔주었다. 극한식을 보자마자 가장 먼저 해야 할 것은 꼴 결정이다. 위의 두 극한식은 $\dfrac{\infty}{\infty}$ 꼴이다.

$\dfrac{\infty}{\infty}$ 꼴에서 분모, 분자가 모두 다항식이므로 당연히 분모, 분자 차수 비교를 해야 한다. 그런데, 상수 a가 0인지 아닌지를 알 수 없으므로 섣불리 차수 판단을 할 수 없다. 케이스 분류를 해야 한다.

3. 케이스 분류

ⅰ) $a = 0$일 때

$$\lim_{t \to \infty} \frac{\{f(t) - f(-t)\}}{t} = \lim_{t \to -\infty} \frac{\{f(t) - f(-t)\}}{-t} = a = 0$$

분모의 차수가 더 커야 하므로, 분자 $\{f(t) - f(-t)\}$가 '상수'여야 한다. $f(x)$의 식을 설정하여 계산해 보자.

$f(t)$는 최고차항의 계수가 1인 이차함수이므로 일반식을 작성하면 $f(t) = t^2 + bt + c$이다.
$f(t) - f(-t) = t^2 + bt + c - (t^2 - bt + c) = 2bt$
$b = 0$이면 분자가 0이 되어 극한값 $a = 0$을 만족한다.

ii) $a \neq 0$일 때

분모·분자 차수가 서로 같아야 하므로 분자 $\{f(t) - f(-t)\}$가 일차항이어야 한다.

$$f(t) - f(-t) = t^2 + bt + c - (t^2 - bt + c) = 2bt \text{이므로 } b \neq 0 \text{이다.}$$

그런데 $b \neq 0$이면 모순이 발생한다.
$$\lim_{t \to \infty} \frac{\{f(t) - f(-t)\}}{t} = \lim_{t \to -\infty} \frac{\{f(t) - f(-t)\}}{-t} = a$$
$$\Leftrightarrow 2b = -2b = a$$

$2b = -2b = a$을 만족하려면 $a = b = 0$일 수밖에 없다. 하지만 $a \neq 0$이다.

따라서 첫 번째 케이스가 조건을 만족시키므로 $b = 0$, $a = 0$이고 $f(t) = t^2 + c$이다.

---

4. $\lim\limits_{x \to \infty} f\left(\dfrac{1}{x}\right) = 3$

$\dfrac{1}{x} = t$을 적용해주면 $f(0) = 3$임을 쉽게 알 수 있다.

따라서 $f(x) = x^2 + 3$이므로 $f(2) = 7$

답은 ④!!

교육청 문항이지만 웰메이드 문항이다.

① 극한값 존재 조건 : 우극한=좌극한
② 절댓값 제거
③ 치환
④ 꼴 결정
⑤ 다항식으로 이루어진 $\dfrac{\infty}{\infty}$ 꼴에서의 차수 비교

극한과 극한값 계산에서 중요한 도구를 거의 모두 포함한 문항이므로 여러 번 공부하자.

※ 해설에서는 절댓값 제거를 먼저 적용하긴 했으나 치환과 절댓값 제거 어느 것을 먼저 하더라도 상관없다.
   둘 다 중요한 태도이긴 하지만 우선순위를 매기기는 어렵다.

최고차항의 계수가 1인 이차함수 $f(x)$가

$$\lim_{x \to a} \frac{f(x) - (x - a)}{f(x) + (x - a)} = \frac{3}{5}$$

을 만족시킨다. 방정식 $f(x) = 0$의 두 근을 α, β라 할 때, $|\alpha - \beta|$의 값은? (단, a는 상수이다.) [4점]

① 1   ② 2   ③ 3   ④ 4   ⑤ 5

인수분해 풀이와 로피탈 풀이 모두 가능하다.

1. 인수분해 풀이

$$\lim_{x \to a} \frac{f(x) - (x - a)}{f(x) + (x - a)} = \frac{3}{5}$$

극한식을 보면 가장 먼저 해야 할 것은 꼴 결정이다. 이제는 외울 때가 되었다.

$f(x)$는 다항함수, 즉 연속함수이므로 $\lim\limits_{x \to a} \{f(x) \pm (x - a)\} = f(a)$이다.

따라서 $\lim\limits_{x \to a} \dfrac{f(x) - (x - a)}{f(x) + (x - a)} = \dfrac{f(a)}{f(a)}$ 이다.

만약 $f(a) \neq 0$이라면 극한값은 1이어야 하지만 극한값은 $\dfrac{3}{5}$이다.

따라서 $f(a) = 0$이고 극한식은 $\dfrac{0}{0}$ 꼴이다.

$f(a) = 0$이고 $f(x)$는 최고차항의 계수가 1인 이차함수이다.
인수정리에 의해 $f(x) = (x - a)(x - b)$이고, 이를 극한식에 대입하자. (a, b는 상수)

$$\lim_{x \to a} \frac{f(x) - (x - a)}{f(x) + (x - a)} = \lim_{x \to a} \frac{(x - a)(x - b) - (x - a)}{(x - a)(x - b) + (x - a)}$$

분모, 분자의 $(x - a)$를 약분해주면,

$$\lim_{x \to a} \frac{(x - a)(x - b) - (x - a)}{(x - a)(x - b) + (x - a)} = \lim_{x \to a} \frac{x - b - 1}{x - b + 1} = \frac{a - b - 1}{a - b + 1} = \frac{3}{5}$$

$$\therefore \ a - b = 4$$

방정식 $f(x) = 0$의 두 근은 a, b이므로 $|\alpha - \beta| = 4$

답은 ④!!

2. 로피탈 풀이

로피탈을 적용하기 위한 조건을 확인해주자.

$$\lim_{x \to a} \frac{f(x)}{g(x)} \text{에서,}$$

(1) $f(x)$와 $g(x)$ 모두 $x = a$에서 미분가능(미분가능이므로 당연히 연속)
(2) $f(a) = 0, \ g(a) = 0$
(3) $g'(a) \neq 0$

이를 $\lim\limits_{x \to a} \dfrac{f(x) - (x-a)}{f(x) + (x-a)} = \dfrac{3}{5}$에 적용하면

① $x = a$에서 분모, 분자 모두 0이다.
② $x = a$에서 분모, 분자 모두 미분가능하다.
③ 분모의 $x = a$에서의 미분계수는 0이 아니다.

($\to$ 귀류법을 적용해보자. 만약 분모의 $x = a$에서의 미분계수가 0이라면 극한식은 $\dfrac{c}{0}$ 꼴이 되어 $\dfrac{3}{5}$이라는 극한값이 존재할 수 없다.)

로피탈 조건을 충족하므로 로피탈 정리를 적용해주면

$$\lim_{x \to a} \frac{f(x) - (x-a)}{f(x) + (x-a)} = \lim_{x \to a} \frac{f'(x) - 1}{f'(x) + 1} = \frac{f'(a) - 1}{f'(a) + 1} = \frac{3}{5}$$
$$f'(a) = 4$$

$f(a) = 0$이고 $f(x)$는 최고차항의 계수가 1인 이차함수이므로 $f(x) = (x-a)(x-b)$
$f'(x) = (x-b) + (x-a)$이므로 $f'(a) = a - b = 4$

방정식 $f(x) = 0$의 두 근 α, β는 a, b이므로 $|\alpha - \beta| = 4$

답은 ④!!

Q) 발문이 $|\alpha - \beta|$인 이유는?

A) 방정식 $f(x) = 0$의 두 근 a, b의 대소관계를 알 수 없기 때문이다.
따라서 절댓값을 씌워버리면 a, b의 대소관계와 상관없이 답은 똑같이 나온다.

※ **귀류법**: 어떤 명제가 참임을 증명하기 위해, 명제의 결론을 부정함으로써 가정 또는 공리 등에 모순됨을 보여 간접적으로 그 결론이 성립함을 보여주는 방법이다.

미분계수

미분계수는 극한식 중에서도 극한값이 존재하는 $\dfrac{0}{0}$ 꼴의 일부이다. 아래의 포함관계를 정확히 인지하자.

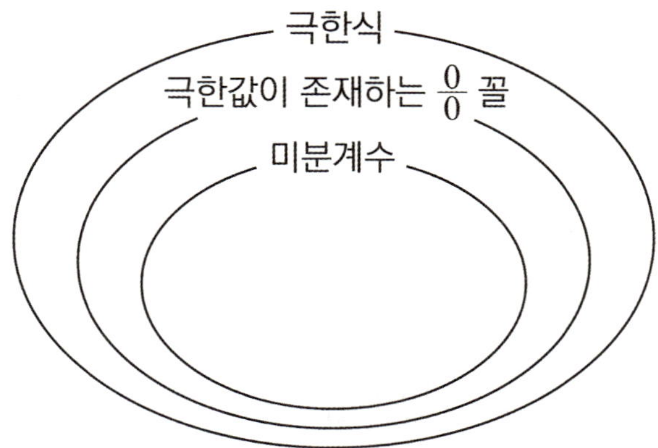

수학II 출제 문항에서 도함수를 구할 수 없는 경우가 거의 없기에 학생들 대부분이 미분계수를 '도함수의 함숫값'으로만 생각한다. 즉, **'미분계수의 정의'를 머릿속에서 완전히 지워버린다.**

하지만 도함수를 구할 수 없는 상황에서 미분계수를 묻는 문제도 출제될 수 있으므로 미분계수의 정의도 반드시 활용할 수 있어야 한다.

다음 페이지에서 미분계수의 정의에 대해 살펴보자.

1. 미분계수의 정의

미분계수는 평균변화율의 극한이다.
따라서 $x = a$에서 미분가능한 함수 $f(x)$에 대해, $x = a$에서 $f(x)$의 미분계수 $f'(a)$는 다음과 같다.

$$f'(a) = \lim_{h \to 0} \frac{f(a+h) - f(a)}{h} = \lim_{x \to a} \frac{f(x) - f(a)}{x - a}$$

2. 미분계수의 존재 (미분가능성)

함수 $f(x)$가 $x = a$에서 미분가능하다는 말은 $f'(a)$가 존재한다는 말과 같다.

$f'(a)$가 존재하기 위해서는 $\displaystyle\lim_{x \to a-} \frac{f(x) - f(a)}{x - a} = \lim_{x \to a+} \frac{f(x) - f(a)}{x - a}$ 을 만족시켜야 한다.

즉, 좌미분계수와 우미분계수가 서로 같아야 한다. 이미 〈Chapter 1〉의 미분가능성 파트에서 살펴본 내용이다.

예제(11) 18년 11월 교육청 고2 29번

최고차항의 계수가 1인 삼차함수 $f(x)$와 함수

$$g(x) = \begin{cases} \dfrac{1}{x-4} & (x \neq 4) \\ 2 & (x = 4) \end{cases}$$

에 대하여 $h(x) = f(x)g(x)$라 할 때, 함수 $h(x)$는 실수 전체의 집합에서 미분가능하고 $h'(4) = 6$이다. $f(0)$의 값을 구하시오. [4점]

1. $h(x) = f(x)g(x)$와 $h'(4)$를 보자마자 **곱의 미분을 떠올리는 것은 좋은 태도다.**
   그러나 $g(x)$가 $x = 4$에서 미분가능하지 않으므로 곱의 미분을 사용할 수는 없다.
   $f(x)$와 $g(x)$의 식을 곱하여 $h(x)$의 식 자체를 가지고 문제를 풀어나가자.

$$h(x) = \begin{cases} \dfrac{f(x)}{x-4} & (x \neq 4) \\ 2f(4) & (x = 4) \end{cases}$$

   $h(x)$는 $x = 4$에서 미분가능하다. 미분가능은 연속을 내포하므로 $h(x)$는 $x = 4$에서 연속이다.

   연속의 정의에 의해 $\lim\limits_{x \to 4} h(x) = h(4)$, $\lim\limits_{x \to 4} \dfrac{f(x)}{x-4} = 2f(4)$

   $\lim\limits_{x \to 4} \dfrac{f(x)}{x-4}$에서 $x \to 4$일 때 (분모)$\to 0$이고 극한값($2f(4)$)이 존재하므로, (분자)$\to 0$이다.

   $f(x)$는 삼차함수, 즉 연속함수이므로 $\lim\limits_{x \to 4} f(x) = f(4) = 0$

   $$\therefore \lim\limits_{x \to 4} \dfrac{f(x)}{x-4} = \lim\limits_{x \to 4} \dfrac{f(x)-f(4)}{x-4} = f'(4) = 2f(4) = 0$$

2. 삼차함수 $f(x)$에 대해 $f(4) = f'(4) = 0$이므로 $f(x)$는 $(x-4)^2$을 인수로 갖는다.
   $f(x)$의 최고차항의 계수는 1이므로 $f(x) = (x-4)^2(x-a)$ (단, a는 상수)

   $f(x) = (x-4)^2(x-a)$를 $h(x)$의 식에 대입하면 $h(x) = (x-4)(x-a)$이다.
   $h(x)$가 복잡한 함수처럼 보였지만 사실은 이차함수였다.

   곱의 미분을 이용하면 $h'(x) = (x-a) + (x-4)$이므로
   $h'(4) = 4 - a = 6$
   $\therefore a = -2$

   따라서 $f(x) = (x-4)^2(x+2)$이므로 $f(0) = 16 \times 2 = 32$이다.

답은 32!!

1. 미분가능의 선행 조건이 연속임을 파악하고 연속의 정의에 입각하여 연속성을 체크해야 한다.

2. $\lim\limits_{x \to 4} \dfrac{f(x)}{x-4}$ 을 미분계수의 정의로 볼 수 있어야 한다.

3. 〈Chapter 1〉에서 배운 〈분수함수의 연속성〉과도 연결지점이 보인다.
   다만, 이 문제는 '미분계수의 정의'가 추가되었다.

4. 극한과 연속에서 중요한 지점이 다소 포함된 문제이므로 여러 번 복습하자.

두 다항함수 $f_1(x)$, $f_2(x)$가 다음 세 조건을 만족시킬 때, 상수 k의 값은? [4점]

(가) $f_1(0) = 0$, $f_2(0) = 0$

(나) $f_i{}'(0) = \lim_{x \to 0} \dfrac{f_i(x) + 2kx}{f_i(x) + kx}$ $(i = 1,\ 2)$

(다) $y = f_1(x)$와 $y = f_2(x)$의 원점에서의 접선이 서로 직교한다.

① $\dfrac{1}{2}$　　　② $\dfrac{1}{4}$　　　③ 0　　　④ $-\dfrac{1}{4}$　　　⑤ $-\dfrac{1}{2}$

1. 조건 (가) $f_1(0) = 0$, $f_2(0) = 0$을 보고 할 수 있는 것은 딱히 없다.

조건 (나) $f_i{}'(0) = \lim_{x \to 0} \dfrac{f_i(x) + 2kx}{f_i(x) + kx}$ $(i = 1,\ 2)$로 시작하자.

극한식이 제시되었으므로 꼴부터 파악하자. $x \to 0$일 때 분모, 분자 모두 0이므로 $\dfrac{0}{0}$꼴에 해당하고 극한값은 존재한다. 여기서 하나의 처리가 요구되는데 평소 공부를 능동적으로 하지 않는 학생들은 막혔을 가능성이 크다.

결론부터 말하자면 극한식의 분모, 분자를 x로 나눠야 한다.
여기에는 세 가지 이유가 존재하는데,

① **미분계수의 정의** : $f_i{}'(0) = \lim_{x \to 0} \dfrac{f_i(x) - f_i(0)}{x - 0}$

$f_i(0) = 0$이므로 $\lim_{x \to 0} \dfrac{f_i(x) - f_i(0)}{x - 0} = \lim_{x \to 0} \dfrac{f_i(x)}{x} = f_i{}'(x)$이다.

$\lim_{x \to 0}$은 $x \neq 0$을 내포하므로 $\lim_{x \to 0} \dfrac{f_i(x) + 2kx}{f_i(x) + kx}$의 분모, 분자를 x로 나눌 수 있다.

따라서 $f_i{}'(0) = \lim_{x \to 0} \dfrac{\dfrac{f_i(x)}{x} + \dfrac{2kx}{x}}{\dfrac{f_i(x)}{x} + \dfrac{kx}{x}} = \dfrac{f_i{}'(0) + 2k}{f_i{}'(0) + k}$

극한식과 $f_i{}'(x)$를 연관 짓기 위해 극한식을 미분계수로 나타내는 과정이라 볼 수 있다.
조건 간 관계 관찰, 연결은 수능 수학에서 필수적인 태도다.
태도 : 길이 보이지 않을 때는 조건 간 관계에 주목해라.

② **〈극한값 계산의 추가적 도구〉에서 다음과 같은 말을 한 적이 있다.**

"분모, 분자를 동일한 항으로 나누거나 곱해서 원하는 형태를 만들어낼 수 있다.
문제를 출제할 때 항상 위에서 나온 도구들이 바로 보이게끔 극한식의 형태를 제시하지는 않는다. 다시 말해 학생 스스로 도구를 적용하기 위해 극한식의 형태를 조작할 수 있어야 한다."

이 문항이 대표적이다. 극한식의 형태가 항상 친절한 것은 아니다.
분모, 분자를 x로 나누는 정도의 처리는 학생 스스로 할 수 있어야 한다.

③ $\lim_{x\to 0}\dfrac{f(x)}{g(x)}$

$\lim_{x\to\infty}\dfrac{f(x)}{g(x)}$ 과 $\lim_{x\to 0}\dfrac{f(x)}{g(x)}$ 에 대해 공부한 적이 있다. 그 내용을 간략히 확인하자.

> $\lim_{x\to 0}\dfrac{f(x)}{g(x)}$ 에서는 최저차항의 차수를 비교해야 한다. 그 이유는 위에서 말한 극한값 계산의 궁
>
> 극적 의미와 연결된다. $\dfrac{0}{0}$ 꼴의 극한값 계산은 결국 0의 영향을 없애는 것을 의미한다.
>
> 따라서 $\lim_{x\to 0}\dfrac{f(x)}{g(x)}$ 에서는 0의 영향을 지워야 하는데, 극한식을 '최저차항'으로 나누면 된다.
> 최저차항은 분모와 분자를 통틀어서 차수가 가장 작은 항을 의미하며, 최저차항으로 나눌 때,
> 분모와 분자 최저차항의 차수에 따라 3가지 양상이 존재한다.

(나) 조건에서 제시된 극한식도 $\lim_{x\to 0}\dfrac{f(x)}{g(x)}$ 형태이므로 0의 영향을 없애기 위해 극한식의

최저차항인 일차항 x 로 나눌 수밖에 없다. **극한식의 분모, 분자를 x 로 나눠야 하는 3가지**
이유를 살펴봤으니 계속해서 문제를 풀어보자.

---

2. $f_i{}'(0)=\lim_{x\to 0}\dfrac{\dfrac{f_i(x)-f_i(0)}{x-0}+2k}{\dfrac{f_i(x)-f_i(0)}{x-0}+k}$ 에서 분모, 분자 각각의 극한값이 존재하므로 $\lim$ 를 분모,

분자에 나눠줄 수 있다. $f_i{}'(x)$ 는 다항함수이므로 $x=0$ 에서 미분가능하기 때문이다.

$$f_i{}'(0)=\lim_{x\to 0}\frac{\dfrac{f_i(x)-f_i(0)}{x-0}+2k}{\dfrac{f_i(x)-f_i(0)}{x-0}+k}=\frac{f_i{}'(0)+2k}{f_i{}'(0)+k}$$

※ 단, $f_i{}'(0)+k\neq 0$ 이다. 귀류법을 이용하여 $f_i{}'(0)+k=0$ 이라 할 때,

$k\neq 0$ 이라면 $\dfrac{f_i{}'(0)+2k}{f_i{}'(0)+k}$ 는 $\dfrac{c}{0}$ 꼴이 되어 발산하므로 극한값이 존재한다는 조건에 모순이다.

$k=0$ 이라면 $f_i{}'(0)=\dfrac{f_i{}'(0)}{f_i{}'(0)}$ 이므로 $f_i{}'(0)=1$ 이지만 $f_i{}'(0)+k=0$ 에 모순이다.

따라서 $f_i{}'(0)+k\neq 0$ 이다.

$f_i{}'(0)=\dfrac{f_i{}'(0)+2k}{f_i{}'(0)+k}$ 의 양변에 $f_i{}'(0)+k$ 를 곱해주자. $(\because\ f'(0)+k\neq 0)$

$\{f_i{}'(0)\}^2+kf_i{}'(0)=f_i{}'(0)+2k$

$\{f_i{}'(0)\}^2+(k-1)f_i{}'(0)-2k=0$

$f_i{}'(0)$ 에 관한 위의 이차방정식의 두 실근이 $f_1{}'(0)$ 과 $f_2{}'(0)$ 이고 조건 (다)에서 두 실근의 곱은

-1 이다. 근과 계수의 관계에 의해 $-2k=-1$ 이므로 $k=\dfrac{1}{2}$

답은 ①!!

〈로피탈 풀이〉

로피탈 적용 조건을 따져주자.

$\displaystyle\lim_{x \to a} \frac{f(x)}{g(x)}$ 에서,

(1) $f(x)$와 $g(x)$ 모두 $x = a$에서 미분가능(미분가능이므로 당연히 연속)
(2) $f(a) = 0$, $g(a) = 0$
(3) $g'(a) \neq 0$

이를 $\displaystyle\lim_{x \to 0} \dfrac{f_i(x) + 2kx}{f_i(x) + kx}$ $(i = 1,\ 2)$에 적용해 보자.

(1) $f(x)$는 다항함수이므로 분모, 분자 모두 $x = 0$에서 미분가능하다.
(2) 분모, 분자 모두 $x = 0$에서의 극한값은 0이다.
(3) $f_i{}'(0) + k \neq 0$이다. 귀류법을 이용하여 증명할 수 있다.

$\quad$ $f_i{}'(0) + k = 0$이라 할 때,

$\quad$ $k \neq 0$이라면 $\dfrac{f_i{}'(0) + 2k}{f_i{}'(0) + k}$ 는 $\dfrac{c}{0}$ 꼴이 되어 발산하므로 극한값이 존재한다는 조건에 모순이다.

$\quad$ $k = 0$이라면 $f_i{}'(0) = \dfrac{f_i{}'(0)}{f_i{}'(0)}$ 이므로 $f_i{}'(0) = 1$이지만 $f_i{}'(0) + k = 0$에 모순이다.

$\quad$ 따라서 $f_i{}'(0) + k \neq 0$이다.

로피탈을 사용하기 위한 조건을 모두 만족하므로 분모, 분자를 미분할 수 있다.

$$\lim_{x \to 0} \frac{f(x) + 2kx}{f(x) + kx} = \lim_{x \to 0} \frac{f'(x) + 2k}{f'(x) + k} = \frac{f'(0) + 2k}{f'(0) + k}$$

이후 풀이는 생략한다.

※ 귀류법
$\quad$ 어떤 명제가 참임을 증명하기 위해, 명제의 결론을 부정함으로써 가정 또는 공리 등에 모순됨을 보여 간접적으로 그 결론이 성립함을 보여주는 방법이다.

최고차항의 계수가 1이고 다음 조건을 만족시키는 모든 삼차함수 $f(x)$에 대하여 $f(5)$의 최댓값을 구하시오. [4점]

> (가) $\lim\limits_{x \to 0} \dfrac{|f(x)-1|}{x}$ 의 값이 존재한다.
>
> (나) 모든 실수 x에 대하여 $xf(x) \geq -4x^2 + x$이다.

1. $\displaystyle\lim_{x \to 0} x = 0$ 이므로 $\displaystyle\lim_{x \to 0} |f(x) - 1| = 0$ 이다. 따라서 $f(0) = 1$ 이다.

방정식 $f(x) = 1$ 의 실근 $x = 0$ 이 단일근일 때, $f'(0) < 0$ 또는 $f'(0) > 0$ 이다.

(1) $f'(0) < 0$ **일 때**

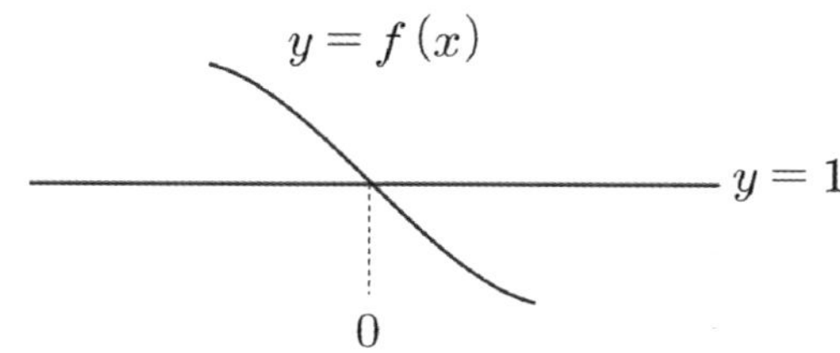

$$\lim_{x \to 0-} \frac{|f(x) - 1|}{x} = \lim_{x \to 0-} \frac{f(x) - f(0)}{x} = f'(0),$$

$$\lim_{x \to 0+} \frac{|f(x) - 1|}{x} = \lim_{x \to 0+} \frac{-f(x) + f(0)}{x} = -f'(0) \ \text{이므로}$$

조건 (가)에 의하여 $f'(0) = 0$ 인데, 이는 모순이다.

(2) $f'(0) > 0$ **일 때**

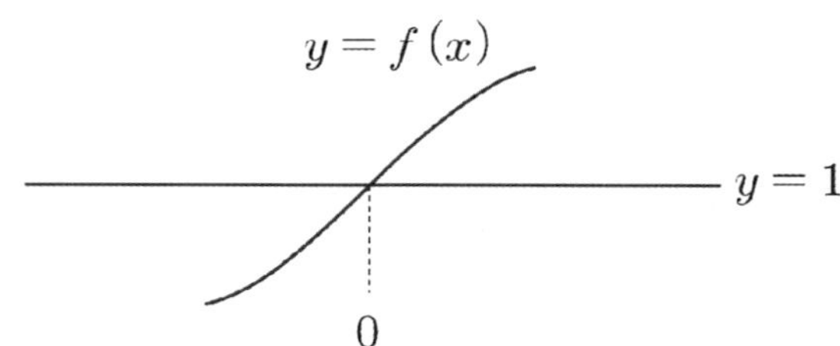

$$\lim_{x \to 0-} \frac{|f(x) - 1|}{x} = \lim_{x \to 0-} \frac{-f(x) + f(0)}{x} = -f'(0)$$

$$\lim_{x \to 0+} \frac{|f(x) - 1|}{x} = \lim_{x \to 0+} \frac{f(x) - f(0)}{x} = f'(0) \ \text{이므로}$$

조건 (가)에 의하여 $f'(0) = 0$ 인데, 이는 모순이다.

따라서 **방정식** $f(x) = 1$ **의 실근** $x = 0$ 은 중근이고, $f(x) = x^2(x - a) + 1$ 이라 할 수 있다.

2. 모든 실수 x 에 대하여 부등식

$x^3(x - a) + x \geq -4x^2 + x \Leftrightarrow x^4 - ax^3 + 4x^2 \geq 0 \Leftrightarrow x^2(x^2 - ax + 4) \geq 0$ 이 성립하므로

$x^2 - ax + 4 \geq 0$ 이다.

모든 실수 x 에 대하여 $x^2 - ax + 4 \geq 0$ 를 만족하려면 이차방정식 $x^2 - ax + 4 = 0$ 의

판별식 D가 0이하여야 하므로 $D = a^2 - 16 \leq 0 \Leftrightarrow -4 \leq a \leq 4$ 이다.

$f(5) = 126 - 25a$ 이므로 $f(5)$ 의 최댓값은 226 이다.

답은 226!!

(1) 미분계수의 정의는 다양한 형태로 변형되어 나올 수 있다.

예를 들어, $x = a$에서 미분가능한 함수 $f(x)$에 대해 $\lim\limits_{h \to 0} \dfrac{f(a+2h)-f(a)}{2h}$도 똑같이 $f'(a)$를 의미한다. 그러나 다양한 형태로 변형되어 나온다고 해서 그 형태를 모두 외울 필요는 전혀 없다.

형태와 상관없이 치환을 통해 $\lim\limits_{h \to 0} \dfrac{f(a+h)-f(a)}{h}$ **또는** $\lim\limits_{x \to a} \dfrac{f(x)-f(a)}{x-a}$**으로 만들어 줄 수만 있다면 주어진 극한식을 미분계수라고 할 수 있다.**

e.g. $x = a$에서 미분가능한 함수 $f(x)$에 대하여 $\lim\limits_{h \to 0} \dfrac{f(a+2h)-f(a)}{2h}$

$2h = t$로 치환하면, $h \to 0$일 때, $t \to 0$이다.

$$\therefore \lim_{h \to 0} \frac{f(a+2h)-f(a)}{2h} = \lim_{t \to 0} \frac{f(a+t)-f(a)}{t} = f'(a)$$

e.g $x = 2$에서 미분가능한 함수 $f(x)$에 대하여 $\lim\limits_{x \to 2} \dfrac{f(x+1)-5}{x-2}$

$\lim\limits_{x \to 2} \dfrac{f(x+1)-5}{x-2}$는 언뜻 보면 미분계수가 아닌 것처럼 보인다. $x+1$부터 3까지의

평균변화율 형태로 만들어보자. $\lim\limits_{x \to 2} \dfrac{f(x+1)-f(3)}{x-2} = \lim\limits_{x \to 2} \dfrac{f(x+1)-f(3)}{(x+1)-3}$

이때, $x+1 = t$로 치환하면 $x \to 2$일 때 $t \to 3$이다.

$$\therefore \lim_{x \to 2} \frac{f(x+1)-f(3)}{(x+1)-3} = \lim_{t \to 3} \frac{f(t)-f(3)}{t-3}$$

구체적인 증명은 치환을 활용했더라도 포인트는 평균변화율의 형태이다.
기본적으로 평균변화율의 형태라면, 미분계수의 정의와 똑같은 형태로 변형할 수 있는 가능성이 매우 높다.

평균변화율 형태 : $\dfrac{f(\bigcirc)-f(\bigstar)}{\bigcirc-\bigstar}$

미분계수 파트를 여러 번 읽으면서 다양한 문제를 경험해보면 복잡한 문제를 제외한 대부분 문제에서는
일일이 치환할 필요 없이 미분계수 판정이 쉽게 될 것이다.

(2) 치환 시 주의해야 할 점

하지만 이 치환 설명이 완벽하지는 않다. 치환을 통해 극한식이 미분계수의 형태가 나온다 하더라도,
'우극한=좌극한'을 만족시켜주지 못하는 경우가 있기 때문이다.

Q) $\displaystyle\lim_{h\to 0}\dfrac{f(a+h^n)-f(a)}{h^n}$ 의 값이 존재할 때, 그 값은 $f'(a)$ 일까? (단, n은 2 이상의 자연수)

치환을 적용하자. h^n을 t로 치환하면
(n=짝수) $h\to 0\pm$일 때 $t\to 0+$
(n=홀수) $h\to 0+$이면 $h^n\to 0+$이고, $h\to 0-$이면 $h^n\to 0-$이다.

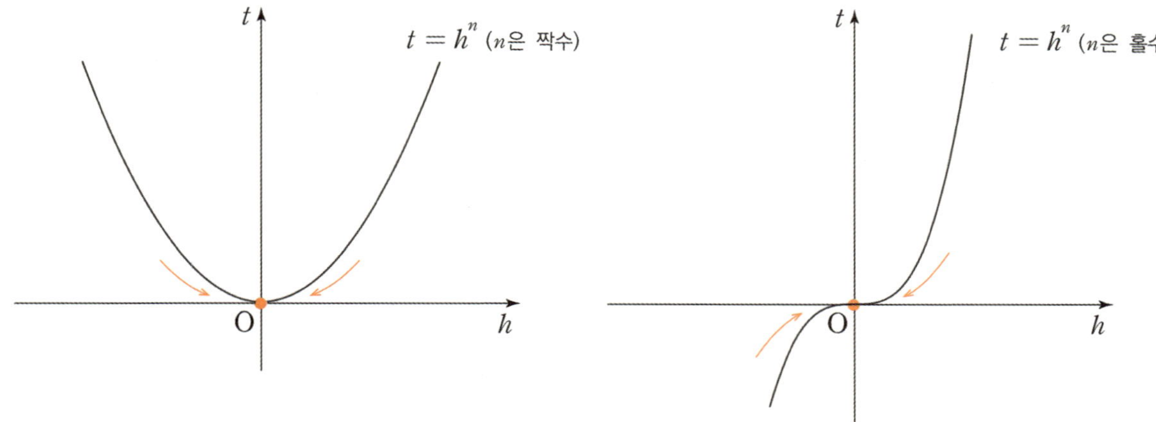

n이 짝수일 때 $\displaystyle\lim_{h\to 0\pm}\dfrac{f(a+h^n)-f(a)}{h^n}=\lim_{t\to 0+}\dfrac{f(a+t)-f(a)}{t}=$ ($x=a$에서 $f(x)$의 우미분계수)

n이 홀수일 때 $\displaystyle\lim_{h\to 0}\dfrac{f(a+h^n)-f(a)}{h^n}=\lim_{t\to 0}\dfrac{f(a+t)-f(a)}{t}=$ ($x=a$에서 $f(x)$의 미분계수)

이처럼 n이 짝수인 자연수일 때는 $\displaystyle\lim_{h\to 0}\dfrac{f(a+h^n)-f(a)}{h^n}$ 의 값이 존재하더라도 이는 $x=a$에서 함수 $f(x)$의
우미분계수를 의미하지 $f'(a)$를 의미하지 않는다.

우미분계수는 존재하면서 미분계수는 존재하지 않는 케이스는 수없이 많다. 다음 페이지를 보자.

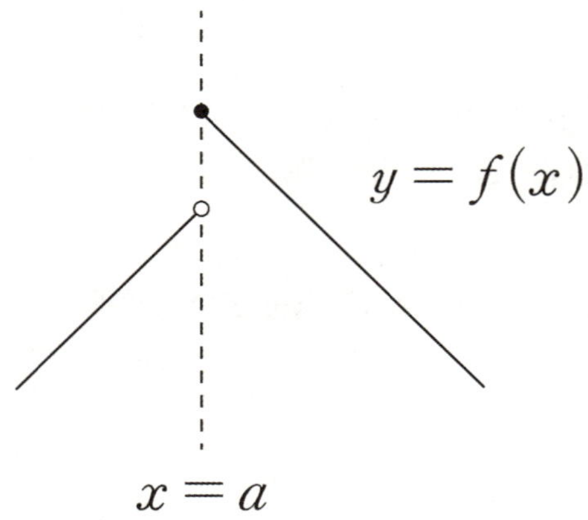

$f(x)$는 $x=a$에서 불연속이고, **$x=a$에서 우미분계수는 존재**하지만 좌미분계수는 존재하지 않으므로 $f'(a)$는 존재하지 않는다.

$f(x) = \begin{cases} -x+1 & (x \geq a) \\ x & (x < a) \end{cases}$ 라 하면,

$$\lim_{h \to 0} \frac{f(a+h^2)-f(a)}{h^2} = \lim_{t \to 0+} \frac{f(a+t)-f(a)}{t} = \lim_{t \to 0+} \frac{\{-(a+t)+1\}-(-a+1)}{t} = -1$$

$$= (f(x)\text{의 } x=a\text{에서의 우미분계수})$$

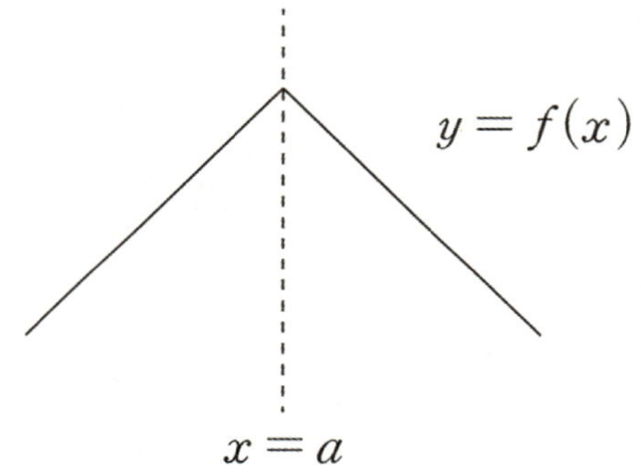

$f(x)$가 $x=a$에서 뾰족점이고 **좌·우미분계수가 모두 존재**하지만, 그 값은 서로 다르므로 **$f'(a)$는 존재하지 않는다.**

$f(x) = \begin{cases} -x+1 & (x \geq a) \\ x-2a+1 & (x < a) \end{cases}$ 라 하면,

$$\lim_{h \to 0} \frac{f(a+h^2)-f(a)}{h^2} = \lim_{t \to 0+} \frac{f(a+t)-f(a)}{t} = \lim_{t \to 0+} \frac{\{-(a+t)+1\}-(-a+1)}{t} = -1$$

$$= (f(x)\text{의 } x=a\text{에서의 우미분계수})$$

함수 $y = f(x)$의 그래프는 y축에 대하여 대칭이고,

$f'(2) = -3$, $f'(4) = 6$일 때, $\displaystyle\lim_{x \to -2} \frac{f(x^2) - f(4)}{f(x) - f(-2)}$ 의 값은? [3점]

① -8 　 ② -4 　 ③ 4 　 ④ 8 　 ⑤ 12

1. 극한식을 보면 가장 먼저 해야 할 것은 꼴 결정이다. $\displaystyle\lim_{x \to -2}\dfrac{f(x^2)-f(4)}{f(x)-f(-2)}$ 은 $\dfrac{0}{0}$ 꼴이다. 극한식을 관찰하면 분모·분자는 모두 미분계수의 정의에서 y증분을 나타내는 식이므로 **주어진 극한식을 미분계수로 보기 위해서 분모·분자 모두 x증분이 필요하다.** 분모에는 $\{x-(-2)\}$가 필요하고, 분자에는 (x^2-4)가 필요하다.

$$\lim_{x \to -2}\frac{f(x^2)-f(4)}{f(x)-f(-2)} = \lim_{x \to -2}\left\{\frac{\dfrac{f(x^2)-f(4)}{x^2-4}}{\dfrac{f(x)-f(-2)}{x-(-2)}}(x-2)\right\}$$

$f(x)$는 y축에 대하여 대칭이고 $f'(2)=-3$이므로 $f'(-2)=3$이다. **극한식에서 수렴하는 부분을 먼저 계산**해주면 $\displaystyle\lim_{x \to -2}\dfrac{x-2}{\dfrac{f(x)-f(-2)}{x-(-2)}} = \dfrac{\displaystyle\lim_{x \to -2}(x-2)}{\displaystyle\lim_{x \to -2}\dfrac{f(x)-f(-2)}{x-(-2)}} = \dfrac{-4}{f'(-2)} = -\dfrac{4}{3}$

2. $\displaystyle\lim_{x \to -2}\dfrac{f(x^2)-f(4)}{x^2-4}$ 은 치환을 이용하자.

$x^2=t$로 놓으면 $x \to -2+$일 때 $t \to 4-$이고,
$x \to -2-$일 때 $t \to 4+$이다.

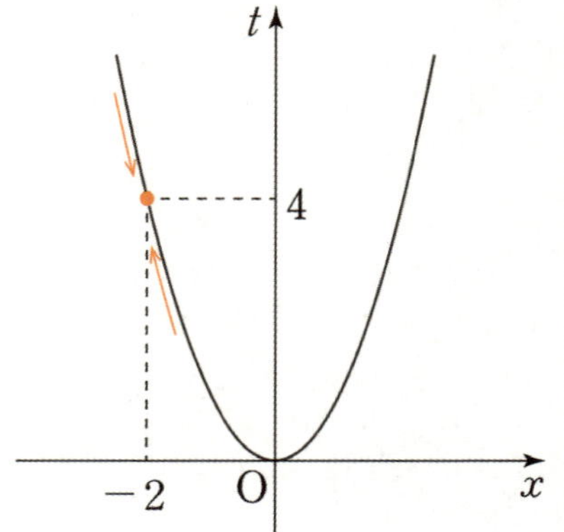

$$\lim_{x \to -2+}\frac{f(x^2)-f(4)}{x^2-4} = \lim_{t \to 4-}\frac{f(t)-f(4)}{t-4} = f'(4-)$$
$$\lim_{x \to -2-}\frac{f(x^2)-f(4)}{x^2-4} = \lim_{t \to 4+}\frac{f(t)-f(4)}{t-4} = f'(4+)$$

$f'(4)=6$이므로 $f'(4-)=f'(4+)=6$
(미분계수가 존재하므로 우미분계수와 좌미분계수도 당연히 존재하고 그 값은 미분계수와 같다.)

$$\therefore \lim_{x \to -2}\frac{f(x^2)-f(4)}{x^2-4}=6$$

따라서 $\displaystyle\lim_{x \to -2}\left\{\dfrac{\dfrac{f(x^2)-f(4)}{x^2-4}}{\dfrac{f(x)-f(-2)}{x-(-2)}}(x-2)\right\} = 6 \times \left(-\dfrac{4}{3}\right) = -8$

답은 ①!!

1. 다양한 미분계수 형태를 계속 접하다 보면 이렇게 일일이 치환할 필요 없이 미분계수임을 자연스레 파악할 수 있게 된다.

2. $x^2=t$로 치환할 때, $\displaystyle\lim_{x \to -2+}\dfrac{f(x^2)-f(4)}{x^2-4}$, $\displaystyle\lim_{x \to -2-}\dfrac{f(x^2)-f(4)}{x^2-4}$ 이 각각 $f'(4-)$, $f'(4+)$임을 파악하지 못했다면 본문을 복습하자.

$x = a$에서 미분가능한 함수 $f(x)$에 대해, $x = a$에서 $f(x)$의 미분계수 $f'(a)$는 다음과 같다.

$$f'(a) = \lim_{h \to 0} \frac{f(a+h) - f(a)}{h} = \lim_{x \to a} \frac{f(x) - f(a)}{x - a}$$

한편, 엄밀히는 미분계수가 아니지만 미분계수와 유사한 평균변화율 극한식이 존재하는데, 다음의 두 가지가 대표적이다.

$$① \lim_{h \to 0} \frac{f(a+h) - f(a-h)}{2h}$$

$$② \lim_{h \to 0} \frac{f(a+2h) - f(a-h)}{3h}$$

만약 $f(x)$가 $x = a$에서 미분가능하다면 두 극한식의 극한값은 $f'(a)$와 같다.
그렇다면 $f(x)$가 미분가능하지 않을 때는 어떨까? 지금부터 ①, ② 극한식에 대해 상세히 공부해보자.

※ $(f(x)$의 $x = a$에서 우미분계수$) = \lim_{h \to 0+} \dfrac{f(a+h) - f(a)}{h} = f'(a+)$

  $(f(x)$의 $x = a$에서 좌미분계수$) = \lim_{h \to 0-} \dfrac{f(a+h) - f(a)}{h} = f'(a-)$라 하고, 다음 페이지를 들어가자.

본 책에서는 자주 사용하지 않지만
$\lim_{h \to 0+} \dfrac{f(a+h) - f(a)}{h} = f'(a+)$, $\lim_{h \to 0-} \dfrac{f(a+h) - f(a)}{h} = f'(a-)$로 쓰는 경우가 많다.

① $\displaystyle\lim_{h \to 0}\frac{f(a+h)-f(a-h)}{2h}$

1. 극한식을 미분계수를 나타내는 극한식의 합으로 나타내자.

$$\lim_{h \to 0}\frac{f(a+h)-f(a-h)}{2h}=\lim_{h \to 0}\frac{f(a+h)-f(a)+f(a)-f(a-h)}{2h}$$

$$=\lim_{h \to 0}\left\{\frac{f(a+h)-f(a)}{2h}+\frac{f(a-h)-f(a)}{-2h}\right\}$$

이를 바탕으로 좌극한과 우극한을 구해보자.

이때, $f'(a+)$와 $f'(a-)$가 모두 존재한다는 가정이 필요하다. (단, 두 값이 같을 필요는 없다.)

우미분계수와 좌미분계수가 존재하지 않으면 $\displaystyle\lim_{h \to 0}\left\{\frac{f(a+h)-f(a)}{2h}+\frac{f(a-h)-f(a)}{-2h}\right\}$에서 $+$로

연결된 두 개의 항 각각에 $\displaystyle\lim_{h \to 0}$을 나눠주지 못한다. 기본적인 극한의 성질이다.

$$\text{좌극한}: \lim_{h \to 0-}\left\{\frac{f(a+h)-f(a)}{2h}+\frac{f(a-h)-f(a)}{-2h}\right\}=\frac{f'(a-)+f'(a+)}{2}$$

$$\text{우극한}: \lim_{h \to 0+}\left\{\frac{f(a+h)-f(a)}{2h}+\frac{f(a-h)-f(a)}{-2h}\right\}=\frac{f'(a+)+f'(a-)}{2}$$

2. 우극한과 좌극한 모두 좌미분계수와 우미분계수의 평균으로 그 값이 동일하다.

따라서 함수 $f(x)$의 $x=a$에서의 미분가능성과 상관없이 ① 의 극한값이 존재한다.
극한값은 단지 좌미분계수와 우미분계수의 평균일 뿐이기 때문이다.

①이 미분계수가 되기 위해서는 함수 $f(x)$가 $x=a$에서 미분가능하다는 추가 조건이 필요하다.
함수 $f(x)$가 $x=a$에서 미분가능하면 $f'(a-)=f'(a+)=f'(a)$이므로
$\left\{\dfrac{f'(a-)}{2}+\dfrac{f'(a+)}{2}\right\}=f'(a)$을 만족한다.

결론: $f'(a-)$, $f'(a+)$가 모두 존재하면 $\displaystyle\lim_{h \to 0}\frac{f(a+h)-f(a-h)}{2h}=\frac{f'(a+)+f'(a-)}{2}$이다.

이러한 결론으로부터 $f'(a-)$, $f'(a+)$가 모두 존재하고 $\displaystyle\lim_{h \to 0}\frac{f(a+h)-f(a-h)}{2h}=k$ (k는 실수)라고
해서 함수 $f(x)$가 $x=a$에서 미분가능한 것은 아니라는 점을 알 수 있다.
k는 좌미분계수와 우미분계수의 평균이기 때문이다.

② $\displaystyle\lim_{h\to 0}\frac{f(a+2h)-f(a-h)}{3h}$

1. 극한식을 미분계수를 나타내는 극한식의 합으로 나타내자.

$$\lim_{h\to 0}\frac{f(a+2h)-f(a-h)}{3h}=\lim_{h\to 0}\frac{f(a+2h)-f(a)+f(a)-f(a-h)}{3h}$$

$$=\lim_{h\to 0}\left\{\frac{f(a+2h)-f(a)}{3h}+\frac{f(a-h)-f(a)}{-3h}\right\}$$

이제 좌극한과 우극한을 구해보자. 마찬가지로 $f'(a-)$, $f'(a+)$가 모두 존재한다는 가정이 필요하다.
(단, 두 값이 같을 필요는 없다.)

좌극한 : $\displaystyle\lim_{h\to 0-}\left\{\frac{f(a+2h)-f(a)}{3h}+\frac{f(a-h)-f(a)}{-3h}\right\}=\frac{2}{3}f'(a-)+\frac{1}{3}f'(a+)$

우극한 : $\displaystyle\lim_{h\to 0+}\left\{\frac{f(a+2h)-f(a)}{3h}+\frac{f(a-h)-f(a)}{-3h}\right\}=\frac{2}{3}f'(a+)+\frac{1}{3}f'(a-)$

②의 경우, ①의 극한 양상과 다르다.
만약 우극한과 좌극한이 같다면 ②의 극한값이 존재할 것이고 그것은 $f'(a)$이 된다.
만약 우극한과 좌극한이 다르다면 ②의 극한값은 존재하지 않을 것이다.

2. 좌극한과 우극한이 같을 때를 살펴보자.

$$\frac{2}{3}f'(a-)+\frac{1}{3}f'(a+)=\frac{2}{3}f'(a+)+\frac{1}{3}f'(a-)$$

양변에 3을 곱해주면
$$2f'(a-)+f'(a+)=2f'(a+)+f'(a-)$$

$$\therefore\ f'(a+)=f'(a-)$$

결론 : $f'(a-)$, $f'(a+)$가 모두 존재하고 $f'(a+)=f'(a-)$이면

$$\lim_{h\to 0}\frac{f(a+2h)-f(a-h)}{3h}=f'(a-)=f'(a+)=f'(a)\text{이다.}$$

즉, $f(x)$는 $x=a$에서 미분가능하다.

$\displaystyle\lim_{h\to 0}\frac{f(a+h)-f(a-h)}{2h}$ 과 $\displaystyle\lim_{h\to 0}\frac{f(a+2h)-f(a-h)}{3h}$ 의 차이점 :

$f'(a-)$, $f'(a+)$가 모두 존재할 때, $\displaystyle\lim_{h\to 0}\frac{f(a+h)-f(a-h)}{2h}=k\,(k$는 실수$)$라고 해서 $f(x)$가 $x=a$에서

미분가능한 것은 아니지만 $\displaystyle\lim_{h\to 0}\frac{f(a+2h)-f(a-h)}{3h}=k\,(k$는 실수$)$이면 $f(x)$는 $x=a$에서 미분가능하다.

미분계수와 유사한 극한식이 처음 공부할 때는 조금 어려울 수 있다. 예제 문항을 풀어보면서 자세히 이해해보자. 개념과 문제를 유기적으로 번갈아 가면서 공부할 때 심층적인 이해가 가능하다.

예제(15) 08학년도 6월 평가원 가형 9번

함수 $f(x)$에 대하여 <보기>에서 항상 옳은 것을 모두 고른 것은? [3점]

<보 기>

ㄱ. $\lim\limits_{h \to 0} \dfrac{f(1+h)-f(1)}{h} = 0$이면 $\lim\limits_{x \to 1} f(x) = f(1)$이다.

ㄴ. $\lim\limits_{h \to 0} \dfrac{f(1+h)-f(1)}{h} = 0$이면 $\lim\limits_{h \to 0} \dfrac{f(1+h)-f(1-h)}{2h} = 0$이다.

ㄷ. $f(x) = |x-1|$ 일 때, $\lim\limits_{h \to 0} \dfrac{f(1+h)-f(1-h)}{2h} = 0$이다.

① ㄱ   ② ㄷ   ③ ㄱ, ㄴ   ④ ㄴ, ㄷ   ⑤ ㄱ, ㄴ, ㄷ

1. $\displaystyle\lim_{h \to 0}\frac{f(1+h)-f(1)}{h}=0$

미분계수를 나타내는 식이다. 극한값이 존재하므로 $f(x)$는 $x=1$에서 미분가능하고, $f'(1)=0$이다.

$\displaystyle\lim_{x \to 1}f(x)=f(1)$은 $f(x)$가 $x=1$에서 연속인지를 묻고 있다. 즉, **선지 (ㄱ)에서 묻고 싶은 것은**

미분가능성과 연속성의 포함관계이다. 미분가능하면 연속이므로 ㄱ은 옳다. (O)

2. 앞부분은 선지 (ㄱ)에서 주어진 형태와 똑같다. 즉, 정확한 미분계수의 형태이며 $f'(1)=0$이다.
뒷부분은 선지 (ㄱ)과 달리 극한값을 판정하길 요구한다.

$\displaystyle\lim_{h \to 0}\frac{f(1+h)-f(1-h)}{2h}=0$은 **미분계수와 유사한 평균변화율 극한식**이다.

$f(x)$는 $x=1$에서 미분가능하므로 이를 미분계수와 동일시해도 된다.

$\therefore \displaystyle\lim_{h \to 0}\frac{f(1+h)-f(1-h)}{2h}=f'(1)=0$ (O)

3. $f(x)=|x-1|$을 제시한 것은 $f(x)$가 $x=1$에서 미분가능하지 않음을 나타낸다.
절댓값은 상황에 따라 묻고 싶은 것이 달라진다.
여기서는 미분 가능성과 관련하여 절댓값을 제시했다.

$\displaystyle\lim_{h \to 0}\frac{f(1+h)-f(1-h)}{2h}=0$

선지 (ㄴ)에서 제시된 극한식과 똑같다. 즉, **미분계수와 유사한 평균변화율 극한식**이다.
선지 (ㄴ)에서 $f(x)$는 $x=1$에서 미분가능했지만, **선지 (ㄷ)에서 $f(x)$는 $x=1$에서 미분가능하지**

않다. 그렇다고 해서 $\displaystyle\lim_{h \to 0}\frac{f(1+h)-f(1-h)}{2h}$**의 값도 존재하지 않다고 생각하면 착각**이다. **미분**

가능성과 상관없이 극한값이 존재할 수 있기 때문이다. 극한값을 계산한 후 그 값이 0인지 확인하자.

세 가지 방식으로 극한값을 계산할 수 있다. 두 가지는 식의 관점이고, 한 가지는 그래프 관점이다.

① $f(x)$**의 식 대입 (식 관점)**

$f(x)=|x-1|$로 $f(x)$의 식이 완전하게 제시되었으므로 단순한 대입을 통해 극한값을 계산할
수 있다.
$\displaystyle\lim_{h \to 0}\frac{f(1+h)-f(1-h)}{2h}=\lim_{h \to 0}\frac{|h|-|-h|}{2h}=0$ (O)

② **미분계수 (식 관점)**

본문에서 자세히 살펴본 풀이다.

$\displaystyle\lim_{h\to 0}\frac{f(1+h)-f(1-h)}{2h}$는 **미분계수와 유사한 평균변화율 극한식 중 첫 번째 식**에 해당한다.

$f'(1-)=-1,\ f'(1+)=1$이므로

$\displaystyle\lim_{h\to 0}\frac{f(1+h)-f(1-h)}{2h}=\frac{f'(1-)+f'(1+)}{2}=\frac{-1+1}{2}=0$이다. (미분계수의 정의를 통한

증명은 본문에서 배웠으므로 스스로 해보자.) (O)

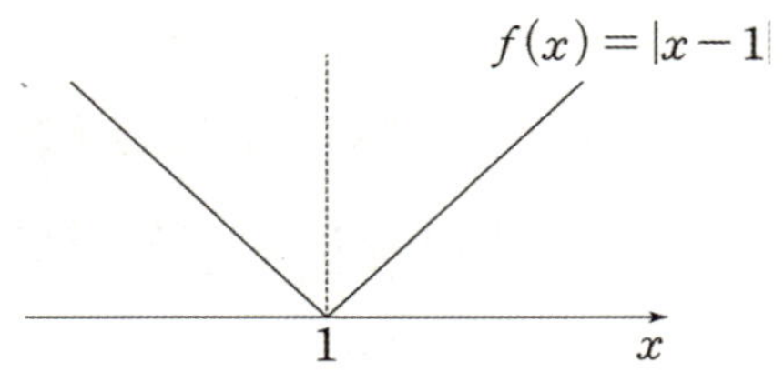

③ $y=f(x)$**의 그래프를 그려서 푸는 풀이 (그래프 관점)**

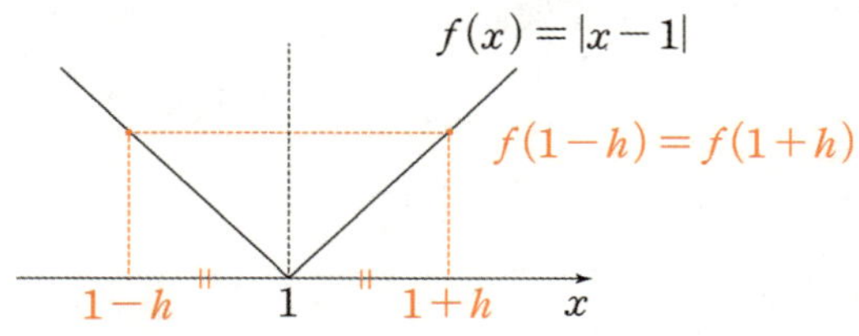

그래프를 통해 알 수 있듯이 $1+h$와 $1-h$는 $x=1$을 기준으로 대칭이므로
$f(1+h)$와 $f(1-h)$은 함숫값이 항상 같고, $f(1+h)-f(1-h)=0$이다.

$$\therefore\ \lim_{h\to 0}\frac{f(1+h)-f(1-h)}{2h}=0\ \text{(O)}$$

따라서 ㄱ, ㄴ, ㄷ 모두 옳으므로 **답은 ⑤!!**

※ (ㄷ)의 출제 의도는 그래프가 아닌 식으로 보인다.

모든 실수 x에서 정의된 함수 $f(x)$가 $x=a$에서 미분가능하기 위한 필요충분조건인 것만을 <보기>에서 있는 대로 고른 것은? [4점]

<보 기>

ㄱ. $\displaystyle\lim_{h\to 0}\dfrac{f(a+h^2)-f(a)}{h^2}$ 의 값이 존재한다.

ㄴ. $\displaystyle\lim_{h\to 0}\dfrac{f(a+h^3)-f(a)}{h^3}$ 의 값이 존재한다.

ㄷ. $\displaystyle\lim_{h\to 0}\dfrac{f(a+h)-f(a-h)}{2h}$ 의 값이 존재한다.

① ㄱ 　　② ㄴ 　　③ ㄷ 　　④ ㄱ, ㄷ 　　⑤ ㄴ, ㄷ

1. $h^2 = t$로 놓으면 $\displaystyle\lim_{h \to 0}\frac{f(a+h^2)-f(a)}{h^2}=\lim_{t \to 0+}\frac{f(a+t)-f(a)}{t}$ 이다.

$\displaystyle\lim_{t \to 0+}\frac{f(a+t)-f(a)}{t}$ 의 값이 존재하더라도 이는 $f(x)$의 $x=a$에서의 우미분계수일 뿐이다.

따라서 이 값이 존재한다고 해서 $f(x)$가 $x=a$에서 미분가능한지는 알 수 없다. (X)

2. $h^3 = t$로 놓으면

$\displaystyle\lim_{h \to 0+}\frac{f(a+h^3)-f(a)}{h^3}=\lim_{t \to 0+}\frac{f(a+t)-f(a)}{t}=(f(x)\text{의 } x=a\text{에서의 우미분계수})$

$\displaystyle\lim_{h \to 0-}\frac{f(a+h^3)-f(a)}{h^3}=\lim_{t \to 0-}\frac{f(a+t)-f(a)}{t}=(f(x)\text{의 } x=a\text{에서의 좌미분계수})$

$\displaystyle\lim_{h \to 0}\frac{f(a+h^3)-f(a)}{h^3}$ 의 값이 존재한다면 위의 두 값이 서로 같다.

따라서 미분가능성의 정의에 따라 $f(x)$는 $x=a$에서 미분가능하다. (O)

3. $\displaystyle\lim_{h \to 0}\frac{f(a+h)-f(a-h)}{2h}$ 는 **미분계수와 유사한 평균변화율 극한식 중 첫 번째 식**에 해당한다.

$f'(a+)$와 $f'(a-)$가 모두 존재하여 $\displaystyle\lim_{h \to 0}\frac{f(a+h)-f(a-h)}{2h}$ 의 값이 존재하더라도 그것은

$\dfrac{f'(a-)+f'(a+)}{2}$ 일뿐 $f'(a)$가 아니므로 $f(x)$가 $x=a$에서 미분가능하다는 보장이 없다. (X)

따라서 옳은 것은 ㄴ뿐이므로 **답은 ②!!**

※ $\displaystyle\lim_{h \to 0}\frac{f(a+h)-f(a-h)}{2h}$ 의 값이 존재하면서 $f(x)$가 $x=a$에서 미분가능하지 않은

CASE는 전에 살펴본 08학년도 6월 평가원 가형 9번의 선지 (ㄷ)를 통해 확인할 수 있다.

$f(x)=|x-a|$ 인 경우 $\displaystyle\lim_{h \to 0}\frac{f(a+h)-f(a-h)}{2h}=0$ 이지만 $f(x)$는 $x=a$에서 미분가능하지 않다.

최고차항의 계수가 1인 삼차함수 $f(x)$에 대하여 함수

$$g(x) = f(x-3) \times \lim_{h \to 0+} \frac{|f(x+h)| - |f(x-h)|}{h}$$

가 다음 조건을 만족시킬 때, $f(5)$의 값을 구하시오. [4점]

(가) 함수 $g(x)$는 실수 전체의 집합에서 연속이다.

(나) 방정식 $g(x) = 0$은 서로 다른 실근 α_1, α_2, α_3, α_4를 갖고 $\alpha_1 + \alpha_2 + \alpha_3 + \alpha_4 = 7$이다.

1. $g(x) = f(x-3) \times \displaystyle\lim_{h \to 0+} \frac{|f(x+h)| - |f(x-h)|}{h}$ 에서 $\displaystyle\lim_{h \to 0+} \frac{|f(x+h)| - |f(x-h)|}{h}$ 가 뭔가

복잡해 보이지만 겁먹지 마라. $|f(x)| = p(x)$ 로 치환하면 쉽게 파악할 수 있다.

$$\lim_{h \to 0+} \frac{|f(x+h)| - |f(x-h)|}{h} = \lim_{h \to 0+} \frac{p(x+h) - p(x-h)}{h}$$

$$= \lim_{h \to 0+} \left\{ \frac{p(x+h) - p(x)}{h} + \frac{p(x-h) - p(x)}{-h} \right\} \text{이므로}$$

$\displaystyle\lim_{h \to 0+} \frac{|f(x+h)| - |f(x-h)|}{h}$ 의 값은

함수 $y = |f(x)|$ 의 우미분계수와 좌미분계수의 합과 같다.

$|f(x)| = \begin{cases} f(x) & (f(x) > 0) \\ -f(x) & (f(x) < 0) \end{cases}$ 이므로

$$\lim_{h \to 0+} \frac{|f(x+h)| - |f(x-h)|}{h} = \begin{cases} 2f'(x) & (f(x) > 0) \\ -2f'(x) & (f(x) < 0) \end{cases} \text{이다.}$$

따라서 $g(x) = \begin{cases} -2f(x-3)f'(x) & (f(x) < 0) \\ 0 & (f(x) = 0) \\ 2f(x-3)f'(x) & (f(x) > 0) \end{cases}$ 이다.

$g(x)$ 는 $f(x) \neq 0$ 일 때 연속이다.

$g(x)$ 는 실수 전체의 집합에서 연속이므로 $f(x) = 0$ 일 때도 연속이어야 하고,
이를 만족시키기 위해 $f(x) \neq 0$ 일 때 $f'(x) = 0$ 또는 $f(x-3) = 0$ 이어야 한다.

---

2. $f(\alpha) = 0$ 에서 $g(x)$ 의 연속성을 깊게 이해해보자.

$f(x)$ 가 $x = \alpha$ 에서 x축에 접하지 않고 지나간다고 해보자.
이때 $y = |f(x)|$ 의 $x = \alpha$ 에서의 우미분계수와 좌미분계수의 합은 0 이고
$f'(\alpha+) = f'(\alpha-) \neq 0$ 이므로 $g(x)$ 가 $x = \alpha$ 에서 연속이 되려면 $f(\alpha - 3) = 0$ 이어야 한다.

$f(x)$ 가 $x = \alpha$ 에서 x축에 접한다고 해보자.
이때도 $y = |f(x)|$ 의 $x = \alpha$ 에서의 우미분계수와 좌미분계수의 합은 0 이지만
$f'(\alpha) = 0$ 이므로 $g(x)$ 는 $x = \alpha$ 에서 연속이다.

3. $g(x)$의 연속성에 대해 이해를 했으므로 방정식 $f(x)=0$의 실근의 개수에 따라
$y=f(x)$의 그래프를 그려보면서 $f(x)$를 구하자.

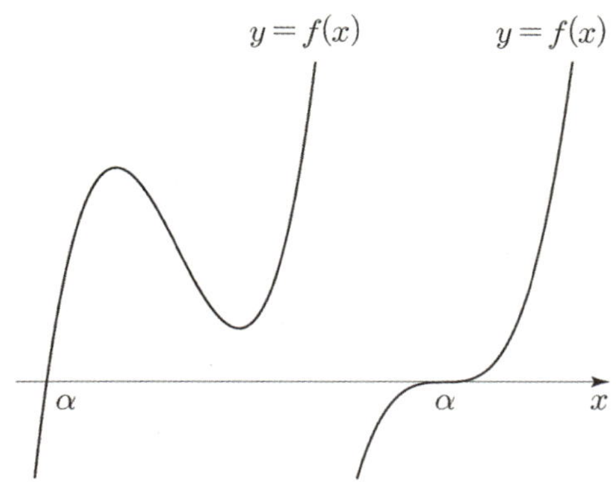
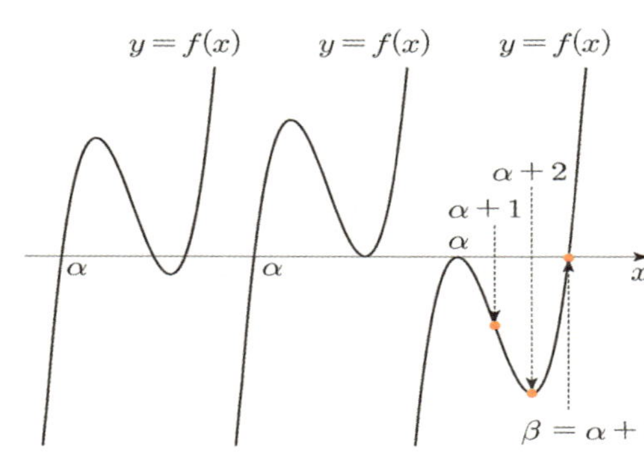

첫 번째 그래프의 경우 $f(x)$가 $x=\alpha$에서 x축에 접하지 않고 지나가지만 $f(\alpha-3)\neq 0$이므로 $g(x)$는 $x=\alpha$에서 불연속이다. (x)

두 번째 그래프의 경우 $f(x)$가 $x=\alpha$에서 x축에 접하면서 지나가므로 $g(x)$는 실수 전체의 집합에서 연속이지만, 방정식 $g(x)=0$의 실근은 $x=\alpha$, $x=\alpha+3$ 뿐이므로 조건 (나)를 만족시키지 않는다. (x)

세 번째 그래프의 경우, 첫 번째 그래프와 마찬가지로 $f(x)$가 $x=\alpha$에서 x축에 접하지 않고 지나가지만 $f(\alpha-3)\neq 0$이므로 $g(x)$는 $x=\alpha$에서 불연속이다. (x)

네 번째 그래프의 경우, 첫 번째 그래프와 마찬가지로 $f(x)$가 $x=\alpha$에서 x축에 접하지 않고 지나가지만 $f(\alpha-3)\neq 0$이므로 $g(x)$는 $x=\alpha$에서 불연속이다. (x)

다섯 번째 그래프의 경우 $x=\alpha$에서 $f(\alpha)=f'(\alpha)=0$이므로 $g(x)$는 연속이고, $x=\beta$에서 $f(x)$가 x축에 접하지 않고 지나가므로 $g(x)$가 연속이 되려면 $f(\beta-3)=0$이어야 한다. 따라서 $\beta=\alpha+3$이다. (o)

이 경우,
방정식 $f(x-3)=0$의 실근은 $x=\alpha+3$, $x=\alpha+6$이고
방정식 $\displaystyle\lim_{h\to 0+}\dfrac{|f(x+h)|-|f(x-h)|}{h}=0$의 실근은 $x=\alpha$, $x=\alpha+2$, $x=\alpha+3$이므로
방정식 $g(x)=0$은 서로 다른 네 실근 $x=\alpha$, $x=\alpha+2$, $x=\alpha+3$, $x=\alpha+6$을 가진다.

조건 (나)에 의해서 $\alpha+(\alpha+2)+(\alpha+3)+(\alpha+6)=4\alpha+11=7$이므로 $\alpha=-1$이다.
따라서 $f(x)=(x-2)(x+1)^2$이므로 $f(5)=3\times 36=108$이다.

답은 108!!

미적분 기출인 20학년도 6월 평가원 가형 30번의 수Ⅱ 버전이다. 미분계수와 유사한 평균변화율 극한식은 한동안 출제되지 않는 소재였지만 22학년도 9월 평가원의 고난도 문항으로 갑자기 등장했다. 기출에서 등장한 소재는 언제든지 등장할 수 있다.

정말 중요한 도구이므로 반드시 체화하자.

대부분 미분가능한 함수 $f(x)$에 대해 $\lim\limits_{x \to a} \dfrac{f(x)-f(a)}{x-a}$의 극한값을 $f'(a)$라고 바로 대답한다.

그런데, **미분가능한 함수 $f(x)$에 대해** $\lim\limits_{x \to a} \dfrac{f(2x-a)-f(x)}{x-a}$**의 극한값은 무엇일까?**

마찬가지로 $f'(a)$이다. 증명은 다음과 같다.

$$\lim_{x \to a} \frac{f(2x-a)-f(a)+f(a)-f(x)}{(x-a)}$$
$$=\lim_{x \to a}\left\{ 2 \times \frac{f(2x-a)-f(a)}{(2x-a)-(a)} - \frac{f(x)-f(a)}{x-a} \right\}$$
$$=2f'(a)-f'(a)=f'(a)$$

$$※ \ \lim_{x \to a}\frac{f(2x-a)-f(a)}{(2x-a)-(a)}=f'(a) \text{인 이유}$$

$\lim\limits_{x \to a}\dfrac{f(2x-a)-f(a)}{(2x-a)-(a)}$에서 $2x-a=t$로 치환하자. $x \to a$일 때, $t \to a$이다.

$$\lim_{t \to a}\frac{f(t)-f(a)}{t-a}=f'(a)$$

그렇다면 항상 $\lim\limits_{x \to a}\dfrac{f(2x-a)-f(x)}{x-a}$의 값을 위와 같은 증명과정을 거쳐서 $f'(a)$라고 대답해야 하나?

아니다. $f(x)$는 미분가능한 함수이므로 기하학적 관점에서 '$x=a$에서의 순간변화율 $f'(a)$'를 바로 대답할 수 있다.
그 이유는 다음과 같다.

$\lim\limits_{x \to a}\dfrac{f(x)-f(a)}{x-a}$에서 $\dfrac{f(x)-f(a)}{x-a}$는 함수 $f(x)$의 a부터 x까지의
평균변화율을 의미한다. $x \to a$일 때, x는 a가 아니면서 a에 한없이
가까워지고, $\lim\limits_{x \to a}\dfrac{f(x)-f(a)}{x-a}$는 $f(x)$의 $x=a$에서의 순간변화율이
된다.

$$\lim_{x \to a}\frac{f(2x-a)-f(x)}{x-a}=\lim_{x \to a}\frac{f(2x-a)-f(x)}{(2x-a)-(x)} \text{도 똑같다.}$$

$\dfrac{f(2x-a)-f(x)}{(2x-a)-(x)}$는 함수 $f(x)$의 x부터 $2x-a$까지의 **평균변화율**을 의미한다.

$x \to a$일 **때** x**와** $2x-a$**는 모두** a**가 아니면서** a**에 한없이 가까워지고 결국** $\lim\limits_{x \to a}\dfrac{f(2x-a)-f(x)}{x-a}$**는**
$f(x)$**의** $x=a$**에서의 순간변화율, 즉** $f'(a)$**를 의미한다.**

미분가능한 함수의 평균변화율과 미분계수의 관계를 이용하려면, 극한식이 '평균변화율 형태'임을 파악하는 것이 가장 중요하다.

즉, 미분가능한 함수 $f(x)$에 대해 제시된 극한식이 항상 $\lim\limits_{x \to a} \dfrac{f(\star) - f(\triangle)}{\star - \triangle}$ 의 꼴인지, 혹은 이러한 꼴로 만들어줄 수 있는지를 확인하자. 평균변화율의 꼴이라면 극한값은 '미분계수'로 대답해도 좋다. 연습해보자.

다항함수 $f(x)$에 대해 각각의 극한값을 구해보자.

(1) $\lim\limits_{h \to 0} \dfrac{f(a+h) - f(a-h)}{h} = ?$

(2) $\lim\limits_{x \to a} \dfrac{f(3x+a) - f(2x+2a)}{x-a} = ?$

(3) $\lim\limits_{x \to 1} \dfrac{f(x) - f(2x-1)}{x-1} = ?$

(1) $\displaystyle\lim_{h\to0}\frac{f(a+h)-f(a-h)}{h}=\lim_{h\to0}2\frac{f(a+h)-f(a-h)}{(a+h)-(a-h)}=2f'(a)$

(2) $\displaystyle\lim_{x\to a}\frac{f(3x+a)-f(2x+2a)}{x-a}=\lim_{x\to a}\frac{f(3x+a)-f(2x+2a)}{(3x+a)-(2x+2a)}=f'(4a)$

이때, $f'(a)$로 실수했다면 반성하자. $\displaystyle\lim_{x\to a}$라고 반드시 $f'(a)$인 것이 아니다.

(3) $\displaystyle\lim_{x\to1}\frac{f(x)-f(2x-1)}{x-1}=-\lim_{x\to1}\frac{f(2x-1)-f(x)}{(2x-1)-(x)}=-f'(1)$

함수의 극한과 미분계수 최종 comment

1. 모든 극한식의 풀이는 꼴 결정으로부터 시작한다. $\dfrac{\infty}{\infty}$ 꼴에서는 극한값이 존재하는지, 존재한다면 그 값이 0인지 아닌지를 확인하고 적절한 풀이를 선택하자. $\dfrac{0}{0}$ 꼴의 시작과 끝은 0이라는 점을 잊지 마라. 분모·분자 0 개수를 비교하고, 0을 지우고, 극한값을 구하는 것이 다일 뿐인 파트다. 고수일수록 비울 줄 알고, 하수일수록 채우기에 급급하다.

2. 미분계수 파트에서는 '미분가능성'과 '평균변화율 형태'가 가장 중요하다. 이 두 가지를 완벽히 이해할 때까지 공부하자.

3. 최종 목표 : 기본적으로 암기가 바탕이 되어야겠지만 **암기보다는 이해와 활용에 초점**을 맞춰야 한다. 종국에 가서는 **극한과 미분계수를 자유자재로 활용**하여 어떤 형태의 극한식이 나오든 상황에 따라 적절한 풀이법을 선택하여 극한값을 구하길 바란다.

다양한 정리와 함수의 극대, 극소

사잇값 정리

정말 중요한 정리이다. 문제로 활용된다면 ㄱㄴㄷ 합답형 문항에서 등장할 가능성이 크다. 그 정의는 다음과 같다.

> 사잇값 정리 : 함수 $f(x)$가 닫힌 구간 $[a, b]$에서 연속이고 $f(a) \neq f(b)$이면, $f(a)$와 $f(b)$ 사이에 있는 임의의 값 k에 대하여 $f(c) = k$인 c가 열린 구간 (a, b)에 적어도 하나 존재한다.

서술된 바와 같이 사잇값 정리는 함숫값의 존재성을 보여줄 때 사용된다.

일반적인 문제에서 함숫값의 존재성을 보여주라고 하기에는 어렵기에 주로 ㄱ, ㄴ, ㄷ 합답형 문항으로 출제한다. 출제된다면 대부분 $k = 0$일 때, 즉 방정식 $f(x) = 0$의 실근의 존재성을 보여줄 때 활용되는 경우가 많다.

함수 $f(x)$가 닫힌 구간 $[a, b]$에서 연속이고 $f(a)f(b) < 0$이면, $f(c) = 0$인 c가 열린 구간 (a, b)에 적어도 하나 존재한다.

다음으로 사잇값 정리의 $p \Rightarrow q$ 논리 구조와 관련된 오개념을 살펴보자.

p : 함수 $f(x)$가 닫힌 구간 $[a, b]$에서 연속이고 $f(a) \neq f(b)$이다.
q : $f(a)$와 $f(b)$ 사이에 있는 임의의 값 k에 대하여 $f(c) = k$인 c가 열린 구간 (a, b)에 적어도 하나 존재한다.

사잇값 정리는 $p \Rightarrow q$를 나타낸다. 즉, p는 q의 충분조건이다. p가 만족되면 무조건 q도 만족된다.

※ $p \rightarrow q$와 $p \Rightarrow q$의 차이점

$p \rightarrow q$는 '명제'다. 'p이면 q'를 나타낸다. 이러한 명제는 참 거짓을 따질 수 있다.
$p \Rightarrow q$는 명제 $p \rightarrow q$가 참임을 나타낸다. 즉, p는 q이기 위한 충분조건이다.

① ~p인 경우

사잇값 정리는 $p \Rightarrow q$를 의미한다. p가 만족되면 무조건 q도 만족된다.

Q) 그런데 p가 만족되지 않는다면, 즉 ~p이면 어떨까? q도 만족되지 않을까?
A) 알 수 없다. $p \Rightarrow q$는 ~p에 관해서는 아무것도 말해주는 게 없다. 상황에 따라 다르다.

따라서 실근의 존재성을 판단할 때 사잇값 정리를 적용한다면
p : 정확히 함수 $f(x)$가 닫힌 구간 $[a, b]$에서 연속이고 $f(a) \neq f(b)$를 만족할 때에만
q : $f(a)$와 $f(b)$ 사이에 있는 임의의 값 k에 대하여 $f(c) = k$인 c가 열린 구간 (a, b)에 적어도 하나 존재
   한다고 판단해라.

~p일 때, 혹은 p를 정확히 따질 수 없을 때는 절대로 사잇값 정리를 쓰면 안 된다.

② q인 경우

명제 $q \to p$를 참이라고 생각하여 $q \Rightarrow p$로 착각하는 경우도 많다.
특히, 연속함수 $f(x)$에 대해 $f(c) = 0$인 c가 열린 구간에 적어도 하나 존재하기 위한 조건을 $f(a)f(b) < 0$으로 착각하는 경우가 정말 많다. 하지만 반드시 그런 것은 아니다. 반례 그래프는 쉽게 찾을 수 있다. (오른쪽 그림)

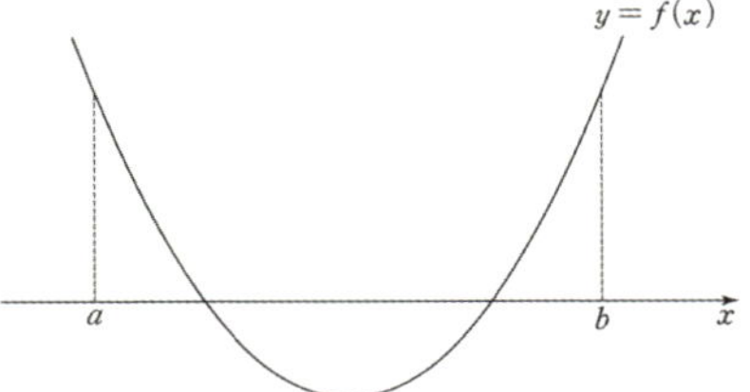

사잇값 정리는 '적어도 하나의 실근의 존재성'을 '보여주는' 정리일 뿐이므로 실근의 존재성을 따질 때 반드시 사잇값 정리를 사용해야 하는 것이 아니다.

③ **그러나 예외적으로** 함수 $f(x)$가 닫힌 구간 $[a, b]$에서 연속인 동시에 증가 혹은 감소함수라면, $f(c) = 0$인 c가 열린 구간 (a, b)에 존재하기 위한 필요충분조건은 $f(a)f(b) < 0$이다.

그래프로 살펴보면 쉽게 이해할 수 있다.

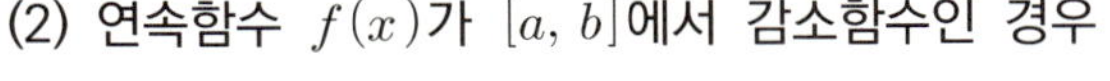

(1) 연속함수 $f(x)$가 $[a, b]$에서 증가함수인 경우   (2) 연속함수 $f(x)$가 $[a, b]$에서 감소함수인 경우

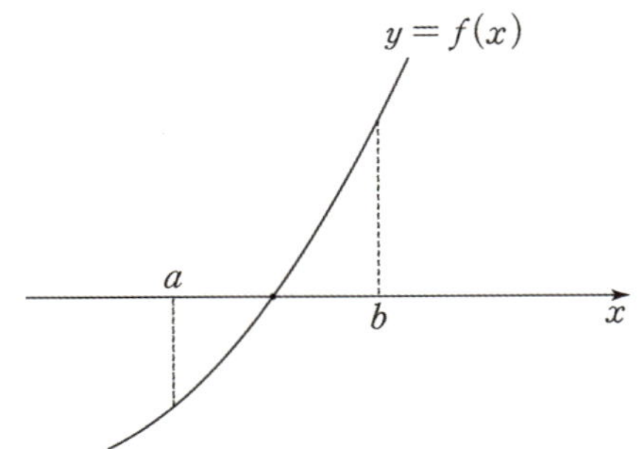 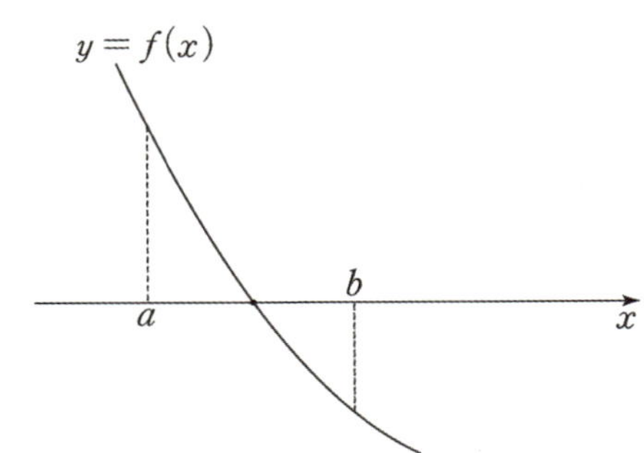

연속함수 $f(x)$에 대해 $f(c) = 0$인 c가 열린 구간 (a, b)에 적어도 하나 존재하기 위해서는 $f(a)f(b) < 0$이어야 한다.

거짓인 명제다. 연속함수 $f(x)$에 대해 $f(a)f(b) \geq 0$일 때, $f(c) = 0$인 c가 열린 구간 (a, b)에 적어도 하나 존재할 수 있기 때문이다. 본문 내용을 잘 학습했다면 이러한 반례는 스스로 생각할 수 있을 것이다.

함수 $f(x) = x^2 - 8x + a$에 대하여 함수 $g(x)$를

$$g(x) = \begin{cases} 2x + 5a & (x \geq a) \\ f(x+4) & (x < a) \end{cases}$$

라 할 때, 다음 조건을 만족시키는 모든 실수 a의 값의 곱을 구하시오. [4점]

(가) 방정식 $f(x) = 0$은 열린 구간 $(0, 2)$에서 적어도 하나의 실근을 갖는다.
(나) 함수 $f(x)g(x)$는 $x = a$에서 연속이다.

1. $f(x)$와 $g(x)$의 식에서 파악할 수 있는 것은 없다. 박스 안 조건 (가)부터 살펴보자.

(가) 방정식 $f(x)$은 열린 구간 $(0, 2)$에서 적어도 하나의 실근을 갖는다.

아무 생각 없이 사잇값 정리를 적용하면 안 된다! 적어도 하나의 실근을 갖는다고 반드시
$f(0)f(2) < 0$이라는 보장이 없기 때문이다. 따라서 **$[0, 2]$에서 함수 (x)의 증감 양상부터 따져야
한다.** 만약 연속함수 $f(x)$가 해당 구간에서 감소 또는 증가한다면 사잇값 정리를 사용하면 되고, 증감
변화가 있다면 사잇값 정리 이외의 풀이를 생각해봐야 한다.

$f(x) = (x-4)^2 + a - 16$이므로 이차함수 $f(x)$의 꼭짓점은 점 $(4, a-16)$이다.
따라서 **$f(x)$는 열린 구간 $(0, 2)$에서 감소**하므로 방정식 $f(x) = 0$이 열린 구간 $(0, 2)$에서
적어도 하나의 실근을 갖기 위한 조건은 $f(0) > 0$, $f(2) < 0$이다.

$f(0) = a > 0$, $f(2) = a - 12 < 0$
$\therefore \ 0 < a < 12$

2. (나) 함수 $f(x)g(x)$는 $x = a$에서 연속이다.

a값이 확정되지 않은 관계로 두 함수 $y = f(x)$와 $y = g(x)$의 그래프를 구체적으로 그리기 어렵다.
그래프를 통해 연속성을 따지기 힘들므로 연속의 정의를 통해 수식으로 풀어나가자.

함수 $f(x)g(x)$는 $x = a$에서 연속이므로 $\lim\limits_{x \to a-} f(x)g(x) = \lim\limits_{x \to a+} f(x)g(x) = f(a)g(a)$이다.

(좌극한) $\lim\limits_{x \to a-} f(x)g(x) = \lim\limits_{x \to a-} f(x)f(x+4) = f(a)f(a+4)$

$\qquad\qquad\qquad = (a^2 - 8a + a)\{(a+4)^2 - 8(a+4) + a\}$

$\qquad\qquad\qquad = a(a-7)(a^2 + a - 16)$

(우극한) $\lim\limits_{x \to a+} f(x)g(x) = \lim\limits_{x \to a+} (x^2 - 8x + a)(2x + 5a) = 7a^2(a-7)$

(함숫값) $f(a)g(a) = (a^2 - 8a + a)(2a + 5a) = 7a^2(a-7)$

함수 $f(x)g(x)$가 $x = a$에서 연속이 되려면 $a(a-7)(a^2 + a - 16) = 7a^2(a-7)$
$a(a-7)(a^2 + a - 16) - 7a^2(a-7) = 0$, $a(a-7)(a^2 - 6a - 16) = 0$
$a(a-7)(a-8)(a+2) = 0$, $0 < a < 12$이므로 $a = 7$ 또는 $a = 8$
따라서 모든 조건을 만족시키는 실수 a의 값의 곱은 $7 \times 8 = 56$이다. **답은 56!!**

1. 연속함수 $f(x)$가 닫힌 구간 $[a, b]$에서 증가 혹은 감소함수가 아니라면 열린 구간 (a, b)에 $f(c) = 0$인
   c가 있다고 해서 반드시 $f(a)f(b) < 0$인 것이 아니다.
2. 연속성 판단의 1순위는 그래프이지만 그래프를 정확히 그릴 수 없는 경우에는 연속의 정의를 이용한 수
   식적 판단도 가능해야 한다.

삼차함수 $y = f(x)$의 그래프와 함수

$$g(x) = \begin{cases} \dfrac{1}{2}x - 1 & (x > 0) \\ -x - 2 & (x \le 0) \end{cases}$$

의 그래프가 그림과 같을 때, <보기>에서 옳은 것을 모두 고른 것은? [3점]

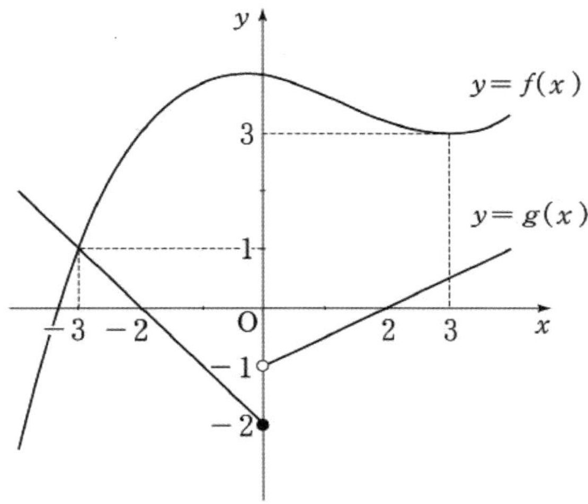

<보 기>

ㄱ. $\displaystyle\lim_{x \to 0+} g(x) = -2$

ㄴ. 함수 $g(f(x))$는 $x = 0$에서 연속이다.

ㄷ. 방정식 $g(f(x)) = 0$은 닫힌 구간 $[-3, 3]$에서 적어도 하나의 실근을 갖는다.

① ㄱ   ② ㄴ   ③ ㄷ   ④ ㄴ, ㄷ   ⑤ ㄱ, ㄴ, ㄷ

(ㄷ)은 정확히 사잇값 정리를 묻는 문항이다. 사잇값 정리를 적용해야 하는 때가 언제인지를 중점적으로 관찰하자.

1. 그래프를 통해 쉽게 판단할 수 있다. $g(0+) = -1$이다. (X)

2. 합성함수의 연속성을 묻고 있다. 〈Chapter 1. 함수의 극한과 연속〉 합성함수의 연속 파트에서 공부한 대로, 차분히 극한값과 함숫값을 비교하자.

좌극한 : $g(f(0-)) = g((3+a)+)$
우극한 : $g(f(0+)) = g((3+a)-)$
함숫값 : $g(f(0)) = g(3+a)$
(단, a는 값을 알 수 없는 양수)

$x > 3$일 때, 함수 $g(x)$는 연속이므로 $g((3+a)+) = g((3+a)-) = g(3+a)$이다. (O)

3. 우리는 방정식이 해당 구간에서 **적어도 하나의 실근을 가짐을 '보여주기'만 하면 된다.**
즉, 사잇값 정리를 사용하면 된다.

$y = g(f(x))$는 닫힌 구간 $[-3, 3]$에서 연속함수이므로
사잇값 정리에 따라 $g(f(-3)) \times g(f(3)) < 0$이면, 방정식 $g(f(x)) = 0$은 열린 구간 $(-3, 3)$에서 적어도 하나의 실근을 갖는다.

구간을 엄밀히 따져주면, **방정식이 열린 구간 $(-3, 3)$에서 적어도 하나의 실근을 가지면,**
닫힌 구간 $[-3, 3]$에서도 적어도 하나의 실근을 가진다고 말할 수 있고 ㄷ은 옳은 선지가 된다.
(닫힌 구간 $[-3, 3]$이 열린 구간 $(-3, 3)$을 포함하기 때문이다.)

$g(f(-3)) = g(1) < 0, \ g(f(3)) = g(3) > 0$
따라서 ㄷ은 옳다. (O)

옳은 것은 ㄴ, ㄷ이므로 **답은 ④!!**

※ **합성함수의 근을 직접 구하여 선지 (ㄷ)을 판단할 수도 있다. (출제 의도는 사잇값 정리로 보인다.)**

$y = g(x)$와 $y = f(x)$의 그래프가 제시되었으므로 닫힌 구간 $[-3, 3]$에서 방정식 $g(f(x)) = 0$의 근을 직접 구해볼 수도 있다.

바깥함수 $g(x)$에 대해 $g(x) = 0$을 만족하는 실근 x의 값은 -2 또는 2이다. 따라서 안쪽함수 $f(x)$에 대해 방정식 '$f(x) = -2$ 또는 $f(x) = 2$'의 실근 중 적어도 하나가 $-3 \leq x \leq 3$이면 된다.
$y = f(x)$와 $y = 2$의 교점의 x좌표가 $-3 \leq x \leq 3$을 만족한다.

따라서 방정식 $g(f(x)) = 0$은 닫힌 구간 $[-3, 3]$에서 하나의 실근을 갖는다. ㄷ은 옳다.

롤의 정리와 평균값 정리

1. 롤의 정리

함수 $f(x)$가 닫힌 구간 $[a, b]$에서 연속이고 열린 구간 (a, b)에서 미분가능할 때, $f(a) = f(b)$이면 $f'(c) = 0$인 c가 열린 구간 (a, b)에 적어도 하나 존재한다.

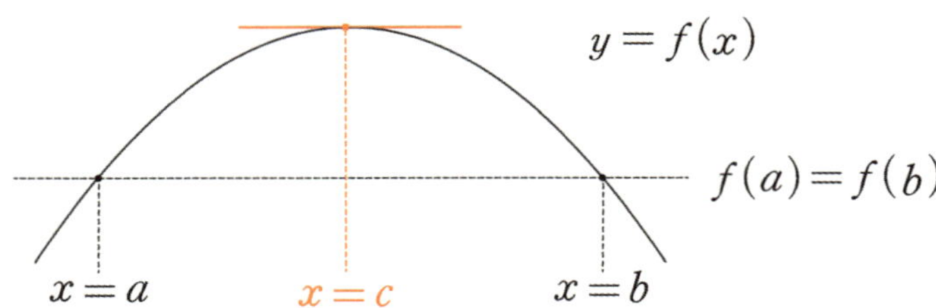

2. 평균값 정리

함수 $f(x)$가 닫힌 구간 $[a, b]$에서 연속이고 열린 구간 (a, b)에서 미분가능하면 $\dfrac{f(b) - f(a)}{b - a} = f'(c)$인 c가 열린 구간 (a, b)에 적어도 하나 존재한다.

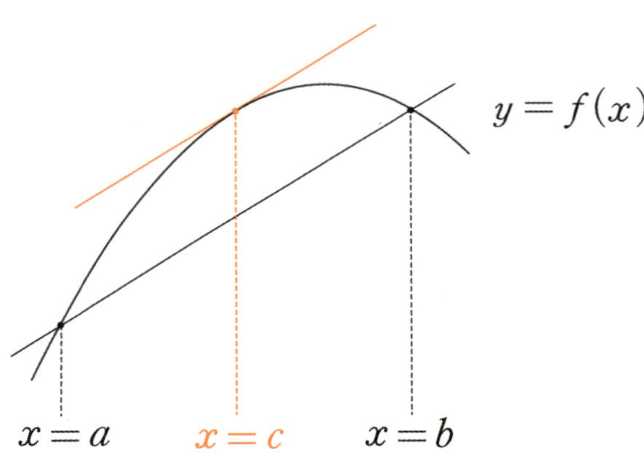

우선 두 정리에서 가정이 서로 같다.
함수 $f(x)$가 닫힌 구간 $[a, b]$에서 연속이고 열린 구간 (a, b)에서 미분가능하면

다음으로

(평균값 정리의 결론) '$\dfrac{f(b)-f(a)}{b-a}=f'(c)$인 c가 열린 구간 (a, b)에 적어도 하나 존재한다.'와

(롤의 정리의 결론) '$f(a)=f(b)$이면 $f'(c)=0$인 c가 열린 구간 (a, b)에 적어도 하나 존재한다.'를 연결
하면 롤의 정리는 평균값 정리의 하위 항목임을 쉽게 이해할 수 있다.

$f(a)=f(b)$이면 평균값 정리에 따라서 $\dfrac{f(b)-f(a)}{b-a}=f'(c)=0$인 c가 열린 구간 (a, b)에 적어도 하나
존재하므로 $f'(c)=0$만 그대로 따오면 롤의 정리가 된다.

따라서 평균값 정리만 암기하고
롤의 정리는 평균값 정리에서 '평균변화율=미분계수=0'인 경우라는 점을 이해하면 된다.

사잇값 정리에서 $p \to q$구조와 관련된 오개념과 유사하게 평균값 정리에서도 똑같은 $p \to q$구조의 오개념을
가지기 쉽다.

다시 평균값 정리를 살펴보자.

함수 $f(x)$가 닫힌 구간 $[a, b]$에서 연속이고 열린 구간 (a, b)에서 미분가능하면

$$\boxed{\dfrac{f(b)-f(a)}{b-a}=f'(c)}$$ **인 c가 열린 구간 (a, b)에 적어도 하나 존재한다.**

학생들 대부분은 평균값 정리를 공부할 때
단순히 **박스 부분의 느낌**만 가져가는데, 여기서 **오개념**이 발생한다.

오개념을 가지지 않으려면 저 부분을 $p\to q$구조로 이해할 필요가 있다.

평균변화율 $= \dfrac{f(b)-f(a)}{b-a}\ \to\ p$

미분계수 $= f'(c)\ \to\ q$

위처럼 평균변화율을 p, 미분계수를 q로 놓았을 때
평균값 정리는 $p\Rightarrow q$만을 의미하고, $q\to p$에 대해서는 아무것도 알려주는 바가 없다.

즉, 함수 $f(x)$가 닫힌 구간 $[a,\,b]$에서 연속이고 열린 구간 $(a,\,b)$에서 미분가능할 때,
$\dfrac{f(b)-f(a)}{b-a}=f'(c)$인 c는 열린 구간 $(a,\,b)$에 적어도 하나 존재한다.

그러나 특정 미분계수가 존재한다고 해서 반드시 그와 동일한 값을 가지는 평균변화율이 존재하는 것은 아니다.
삼차함수의 그래프를 통해 $q\to p$의 반례를 쉽게 찾을 수 있다.

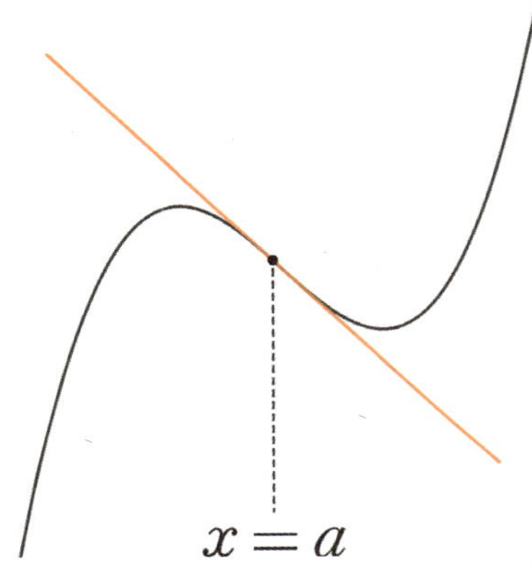

사잇값 정리와 평균값 정리 comment

문제에서 실근의 존재성과 미분계수의 존재성을 따질 때, 사잇값 정리와 평균값 정리를 고려해야 하지만,
반드시 두 정리가 출제 의도인 것은 아니다. 사잇값 정리에 해당하지 않으면서 실근을 가질 수 있고,
다항함수 $f(x)$에 대해 $f'(c)=0$인 c의 존재성을 평균값 정리가 아닌 그래프 개형을 통해서도 보여줄 수
있기 때문이다.

사잇값 정리에 해당하지 않으면서 실근을 가질 수 있음은 사잇값 정리 파트에서 충분히 공부했고,
그래프 개형을 통해 미분계수의 존재성을 보여주는 것은 Ch1의 예제에서 풀어본 10학년도 수능 가형 17
번 문제의 (ㄷ)에서도 확인할 수 있다. (이번 챕터에서 다시 풀어볼 문제이다.)

사잇값 정리와 평균값 정리의 관계

두 정리 모두 '실근의 존재성을 보여주는' 정리이다.
그렇다면 실근의 존재성을 입증해야 할 때, 사잇값 정리와 평균값 정리를 모두 적용할 수 있지 않을까?

닫힌 구간 $[a, b]$에서 연속이고 열린 구간 (a, b)에서 미분가능한 함수 $f(x)$에 대해,
$f'(c) = 0$인 c가 열린 구간 (a, b)에 존재하는지를 따져야 하는 상황에서

사잇값 정리 : $f'(a)f'(b) < 0$이면 된다.
평균값 정리 : $f(b) = f(a)$이면 된다.

이처럼 실근의 존재성을 입증할 때 사잇값 정리와 평균값 정리를 모두 적용할 수 있다.
따라서 실근의 존재성에 관한 보기가 등장한 상황에서 어느 한 정리를 적용할 수 없다면 다른 정리를 떠올릴 수 있어야 한다.

그러나 두 정리 간 차이점도 분명히 존재한다.
사잇값 정리는 제시된 함수 자체를 가지고 판단하는 반면, 평균값 정리는 제시된 함수의 적분 함수를 가지고 판단한다.

이 내용을 가지고, 다음 문제의 선지 (ㄷ)을 풀어보자.

최고차항의 계수가 1인 사차함수 $f(x)$에 대하여 함수 $g(x)$가 다음 조건을 만족시킨다.

> (가) $-1 \le x < 1$일 때, $g(x) = f(x)$이다.
> (나) 모든 실수 x에 대하여 $g(x+2) = g(x)$이다.

옳은 것만을 <보기>에서 있는 대로 고른 것은? [4점]

<보   기>

> ㄱ. $f(-1) = f(1)$이고 $f'(-1) = f'(1)$이면, $g(x)$는 실수 전체의 집합에서 미분가능하다.
> ㄴ. $g(x)$가 실수 전체의 집합에서 미분가능하면, $f'(0)f'(1) < 0$이다.
> ㄷ. $g(x)$가 실수 전체의 집합에서 미분가능하고 $f'(1) > 0$이면, 구간 $(-\infty, -1)$에
> $f'(c) = 0$인 c가 존재한다.

① ㄱ   ② ㄴ   ③ ㄱ, ㄷ   ④ ㄴ, ㄷ   ⑤ ㄱ, ㄴ, ㄷ

<Chapter 1>에서는 (ㄷ)에서 식의 관점인 '평균값 정리'를 적용할 수 없음을 깨닫고, 관점을 전환하여 $y = f(x)$의 그래프를 그려 판단했다. – <Chapter 1> 주기함수의 연속성과 미분가능성 中

이뿐만 아니라, 본문에서 **실근의 존재성에 관한 보기가 등장한 상황에서 어느 한 정리를 적용할 수 없다면 다른 정리를 떠올릴 수 있어야 한다고 말했다.** (ㄷ)을 사잇값 정리로 따져보자.

우선, $f(x)$는 다항함수이므로 $f'(x)$는 실수 전체의 집합에서 연속이다.
따라서 $f'(x) = 0$의 실근의 존재성을 사잇값 정리로 따질 수 있다. (사잇값 정리의 조건은 '연속성'이다.)

$f(x)$는 최고차항의 계수가 양수인 '사차함수'이므로
매우 작은 어떤 실수 a가 존재하여 $f'(a) < 0$이다.
또한 $g(x)$는 실수 전체의 집합에서 미분가능하므로 $f'(1) = f'(-1) > 0$이다.

따라서 $f'(a)f'(-1) < 0$이므로
사잇값 정리에 의해 열린 구간 $(a, \, -1)$에 $f'(c) = 0$인 c가 존재한다.
따라서 $(-\infty, \, -1)$에 $f'(c) = 0$인 c가 존재한다. (O)

ㄱㄴㄷ 문항은 제발 ㄱㄴㄷ 문항답게 풀자! ㄱ, ㄴ을 제시한 이유는 ㄷ의 풀이와 연결된다. 즉, ㄱ, ㄴ을 아무 생각 없이 푸는 게 아니라 '이걸 왜 물어보지?'라는 물음을 던져야 한다.

예제(4) 20학년도 9월 평가원 21번

함수 $f(x) = x^3 + x^2 + ax + b$에 대하여 함수 $g(x)$를

$$g(x) = f(x) + (x-1)f'(x)$$

라 하자. <보기>에서 옳은 것만을 있는 대로 고른 것은? (단, a, b는 상수이다.) [4점]

<보   기>

ㄱ. 함수 $h(x)$가 $h(x) = (x-1)f(x)$이면 $h'(x) = g(x)$이다.

ㄴ. 함수 $f(x)$가 $x = -1$에서 극값 0을 가지면 $\int_0^1 g(x)dx = -1$이다.

ㄷ. $f(0) = 0$이면 방정식 $g(x) = 0$은 열린 구간 $(0, 1)$에서 적어도 하나의 실근을 갖는다.

① ㄱ　　　　② ㄴ　　　　③ ㄱ, ㄴ　　　　④ ㄱ, ㄷ　　　　⑤ ㄱ, ㄴ, ㄷ

1. 삼차함수 $f(x)$의 삼차항과 이차항의 계수가 1로 제시되었고, 일차항과 상수항의 계수는 미지수다.
$g(x) = f(x) + (x-1)f'(x)$의 의미는 알기 어렵다. (공부를 꽤 한 학생이라면 의미를 바로 발견할
수 있겠다.)

즉, 제시된 조건만으로 할 수 있는 것이 없다. $f(x)$, $f'(x)$ 식을 대입하여 $g(x)$ 식을 구할 수는 있겠
으나 보기를 봐도 도저히 해결법이 보이지 않을 때 그때 가서 대입해도 늦지 않는다. 일단 보기를 보면서
평가원이 이끄는 대로 따라가자.

평가원은 학생들이 자체적으로 $g(x)$의 의미를 파악하기 어렵다는 점을 제대로 이해하고 $g(x)$의 의미를
직접 제시했다. $g(x)$는 $h(x) = (x-1)f(x)$라는 함수의 도함수다. (O)

앞으로 무조건 $g(x)$는 $h(x)$의 도함수로서 이해하고, **문제의 주인공은 $f(x)$가 아닌 $h(x)$로 본다.**
(ㄱㄴㄷ 문항은 제발 평가원이 이끌어주는 대로 '따라가자'. 주인공은 $h(x)$다. 주인공은 $h(x)$다!)

2. **하수는 $g(x) = f(x) + (x-1)f'(x)$를 통해 $g(x)$의 식을 작성한 다음 직접 정적분 계산을
한다.** 고수는 당연히 (ㄱ)의 의미를 (ㄴ)에 입혀서 해석한다.
즉, $h(x)$의 그래프를 중심으로 (ㄴ)을 바라본다.

함수 $f(x)$가 $x = -1$에서 극값 0을 가지므로 $f(x) = (x+1)^2(x-k)$로 식을 세울 수 있다. (k는 상수)
$f(x)$의 이차항의 계수가 1이므로 $k = 1$이다.
($f(x) = x^3 + x^2 + ax + b$에 $f(-1) = f'(-1) = 0$을 대입해서 a, b의 값을 알아내도 좋다.)

따라서 $h(x) = (x-1)f(x) = (x+1)^2(x-1)^2$

$h(x)$를 미분하여 $g(x)$의 식을 구한 다음 정적분 계산을 하는 우를 저지르지는 않았으면 한다.
정적분은 기본적으로 계산하지 않겠다는 마인드가 중요하다. 대칭성, 그래프 특성 등으로 정적분 값을
쉽게 구할 수 있는 길부터 먼저 찾아야 한다. – 〈Chapter 8. 정적분의 활용〉

$\int_0^1 g(x)dx$은 $h(x)$의 입장에서 '도함수의 정적분'이다. 미적분의 기본정리에 의해 **도함수의 정적분은**

원함수의 함숫값 차와 같으므로 $\int_0^1 g(x)dx = h(1) - h(0) = -1$ (O)

※ **미적분의 기본정리**
함수 $f(x)$가 닫힌 구간 $[a, b]$에서 연속이고 $F(x)$가 $f(x)$의 한 부정적분일 때,
$\int_a^b f(x)dx = F(b) - F(a)$이다.

3. 발문을 보고 사잇값 정리를 떠올리는 것은 좋은 태도라고 할 수 있다.

사잇값 정리를 적용하려면, $g(0)g(1) < 0$이 됨을 확인해야 한다.

$$g(0) = f(0) - f'(0) = -f'(0) = -a$$
$$g(1) = f(1) = 2 + a + b$$
$$\therefore\ g(0)g(1) = -a(2 + a + b)$$

이때, a, b에 관한 추가 조건이 없으므로 $-a(2 + a + b)$의 부호를 확정할 수 없다. 하지만 당시 현장에서 이 문제를 푼 많은 학생들이 p의 성립 여부를 알 수 없으므로 q의 성립 여부도 알 수 없다고 판단했다. 따라서 방정식 $g(x) = 0$이 열린 구간 $(0, 1)$에서 적어도 하나의 실근을 가지는지 **알 수 없다고 생각하여 (ㄷ)을 틀렸다고 판단했다.**

사잇값 파트에서 공부한 대로 이는 명백한 논리적 오류다. 사잇값 정리의 조건문 p의 성립 여부를 알 수 없어 애초에 사잇값 정리를 적용할 수가 없다. 사잇값 정리 풀이를 과감히 버려야 한다.

사잇값 정리를 버리고 다시 원점으로 돌아가자. ㄱㄴㄷ 문항에서는 선지 (ㄱ), (ㄴ)의 의미를 입혀서 (ㄷ)을 해석해야 한다.

$g(x)$는 $h(x)$의 도함수에 해당한다. 즉, (ㄷ)은 열린 구간 $(0, 1)$에서 함수 $h(x)$의 미분계수가 0이 되는 지점의 존재 여부를 묻고 있다. **미분계수의 존재성이므로 사잇값 정리가 아닌 평균값 정리를 떠올려야 한다.** 실근의 존재성을 보여줘야 하는 문제에서 어느 하나의 정리가 막히면 다른 정리를 떠올릴 수 있는 힘이 중요하다.

$h(x)$는 미분가능한 함수이므로 $\dfrac{h(1) - h(0)}{1 - 0} = 0$이면 열린 구간 $(0, 1)$에서 미분계수가 0이 되는 지점이 적어도 하나 존재한다.

$$h(x) = (x - 1)f(x),\ f(0) = 0$$이므로 $h(1) = 0, h(0) = -f(0) = 0$
$$\therefore\ \frac{h(1) - h(0)}{1 - 0} = 0\ \text{(O)}$$

ㄱ, ㄴ, ㄷ 모두 옳으므로 답은 ⑤!!

1. **평가원 ㄱㄴㄷ 문항의 표본이라고 할 수 있을 정도로 웰메이드 문항이다.**
   여러 번 풀면서 ㄱㄴㄷ 문항을 해결하는 느낌을 체화하자.
2. **실근의 존재성을 보여주는 정리에는 사잇값 정리뿐만 아니라 평균값 정리도 존재한다.**
3. 실제 현장에서 문제를 풀 때, 특정한 풀이를 자신 있게 버릴 수 있는 용기는 대단히 중요하다. 이는 평상시 얼마나 엄밀하고 논리적인 사고를 하면서 문제를 풀었는가에 달렸으므로 문제를 풀 때 **항상 본인이 선택한 풀이를 검증하는 습관을** 들이자.

함수의 극대와 극소

함수 $f(x)$가 $x=a$를 포함하는 어떤 열린 구간에 속하는 모든 x에 대하여 $f(x) \leq f(a)$이면
함수 $f(x)$는 $x=a$에서 **극대**라고 한다.

함수 $f(x)$가 $x=a$를 포함하는 어떤 열린 구간에 속하는 모든 x에 대하여 $f(x) \geq f(a)$이면
함수 $f(x)$는 $x=a$에서 **극소**라고 한다.

이 책에서는 '$x=a$를 포함하는 어떤 열린 구간'을 '$x=a$ 부근'이라고 표현하겠다.
$x=a$를 **포함하는 어떤 열린 구간** $\Leftrightarrow$ $x=a$ **부근**

2. 다항함수의 극대·극소

다항함수는 실수 전체의 집합에서 미분가능하다. 따라서 '미분계수'를 가지고 '다항함수의 극값'에 대해 유의미한
논의를 진행할 수 있다. 다항함수뿐만 아니라 미분 가능한 함수에 일괄적으로 적용되는 논의로 이해해도 무방하다.

다항함수는 미분계수의 부호 변화가 일어나는 지점에서 극값을 갖는다.
여기서 주목해야 할 포인트는 두 가지이다.

(1) 필요충분조건
　　다항함수 $f(x)$에 대하여 '$f(x)$가 $x=a$에서 극값을 갖는다'와 '$f(x)$의 도함수인 $f'(x)$가 $x=a$ 좌우에서
부호가 변한다.'는 서로가 참이 되기 위한 필요충분조건이다.

(2) 미분계수 $= 0$
　　다항함수 $f(x)$에 대해, 극값을 갖는 x에서는 무조건 미분계수가 0이지만 미분계수가 0인 x에서
무조건 극값을 갖는 것은 아니다.

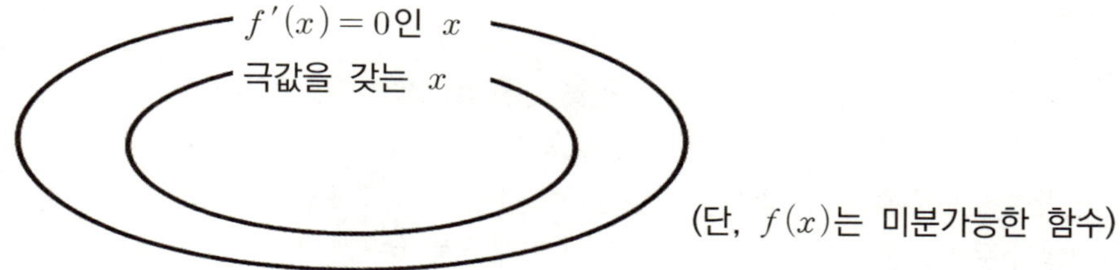

미분계수가 0인 x에서 다항함수 $f(x)$가 무조건 극값을 갖지 않는 이유는 삼중근과 같이 '접하면서 뚫고
지나가는 경우'가 있기 때문이다.

예를 들어, 함수 $f(x) = x(x-4)^3$에서 $f'(4) = 0$이지만 $f(x)$는 $x = 4$에서 극값을 갖지 않는다.

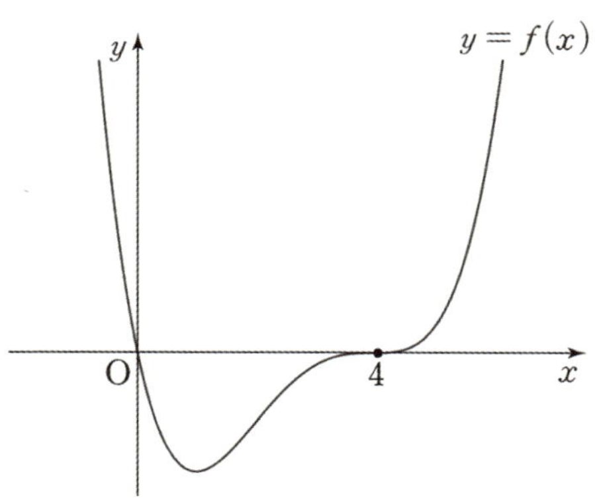

※ 삼차함수 극값

삼차함수 $f(x)$가 극값을 갖기 위한 조건 : 방정식 $f'(x) = 0$의 판별식 $D > 0$

다항함수가 극값을 갖는 x는 미분계수의 부호가 변하는 지점이다.
삼차함수 $f(x)$의 도함수인 이차함수 $f'(x)$의 부호가 변하기 위해서는 방정식 $f'(x) = 0$이 서로 다른 두 실근을 가져야 한다. 즉, $f'(x) = 0$에서 판별식 $D > 0$이어야 한다.
(아래의 그림은 $f(x)$의 최고차항의 계수가 양수일 때이지만, 음수일 때도 극값을 갖기 위한 조건은 동일하다.)

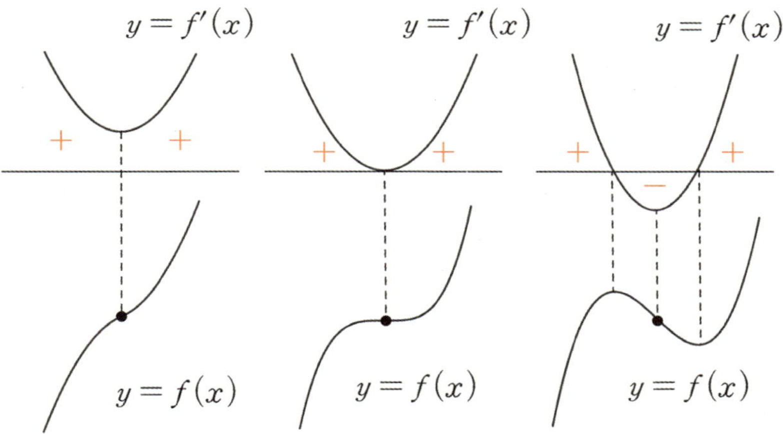

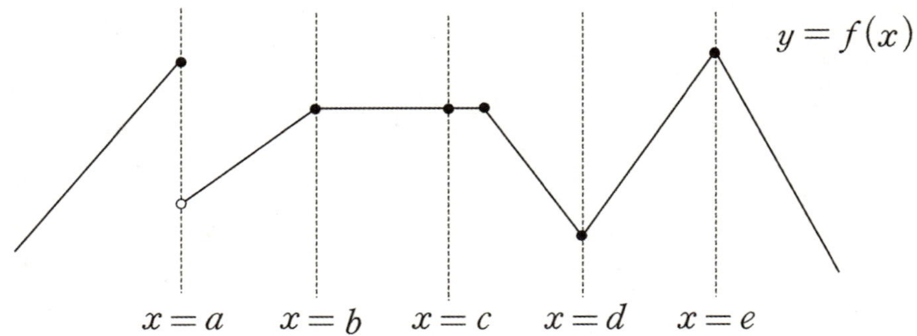

함수 $f(x)$는 다섯 지점에서 모두 극값을 갖는다. 엄밀히 말해서 $f(x)$는

$x = d$에서 극소이고
$x = a,\ b,\ e$에서 극대이고
$x = c$에서 극소인 동시에 극대다.

위의 다섯 가지 지점에서 $f(x)$가 극값을 갖는 것은 극값의 정의 때문이다.

> 함수 $f(x)$가 $x = a$를 포함하는 어떤 열린 구간에 속하는 모든 x에 대하여 $f(x) \leq f(a)$이면 함수 $f(x)$는 $x = a$에서 극대라고 한다.
>
> 함수 $f(x)$가 $x = a$를 포함하는 어떤 열린 구간에 속하는 모든 x에 대하여 $f(x) \geq f(a)$이면 함수 $f(x)$는 $x = a$에서 극소라고 한다.

극값의 정의를 자세히 살펴보면
함수 $f(x)$의 연속성과 미분가능성에 대해서는 어떠한 언급도 없으며
부등식은 등호를 포함한다. $(f(x) \leq f(a),\ f(x) \geq f(a))$

따라서 $a,\ b,\ d,\ e$처럼 미분가능하지 않은 지점에서도 극값을 가질 수 있으며
c처럼 x축과 평행한 지점(또는 x축 위)에서도 극값을 가질 수 있다.

(1) 함숫값으로 따지는 방법

극값의 정의에 바탕을 둔 방법이다. 구간에 따라 정의된 함수 $f(x)$에 대해 구간의 경계 $x = a$에서 극값 존재
여부를 판단할 때,

$x = a$를 포함하는 어떤 열린 구간에 속하는 모든 x에 대하여 $f(x) \leq f(a)$이면 극댓값을 갖고
$x = a$를 포함하는 어떤 열린 구간에 속하는 모든 x에 대하여 $f(x) \geq f(a)$이면 극솟값을 갖는다.

$x = a$ 부근에서 $f(x)$의 함숫값과 $f(a)$의 대소를 비교하여 극대·극소 판정을 해주면 된다.
$f(x)$가 $x = a$에서 연속이든 불연속이든 상관없이 사용할 수 있는 방법이다.

(2) 도함수로 따지는 방법

미분가능한 함수 $f(x)$, $g(x)$에 대해 함수 $h(x) = \begin{cases} f(x) & (x < 0) \\ g(x) & (x \geq 0) \end{cases}$가 $x = 0$에서 연속일 때,
$h(x)$가 $x = 0$에서 극값을 갖는지를 $h'(x)$로 따져보자.

   ※ 도함수로 따지는 방법은 $h(x)$가 $x = 0$에서 연속이고, $f(x)$, $g(x)$가 미분가능한 경우에만 사용할 수
      있다. 만약 $h(x)$가 $x = 0$에서 불연속이라면, $y = h(x)$의 그래프를 그려 $x = 0$ 부근을 직접 관찰하는
      수밖에 없고, $f(x), g(x)$가 미분가능하지 않다면 애초에 도함수를 관찰할 수 없다.

$x = 0$ 좌우에서 $h'(x)$의 부호가 양(+)에서 음(−)으로 바뀌면 함수 $h(x)$는 $x = 0$에서 극댓값을 갖는다.
$x = 0$ 좌우에서 $h'(x)$의 부호가 음(−)에서 양(+)으로 바뀌면 함수 $h(x)$는 $x = 0$에서 극솟값을 갖는다.

(물론 $h(x)$가 $x = 0$에서 미분가능하지 않을 수도 있으므로, $h'(x)$가 $x = 0$에서 정의되지 않을 수도 있다.)

① 도함수인 $h'(x) = \begin{cases} f'(x) & (x < 0) \\ g'(x) & (x > 0) \end{cases}$의 그래프를 그릴 수 있다면 그래프를 그려 $x = 0$ 부근에서 부호변화를
   살피면 된다.

② 그래프를 그릴 수 없는 경우라면? 충분히 작은 양수 논증을 사용하면 된다.

   충분히 작은 양수 a에 대해, $h'(-a)h'(a) < 0$이면 $h(x)$가 $x = 0$에서 극값을 갖는다.
   $h'(-a) > 0$, $h'(a) < 0$이면 극댓값을 갖고, $h'(-a) < 0$, $h'(a) > 0$이면 극솟값을 갖는다.

   그렇게 대단한 논증이 아니다. 충~분히 작은 양수 a에 대해 $h'(-a) < 0$, $h'(a) > 0$의 의미는 $h'(x)$의
   부호가 $x = 0$ 좌우에서 음(−)에서 양(+)으로 변한다는 것이다.

$x=0$ 에서 극댓값을 갖는 모든 다항함수 $f(x)$에 대하여 옳은 것만을 <보기>에서 있는 대로 고른 것은? [3점]

<보 기>

ㄱ. 함수 $|f(x)|$은 $x=0$에서 극댓값을 갖는다.
ㄴ. 함수 $f(|x|)$은 $x=0$에서 극댓값을 갖는다.
ㄷ. 함수 $f(x)-x^2|x|$은 $x=0$에서 극댓값을 갖는다.

① ㄴ   ② ㄷ   ③ ㄱ, ㄴ   ④ ㄱ, ㄷ   ⑤ ㄴ, ㄷ

1. $x = 0$에서 극댓값을 갖지 못하는 케이스는 쉽게 발견할 수 있다. (X)

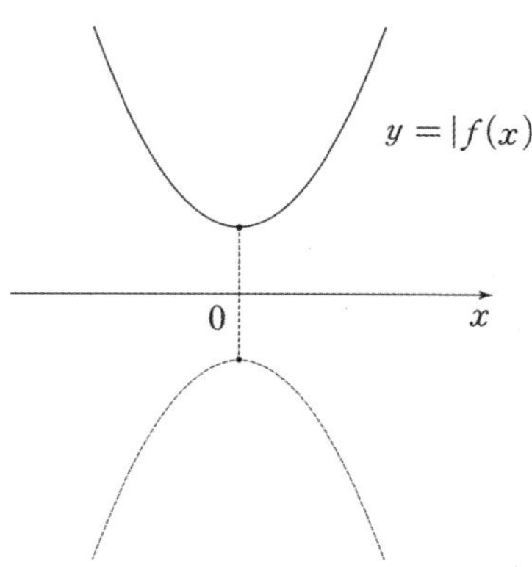

2. 함수 $f(|x|)$는 함수 $f(x)$에서 y축을 기준으로 오른쪽에 있는 부분은 그대로 놔두고, 왼쪽 부분은 오른쪽 부분을 y축을 기준으로 접은 형태이다.

그래프를 통해 직관적으로 파악하면 선지 (ㄴ)이 옳음을 쉽게 알 수 있다. (O)

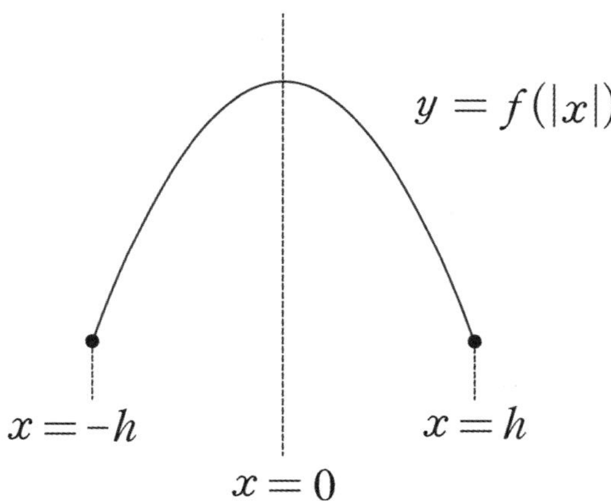

그래프로 판단하는 것이 찝찝할 수 있다. 식으로 엄밀하게 따지고 싶은 마음이 드는 것은 이해한다.

그러나 $f(|x|) = \begin{cases} f(x) & (x \geq 0) \\ f(-x) & (x < 0) \end{cases}$ 에서 $f(-x)$의 **미분은 미적분에서 배우는 합성함수 미분**이므로 $f(|x|)$의 도함수를 구할 수 없다. 따라서 그래프 판단으로 만족하고 넘어가자. 그래프 판단에도 전혀 오류가 없다.

3. 선지 (ㄷ)은 식과 그래프 2가지로 판단해 보자.

〈식 판단〉

(ㄴ) 선지와 달리 (ㄷ) 선지는 수식을 통해 극값 판정을 할 수 있다.
$x = 0$ 좌우의 도함수를 구할 수 있기 때문이다. 충분히 작은 양수 논증을 사용하자.

$g(x) = f(x) - x^2 |x|$ 라 하면, $g(x) = \begin{cases} f(x) + x^3 & (x < 0) \\ f(x) - x^3 & (x \geq 0) \end{cases}$

$g'(x) = \begin{cases} f'(x) + 3x^2 & (x < 0) \\ f'(x) - 3x^2 & (x \geq 0) \end{cases}$ (도함수는 $x = 0$에서 연속이므로 등호를 넣을 수 있다.)

다항함수 $f(x)$는 $x = 0$에서 극댓값을 가지므로 충분히 작은 양수 a에 대하여
$f'(-a) > 0$, $f'(a) < 0$ 이다.

$g'(x) = \begin{cases} f'(x) + 3x^2 & (x < 0) \\ f'(x) - 3x^2 & (x \geq 0) \end{cases}$ 에 $x = a$와 $x = -a$를 대입해주면

$\begin{cases} g'(-a) = f'(-a) + 3a^2 > 0 \\ g'(a) = f'(a) - 3a^2 < 0 \end{cases}$

$g'(x)$의 부호가 $x = 0$ 좌우에서 양(+)에서 음(-)으로 변하므로 $g(x)$는 $x = 0$에서 극댓값을
갖는다. (O)

※ 미적분 선택 학생이라면 선지 (ㄴ)에서도 합성함수 미분을 이용하여 $f(|x|)$의 도함수를 구한 다음,
  충분히 작은 양수 논증을 사용하면 된다.

〈그래프 판단〉

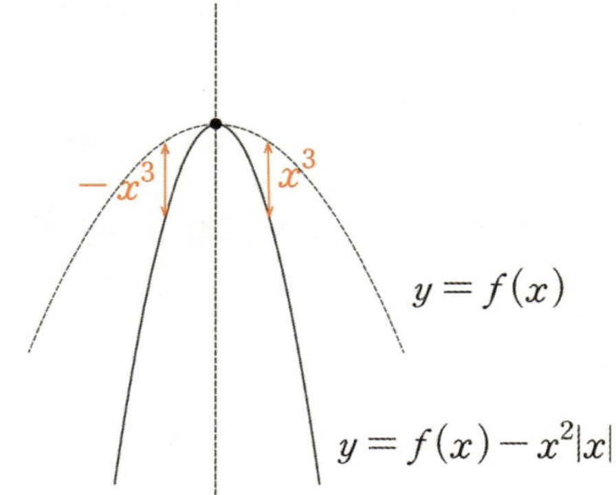

그래프를 살펴보면 $x = 0$ 부근에서 $f(x) - x^2|x|$ 의 함숫값은 $f(0)$보다 작거나 같다.
따라서 극대의 정의에 따라 함수 $f(x) - x^2|x|$은 $x = 0$에서 극댓값을 갖는다. (O)

따라서 옳은 것은 ㄴ, ㄷ이므로 **답은** ⑤!!

자연수 n에 대하여 함수 $f(x)$를 $f(x) = x^2 + \dfrac{1}{n}$ 이라 하고 함수 $g(x)$를

$$g(x) = \begin{cases} (x-1)f(x) & (x \geq 1) \\ (x-1)^2 f(x) & (x < 1) \end{cases}$$

이라 할 때, <보기>에서 옳은 것만을 있는 대로 고른 것은? [4점]

<보 기>

ㄱ. $\displaystyle\lim_{x \to 1^-} \dfrac{g(x)}{x-1} = 0$

ㄴ. $n = 1$일 때, 함수 $g(x)$는 $x = 1$에서 극솟값을 갖는다.

ㄷ. 함수 $g(x)$가 극대 또는 극소가 되는 x의 개수가 1인 n의 개수는 5이다.

① ㄱ　　　② ㄱ, ㄴ　　　③ ㄱ, ㄷ　　　④ ㄴ, ㄷ　　　⑤ ㄱ, ㄴ, ㄷ

1. $\displaystyle\lim_{x \to 1-} \frac{g(x)}{x-1} = \lim_{x \to 1-} \frac{(x-1)^2 f(x)}{(x-1)} = 0$ (O)

2. $g(x) = \begin{cases} (x-1)(x^2+1) & (x \geq 1) = p(x) \\ (x-1)^2(x^2+1) & (x < 1) = q(x) \end{cases}$

1) 함숫값으로 판단하는 방법

$x = 1$ 부근에서 $g(x)$의 함숫값이 $g(1)$보다 크거나 같다면 함수 $g(x)$는 $x = 1$에서 극솟값을 갖는다.

$x \geq 1$일 때

$(x-1) \geq 0$, $(x^2+1) > 0$이므로 $g(x) \geq 0$

$x < 1$일 때

$(x-1)^2 > 0$, $(x^2+1) > 0$이므로 $g(x) > 0$

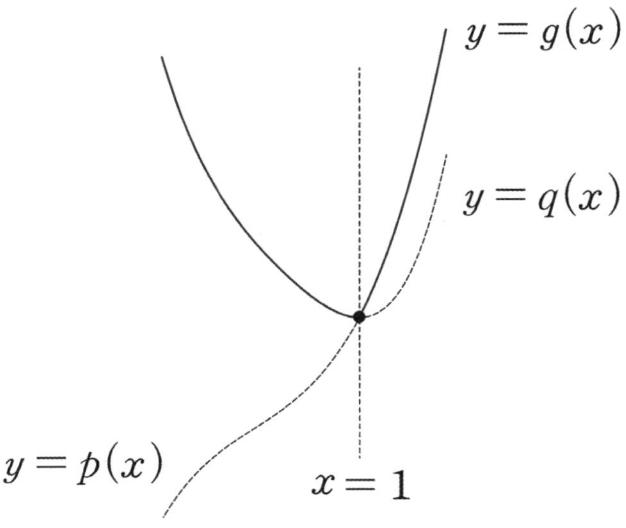

$g(1) = 0$이다. 즉, $x = 1$ 부근에서 $g(x)$의 함숫값이 $g(1)$보다 크거나 같으므로 함수 $g(x)$는 $x = 1$에서 극솟값을 갖는다. (O)

2) 도함수로 판단하는 방법

$x = 1$ 부근에서 $g'(x)$를 관찰하자.

$$g'(x) = \begin{cases} 3x^2 - 2x + 1 & (x > 1)\,(= p'(x)) \\ 2(x-1)(2x^2 - x + 1) & (x < 1)\,(= q'(x)) \end{cases}$$

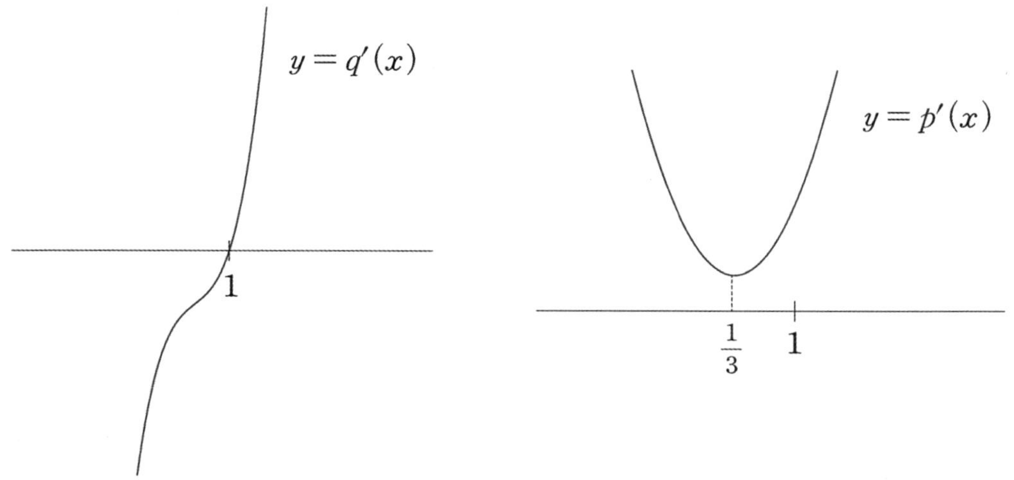

$x \leq 1$에서 $q'(x) \leq 0$이고, $x \geq 1$에서 $p'(x) \geq 0$이다. $x = 1$ 좌우에서 $g'(x)$의 부호가 음(−)에서 양(+)으로 바뀌므로 $g(x)$는 $x = 1$에서 극솟값을 갖는다.

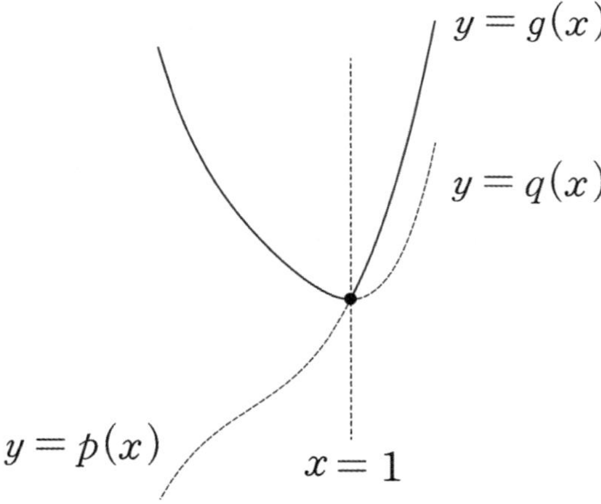

3. $g(x) = \begin{cases} (x-1)\left(x^2 + \dfrac{1}{n}\right) & (x \geq 1) \\[2mm] (x-1)^2\left(x^2 + \dfrac{1}{n}\right) & (x < 1) \end{cases}$

선지 (ㄴ)에서는 n의 값을 확정해주었지만,

선지 (ㄷ)에서는 확정해주지 않았다. $\dfrac{1}{n}$을 살린 채로 극값을 판정해야 한다.

태도 : ㄱㄴㄷ합답형 문항에서 ㄱ, ㄴ은 ㄷ을 위한 힌트가 된다.

따라서 ㄱ, ㄴ을 제시한 이유를 생각하면서 ㄷ을 풀어야 한다.

선지 (ㄴ)에서 한 대로 $x = 1$부터 관찰하자.
선지 (ㄴ)에서 함숫값과 도함수 두 가지 방식으로 극값 판정을 해보았을 때 함숫값이 좀 더 수월했다.

여기서도 함숫값을 관찰해주면 $x = 1$ 부근에서 $g(x)$의 함숫값이 $g(1) = 0$보다 크거나 같으므로 $g(x)$는 $x = 1$에서 극소이다. (n의 값과 관계없이 극소를 가짐을 확인할 수 있다.)

$g(x)$는 $x = 1$에서 극소가 되므로 1이 아닌 x에서 극값을 가져서는 안 된다.
따라서 함수 $g(x)$는 $x < 1$에서 감소해야 하고 $x > 1$에서 증가해야 한다.

$(x > 1)$, $(x < 1)$ 두 구간을 나눠, 극값을 갖지 못하게 하는 n의 범위를 구하자.

(1) $x < 1$일 때

$$g(x) = (x-1)^2\left(x^2 + \frac{1}{n}\right)$$

$$g'(x) = 2(x-1)\left(2x^2 - x + \frac{1}{n}\right)$$

$x < 1$에서 $g'(x) \leq 0$이면 함수 $g(x)$는 $x < 1$에서 감소하여 극값을 가지지 않는다.
$x < 1$에서 $(x-1) < 0$이므로
$x < 1$인 모든 x에서 $2x^2 - x + \dfrac{1}{n} \geq 0$을 만족하면 된다.

단순히 모든 x에서 $2x^2 - x + \dfrac{1}{n} \geq 0$을 만족하는 n의 값을 구해야 한다면 판별식만 따져보면 된다.
하지만 $x < 1$로 범위가 제시되었으므로 반드시 이차함수의 꼭짓점(대칭축)을 고려해야 한다.

$$y = 2x^2 - x + \frac{1}{n} = 2\left(x - \frac{1}{4}\right)^2 + \frac{1}{n} - \frac{1}{8}$$

꼭짓점의 x좌표는 $\frac{1}{4}$로 $x < 1$ 내에 속한다. 꼭짓점의 y좌표가 음수라면 이차함수의 그래프는 다음과 같고 $x < 1$에서 함숫값이 음수인 구간이 생긴다.

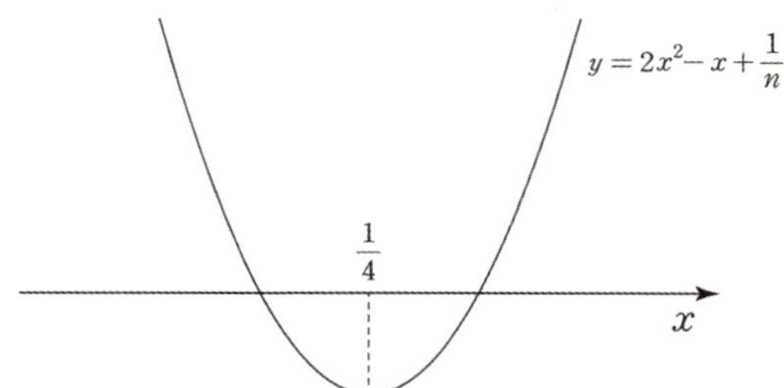

따라서 이차함수 $y = 2x^2 - x + \frac{1}{n}$는 x축에 접하거나 만나지 않아야 한다.

이를 만족하기 위한 조건 : 판별식 $D \le 0$

$$1 - \frac{8}{n} \le 0, \; n - 8 \le 0 \; (\because \; n > 0) \qquad \therefore \; n \le 8$$

(2) $x > 1$일 때

$$g(x) = (x - 1)\left(x^2 + \frac{1}{n}\right)$$

$$g'(x) = 3x^2 - 2x + \frac{1}{n}$$

$x > 1$에서 $g'(x) \ge 0$이면 함수 $g(x)$는 $x > 1$에서 증가하여 극값을 가지지 않는다.

(1)에서 한 대로 똑같이 $g'(x) = 3x^2 - 2x + \frac{1}{n}$의 꼭짓점을 관찰하자.

$$g'(x) = 3x^2 - 2x + \frac{1}{n} = 3\left(x - \frac{1}{3}\right)^2 + \frac{1}{n} - \frac{1}{3}$$

(1)과 다르게 꼭짓점은 $x > 1$ 구간 바깥에 있다. 이 경우 이차함수 $g'(x)$의 그래프를 고려하면 꼭짓점의 y좌표와는 상관없이 $g'(1) \ge 0$을 만족하면 된다.

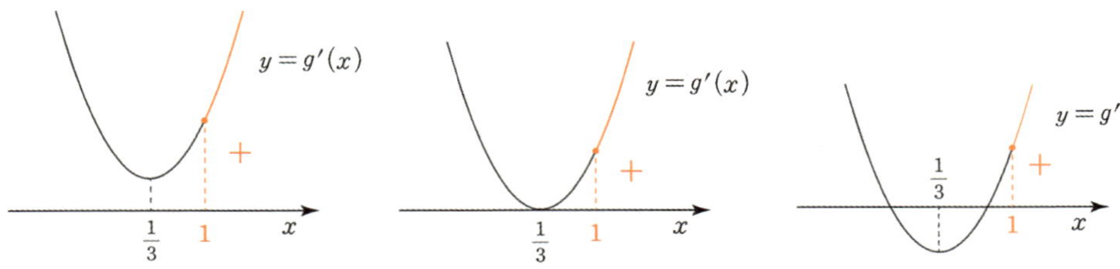

$$g'(1) = 1 + \frac{1}{n} \ge 0, \; n + 1 \ge 0 \; (\because \; n > 0) \qquad \therefore \; n \ge -1$$

(1)과 (2)를 종합하면, 함수 $g(x)$가 극값을 갖는 x의 개수가 1이 되도록 하는 자연수 n의 값의 범위는 $-1 \le n \le 8$이다. 부등식을 만족하는 n의 개수는 8이므로 ㄷ은 틀렸다.

따라서 옳은 것은 ㄱ, ㄴ이므로 **답은 ②**!!

삼차함수 $y = f(x)$와 일차함수 $y = g(x)$의 그래프가 그림과 같고, $f'(b) = f'(d) = 0$이다.

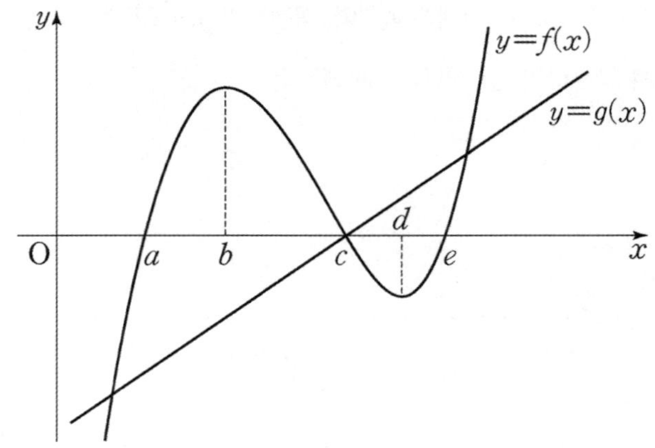

함수 $y = f(x)g(x)$는 $x = p$와 $x = q$에서 극소이다. 다음 중 옳은 것은? (단, $p < q$) [4점]

① $a < p < b$이고 $c < q < d$
② $a < p < b$이고 $d < q < e$
③ $b < p < c$이고 $c < q < d$
④ $b < p < c$이고 $d < q < e$
⑤ $c < p < d$이고 $d < q < e$

1. $y = f(x)g(x)$가 극소가 되는 지점을 바탕으로 여러 지점 간의 대소관계를 비교해야 한다.

식으로도 할 수 있겠지만 많이 까다로워 보인다.
기본적으로 그래프를 그릴 수 있으면 그래프를 그리는 습관을 가지자. 그래프를 그려 보자.

$$f(x) = m(x-a)(x-c)(x-e)$$
$$g(x) = n(x-c)$$
$$f(x)g(x) = mn(x-a)(x-c)^2(x-e)$$

사차함수 $f(x)g(x)$는 $x = a$, $x = e$에서 x축을 지나고 $x = c$에서 x에 접하므로 그래프는 다음과 같다.

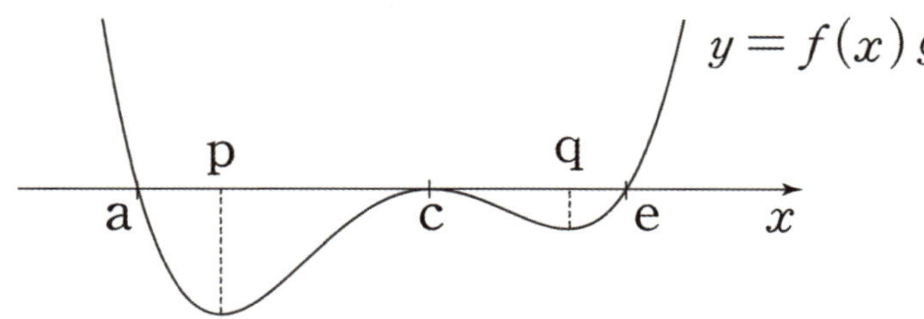

2. **이제 대소관계를 비교해야 한다.**

a, b, c, d, e의 대소관계는 결정되었다.

p, q와 a, c, e의 대소관계도 $a < p < c < q < e$로 결정되었다.
따라서 p와 b, q와 d의 대소관계를 결정하면 된다.

그래프를 관찰하면 p와 q를 기준으로 미분계수가 변화하므로 함수 $y = f(x)g(x)$의 $x = b$와 $x = d$에서의 미분계수 부호를 관찰하면 대소관계를 확정지을 수 있다.
$y = f(x)g(x)$의 그래프를 그려야 하는 이유가 여기에 존재한다.

곱의 미분을 이용하자.
$$\{f(x)g(x)\}' = f'(x)g(x) + f(x)g'(x)$$

b를 대입하면 $f'(b)g(b) + f(b)g'(b) > 0$
d를 대입하면 $f'(d)g(d) + f(d)g'(d) < 0$

따라서 b와 d의 위치를 그래프 위에 나타내면 다음과 같다.

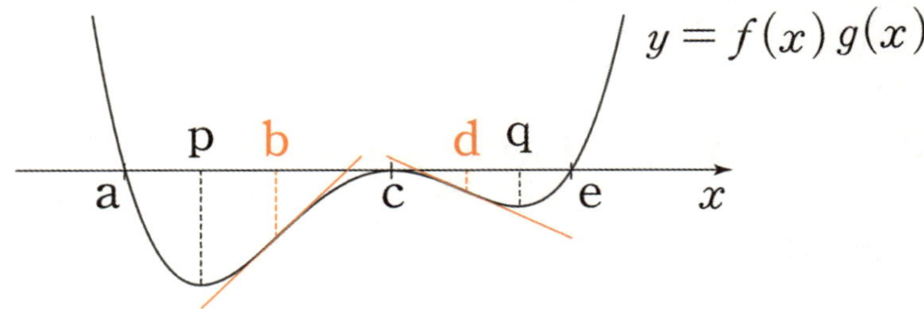

$a < p < b$이고 $d < q < e$이므로 **답은 ②!!**

1. 다항함수에서 극값을 갖는 지점은 미분계수의 부호가 변하는 지점이라는 개념을 묻는 문항이다.

2. $y = f(x)g(x)$의 그래프를 그리지 못했다면,
   미분계수를 통해 대소관계를 결정할 수 있다고 생각하지 못했을 것이다.

다항함수 $f(x)$에 대하여 함수 $g(x)$를 다음과 같이 정의한다.

$$g(x) = \begin{cases} x & (x < -1 \text{ 또는 } x > 1) \\ f(x) & (-1 \le x \le 1) \end{cases}$$

함수 $h(x) = \lim\limits_{t \to 0+} g(x+t) \times \lim\limits_{t \to 2+} g(x+t)$에 대하여 <보기>에서 옳은 것만을 있는 대로 고른 것은? [4점]

<보 기>

ㄱ. $h(1) = 3$

ㄴ. 함수 $h(x)$는 실수 전체의 집합에서 연속이다.

ㄷ. 함수 $g(x)$가 닫힌구간 $[-1, 1]$에서 감소하고 $g(-1) = -2$이면 함수 $h(x)$는 실수 전체의 집합에서 최솟값을 갖는다.

---

① ㄱ　　　② ㄴ　　　③ ㄱ, ㄴ　　　④ ㄱ, ㄷ　　　⑤ ㄴ, ㄷ

1. $h(1) = \lim_{t \to 1+} g(t) \times \lim_{t \to 3+} g(t) = 1 \times 3 = 3$ 이므로 선지 (ㄱ)은 참이다.

2. 함수 $h(x)$ 를 다음과 같이 생각하자.

$h(x) = \lim_{t \to x+} g(t) \times \lim_{t \to (x+2)+} g(t)$ 에서 $p(x) = \lim_{t \to x+} g(t)$ 라 하면, $h(x) = p(x)p(x+2)$ 이고,

함수의 극한의 정의를 통하여 함수 $p(x)$, $p(x+2)$ 를 구하면

$$p(x) = \begin{cases} x & (x < -1) \\ f(x) & (-1 \leq x < 1) \\ x & (x \geq 1) \end{cases}$$

$$p(x+2) = \begin{cases} x+2 & (x < -3) \\ f(x+2) & (-3 \leq x < -1) \\ x+2 & (x \geq -1) \end{cases}$$

이다.

즉, 함수 $p(x)$ 는 $x = -1$ 과 $x = 1$ 에서 불연속일 가능성이 있고,
$x \neq -1$, $x \neq 1$ 인 모든 실수 x 에 대하여 연속이다.
또한 함수 $p(x+2)$ 는 $x = -3$ 과 $x = -1$ 에서 불연속일 가능성이 있고,
$x \neq -3$, $x \neq -1$ 인 모든 실수 x 에 대하여 연속이다.

따라서 함수 $h(x)$ 가 실수 전체의 집합에서 연속이기 위해서는 $x = -3$, $x = -1$, $x = 1$ 에서 모두 연속이 되어야 한다.

$x = -3$ 일 때 연속의 정의를 적용하면
$\lim_{x \to -3+} h(x) = \lim_{x \to -3+} p(x)p(x+2) = \lim_{x \to -3+} p(x) \times \lim_{x \to -1+} p(x) = -3 \times f(-1)$,
$\lim_{x \to -3-} h(x) = \lim_{x \to -3-} p(x)p(x+2) = \lim_{x \to -3-} p(x) \times \lim_{x \to -1-} p(x) = -3 \times (-1) = 3$,
$h(-3) = p(-3)p(-1) = -3f(-1)$ 이므로
$f(-1) = -1$ 이어야만 함수 $h(x)$ 가 $x = -3$ 에서 연속이 된다.

**그런데 문제에서 함수 $f(x)$ 는 $f(-1) = -1$ 을 만족시킨다는 조건이 없으므로
함수 $h(x)$ 는 $x = -3$ 에서 연속이라고 확정할 수 없고,
동일한 논리로 $x = -1$ 에서와 $x = 1$ 에서도 연속이라고 확정할 수 없다.**

즉, $f(-1) \neq -1$ 인 모든 다항함수 $f(x)$ 는 함수 $h(x)$ 가 $x = -3$ 에서 연속이 된다는 것에 대한 반례가 된다. 따라서 함수 $h(x)$ 는 실수 전체의 집합에서 연속일 수도, 연속이 아닐 수도 있으므로 선지 (ㄴ)은 거짓이다.

3. $g(-1)=-2 \Leftrightarrow f(-1)=-2$ 이고, 함수 $h(x)$ 는

$$h(x)=\begin{cases} x(x+2) & (x<-3) \\ xf(x+2) & (-3 \leq x<-1) \\ (x+2)f(x) & (-1 \leq x<1) \\ x(x+2) & (x \geq 1) \end{cases}$$

이다.

그런데
1) $x<-3$ 과 $x \geq 1$ 에서 $x(x+2)>0$ 이고,
2) 선지 (ㄷ)의 조건에 의하여 $-3 \leq x<-1$ 에서 $f(x+2)<0$ 이므로
   $-3 \leq x<-1$ 에서 $xf(x+2)>0$ 이다.
3) $-1 \leq x<1$ 에서 $(x+2)f(x)<0$ 이므로

1, 2, 3) 함수 $h(x)$ 의 최솟값이 존재한다면 $-1 \leq x<1$ 에서 존재할 것이다.

열린구간 $(-1, 1)$ 에서 미분가능한 함수 $q(x)=(x+2)f(x)$ 에 대하여
$q'(x)=f(x)+(x+2)f'(x)$ 이고,
이 구간에서 $f(x)<0$, $(x+2)f'(x)<0$ 이므로 $q'(x)<0$ 이다.

**따라서 $-1 \leq x<1$ 에서 함수 $q(x)$ 는 감소하므로
$-1 \leq x<1$ 에서 함수 $q(x)$ 의 최솟값은 존재하지 않는다.**
함수 $h(x)$ 의 최솟값은 존재하지 않으므로 선지 (ㄷ)은 거짓이다.

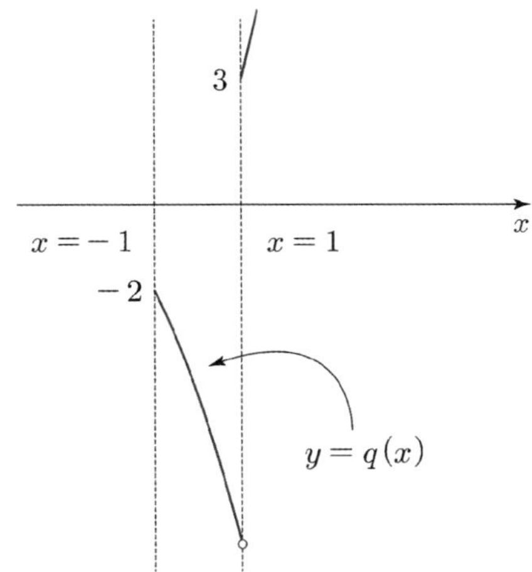

답은 ①!!

memo

Chapter

04

다항함수, 대칭성

이차함수

1. 이차방정식을 다루는 도구

먼저 이차방정식의 근을 다룰 때 사용할 수 있는 4가지 도구를 소개하겠다. 당연히 알고 있는 개념이겠지만 이번 기회에 좀 더 체계적으로 내용을 이해, 숙지하여 실전에서 자연스레 활용할 수 있는 것을 목표로 하자.

(1) 판별식

이차방정식 $ax^2 + bx + c = 0 \ (a \neq 0)$에서 판별식 $D = b^2 - 4ac$, $\dfrac{D}{4} = \left(\dfrac{b}{2}\right)^2 - ac$

판별식은 **이차방정식의 실근의 개수**를 구해야 할 때,
이차함수의 그래프와 x축의 관계를 알고 싶을 때 쓸 수 있는 도구다.

$D > 0$이면 이차방정식은 서로 다른 두 개의 실근을, $D = 0$이면 중근을, $D < 0$이면 허근을 갖는다.

※ 이차방정식의 실근의 개수를 구해야 하는 모든 경우에 반드시 판별식을 사용해야 하는 것은 아니다.
 예를 들어, $(x-a)^2 = b$의 실근의 개수를 구하기 위해 이를 전개한 다음 $x^2 - 2ax + a^2 - b = 0$의 판별식을 볼 필요가 있을까?
 아니다. 모든 실수 x에 대해 $(x-a)^2 \geq 0$이므로 b의 부호를 통해 실근의 개수를 알 수 있다.
 $b < 0$이면 허근을, $b = 0$이면 중근을, $b > 0$이면 서로 다른 두 실근을 갖는다. 가장 강력한 도구는 관찰과 생각이다.

(2) 근과 계수의 관계

이차방정식 $ax^2 + bx + c = 0 \ (a \neq 0)$의 두 근을 α, β라 할 때,
$\alpha + \beta = -\dfrac{b}{a}$, $\alpha\beta = \dfrac{c}{a}$

※ α, β는 중근일 수도 있고, 허근일 수도 있다.

e.g. $x^2 - 4x + 4 = 0$은 중근 $x = 2$를 가지고 $2 + 2 = 4$, $2 \times 2 = 4$이다.
e.g. $x^2 + 4x + 5 = 0$은 허근 $-2 \pm i$를 가지고,
  $(-2+i) + (-2-i) = -4$, $(-2+i) \times (-2-i) = 4 - (-1) = 5$

근과 계수의 관계는 2가지 정보를 바로 얻을 수 있으므로 굉장히 매력적인 도구이다.
그러나 이유 없이, 목적 없이 푸는 습관은 수능 수학이 추구하는 방향과 정반대이며 근과 계수의 관계도 맹목적으로 사용해선 안 된다.

예제(1) 20학년도 6월 평가원 13번

자연수 n에 대하여 x에 대한 이차방정식

$$x^2 - nx + 4(n-4) = 0$$

이 서로 다른 두 실근 α, β $(\alpha < \beta)$를 갖고, 세 수 1, α, β가 이 순서대로 등차수열을 이룰 때, n의 값은? [3점]

① 5　　　　② 8　　　　③ 11　　　　④ 14　　　　⑤ 17

1. 쉬운 3점짜리 문항이다. 그런데 당시 현장에서 적잖은 학생들이 이 문항에서 애를 썼는데 그 이유는
   바로 근과 계수의 관계에 있다.

   근과 계수의 관계를 적용하면
   $\alpha + \beta = n$
   $\alpha\beta = 4(n-4)$

   1, α, β가 순서대로 등차수열을 이루므로
   $2\alpha = 1 + \beta$

2. 근과 계수의 관계, 등차수열을 이용하여 3가지 관계식을 얻었다. 미지수는 α, β, n 3개이다. **미지수의 개수와 정보의 개수가 같으므로 연립방정식을 이용해 α, β, n의 값을 모두 얻을 수 있다.**

   그러나 연립방정식을 시도해보면 원래 출제 의도보다 풀이가 굉장히 길어진다. 애초에 근과 계수의 관계는
   출제 의도가 아니었다.

   이차방정식 $x^2 - nx + 4(n-4) = 0$을 보자마자 인수분해 반응이 바로 와야 한다. 인수분해 반응
   이 오지 않았다면 아직 충분한 경험치가 누적되지 않았다는 것이다.

3. 인수분해를 하면 $x^2 - nx + 4(n-4) = (x-4)(x-n+4) = 0$이므로
   서로 다른 두 실근은 4, $n-4$이 된다.

   4와 $n-4$ 중 어느 것이 더 큰지 알 수 없으므로 CASE를 분류하자.

   (i) **$4 < n-4$**
   이 경우 $\alpha = 4$, $\beta = n-4$이므로 $1, 4, n-4$가 이 순서대로 등차수열을 이룬다.
   등차중항을 이용하면 $\dfrac{1+n-4}{2} = 4$, $n-3 = 8$, $n = 11$ (O)

   (ii) **$n-4 < 4$**
   이 경우 $\alpha = n-4$, $\beta = 4$이므로 $1, n-4, 4$가 이 순서대로 등차수열을 이룬다.
   등차중항을 이용하면 $\dfrac{1+4}{2} = n-4$, $5 = 2n-8$, $n = \dfrac{13}{2}$ (X)

   n은 자연수이므로 $n = 11$이다.

   답은 ③!!

이처럼 근의 '관계'를 아는 것보다 근의 '값 자체'를 아는 게 훨씬 좋으므로 **이차방정식을 볼 때는 근과
계수와의 관계보다는 인수분해를 먼저 떠올려야 한다.**

n이 자연수일 때, x에 대한 이차방정식

$$x^2 - (2n-1)x + n(n-1) = 0$$

의 두 근을 α_n, β_n이라 하자. $\displaystyle\sum_{n=1}^{81} \frac{1}{\sqrt{\alpha_n} + \sqrt{\beta_n}}$ 의 값을 구하시오. [4점]

1. 마찬가지로 $x^2 - (2n-1)x + n(n-1) = 0$을 보자마자 인수분해 반응이 바로 와줘야 한다.

$$x^2 - (2n-1)x + n(n-1) = 0$$
$$\Leftrightarrow (x-n)(x-n+1) = 0$$

따라서 $\alpha_n = n$, $\beta_n = n-1$

(α_n, β_n의 대소관계를 알 수는 없다. 아무렇게나 설정해도 답은 똑같이 나온다.)

2. $\displaystyle\sum_{n=1}^{81} \frac{1}{\sqrt{\alpha_n} + \sqrt{\beta_n}} = \sum_{n=1}^{81} \frac{1}{\sqrt{n} + \sqrt{n-1}}$

분모에 근호($\sqrt{}$)가 있으므로 유리화를 해주자.

$$\sum_{n=1}^{81} \frac{\sqrt{n} - \sqrt{n-1}}{(\sqrt{n} + \sqrt{n-1})(\sqrt{n} - \sqrt{n-1})} = \sum_{n=1}^{81} (\sqrt{n} - \sqrt{n-1})$$
$$= 0 + \sqrt{1} - \sqrt{1} + \sqrt{2} - \cdots - \sqrt{80} + \sqrt{81} = 9$$

답은 9!!

(3) (정수단위의) 인수분해

'정수단위'라고 표현한 이유는 근의 공식과 구별 짓기 위함이다.

$x^2 - 4x + 3 = 0$ 과 $x^2 - 5x + 3 = 0$을 비교해 보자.

① $x^2 - 4x + 3 = 0$

이 경우 정수단위의 인수분해가 바로 가능하다.
$(x - 3)(x - 1) = 0$

물론 이것도 근의 공식을 통해 근을 구할 수도 있지만, 이런 방정식을 보고 근의 공식을 적용하는 사람은 없을 것이다. 혹시나 그렇게 해왔다면... 이차방정식을 보자마자 인수분해하는 법을 배우기를 바란다.

② $x^2 - 5x + 3 = 0$

이 경우 정수단위의 인수분해는 불가능하다. 그러나 근의 공식을 통해 억지로 인수분해할 수는 있다.

$x = \dfrac{5 \pm \sqrt{13}}{2}$ 이므로

$$\left(x - \dfrac{5 + \sqrt{13}}{2}\right)\left(x - \dfrac{5 - \sqrt{13}}{2}\right) = 0$$

이 책에서 이차방정식의 인수분해는 ① 처럼 정수단위로 곧바로 인수분해가 되는 경우만을 칭하도록 하겠다.

※ 단, 여기서 말하는 정수단위는 방정식의 근이 '정수'여야 한다는 것이 아니라, 각각의 인수가 포함한 항들의 계수가 정수여야 한다는 말이다.
예를 들어, 이차방정식 $3x^2 - 4x + 1 = 0$을 인수분해하면 $(3x - 1)(x - 1) = 0$이 되어
방정식의 근은 $x = \dfrac{1}{3}$, $x = 1$이지만 $(3x - 1)(x - 1) = 0$도 정수단위의 인수분해로 취급한다.

주의 : 방정식이 미지수를 포함하더라도 인수분해가 항상 불가능한 것은 아니다. 앞선 예제(1), (2)에서도
$x^2 - nx + 4(n - 4) = 0$, $x^2 - (2n - 1)x + n(n - 1) = 0$은 모두 인수분해가 가능했다.

태도 : 제시된 식이 미지수를 포함하더라도 인수분해를 곧바로 포기하지는 말자.

(4) 근의 공식

이차방정식 $ax^2 + bx + c = 0$에서 $x = \dfrac{-b + \sqrt{b^2 - 4ac}}{2a}$ 또는 $x = \dfrac{-b' + \sqrt{b'^2 - ac}}{a}$ (단, $b' = \dfrac{b}{2}$)

　　※ b가 짝수인 경우 $x = \dfrac{-b' + \sqrt{b'^2 - ac}}{a}$ 을 이용하는 것이 효율적이다.

수능 수학에서 근의 공식은 잘 쓰이지 않는다.
근의 공식은 인수분해와 마찬가지로 방정식의 근을 직접 구하기 위해 쓰는 도구인데,
수능 수학은 복잡한 계산을 지양하기 때문에 '정수단위로 인수분해가 가능한 형태로' 방정식을 제시하는 경우가 많다.

따라서 근의 공식도 거의 마지막에 고려해야 하되 만약 **정수단위로 인수분해가 되지 않음에도 불구하고 '근의 값 자체'를 구해야 할 필요성이 있다면 근의 공식을 적용해라.**

(5) 도구의 우선순위

지금까지 살펴본 이차방정식을 다루는 4가지 도구에도 우선순위가 존재한다.
판별식은 써야 할 상황이 분명하므로 독립적으로 보고, 나머지 3개의 도구를 놓고 봤을 때

인수분해 > 근과 계수의 관계 ≥ 근의 공식
순으로 중요하다.

제시되는 표현을 잘 보자. 똑같은 그래프를 나타내는 데에도 여러 표현을 사용할 수 있다. 단, 이런 표현들을 외우려고 하지 말자. '공부'해서 주어진 문장을 그 자리에서 바로 따질 수 있는 실력을 갖춰야 한다.

$f(x)$는 최고차항의 계수가 양수인 이차함수이고 α, β는 $\alpha < \beta$인 실수라 하자.

① $f(\alpha) = f(\beta) = 0$

   $f(x) = 0$이 서로 다른 두 실근 α, β를 가진다.

   $f(x)$가 $(x-\alpha)(x-\beta)$를 인수로 가진다.

   $f(x) = 0$의 판별식 $D > 0$

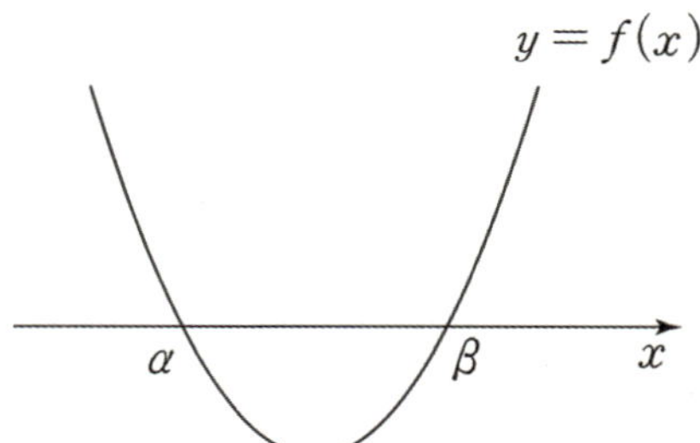

② $f(\alpha) = f'(\alpha) = 0$

   $f(x) = 0$이 α를 중근으로 가진다.

   $f(x)$가 $(x-\alpha)^2$을 인수로 가진다.

   $f(x) = 0$의 판별식 $D = 0$

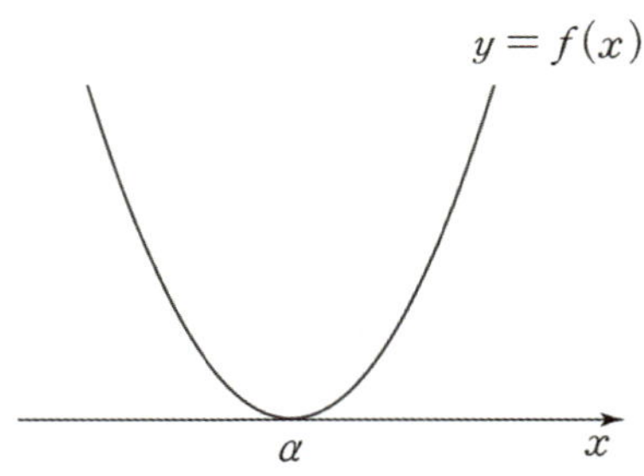

이처럼 다항함수 $f(x)$의 경우, 도함수인 $f'(x)$를 관찰하지 않고 $f(x)$의 식만 가지고도 $f(x)$의 그래프 개형을 알 수 있는 경우가 있다.

(1) 대칭성

이차함수 그래프에서 가장 중요한 특징이다. 이차함수가 등장하면 반드시 대칭성을 떠올리자.

① **이차함수의 꼭짓점의 x좌표를 α라 할 때, 이차함수의 그래프는 직선 $x = \alpha$에 대하여 대칭이다.**

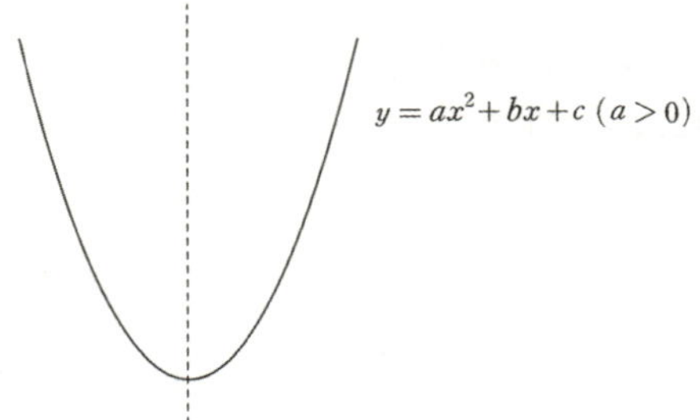

② **이차함수 $f(x)$의 꼭짓점의 x좌표가 a일 때, $f'(a-h) = -f'(a+h)$이다.**
도함수인 일차함수에서 x절편을 기준으로 대칭인 두 점에서의 함숫값은 부호가 다르고 절댓값이 같다.
$\Leftrightarrow$ 원함수인 이차함수에서 대칭축을 기준으로 대칭인 두 점에서의 미분계수는 부호가 다르고 절댓값이
    같다.

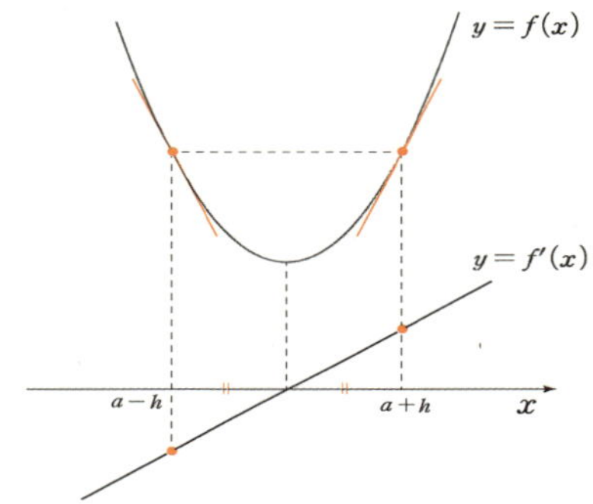

(2) 이차함수의 그래프 개형은 최고차항의 계수에만 영향받는다.

서로 다른 두 이차함수 $y = ax^2 + bx + c$와 $y = ax^2 + dx + e$의 그래프 개형이 b, c, d, e의 값과 상관없이 동일하다는 것을 보여주면 증명할 수 있다. (단, $a \neq 0$이다.)

두 함수식을 완전제곱식 꼴로 변형하자. $y = a\left(x + \dfrac{b}{2a}\right)^2 + c$, $y = a\left(x + \dfrac{d}{2a}\right)^2 + e$

이차함수 $y = a\left(x + \dfrac{b}{2a}\right)^2 + c$를 x축 방향으로 $\dfrac{b-d}{2a}$만큼 평행이동하고, y축 방향으로 $e - c$만큼 평행이동

하면, $y - e + c = a\left(x - \dfrac{b-d}{2a} + \dfrac{b}{2a}\right)^2 + c$이므로 $y = a\left(x + \dfrac{d}{2a}\right)^2 + e$이다.

즉, 최고차항의 계수만 같다면 평행이동 통해 언제나 같은 함수로 만들어줄 수 있으므로
두 함수의 그래프 개형은 서로 같다. 따라서 이차함수의 그래프 개형은 최고차항의 계수에만 영향받는다.

(3) 최대·최소

대칭성 다음으로 중요한 이차함수의 그래프 특징이다. $f(x) = a(x-b)^2 + c \ (a \neq 0)$일 때,
$a > 0$이면 $f(x)$는 $x = b$에서 최솟값 c를 갖고, $a < 0$이면 $f(x)$는 $x = b$에서 최댓값 c를 갖는다.

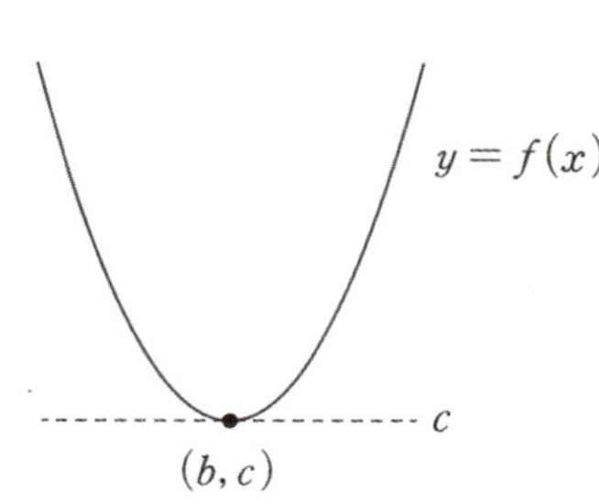 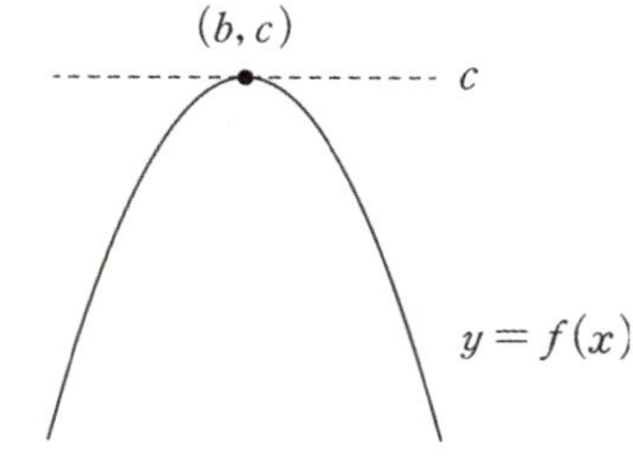

(4) 대칭성 확장 : 이차함수와 일차함수

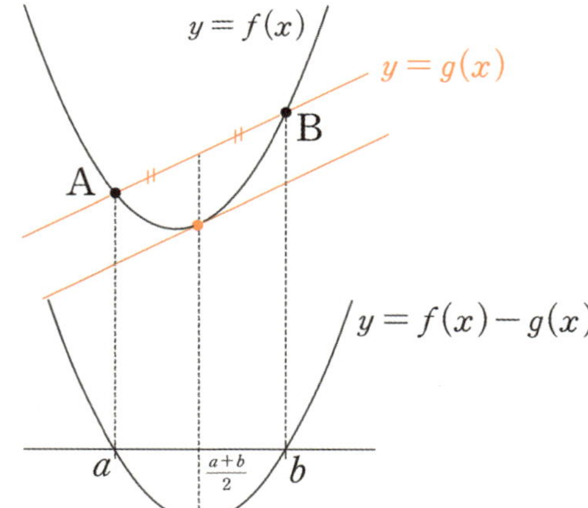

① 이차함수 $y = f(x)$ 위의 서로 다른 두 점 $A(a, f(a))$와
$B(b, f(b))$를 잇는 직선의 기울기와 동일한 미분계수를 갖는
지점의 x좌표 : $\dfrac{a+b}{2}$

② 두 점 $A(a, f(a))$와 $B(b, f(b))$를 지나가는 직선의 방정식을
$y = g(x)$라 할 때,
이차함수 $f(x) - g(x)$의 꼭짓점의 x좌표 : $\dfrac{a+b}{2}$

②, ①의 순으로 이유를 살펴보자.

② 위의 그림에서 이차함수 $f(x)$의 최고차항 계수가 1이라고 할 때, $f(x)$, $g(x)$의 차이함수를 작성하면
다음과 같다. $f(x) - g(x) = (x-a)(x-b)$
$y = f(x) - g(x)$의 그래프와 x축이 서로 다른 두 점 $(a, 0)$, $(b, 0)$에서 만나므로 $f(x) - g(x)$의 꼭짓점
의 x좌표는 $\dfrac{a+b}{2}$가 된다.

① $f(x) - g(x) = (x-a)(x-b)$의 양변을 x에 대하여 미분하면 $f'(x) - g'(x) = 2\left(x - \dfrac{a+b}{2}\right)$

$x = \dfrac{a+b}{2}$를 대입하면 $f'\left(\dfrac{a+b}{2}\right) = g'\left(\dfrac{a+b}{2}\right)$

$g'(x) = $ (두 점 $A(a, f(a))$와 $B(b, f(b))$를 잇는 직선의 기울기)이므로
$g'\left(\dfrac{a+b}{2}\right)$는 서로 다른 두 점 $A(a, f(a))$와 $B(b, f(b))$를 잇는 직선의 기울기와 동일하다.
따라서 이차함수 $f(x)$ 위의 서로 다른 두 점 $A(a, f(a))$와 $B(b, f(b))$를 잇는 직선의 기울기와 동일한
미분계수를 갖는 지점의 x좌표는 $\dfrac{a+b}{2}$가 된다.

이차함수 $y = f(x)$의 그래프가 직선 $x = 3$에 대하여 대칭일 때, <보기>에서 옳은 것을 모두 고른 것은? [3점]

<보 기>

ㄱ. $y = f(x)$에서 x의 값이 -1에서 7까지 변할 때의 평균변화율은 0이다.

ㄴ. 두 실수 a, b에 대하여 $a + b = 6$이면 $f'(a) + f'(b) = 0$이다.

ㄷ. $\displaystyle\sum_{k=1}^{15} f'(k-3) = 0$

① ㄱ   ② ㄷ   ③ ㄱ, ㄴ   ④ ㄴ, ㄷ   ⑤ ㄱ, ㄴ, ㄷ

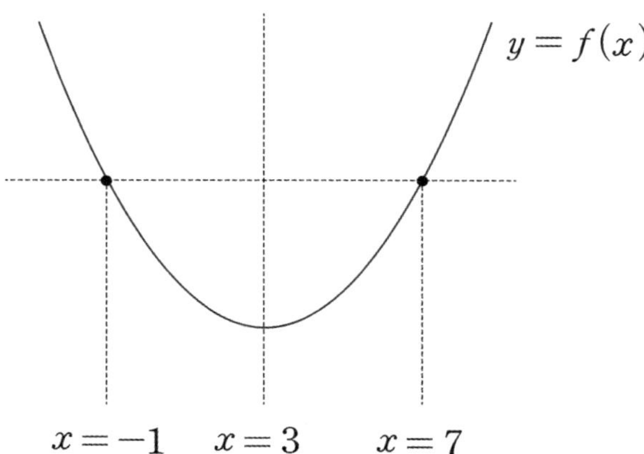

1. 식으로 따져도 되지만, 이차함수의 대칭성을 생각하면 옳은 보기임을 바로 알 수 있다. (O)

2. $a + b = 6$이므로 $a,\ b$는 서로 $x = 3$에 대해 대칭인 관계에 놓여있다($\Leftrightarrow a,\ b$의 평균은 3이다).
   $\therefore\ f'(a) + f'(b) = 0$이다. (O)

3. ㄷ을 풀 때는 태도 측면에서 두 가지 사항을 고려해야 한다.

   ① **15개의 미분계수 값을 다 더하는 것이 출제 의도일 리가 절대 없다. (생각 없이 풀어서 맞혔다면 틀린 것과 다름없다.)** 반드시 이차함수의 대칭성을 이용해서 계산을 줄여야 한다.

   ② **ㄱㄴㄷ 문항에서 선지 (ㄱ), (ㄴ)은 ㄷ의 길잡이다.** 여기서도 선지 (ㄷ)을 해결할 때 선지 (ㄴ)을 활용하는 것이 출제의도이다.
   $$f'(-2) + f'(-1) + \cdots + f'(11) + f'(12)$$
   $$= f'(3)$$
   $$+ f'(2) + f'(4)$$
   $$+ f'(1) + f'(5)$$
   $$\vdots$$
   $$+ f'(-2) + f'(8)$$
   $$+ f'(9) + f'(10) + f'(11) + f'(12)$$
   $$= f'(9) + f'(10) + f'(11) + f'(12) \neq 0$$

   따라서 ㄷ은 틀렸다.

옳은 선지는 ㄱ, ㄴ이므로 **답은 ③!!**

이차함수 $f(x) = x^2 - 4x + 7$의 그래프 위에 두 점 A(1, 4), B(6, 19)가 있다. 직선 AB와 평행하고 포물선 $y = f(x)$에 접하는 직선이 두 직선 $x = 1$, $x = 6$과 만나는 점을 각각 D, C라 할 때, 평행사변형 ABCD의 넓이는? [4점]

① 30   ② $\dfrac{125}{4}$ ③ $\dfrac{65}{2}$ ④ $\dfrac{135}{4}$ ⑤ 35

1. **상황 파악을 위해 그래프를 그리자.**

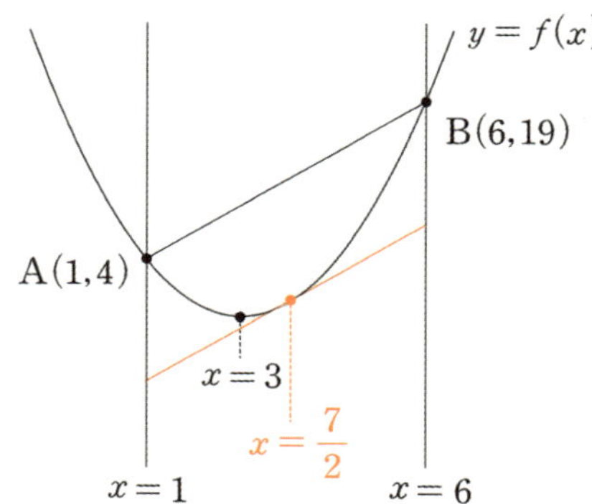

본문에서 배운 **이차함수 대칭성 확장**을 고려하면 직선 AB와 평행한 직선이 곡선 $f(x)$에 접하는 점의 x좌표는 $\dfrac{1+6}{2} = \dfrac{7}{2}$ 이다. $f\!\left(\dfrac{7}{2}\right) = \dfrac{21}{4}$ 이므로 접선은 점 $\left(\dfrac{7}{2}, \dfrac{21}{4}\right)$ 을 지나고. 접선의 기울기는 두 점 $A(1, 4)$, $B(6, 19)$를 지나는 직선의 기울기와 같으므로 접선의 방정식은 다음과 같다.

$$y = \frac{19-4}{6-1}\left(x - \frac{7}{2}\right) + \frac{21}{4} = 3x - \frac{21}{4}$$

2. 접선이 두 직선 $x=1$, $x=6$과 만나는 점의 좌표는 $C\!\left(1, -\dfrac{9}{4}\right)$, $D\!\left(6, \dfrac{51}{4}\right)$

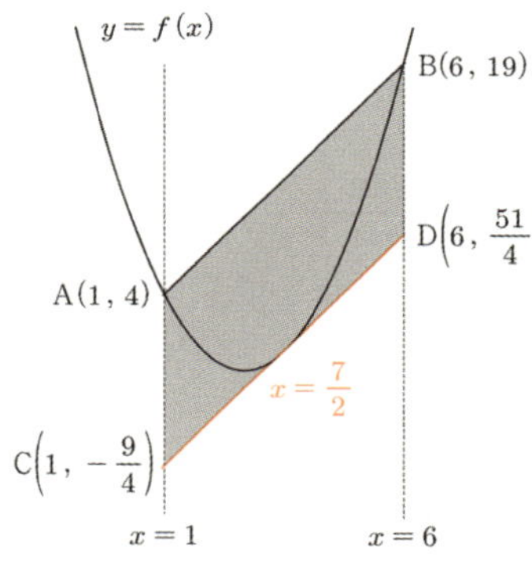

평행사변형 $ABCD$에서 밑변을 선분 AC로 보면 높이는 두 직선 $x=1$, $x=6$ 사이의 거리가 된다. 따라서 평행사변형의 넓이는 $\left\{4 - \left(-\dfrac{9}{4}\right)\right\} \times 5 = \dfrac{125}{4}$ 이다.

답은 ②!!

※ 답을 구하기 위해서 두 점 C, D 중 한 점의 좌표만 구해도 된다.

한편, 두 점 C, D의 좌표를 구하기 귀찮다면 다음과 같은 방법도 있다. 두 점 $A(1, 4)$, $B(6, 19)$의 중점 $\left(\dfrac{7}{2}, \dfrac{23}{2}\right)$과 직선과 이차곡선의 접점 $\left(\dfrac{7}{2}, \dfrac{21}{4}\right)$ 사이의 거리가 선분 AC의 길이와 같으므로 평행사변형의 넓이는 $\left(\dfrac{23}{2} - \dfrac{21}{4}\right) \times 5 = \dfrac{25}{4} \times 5 = \dfrac{125}{4}$ 이다.

그림과 같이 직선 $y = x + k$ $(3 < k < 9)$가 곡선 $y = -x^2 + 9$와 만나는 두 점을 각각 P, Q라 하고, y축과 만나는 점을 R라 하자. <보기>에서 옳은 것만을 있는 대로 고른 것은? (단, O는 원점이고, 점 P의 x좌표는 점 Q의 x좌표보다 크다.) [4점]

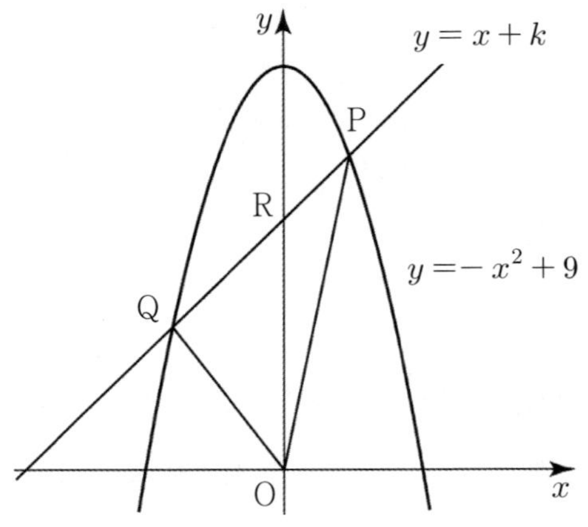

<보　기>

ㄱ. 선분 PQ의 중점의 x좌표는 $-\dfrac{1}{2}$이다.

ㄴ. $k = 7$일 때, 삼각형 ORQ의 넓이는 삼각형 OPR의 넓이의 2배이다.

ㄷ. 삼각형 OPQ의 넓이는 $k = 6$일 때 최대이다.

① ㄱ　　　　② ㄷ　　　　③ ㄱ, ㄴ　　　　④ ㄴ, ㄷ　　　　⑤ ㄱ, ㄴ, ㄷ

1. **이차함수 대칭성 확장**을 적용하자. $f(x) = -x^2 + 9$라 할 때, 선분 PQ의 중점의 x좌표는 함수 $f(x)$에서 선분 PQ의 기울기와 동일한 미분계수를 갖는 x좌표이다.

$f'(x) = -2x$이므로 방정식 $-2x = 1$을 풀어주면 $x = -\dfrac{1}{2}$이다. (O)

※ 근과 계수의 관계를 이용하는 방법

두 점 P, Q의 x좌표를 각각 p, q라 할 때, 이차방정식 $-x^2 + 9 = x + k$의 서로 다른 두 실근이 p, q이다. 근과 계수의 관계에 의해 $p + q = -1$이므로 선분 PQ의 중점의 x좌표는 $\dfrac{p+q}{2} = -\dfrac{1}{2}$ 이다.

---

2. (ㄴ)에서 묻고 있는 것은 두 삼각형의 구체적인 넓이가 아닌 두 삼각형의 넓이의 '비'이다.

삼각형 ORQ와 OPR은 서로 밑변 $\overline{OR}$을 공유하고 있으므로 두 삼각형의 넓이의 비는 높이의 비와 같다. 두 삼각형의 높이만 구하자.

(삼각형 ORQ의 높이) : |점 Q의 x좌표|, (삼각형 OPR의 높이) : 점 P의 x좌표

두 점 Q, P의 x좌표는 방정식 $x + 7 = -x^2 + 9$의 두 실근이다. $x + 7 = -x^2 + 9$, $x^2 + x - 2 = 0$

∴ 점 Q의 x좌표는 -2이고, 점 P의 x좌표는 1이다. ($\because$ 점 P의 x좌표 > 점 Q의 x좌표)

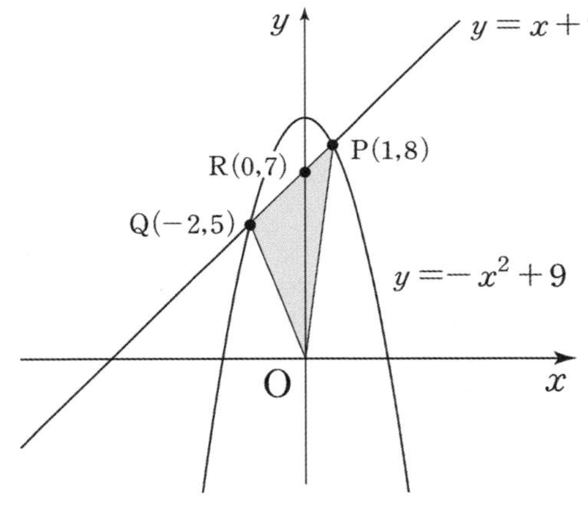

따라서 (삼각형 OPR의 높이)×2=(삼각형 ORQ의 높이) 이므로
(삼각형 OPR의 넓이)×2=(삼각형 ORQ의 넓이)이다. (O)

※두 삼각형의 넓이를 구할 필요가 전혀 없었다. 보기를 생각하며 읽지 않고, 그래프를 관찰하지 않았다면 삼각형의 넓이를 구했을 확률이 높다. 항상 손이 가기 전에 눈으로 관찰하는 습관을 들이자.

3. 선지 (ㄴ)에서는 $k=7$이라는 구체적인 값을 준 반면 (ㄷ)은 k값을 특정하지 않았다. (ㄴ)을 통해 구체적인 사례를 학습했다면 일반적인 사례도 충분히 풀 수 있어야 한다는 출제자의 의도다.

삼각형 OPQ의 넓이를 나타내는 식을 작성하여 최댓값을 갖는 k값을 따지자. 이때, k의 범위는 $3 < k < 9$임에 주의해야 한다.

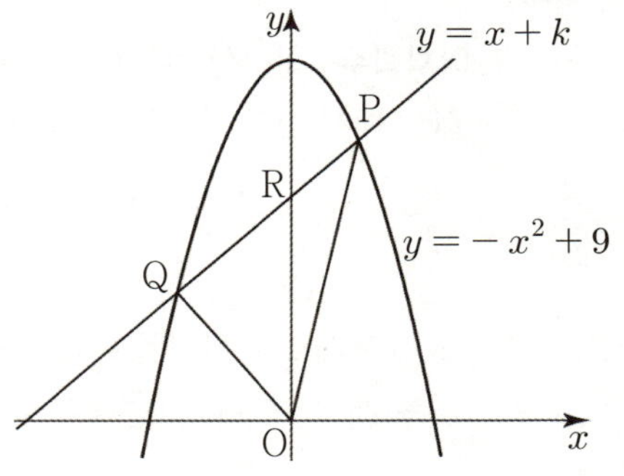

(삼각형 OPQ의 넓이)=(삼각형 OPR의 넓이)+(삼각형 ORQ의 넓이)

두 삼각형 OPR, ORQ의 밑변 길이는 모두 점 R의 y좌표로 k이다.
두 삼각형의 높이를 구하기 위해 곡선 $y = -x^2 + 9$와 직선 $y = x + k$의 교점의 x좌표를 구하자.

$$-x^2 + 9 = x + k, \; x^2 + x + k - 9 = 0 \quad \therefore \; x = \frac{-1 \pm \sqrt{37 - 4k}}{2}$$

이 중 더 큰 값인 $\dfrac{-1 + \sqrt{37 - 4k}}{2}$가 (삼각형 OPR의 높이)가 되고,

더 작은 값에 절댓값을 씌운 $\dfrac{1 + \sqrt{37 - 4k}}{2}$가 (삼각형 ORQ의 높이)가 된다.

$$\text{(삼각형 } OPR \text{의 넓이)} = k \times \frac{-1 + \sqrt{37 - 4k}}{2} \times \frac{1}{2} = \frac{-k + k\sqrt{37 - 4k}}{4}$$
$$\text{(삼각형 } ORQ \text{의 넓이)} = k \times \frac{1 + \sqrt{37 - 4k}}{2} \times \frac{1}{2} = \frac{k + k\sqrt{37 - 4k}}{4}$$

$$\therefore \text{(삼각형 } OPQ \text{의 넓이)} = \frac{-k + k\sqrt{37 - 4k} + k + k\sqrt{37 - 4k}}{4} = \frac{k\sqrt{37 - 4k}}{2}$$

$\dfrac{k\sqrt{37 - 4k}}{2}$이 최댓값을 갖는 k의 값을 구하자. 루트 바깥에 있는 k는 상당히 거슬리므로 루트 안으로 집어넣자. $\dfrac{k\sqrt{37 - 4k}}{2} = \dfrac{\sqrt{-4k^3 + 37k^2}}{2}$

$-4k^3 + 37k^2 = h(k)$라 할 때, $3 < k < 9$에서 삼차함수 $h(k)$가 최댓값을 가지는 순간이 곧 $\dfrac{\sqrt{-4k^3 + 37k^2}}{2}$이 최댓값을 가지는 순간이다.

$h(k) = -4k^3 + 37k^2 = -4k^2\left(k - \dfrac{37}{4}\right)$이므로

삼차함수 비율에 따라 $h(k)$는 $k = 0$에서 극솟값, $k = \dfrac{37}{6}$에서 극댓값을 가진다.

※ 삼차함수 비율은 이번 챕터의 〈삼차함수 파트〉에서 배울 것이다. 아직 삼차함수의 비율을 모르는
학생은 $h(k)$를 미분하여 극댓값과 극솟값을 갖는 k값을 구하면 된다.

$3 < k < 9$이므로 해당 정의역에서 $h(k)$는 $k = \dfrac{37}{6}$에서 최댓값을 가진다. (X)

옳은 선지는 ㄱ, ㄴ이므로 **답은** ③**!!**

(ㄷ)은 현장에서 충분히 혼란을 줄 만한 선지이다.
'우리가 언제 무리함수의 최대·최소를 배웠지?'라는 생각이 드는 것도 당연하다.

하지만 뚜껑을 열어보니 선지 (ㄷ)은 결국 삼차함수의 최대·최소를 묻는 문항이었다. 사관학교 출제 문항이
지만 이처럼 비주얼로 학생들에게 겁을 주는 것은 평가원이 가장 잘하는 영역이다.

따라서 기출을 공부하면서 '비주얼에 겁먹지 않는' 연습만 하더라도 많은 것을 얻어갈 수 있다.

삼차함수

1. 변곡점

변곡점이라는 개념은 수학Ⅱ 교육과정에서는 다루지 않는다.
변곡점을 다루기 위해서는 미분을 두 번 하는 이계도함수를 언급해야 하는데 이계도함수는 수학Ⅱ 교육과정에
포함되지 않기 때문이다.

물론 여기서도 이계도함수 내용을 언급하면서까지 변곡점을 가르치지는 않을 것이다.
본 교재에서 변곡점은 **'삼차함수의 점대칭 점'의 의미로만 받아들이자.**
이때, 삼차함수의 점대칭 점(변곡점)의 x좌표는 삼차함수의 도함수인 이차함수의 꼭짓점의 x좌표와 같다.
여러 수학Ⅱ 강의에서 언급하는 변곡점도 이런 의미인 경우가 많다.

매번 삼차함수의 점대칭 점으로 표현하기 번거로우므로 변곡점이라는 표현을 도입한다는 느낌으로 받아들이자.

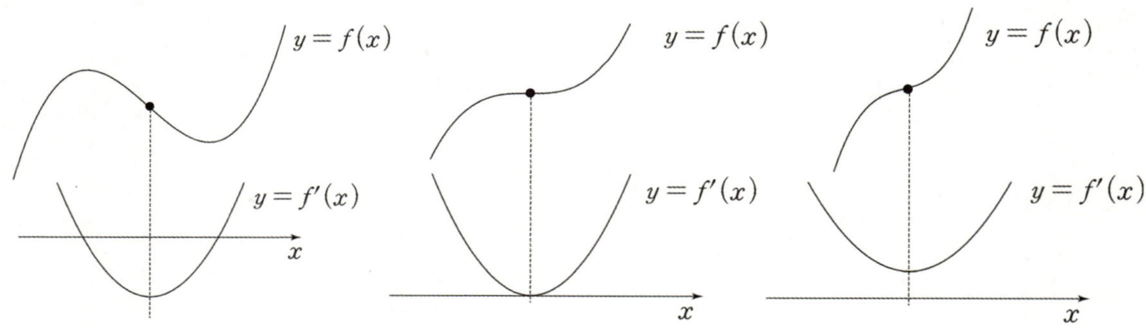

※ 변곡점의 x좌표는 $f''(x) = 0$을 만족하는 x이다.
  삼차함수 $f(x)$의 변곡점의 x좌표는 이차함수 $f'(x)$의 꼭짓점의 x좌표와 같다.
  이차함수의 꼭짓점의 x좌표는 미분계수가 0이 되는 지점이므로 변곡점의 x좌표는 $f'(x)$의 미분계수가 0이
  되는 x, 즉 $f''(x) = 0$을 만족하는 x이다.

  $f''(x)$는 미적분에서 배우는 이계도함수이므로 삼차함수의 변곡점의 x좌표를 구할 때를 제외하고는 거의
  쓸 일이 없다.

아래의 그림에서 알 수 있듯이 도함수인 이차함수는 대칭축을 기준으로 대칭이다.
따라서 도함수인 이차함수에서 대칭축을 기준으로 대칭인 두 점에서 함숫값은 같다.
　　= 원함수인 삼차함수에서 변곡점을 기준으로 대칭인 두 점에서 미분계수는 같다.

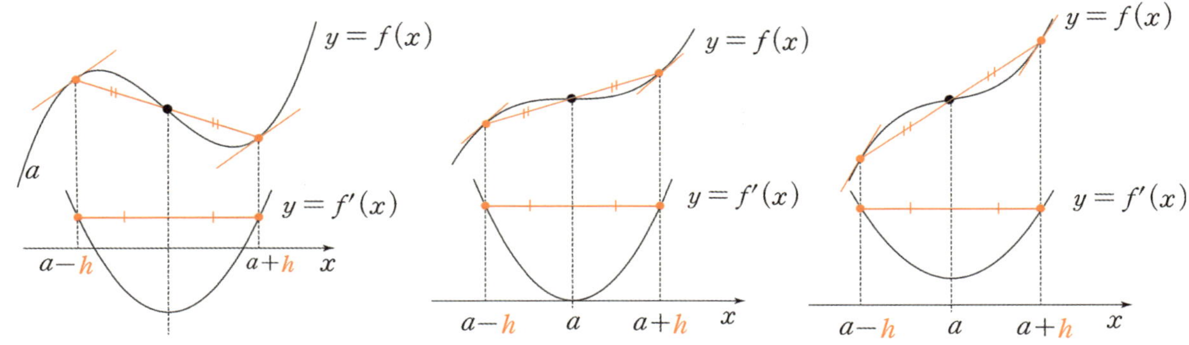

만약 $y=f(x)$ 위에서 그은 서로 다른 두 접선의 기울기가 같다면, 두 접점은 변곡점에 대하여 대칭이다.

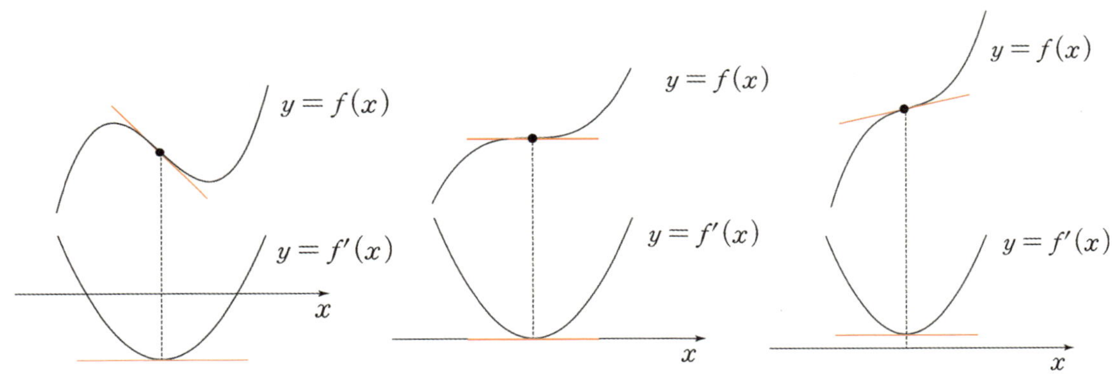

(그림에서 $f(x)$는 최고차항의 계수가 양수인 삼차함수이다.)

삼차함수의 변곡점의 x좌표는 도함수인 이차함수의 꼭짓점의 x좌표와 일치한다.
이때, **이차함수의 함숫값은 꼭짓점에서 최소 혹은 최대가 된다.**
도함수의 함숫값은 원함수에서 미분계수를 의미하므로 변곡점에서 미분계수는 최소 혹은 최대가 된다.

삼차함수 $f(x)$와 실수 t에 대하여 곡선 $y = f(x)$와 직선 $y = -x + t$의 교점의 개수를 $g(t)$라 하자. <보기>에서 옳은 것만을 있는 대로 고른 것은? [4점]

<보 기>

ㄱ. $f(x) = x^3$이면 함수 $g(t)$는 상수함수이다.

ㄴ. 삼차함수 $f(x)$에 대하여, $g(1) = 2$이면 $g(t) = 3$인 t가 존재한다.

ㄷ. 함수 $g(t)$가 상수함수이면, 삼차함수 $f(x)$의 극값은 존재하지 않는다.

---

① ㄱ　　　② ㄷ　　　③ ㄱ, ㄴ　　　④ ㄴ, ㄷ　　　⑤ ㄱ, ㄴ, ㄷ

문제에서 새롭게 정의한 함수인 $g(t)$가 등장했으므로 빠르게 $g(t)$라는 함수를 이해해야 한다.

새롭게 정의한 함수에서 가장 중요한 것은 정의역과 치역의 실질적 의미이다.

정의역(t) : t에 따라 기울기가 -1인 일차함수가 위아래로 움직인다.

치역$(g(t))$: 기울기가 -1인 직선과 삼차함수 $f(x)$의 교점의 개수

포인트는 치역이 '교점의 개수'라는 점이다. $g(t)$라는 함수를 제대로 이해했으니 보기로 들어가자.

1. $y = x^3$의 그래프를 그려 본다면 쉽게 파악할 수 있는 보기이다.
   모든 실수 t에 대하여 $g(t) = 1$이므로 함수 $g(t)$는 상수함수이다. (O)

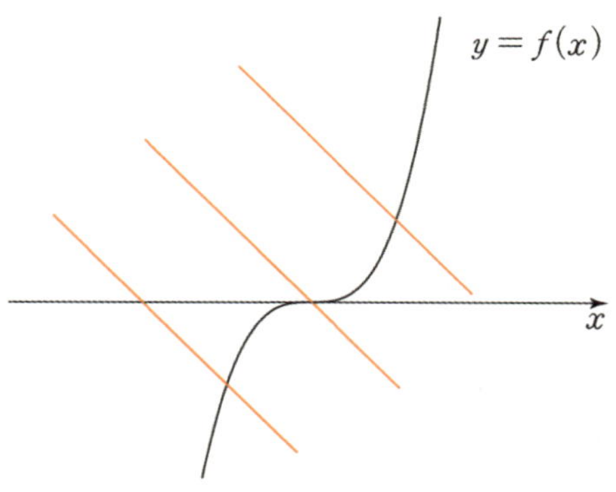

2. $g(1) = 2$이므로, 직선 $y = -x + 1$과 곡선 $f(x)$의 교점이 2개다. 즉, 한 점에서 접하고 한 점에서
   만난다. 조건을 만족시키도록 곡선 $f(x)$와 직선 $y = -x + 1$의 위치 관계를 그래프로 표현하면 $f(x)$
   의 최고차항의 계수에 따라 다음과 같이 두 가지 경우가 가능하다.

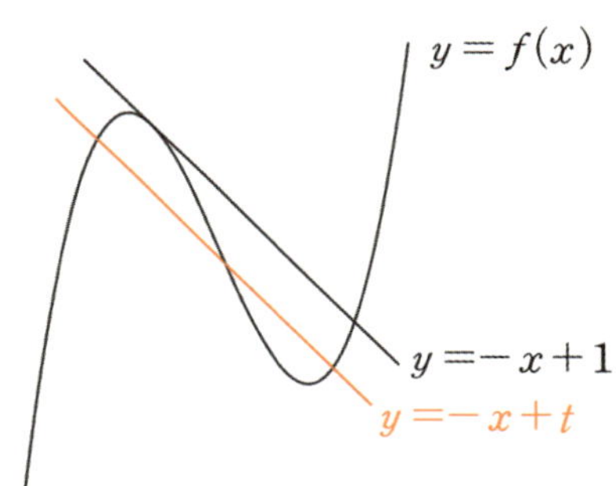

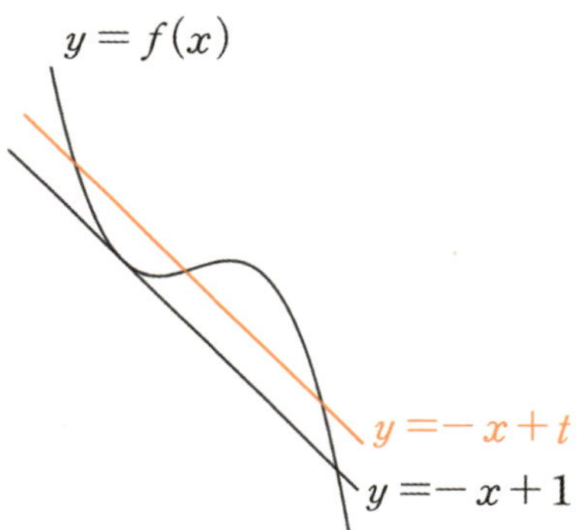

당연히 $g(t) = 3$인 t가 존재한다. (O)

3. 변곡점을 다루는 중요한 보기이다. 해설을 보면서 ㄷ 보기와 변곡점의 연관성을 잘 공부하길 바란다.

> 함수 $g(t)$가 상수함수이면, 삼차함수 $f(x)$의 극값은 존재하지 않는다.

이 진술은 전형적인 ㄱㄴㄷ 합답형 문항의 '단정적 진술'이면서, 조건문($p{\to}q$)에 해당한다.
태도 : 단정적 진술의 참, 거짓을 판별하기 위해서는 반례를 찾으려고 하자.

ㄷ과 같은 '$p{\to}q$ 조건문'의 경우에는 '$p{\to}\sim q$에 해당하는 케이스'가 반례가 되겠다. **함수 $g(t)$가 상수함수일 때, 삼차함수 $f(x)$가 극값을 가지는 케이스를 찾으면 되는데 그렇게 쉽지는 않다.** 함수 $g(t)$가 상수함수인 모든 경우를 따지기는 어렵기 때문이다.

따라서 '대우명제'를 생각할 수 있어야 한다. $p{\to}q$가 아닌 $\sim q{\to}\sim p$로 바라보자.

> 함수 $g(t)$가 상수함수이면, 삼차함수 $f(x)$의 극값은 존재하지 않는다.
> ⇔ **삼차함수 $f(x)$의 극값이 존재하면, 함수 $g(t)$는 상수함수가 아니다.**

대우명제의 경우는 반례를 찾기 훨씬 수월하다. 삼차함수 $f(x)$의 극값이 존재하는 개형은 딱 하나 존재하기에 $f(x)$를 확정할 수 때문이다.
태도 : 조건문인 명제를 그 자체로 따지기 어렵다면 대우 명제를 떠올리자.

(ㄷ)의 대우 명제의 반례는 '$f(x)$의 극값이 존재하면서 $g(t)$가 상수함수인 CASE'이다. 변곡점에서 삼차함수의 미분계수가 최소 혹은 최대가 된다는 특징을 떠올리자.

삼차함수 $f(x)$의 최고차항의 계수가 양수일 때, '(변곡점에서의 기울기)≥ -1'이면 $g(t)$는 상수함수 이다.

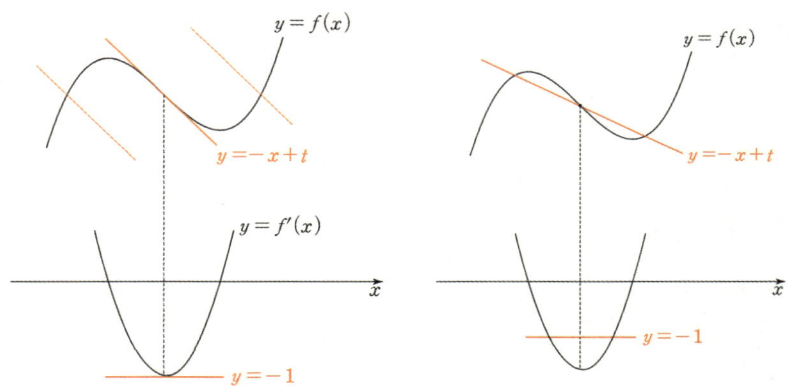

따라서 최고차항의 계수가 양수이고 극값을 갖는 삼차함수 $f(x)$가 $x=a$에서 변곡점을 가질 때, $-1 \leq f'(a) < 0$이면 $g(t)$는 상수함수이므로 ㄷ은 틀렸다. (X)

옳은 것은 ㄱ, ㄴ이므로 **답은 ③!!**

도구
삼차함수의 변곡점의 특징

태도
1. 단정적 진술의 참, 거짓을 판별하기 위해서 반례를 찾자.
2. 조건문인 명제를 그 자체로 따지기 어렵다면 '대우명제'를 떠올리자.

※ 차이함수 풀이

차이함수는 〈Chapter 5. 도함수의 활용〉에서 자세히 다룬다. 아직 차이함수를 배우기 전이지만 이 풀이를 이해하는 데에는 큰 어려움이 없을 것이다. 차이함수 풀이가 출제 의도인지는 확신이 들진 않지만 충분히 좋은 풀이이므로 알아두자.

$y = f(x)$와 $-x + t$의 교점의 개수는 삼차함수와 일차함수의 교점의 개수인데, 삼차함수와 일차함수를 따로따로 보기 불편할 수도 있다.

$f(x) = -x + t$의 실근은 $f(x) + x = t$의 실근과 동일하므로 $y = f(x) + x$와 $y = t$의 교점의 개수로 보자. 이 경우 삼차함수와 x축과 평행한 직선의 교점이므로 비교적 수월하게 관찰할 수 있다.

1. $y = x^3 + x$와 $y = t$의 교점을 관찰하자. $y' = 3x^2 + 1$이므로 $y = x^3 + x$은 극값을 갖지 않는다. 따라서 교점의 개수는 항상 1이다. (O)

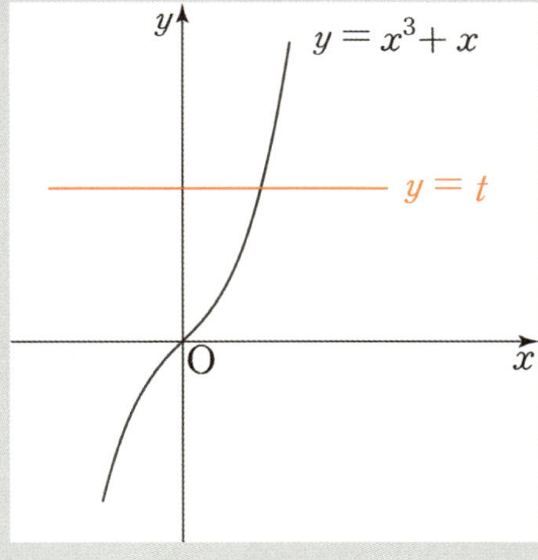

2. $g(1) = 2$이므로 방정식 $f(x) + x = 1$의 실근의 개수가 2이다.

$f(x) + x$도 마찬가지로 삼차함수이므로 다음과 같이 그래프를 그릴 수 있다.

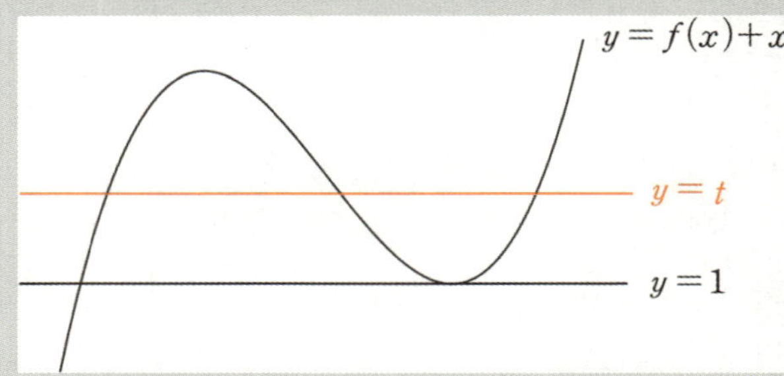

$g(t) = 3$인 t는 당연히 존재한다. (O)

3. '$g(t)$는 상수함수이다.'는 '$f(x) + x$의 극값이 존재하지 않는다.'와 같으므로 선지 (ㄷ)을 다음과 같이 서술할 수 있다.

함수 $g(t)$가 상수함수이면, 삼차함수 $f(x)$의 극값은 존재하지 않는다.
⇔ 함수 $f(x) + x$의 극값이 존재하지 않으면 삼차함수 $f(x)$의 극값은 존재하지 않는다.

$f(x) + x$를 극값이 존재하지 않는 가장 대표적인 삼차함수인 x^3라고 한다면,

$f(x) = x^3 - x$가 되고 $f(x)$의 극값은 존재한다. 반례가 존재하므로 ㄷ은 틀렸다. (X)

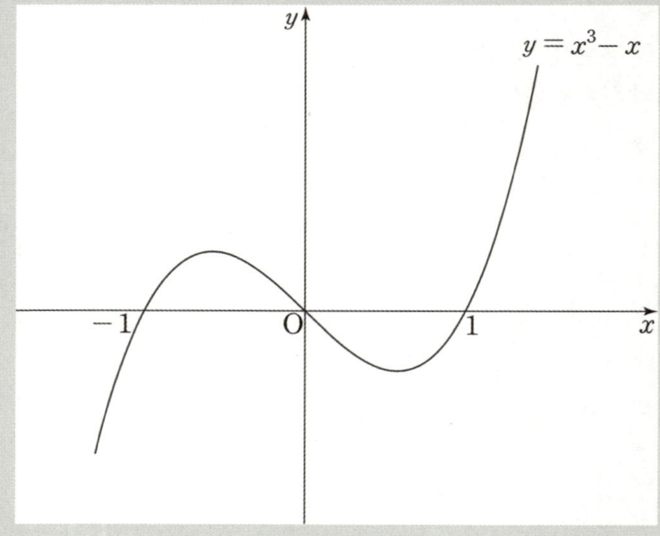

(3) 3×(변곡점의 x좌표)=삼차방정식의 세 근의 합

Q) 아래 그림에서 삼차함수 $f(x)$의 변곡점의 x좌표가 3일 때, 점 C의 x좌표와 점 D의 x좌표는?

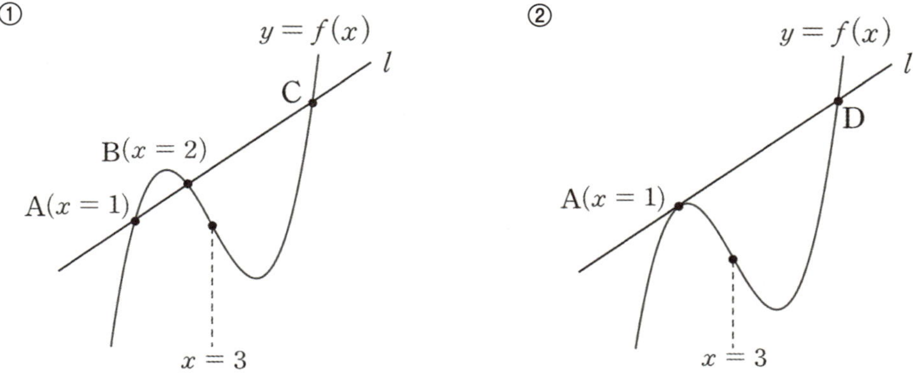

A) 점 C의 x좌표는 6이고, 점 D의 x좌표는 7이다. 지금부터 천천히 그 이유를 알아보자.

$y = ax^3 + bx^2 + cx + d$, $y' = 3ax^2 + 2bx + c$ (단, $a \neq 0$)

변곡점의 x좌표는 이차함수의 꼭짓점의 x좌표와 같으므로 변곡점의 x좌표 : $-\dfrac{b}{3a}$

(혹은 두 번 미분하여 구할 수 있다. $y'' = 6ax + 2b = 0$에서 $x = -\dfrac{b}{3a}$)

근과 계수의 관계에 의해 삼차방정식 $ax^3 + bx^2 + cx + d = 0$의 세 근의 합 : $-\dfrac{b}{a}$

∴ 3×(변곡점의 x좌표)=삼차방정식의 세 근의 합

이 내용을 바탕으로 위의 두 그림을 다시 보자.
그림 ①에서 점 C의 x좌표를 c라 하고, 직선 l의 방정식을 $y = g(x)$라 하자.
그림 ②에서 점 D의 x좌표를 d라 하고, 직선 l의 방정식을 $y = h(x)$라 하자.

① 삼차방정식 $f(x) - g(x) = 0$의 서로 다른 세 실근은 1, 2, c이다.
② 삼차방정식 $f(x) - h(x) = 0$의 세 실근은 1, 1, d이다.

한편, 삼차함수와 직선을 연립한 삼차방정식에서 직선은 **삼차함수의 삼차항과 이차항에 아무런 영향도 주지 않는다.** (변곡점의 x좌표)와 (삼차방정식의 세 근의 합)은 삼차항과 이차항에만 영향받으므로 **삼차함수의 그래프와 직선이 만날 때에도 '3×(변곡점의 x좌표)=삼차방정식의 세 근의 합'은 유효하다!**

① $f(x) - g(x)$의 변곡점의 x좌표는 3이므로 $3 \times 3 = 1 + 2 + c$ ∴ $c = 6$
② $f(x) - h(x)$의 변곡점의 x좌표는 3이므로 $3 \times 3 = 1 + 1 + d$ ∴ $d = 7$

x에 대한 삼차방정식 $\dfrac{1}{3}x^3 - x = k$가 서로 다른 세 실근 α, β, γ를 가진다. 실수 k에 대하여 $|\alpha| + |\beta| + |\gamma|$의 최솟값을 m이라 할 때, m^2의 값을 구하시오. [4점]

1. x에 대한 삼차방정식 $\dfrac{1}{3}x^3 - x = k$의 근 $\Leftrightarrow$ 함수 $y = \dfrac{1}{3}x^3 - x$와 함수 $y = k$의 교점

$y = \dfrac{1}{3}x^3 - x$와 $y = k$ 그래프를 그리자.

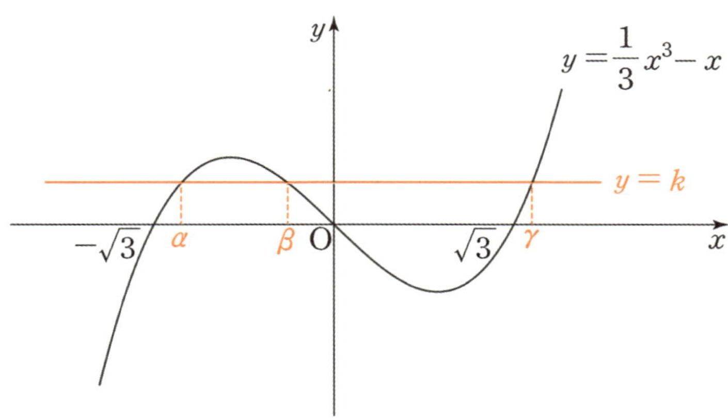

※ $|\alpha| + |\beta| + |\gamma|$의 최솟값을 구하는 데에 k의 부호와 $\alpha,\ \beta,\ \gamma$의 대소관계는 상관없으므로 $\alpha < \beta < \gamma,\ k \geq 0$으로 설정했다.

2. **문제에서 요구하는 $|\alpha| + |\beta| + |\gamma|$은 서로 다른 세 교점의 합과 굉장히 유사하다.**
삼차함수의 '근과 계수의 관계'에 의해 $\alpha + \beta + \gamma = 0$

$\alpha + \beta + \gamma$와 $|\alpha| + |\beta| + |\gamma|$를 연결지어야 하는데 이 둘을 어떻게 연결지을 수 있을까?
여기서 그래프 관찰의 중요성이 드러난다. 그래프를 관찰하면 서로 다른 세 실근의 '부호'를 알 수 있다.
$\alpha,\ \beta < 0,\ \gamma > 0$

따라서 $|\alpha| + |\beta| + |\gamma| = -(\alpha + \beta) + \gamma$이 되고 $\alpha + \beta = -\gamma$이므로
$|\alpha| + |\beta| + |\gamma| = -(\alpha + \beta) + \gamma = 2\gamma$

γ은 $k = 0$일 때 최솟값 $\sqrt{3}$을 가지므로 $|\alpha| + |\beta| + |\gamma|$의 최솟값은 $2\sqrt{3}$이다.
$\therefore (2\sqrt{3})^2 = 12$

답은 12!!

1. $\alpha,\ \beta,\ \gamma$의 부호를 알기 위해서는 **그래프를 관찰**해야만 했고, $|\alpha| + |\beta| + |\gamma|$을 보고 근과 계수의 관계를 떠올려 **삼차방정식의 세 근의 합을 이용**할 수 있어야 했다. 식과 그래프 모두가 필요했던 문항이므로 굉장히 잘 만든 문항이다. 특히나 그래프를 필수적으로 관찰해야 했다는 점이 너무 마음에 든다.

2. $|\alpha| + |\beta| + |\gamma|$의 최솟값을 구하는 데에 k의 부호와 $\alpha,\ \beta,\ \gamma$의 대소관계는 상관없다고 한 것이 찝찝하다면 직접 $k \leq 0$일 때를 따져보면 된다. **제시된 삼차함수는 '기함수'이기 때문에** $k \leq 0$일 때에도 똑같은 답이 나온다.

(1) $1:1:1$

최고차항의 계수가 양수인 삼차함수가 점 C에서 변곡점,
두 점 B, D에서 극값을 가질 때, **점 A, B, C, D, E의
x좌표는 순서대로 등차수열을** 이룬다.

또한, 두 점 A, E는 점 C에 대하여 대칭이고,
두 점 B, D는 점 C에 대하여 대칭이다.
(그래프로 이해하자.)

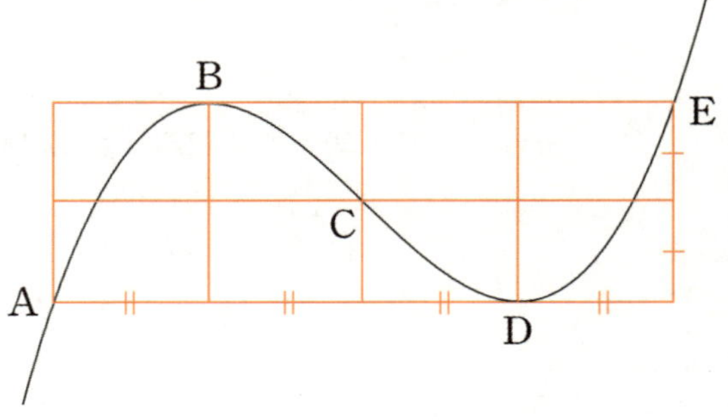

설명을 외우기보다는 위의 그림 자체를 이해하여 문제에서 자유자재로 활용하는 것이 중요하다.
$1:1:1:1$ 비율 혹은 $1:2$ 비율로도 불리지만 모두 의미는 같다.

(2) $1:\sqrt{3}$

최고차항의 계수가 양수인 삼차함수가 점 A에서 변곡점이고
점 B에서 극값을 가질 때, A, B, C의 x좌표를 각각
a, b, c라 하자. 이때, $b-a:c-a=1:\sqrt{3}$ 이다.
(그래프로 이해하자.)

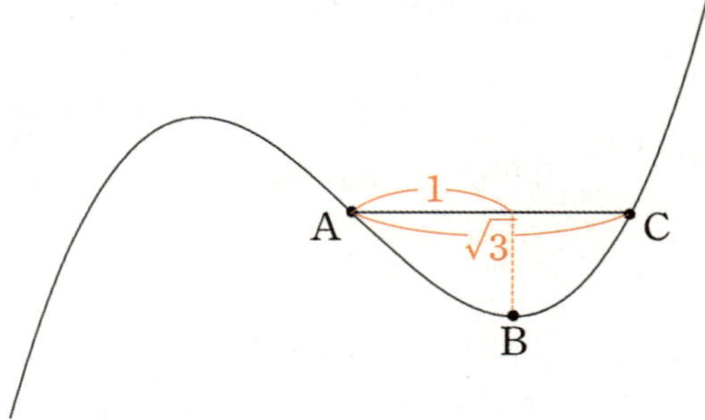

위의 두 비율은 삼차함수 그래프의 본질적 특성이므로 삼차함수의 최고차항의 계수가 음수일 때도 성립한다.

삼차함수 $y = f(x)$ 는 $x = 1$ 에서 극값을 갖고, 그 그래프가 원점에 대하여 대칭일 때, 이 그래프와 x 축과의 교점의 x 좌표 중에서 양수인 것은?

① $\sqrt{2}$　　　② $\sqrt{3}$　　　③ 2　　　④ $\sqrt{5}$　　　⑤ $\sqrt{6}$

$1 : \sqrt{3}$ 비율에 따라 **답은** ②**!!**

앞으로는 $1 : 1 : 1$ 비율과 $1 : \sqrt{3}$ 비율은 외워둠으로써, 매번 삼차함수를 미분하여 x좌표를 찾는 수고를 덜자.

(3) 삼차함수 비율과 미지수 설정

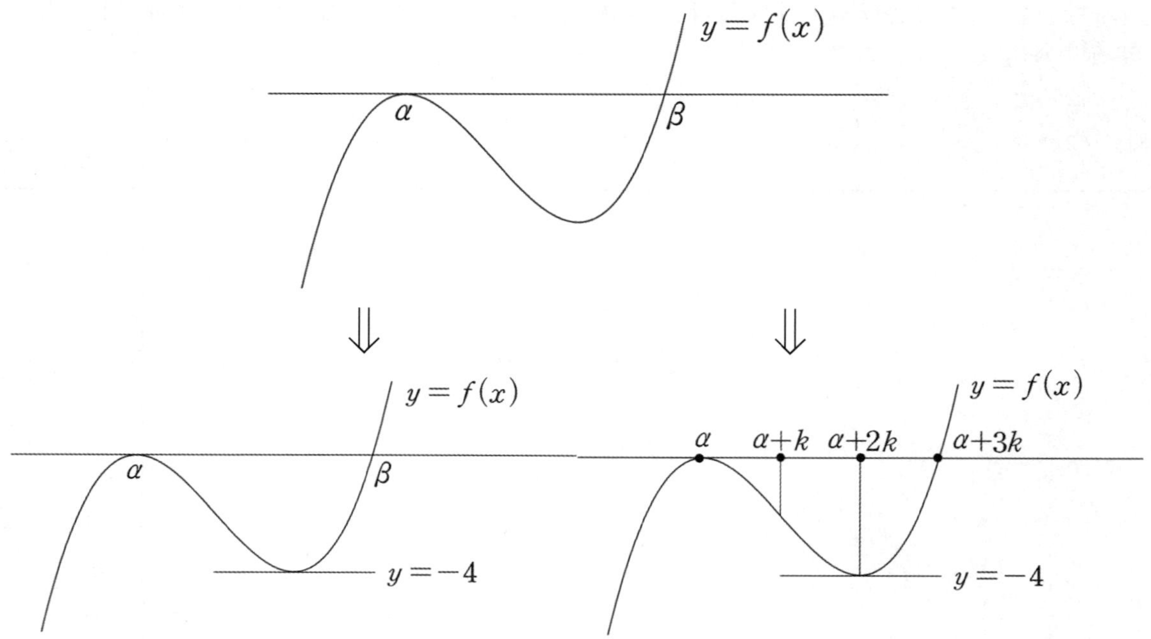

다음과 같이 극솟값이 -4인 삼차함수가 제시되었을 때,
비율 관계를 고려한다면 $\beta = \alpha + 3k$로 설정하는 것이 계산에 훨씬 편하다.

β를 그대로 사용한 채 삼차함수의 극솟값을 구한다고 생각해보자.

$f(x) = (x-\alpha)^2(x-\beta)$에서 삼차함수의 비율에 의해 $f(x)$는 $x = \dfrac{\alpha+2\beta}{3}$에서 극솟값을 갖는다.

그러나 $f\left(\dfrac{\alpha+2\beta}{3}\right) = -4$를 계산하기는 까다롭다.

반면, $\beta = \alpha + 3k$로 설정해보자.

$f(x) = (x-\alpha)^2(x-\alpha-3k)$에서 비율관계에 따라 $x = \alpha + 2k$에서 극솟값을 갖는다.
이 경우 계산이 훨씬 간단해진다.

이렇게 삼차함수의 $1:1:1$ 비율에서 1을 k로 설정하는 것이 실전에서 계산할 때 많은 도움이 되므로 적극 활용하자.

최고차항의 계수가 1이고 다음 조건을 만족시키는 모든 삼차함수 $f(x)$에 대하여 $f(6)$의 최댓값과 최솟값의 합은? [4점]

(가) $f(2) = f'(2) = 0$

(나) 모든 실수 x에 대하여 $f'(x) \geq -3$이다.

---

① 128   ② 144   ③ 160   ④ 176   ⑤ 192

1. 도함수인 이차함수 $f'(x)$의 최솟값이 -3 이상임을 적용하여 이차함수의 최솟값 풀이로 풀 수도 있지만 삼차함수 파트에서 배운 내용을 활용해보자.

(나) 모든 실수 x에 대하여 $f'(x) \geq -3$ 이다.
최고차항 계수가 양수인 삼차함수의 미분계수는 변곡점에서 최소가 되므로
'(변곡점에서의 미분계수)≥ -3'으로 해석할 수 있다.

조건 (가)에서 $f(x)$는 $(x-2)^2$을 인수로 가지므로 $f(x)$의 식을 다음과 같이 작성할 수 있다.
$f(x) = (x-2)^2(x-k)$ (k는 실수)

삼차함수 비율을 통해 변곡점의 x좌표를 구한 다음 이를 '(변곡점에서의 미분계수)≥ -3'에 대입하여 풀면 된다. 이때, $f(x)$의 나머지 인수 $(x-k)$를 그대로 살려서 간다면 계산이 많이 복잡해지므로 비율을 고려하여 미지수를 바꿔서 작성하자.

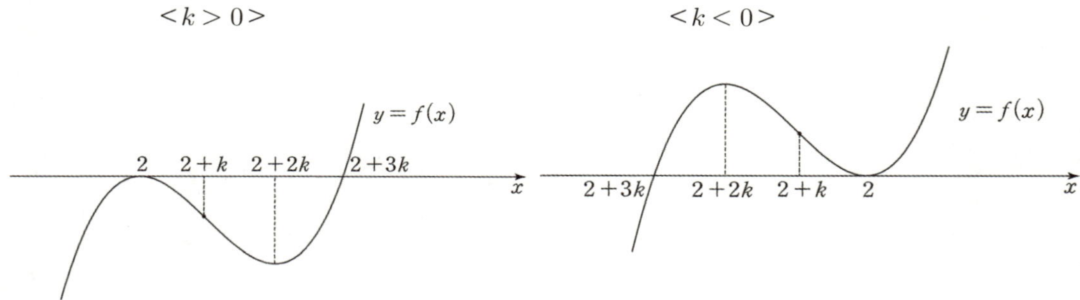

$f(x) = (x-2)^2(x-2-3k)$
$k=0$인 경우에도 $2 = 2+k = 2+2k = 2+3k$이므로 변곡점의 x좌표는 $2+k$라 할 수 있다.

2. 삼차함수 비율에 따라 변곡점의 x좌표는 $2+k$이므로 $f'(2+k) \geq -3$

$f'(x) = 2(x-2)(x-2-3k) + (x-2)^2$
$f'(2+k) = 2k(-2k) + k^2 = -3k^2 \geq -3$
$\therefore -1 \leq k \leq 1$

$f(6) = 16(4-3k) = 64 - 48k$이므로 최댓값 $M = 64 + 48$, 최솟값 $m = 64 - 48$
따라서 $f(6)$의 최댓값과 최솟값의 합은 128이다.

답은 ①!!

comment

이차함수의 최솟값 풀이로 풀어도 궁극적으로는 같은 의미이다. 단지 본문에서 학습한 내용을 적용해 보는 차원에서 삼차함수의 특징을 적용해서 푼 것이다.

함수

$$f(x) = \frac{1}{3}x^3 - kx^2 + 1 \ (k > 0인\ 상수)$$

의 그래프 위의 서로 다른 두 점 A, B에서의 접선 l, m의 기울기가 모두 $3k^2$이다. 곡선 $y = f(x)$에 접하고 x축에 평행한 두 직선과 접선 l, m으로 둘러싸인 도형의 넓이가 24일 때, k의 값은? [4점]

① $\frac{1}{2}$ ② 1   ③ $\frac{3}{2}$ ④ 2   ⑤ $\frac{5}{2}$

1. 두 접선 l, m의 기울기가 주어졌으므로 방정식 $f'(x) = 3k^2$를 풀어서 A, B의 x좌표를 구하자.

$$f'(x) = x^2 - 2kx = 3k^2$$
$$(x - 3k)(x + k) = 0$$

A, B의 대소관계는 중요하지 않으므로 점 A의 x좌표를 $-k$, 점 B의 x좌표를 $3k$라 하자.

도형의 개형을 파악해야 하고 $f(x)$의 식이 주어졌기 때문에 풀이의 기본으로 그래프를 그리는 것은 당연하다. $y = f(x)$의 그래프를 그리자. 이런 이유를 차치하고서도 미적분의 핵심은 그래프이고 킬러 문항 중에서 그래프 없이 풀 수 있는 문제는 거의 없다.

태도 : 웬만하면 그래프는 그리고 봐라.

$$f'(x) = x^2 - 2kx = 0$$

(극댓값을 가지는 x좌표) : 0
(극솟값을 가지는 x좌표) : $2k$

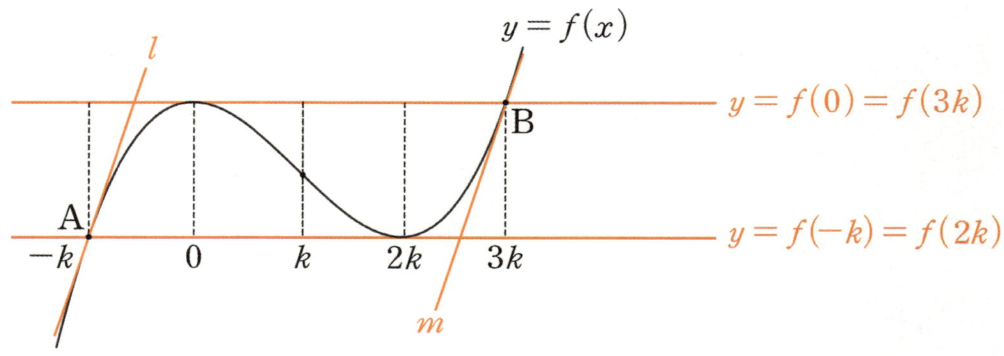

그래프를 관찰함으로써 생성된 도형이 평행사변형임을 파악했다.
이제 우리의 목표는 밑변과 높이를 구하는 것이다.

2. **그래프를 보면, 높이는 쉽게 구할 수 있다.**

$$(\text{높이}) = (\text{극댓값-극솟값}) = 1 - \left(1 - \frac{4k^3}{3}\right) = \frac{4k^3}{3}$$

밑변은 높이에 비해 까다롭다.
밑변을 구하는 방법에는 두 가지가 있는데, 어떤 방법일지 고민해보고 다음 페이지를 보자.

(1) 가장 쉬운 방법은 삼각형의 기울기를 이용하는 것이다.

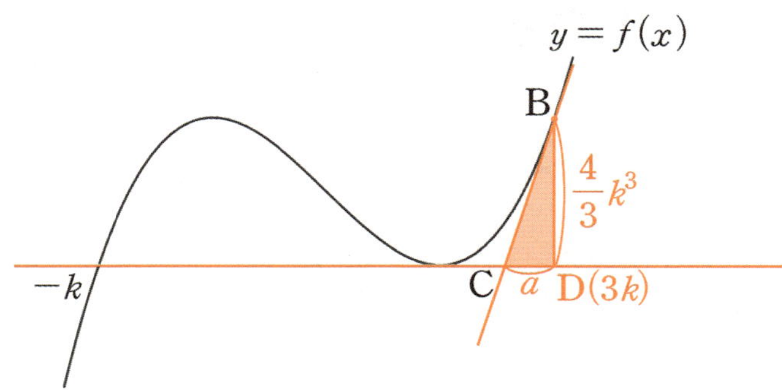

삼각형 BCD 에서 (빗변의 기울기) $= \left(\dfrac{\text{높이}}{\text{밑변}}\right)$

(빗변의 기울기) : 곡선 $f(x)$ 의 점 B 에서의 접선의 기울기 : $3k^2$

$\left(\dfrac{\text{높이}}{\text{밑변}}\right) : \dfrac{\dfrac{4k^3}{3}}{a}$

방정식 $3k^2 = \dfrac{\dfrac{4k^3}{3}}{a}$ 을 풀면 $a = \dfrac{4k}{9}$ 이다.

따라서 밑변의 길이는 $4k - \dfrac{4k}{9} = \dfrac{32k}{9}$ 이고, 높이는 $\dfrac{4k^3}{3}$ 이므로

(평행사변형의 넓이)$= \dfrac{32k}{9} \times \dfrac{4k^3}{3} = 24, \ k^4 = \dfrac{81}{16} \ \therefore \ k = \dfrac{3}{2} \ (\because \ k > 0)$

답은 ③!!

※ 이 방법은 다소 발상적이다. 그러나 **평가원은 발상적인 풀이가 유일한 풀이가 되도록 문제를 설계하지 않으므로 다른 풀이도 존재한다. 이러한 점이 평가원이 대단하고 믿음직스러운 부**분이다. 정직하게 공부하면 평가원은 반드시 보답해준다. 다음 페이지를 보자.

점 C의 좌표를 구해 평행사변형의 밑변을 구하는 방법이고 이것이 출제 의도일 확률이 높다.

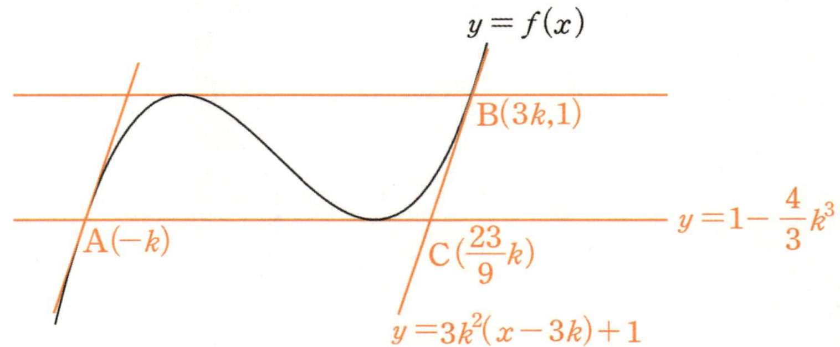

(점 B에서의 접선의 방정식) : $y = 3k^2(x - 3k) + 1$

점 C의 x좌표를 t라 할 때, $3k^2(t - 3k) + 1 = 1 - \dfrac{4}{3}k^3$이다.

$3k^2(t - 3k) = -\dfrac{4}{3}k^3$에서 $k > 0$이므로 양변을 $3k^2$으로 나누자.

$t - 3k = -\dfrac{4}{9}k$

$\therefore\ t = \dfrac{23}{9}k$

(평행사변형의 밑변의 길이)$=$(점 C의 x좌표)$-$(점 A의 x좌표)$= \dfrac{23k}{9} - (-k) = \dfrac{32k}{9}$

계산을 마저 해주면 (1)과 똑같은 답이 나온다.

함수

$$f(x) = x^3 - 3px^2 + q$$

가 다음 조건을 만족시키도록 하는 25 이하의 두 자연수 p, q의 모든 순서쌍 $(p,\ q)$의 개수를 구하시오. [4점]

> (가) 함수 $|f(x)|$가 $x = a$에서 극대 또는 극소가 되도록 하는 모든 실수 a의 개수는 5이다.
>
> (나) 닫힌구간 $[-1,\ 1]$에서 함수 $|f(x)|$의 최댓값과 닫힌구간 $[-2,\ 2]$에서 함수 $|f(x)|$의 최댓값은 같다.

1. 함수 $|f(x)|$가 조건 (가)를 만족시키려면 함수 $f(x)$가 극값을 가져야 하고,
극솟값과 극댓값의 부호가 달라야 한다.

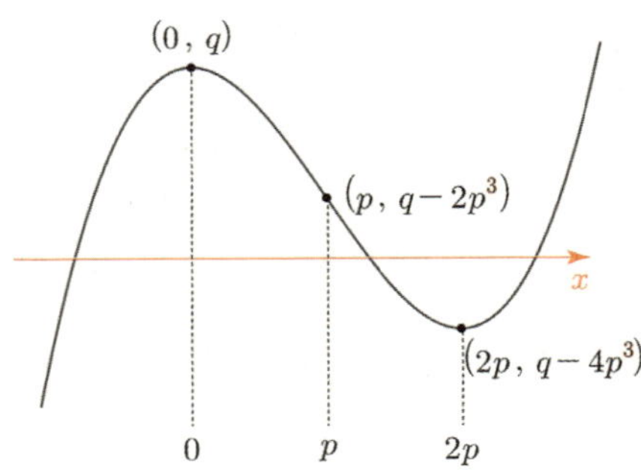

$f(x)= x^3 - 3px^2 + q$에서 $f'(x)= 3x(x-2p)$이므로
함수 $f(x)$는 $x=0$에서 극댓값을 가지고, $x=2p$에서 극솟값을 가지고, $x=p$에서 변곡점을
가진다.

$f(0)> 0$, $f(2p)< 0$에서 $q>0$, $8p^3-12p^3+q=q-4p^3 < 0$이다. 따라서 $0<q<4p^3$이다.

2. 주어진 만족시키는 순서쌍을 구해보자. 순서쌍을 한꺼번에 생각하기가 어렵다.
일단 p를 고정해놓고 조건을 만족시키는 q를 찾자.

도구 : 두 개 이상의 변수가 제시되면, 하나를 고정한 채로 다른 하나를 관찰한다.

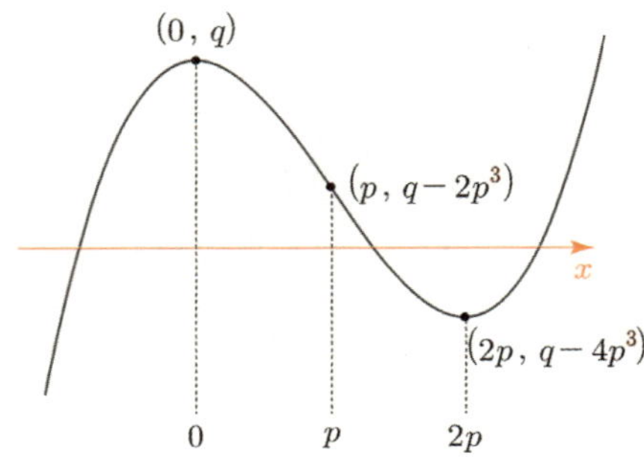

주어진 상황을 보자. $f(x)= x^3 - 3px^2 + q$의 그래프에서
구간 $[-1, 1]$과 구간 $[-2, 2]$를 살펴보자.

함수 $f(x)$는 구간 $[-1, 1]$에서 $x=0$에서 최댓값 q를 갖는다.
만일 $|f(-1)| > f(0)$이면 함수 $|f(x)|$는 구간 $[-1, 1]$에서 최댓값 $|f(-1)|$을 갖는다.
하지만 $|f(-1)| < |f(-2)|$이므로 조건 (나)에 모순이 되어 $|f(-1)| > f(0)$이 아니다.

**따라서 함수 $|f(x)|$ 또한 구간 $[-1, 1]$에서 $x=0$에서 최댓값 q를 가지므로
함수 $|f(x)|$는 구간 $[-2, 2]$에서 최댓값 q를 가져야 한다.**

(1) $p = 1$일 때, $0 < q < 4p^3$에서 $0 < q < 4$이다.

$|f(x)| = |x^3 - 3x^2 + q|$에서 구간 $[-2, 2]$에서의
최댓값을 구해보자.

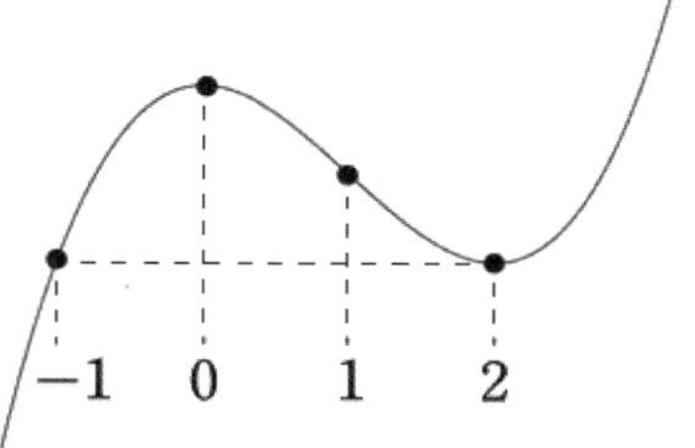

$f(-2) = q - 20$에서 $f(-2) \geq 0$이면 $q \geq 20$이므로
$0 < q < 4$라는 조건에 모순된다.

$f(-2) < 0$이면 $|f(-2)| \leq f(0)$이어야 한다. $20 - q \leq q$에서 $q \geq 10$이므로
$0 < q < 4$라는 조건에 모순된다.

(2) $p = 2$일 때, $0 < q < 4p^3$에서 $0 < q < 32$이다. q는 25 이하의 자연수이므로 $0 < q \leq 25$이다.

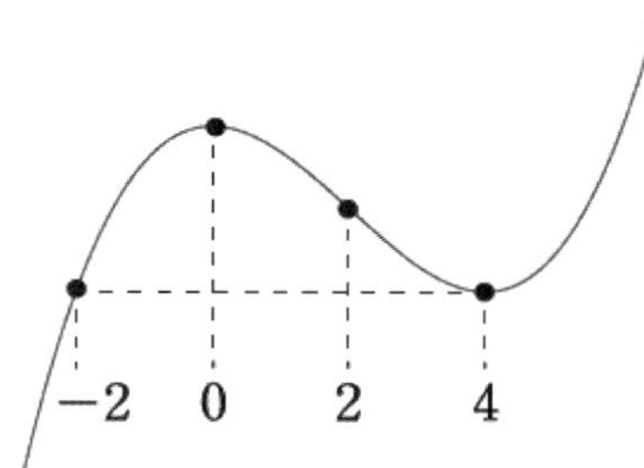

$|f(x)| = |x^3 - 6x^2 + q|$에서 구간 $[-2, 2]$에서의 최댓값을 구해보자.

$f(-2) = q - 32$에서 $f(-2) \geq 0$이면 $q \geq 32$이므로 $0 < q \leq 25$라는 조건에 모순된다.

$f(-2) < 0$이면 $|f(-2)| \leq f(0)$이어야 한다. $32 - q \leq q$에서 $q \geq 16$이므로
$16 \leq q \leq 25$이다.

따라서 (2)를 만족시키는 순서쌍 (p, q)의 개수는 $25 - 16 + 1 = 10$이다.

(3) $p = 3$일 때, q는 25 이하의 자연수이므로 $0 < q \leq 25$이다.

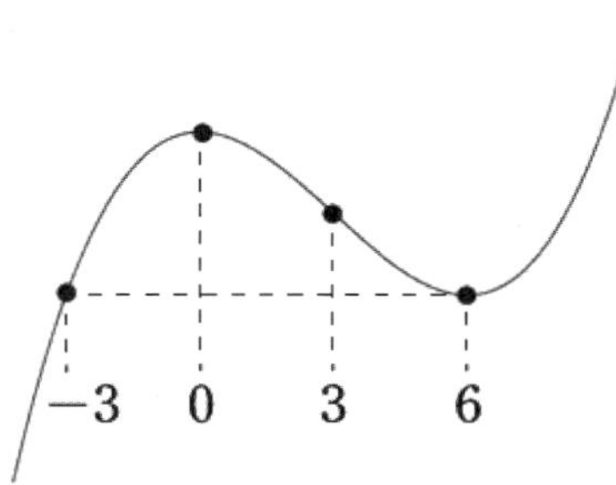

$|f(x)| = |x^3 - 9x^2 + q|$에서 구간 $[-2, 2]$에서의 최댓값을 구해보자.

$f(-2) = q - 44$에서 $f(-2) \geq 0$이면 $q \geq 44$이므로 $0 < q \leq 25$라는 조건에 모순된다.

$f(-2) < 0$ 이면 $|f(-2)| \le f(0)$ 이어야 한다. $44 - q \le q$ 에서 $q \ge 22$ 이므로 $22 \le q \le 25$ 이다.

따라서 (3)을 만족시키는 순서쌍 (p, q)의 개수는 $25 - 22 + 1 = 4$ 이다

(4) $p \ge 4$일 때, q는 25 이하의 자연수이므로 $0 < q \le 25$ 이다.

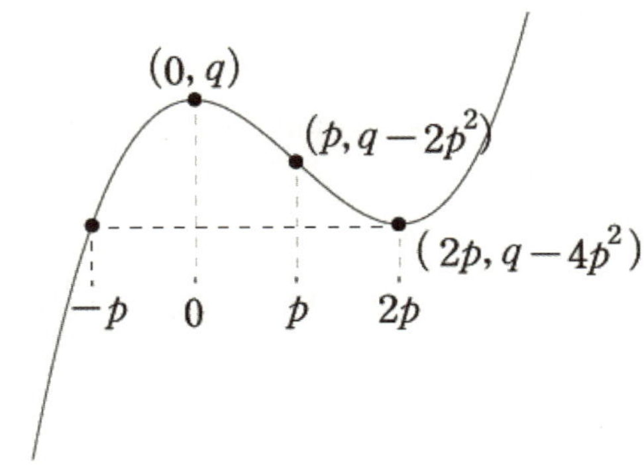

$|f(x)| = |x^3 - 3px^2 + q|$ 에서 구간 $[-2, 2]$에서의 최댓값을 구해보자.

$f(-2) = q - 8 - 12p$에서 $f(-2) \ge 0$이면 $q \ge 8 + 12p$이므로 $0 < q \le 25$라는 조건에 모순된다.

$f(-2) < 0$이면 $|f(-2)| \le f(0)$이어야 한다.
$8 + 12p - q \le q$에서 $q \ge 4 + 6p$이므로 $0 < q \le 25$라는 조건에 모순된다.

(1), (2), (3), (4)에 의하여 구하고자 하는 순서쌍 (p, q)의 개수는 $10 + 4 = 14$이다.

답은 14!!

예제(11) 13학년도 6월 평가원 17번

곡선 $y = x^3 - 5x$ 위의 점 $A(1, -4)$에서의 접선이 점 A가 아닌 점 B에서 곡선과 만난다. 선분 AB의 길이는? [4점]

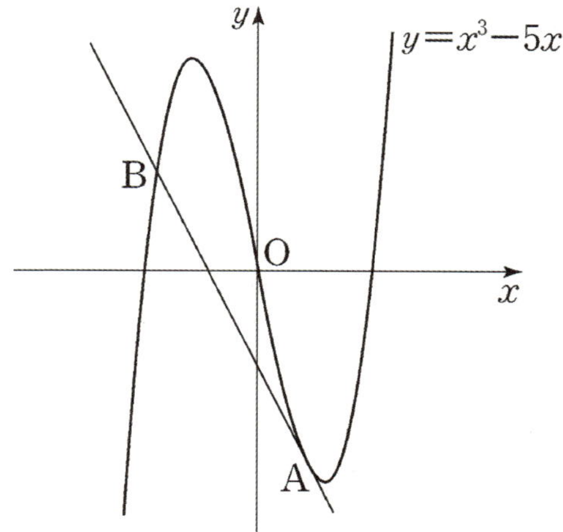

① $\sqrt{30}$　　② $\sqrt{35}$　　③ $2\sqrt{10}$　　④ $3\sqrt{5}$　　⑤ $5\sqrt{2}$

1. 정석적으로 풀자면,

곡선 $y = x^3 - 5x$ 위의 점 $A(1, -4)$에서의 접선의 방정식을 작성한 다음,

접선과 삼차함수를 연립하여 교점 B를 구하는 식으로 풀면 된다.

그러나 '삼차함수와 접선이 이루는 비율'을 이용하면 그래프를 보자마자 바로 교점 B의 x좌표를 구할 수 있다. 그래프를 통해 한 번에 이해하자.

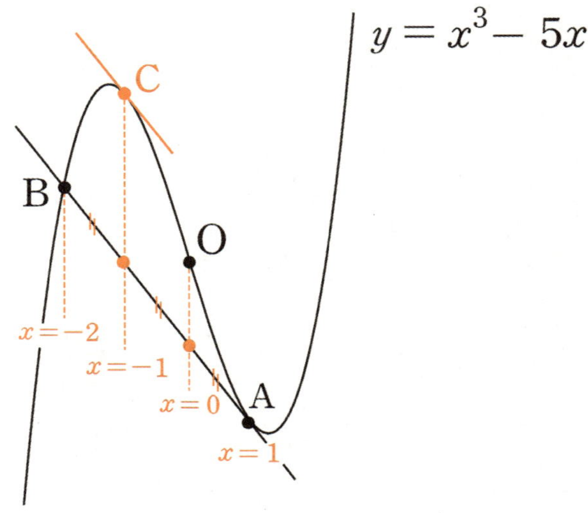

2. 점 O는 $y = x^3 - 5x$의 변곡점이다.

그래프에서 보이는 바와 같이 점 $A(1, -4)$에서의 미분계수와 동일한 미분계수를 가지는 곳을 점 C라 할 때 **점 B, C, O, A의 x좌표는 이 순서대로 등차수열을 이룬다.**

점 A의 x좌표가 1이고
점 O의 x좌표는 0이므로
1 : 1 : 1 비율에 의해 B의 x좌표는 -2이다. (그래프를 통해 이해하자.)

※ 꼭 삼차함수의 비율 확장이 아니어도 **앞서 배운**
'3×(변곡점의 x좌표)=삼차방정식의 세 근의 합' 공식을 이용할 수도 있다.

$y = x^3 - 5x$의 변곡점의 x좌표는 0이므로 $0 \times 3 = 1 + 1 - 2$이다.
따라서 점 B의 x좌표는 -2이다.

따라서 $A(1, -4)$, $B(-2, 2)$이므로 선분 AB의 길이는 $3\sqrt{5}$이다.

답은 ④!!

삼차함수와 접선의 비율에서도 $1:1:1$ 비율이 나타나는 이유를 차이함수를 통해 알아보자. 차이함수는 함수의 차를 이용하여 새로운 함수를 관찰하는 방식으로 〈Chapter 5. 도함수의 활용〉에서 자세히 배운다.

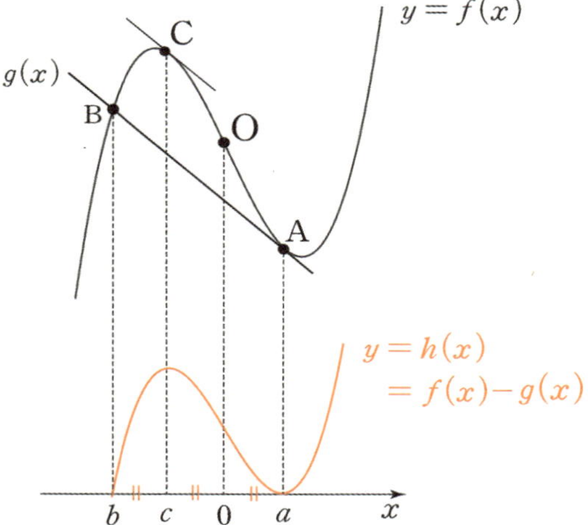

삼차함수 $f(x) = x^3 - 5x$와 두 점 A, B를 지나는 일차함수 $g(x)$의 차이함수를 $h(x)$라 하면 $h(x) = f(x) - g(x)$이다.

$f(x)$와 $g(x)$는 점 B$(b, f(b))$에서 만나고 점 A$(a, f(a))$에서 접하므로 $h(x)$는 $x = b$에서 x축을 지나고 $x = a$에서 x축에 접하는 삼차함수이다.

여기서 잠시 변곡점에 대해 복습하자.

삼차함수 $y = ax^3 + bx^2 + cx + d\,(a \neq 0)$

→ 도함수 : $y' = 3ax^2 + 2bx + c$

변곡점의 x좌표는 이차함수의 꼭짓점의 x좌표와 같으므로 변곡점의 x좌표 : $-\dfrac{b}{3a}$

(혹은 $y'' = 6ax + 2b = 0$을 만족하는 $x = -\dfrac{b}{3a}$)

즉, 변곡점은 삼차함수의 삼차항과 이차항에만 영향을 받고 일차항, 상수항과는 아무 관련이 없다.
삼차함수 $f(x)$에서 일차함수 $g(x)$를 빼더라도 $f(x)$의 삼차항과 이차항은 그대로 유지되기 때문에 삼차함수 $f(x)$와 차이함수 $h(x)$의 변곡점의 x좌표는 0으로 동일하다.
따라서 삼차함수의 비율에 의해 네 점 B, C, O, A의 x좌표는 이 순서대로 등차수열을 이룬다.

Q) $h(x)$에서 $h'(c) = 0$인 이유는?

A1) $f'(c) = f'(a) = g'(c)$이므로 $h'(c) = f'(c) - g'(c) = 0$이다.
A2) 변곡점에 대해 대칭인 두 점에서의 미분계수가 같다는 점을 이용해도 좋다.

$f'(c) = f'(a)$이므로 $\dfrac{c + a}{2} = 0$이다.

이때, $h(x)$는 $x = a$에서 극솟값, $x = 0$에서 변곡점을 가지므로 $x = c$에서는 극댓값을 가진다.

※ 오른쪽 그림을 통해 삼차함수와 접선이 이루는 비율을 직관적으로 이해하자.

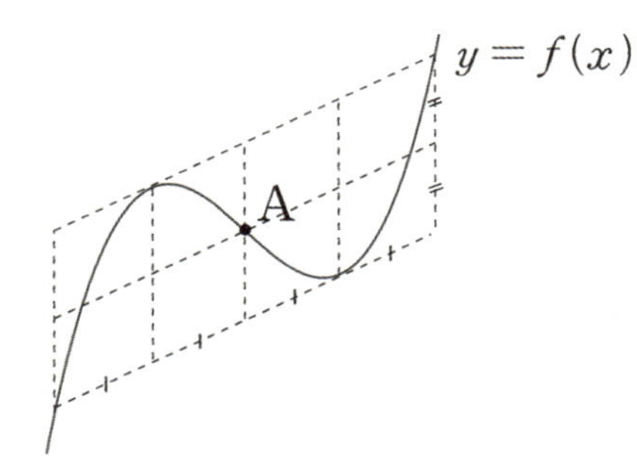

최고차항의 계수가 1인 삼차함수 $f(x)$에 대하여 곡선 $y = f(x)$가 y축과 만나는 점을 A라 하자. 곡선 $y = f(x)$ 위의 점 A에서의 접선을 l이라 할 때, 직선 l이 곡선 $y = f(x)$와 만나는 점 중에서 A가 아닌 점을 B라 하자. 또, 곡선 $y = f(x)$ 위의 점 B에서의 접선을 m이라 할 때, 직선 m이 곡선 $y = f(x)$와 만나는 점 중에서 B가 아닌 점을 C라 하자. 두 직선 l, m이 서로 수직이고 직선 m의 방정식이 $y = x$일 때, 곡선 $y = f(x)$ 위의 점 C에서의 접선의 기울기는? (단, $f(0) > 0$이다.)

[4점]

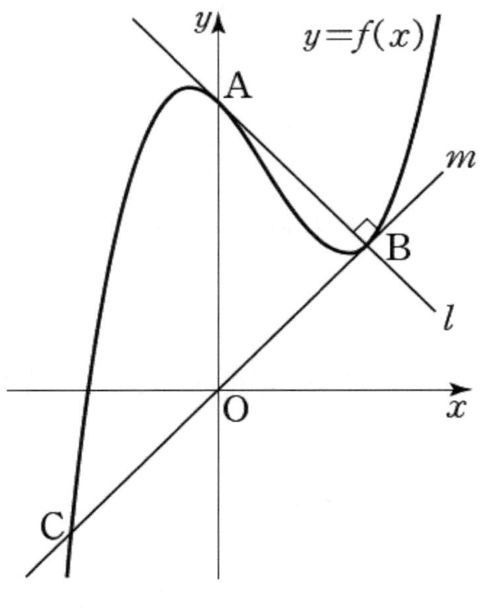

① 8 ② 9 ③ 10 ④ 11 ⑤ 12

1. 삼차함수와 두 개의 접선이 제시되었다. 삼차함수와 접선이 이루는 비율을 이용하자.

우선 접선 l부터 살펴보자.

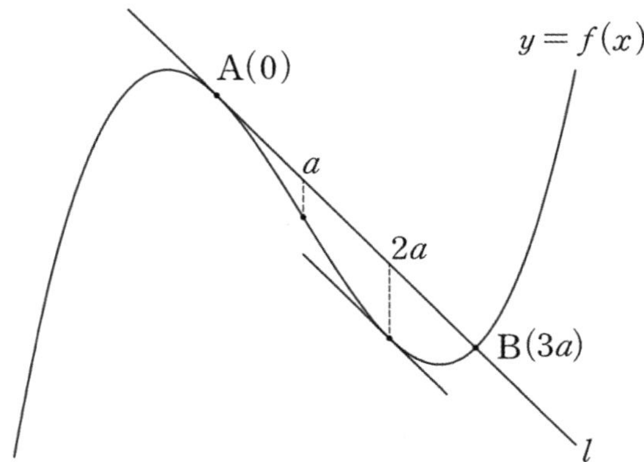

점 A는 y축 위에 존재하므로 x좌표는 0이다. 따라서 $f(x)$의 변곡점의 x좌표를 a라 할 때, 점 B의 x좌표는 $3a$이다. (이처럼 스스로 미지수를 설정해서 문제 속 상황을 미지수로 나타내는 능력은 매우 중요하다.)

다음으로 접선 m을 살펴보자.

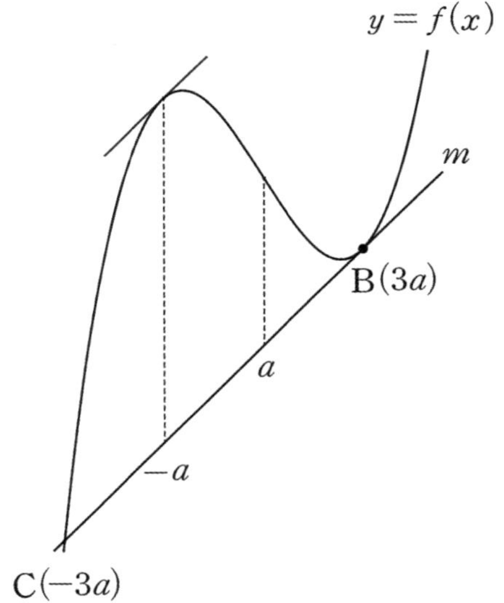

점 B의 x좌표가 $3a$이고 $f(x)$의 변곡점의 x좌표가 a이므로 점 C의 x좌표는 $-3a$이다.

2. 두 직선 l, m이 서로 수직이다. 따라서 두 직선 l, m의 기울기의 곱은 -1이다.

직선 m은 $y=x$이므로 m의 기울기는 1이다. 따라서 직선 l의 기울기는 -1이다.

직선 l의 기울기＝점 A와 점 B를 지나는 직선의 기울기

점 B는 직선 m, 즉 $y=x$ 위에 존재하므로 B의 좌표는 $(3a,\ 3a)$이다.

점 A의 좌표를 $(0,\ k)$라 할 때 $\dfrac{3a-k}{3a-0}=-1$, $k=6a$이므로 점 A의 좌표는 $(0,\ 6a)$이다.

---

3. 최종 목표인 곡선 $y=f(x)$ 위의 점 C에서의 접선의 기울기를 구하자.

곡선 $y=f(x)$ 위의 점 C에서의 접선의 기울기를 알기 위해서는 $f(x)$의 식을 알아내야 한다. **접선이 제시되었으므로 차이함수를 이용하자.**

직선 m의 방정식은 $y=x$이므로 $f(x)$**와** m**의 차이함수를 이용하면**
$$f(x)-x=(x+3a)(x-3a)^2$$

점 $A(0,\ 6a)$는 곡선 $f(x)$ 위에 존재하므로 $f(0)=6a$을 대입하면
$$f(0)-0=3a\times(-3a)^2=27a^3=6a$$

방정식 $27a^3=6a$을 풀어주면,
$$27a^3-6a=0$$
$$a(27a^2-6)=0$$
$$\therefore\ a=\sqrt{\dfrac{2}{9}}\ (\because\ a>0)$$

---

4. 점 C의 x좌표는 $-3a$이므로 곡선 $y=f(x)$ 위의 점 C에서의 접선의 기울기는 $f'(-3a)$이다.

$$f(x)-x=(x+3a)(x-3a)^2$$
$$f'(x)-1=(x-3a)^2+(x+3a)(2x-6a)$$
$$f'(-3a)-1=(-6a)^2$$
$$f'(-3a)=36a^2+1=36\times\left(\sqrt{\dfrac{2}{9}}\right)^2+1=9$$

답은 9!!

comment

1. **미지수 설정, 삼차함수 비율, 차이함수**가 중요했다. 차이함수는 〈Chapter 5〉에서 자세히 배운다.
2. 해설은 두 직선 l, m의 기울기의 곱을 먼저 따졌지만, 차이함수를 먼저 작성하고 난 뒤에 따져도 상관은 없다. 이런 문항은 명확한 풀이 순서가 정해져 있지 않다.

최고차항의 계수가 $a \ (a > 0)$인 삼차함수 $f(x)$가 $x = \alpha$에서
극대, $x = \beta$에서 극소일 때, 삼차함수 $f(x)$의 극값의 차는 도함수인
이차함수 $y = f'(x)$의 그래프와 x축으로 둘러싸인 부분의 넓이와
같으므로 $\dfrac{3a(\beta - \alpha)^3}{6} = f(\alpha) - f(\beta)$이다. (그래프로 이해하자.)

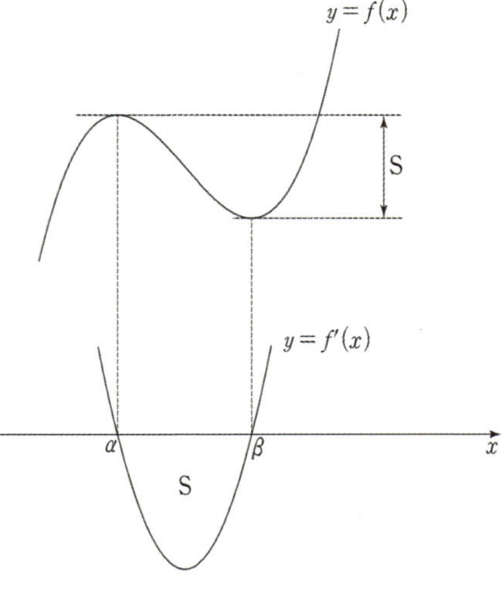

(증명)

$f'(x)$는 연속함수이므로 $\displaystyle\int_{\alpha}^{\beta} f'(x)\,dx = f(\beta) - f(\alpha)$이고

$\displaystyle\int_{\alpha}^{\beta} |f'(x)|\,dx = f(\alpha) - f(\beta)$이다.

삼차함수 $f(x)$의 최고차항의 계수는 a이므로 이차함수 $f'(x)$의 최고차항 계수는 $3a$이다.

이때, 이차함수 넓이 공식에 의하여 $y = f'(x)$의 그래프와 x축으로 둘러싸인 부분의 넓이($\displaystyle\int_{\alpha}^{\beta} |f'(x)|\,dx$)는

$\dfrac{3a(\beta - \alpha)^3}{6}$이므로 $\dfrac{3a(\beta - \alpha)^3}{6} = f(\alpha) - f(\beta)$이다.

$f(x)$의 최고차항의 계수가 음수일 때도 똑같은 방법으로 증명하면 된다.

> ※ **이차함수 넓이 공식**
>
> 이차함수 $f(x)$의 최고차항 계수가 a이고, 방정식 $f(x) = 0$이 서로 다른 두 실근 $\alpha, \ \beta \ (\alpha < \beta)$를
> 가질 때, 곡선 $y = f(x)$와 x축으로 둘러싸인 부분의 넓이는 $\dfrac{|a|(\beta - \alpha)^3}{6}$이다.

공식 $\dfrac{3a(\beta - \alpha)^3}{6} = f(\alpha) - f(\beta)$는 다음과 같은 경우에 유용하게 써먹을 수 있다.

① **삼차함수의 극댓값과 극솟값을 알고 있을 때**

$\dfrac{3a(\beta - \alpha)^3}{6} = f(\alpha) - f(\beta)$의 우변을 알고 있는 셈이므로,

이 공식을 통해 극값을 갖는 x좌표와 최고차항 계수에 관한 관계식을 얻을 수 있다.

② **삼차함수의 최고차항 계수와 극값을 갖는 x좌표를 알고 있을 때**

$\dfrac{3a(\beta - \alpha)^3}{6} = f(\alpha) - f(\beta)$의 좌변을 알고 있으므로, 이 공식을 통해 극값의 차를 알아낼 수 있다.

최고차항의 계수가 1인 삼차함수 $f(x)$가 다음 조건을 만족시킨다.

> (가) 방정식 $f(x) = 0$의 실근은 $\alpha,\ \beta\ (\alpha < \beta)$뿐이다.
> (나) 함수 $f(x)$의 극솟값은 -4이다.

<보기>에서 옳은 것만을 있는 대로 고른 것은? [4점]

<보 기>

ㄱ. $f'(\alpha) = 0$
ㄴ. $\beta = \alpha + 3$
ㄷ. $f(0) = 16$이면 $\alpha^2 + \beta^2 = 18$이다.

① ㄱ   ② ㄱ, ㄴ   ③ ㄱ, ㄷ   ④ ㄴ, ㄷ   ⑤ ㄱ, ㄴ, ㄷ

조건 (가), (나)를 모두 만족하는 $y = f(x)$의 그래프는 다음과 같다.

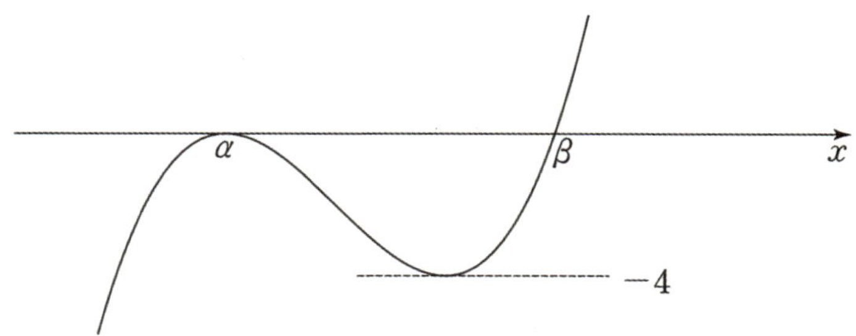

1. 함수 $y = f(x)$는 $x = \alpha$에서 x축에 접한다. 따라서 $f'(\alpha) = 0$. (O)

2. 삼차함수 $f(x)$의 극댓값과 극솟값을 알고 있는 상황에서 극값을 갖는 x를 묻는 보기다.
   〈이차함수 넓이 공식과 삼차함수 극값의 관계〉를 활용하자.

   $f(x)$가 극솟값을 갖는 x의 값을 k라 할 때, $\dfrac{|3|}{6}(k-\alpha)^3 = 4$이므로 $k - \alpha = 2$이다.

   따라서 삼차함수 비율에 의해 $\beta - \alpha = 3$이다. (O)

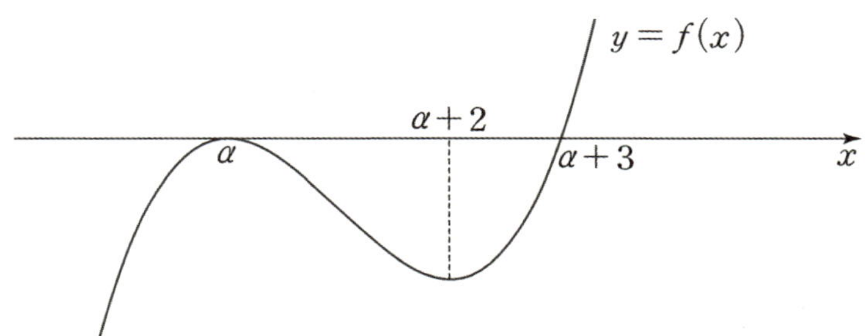

3. ㄱㄴㄷ 문항에서 선지 (ㄱ), (ㄴ)은 (ㄷ)을 위한 기반 작업이자 (ㄷ)를 위한 힌트가 된다.
   선지 (ㄴ)에서 구한 $\beta - \alpha = 3$을 이용하면 $\alpha^2 + \beta^2 = \alpha^2 + (\alpha+3)^2$이고
   $f(x) = (x-\alpha)^2(x-\alpha-3)$이다.

   $f(0) = 16$을 적용하자. $f(0) = \alpha^2(-\alpha-3) = 16$, $\alpha^3 + 3\alpha^2 + 16 = 0$
   조립제법을 이용하면 $(\alpha+4)(\alpha^2-\alpha+4) = 0$, $\alpha = -4$

   $\therefore \ \alpha^2 + \beta^2 = \alpha^2 + (\alpha+3)^2 = (-4)^2 + (-1)^2 = 17$ (X)

옳은 선지는 ㄱ, ㄴ이므로 **답은 ②!!**

제시되는 표현을 잘 보자. **동일한 그래프를 나타내는 데에도 여러 표현을 사용할 수 있다.** 단, 이런 표현들을 무작정 외우려 하지 말자. '공부'해서 주어진 문장을 그 자리에서 바로 따질 수 있는 실력을 갖춰야 한다.

$f(x)$는 최고차항의 계수가 양수인 삼차함수이고, α, β, γ는 $\alpha < \beta < \gamma$를 만족하는 실수라 하자.

(1) $f(\alpha) = f(\beta) = f(\gamma) = 0$

$f(x) = 0$이 서로 다른 세 실근 α, β, γ를 가진다.

$f(x)$가 $(x-\alpha)(x-\beta)(x-\gamma)$를 인수로 가진다.

이 경우 α, β, γ의 위치 관계에 따라 $\displaystyle\int_{\alpha}^{\beta} |f(x)|\,dx$와 $\displaystyle\int_{\beta}^{\gamma} |f(x)|\,dx$의 대소관계가 변한다.

$\displaystyle\int_{\alpha}^{\beta} |f(x)|\,dx = S_1,\ \int_{\beta}^{\gamma} |f(x)|\,dx = S_2$라 하자.

(i) $\beta = \dfrac{\alpha+\gamma}{2}$이면, $S_1 = S_2$ (β가 α와 γ의 중앙에 존재할 때)

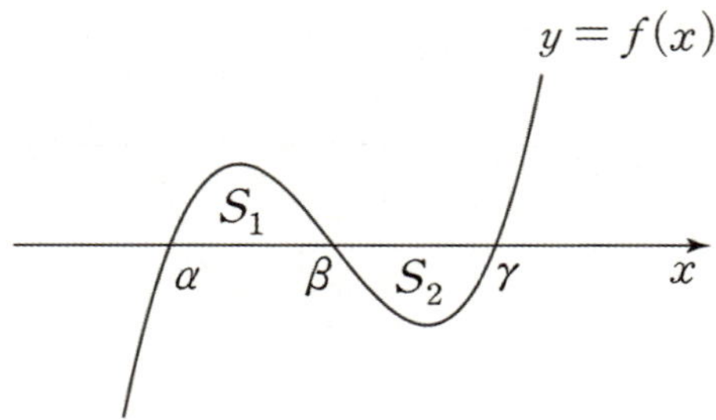

(ii) $\beta < \dfrac{\alpha+\gamma}{2}$이면 $S_1 < S_2$ (β가 γ보다 α에 더 가까이 존재할 때)

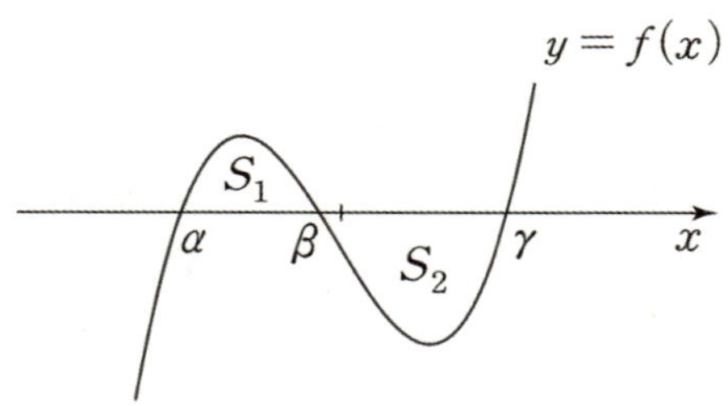

(iii) $\beta > \dfrac{\alpha+\gamma}{2}$이면 $S_1 > S_2$ (β가 α보다 γ에 더 가까이 존재할 때)

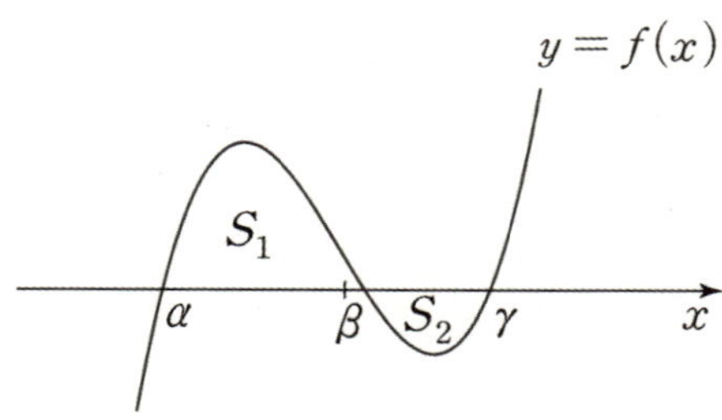

(2) $f(\beta) = f'(\beta) = 0,\ f(\alpha) = 0$

    $f(x) = 0$이 β를 중근으로 갖고, α를 하나의 실근으로 가진다.

    $f(x)$가 $(x - \beta)^2(x - \alpha)$를 인수로 가진다.

    $f(x) = 0$의 실근은 $\alpha,\ \beta\ (\alpha < \beta)$뿐이고 $f(x)$의 극댓값은 양수이다.

    $f(x) = 0$의 실근은 $\alpha,\ \beta\ (\alpha < \beta)$뿐이고 $f(x)$의 극솟값은 0이다.

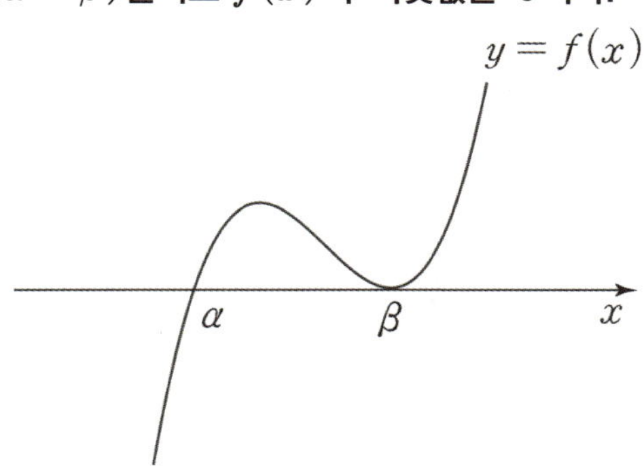

(3) $f(\alpha) = f'(\alpha) = 0,\ f(\beta) = 0$

    $f(x) = 0$이 α를 중근으로 갖고, β를 하나의 실근으로 가진다.

    $f(x)$가 $(x - \alpha)^2(x - \beta)$를 인수로 가진다.

    $f(x) = 0$의 실근은 $\alpha,\ \beta\ (\alpha < \beta)$뿐이고 $f(x)$의 극댓값은 0이다.

    $f(x) = 0$의 실근은 $\alpha,\ \beta\ (\alpha < \beta)$뿐이고 $f(x)$의 극솟값은 음수이다.

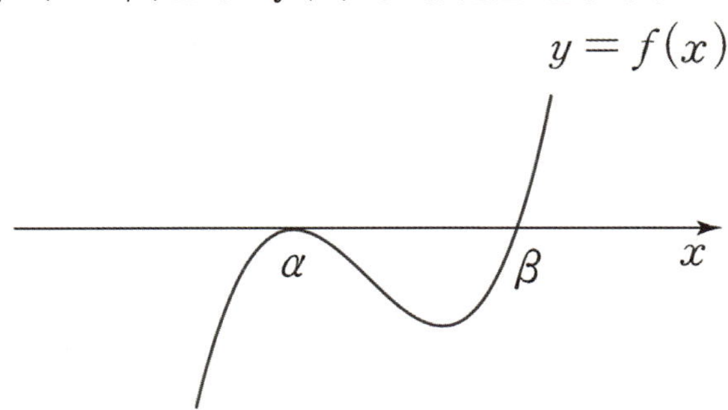

(4) $f(x) = 0$이 α를 오직 하나의 실근으로 갖고, $f'(x) = 0$이 서로 다른 두 실근 $\beta,\ \gamma$를 가진다.

    $f(x)$가 극값을 갖고, 극댓값과 극솟값은 모두 양수이다.

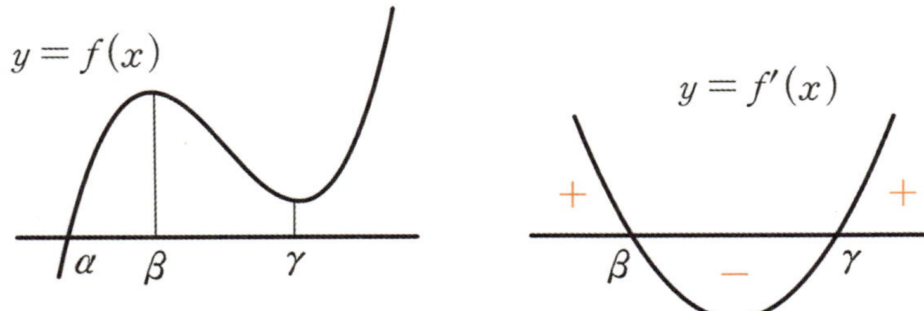

함수식 : $f(x) = (x - \alpha)(x^2 + \cdots),\ f'(x) = 3(x - \beta)(x - \gamma)$

이 경우 써먹을 수 있는 좋은 조건이 있다. $f(x)$와 x축의 교점이 1개라는 점 $(f(x) = 0$이 α를 오직 하나의 실근으로 가진다는 점)에 집중하자. $f(x) = (x - \alpha)(x^2 + \cdots)$에서 $(x^2 + \cdots)$의 해는 존재하지 않으므로 $(x^2 + \cdots)$의 판별식은 0보다 작다.

(5) 연습 : $y = f(x)$의 그래프를 그리기 위해 반드시 $y = f'(x)$를 관찰할 필요는 없다!

① $f(x) = x^3 + 3x^2$의 그래프

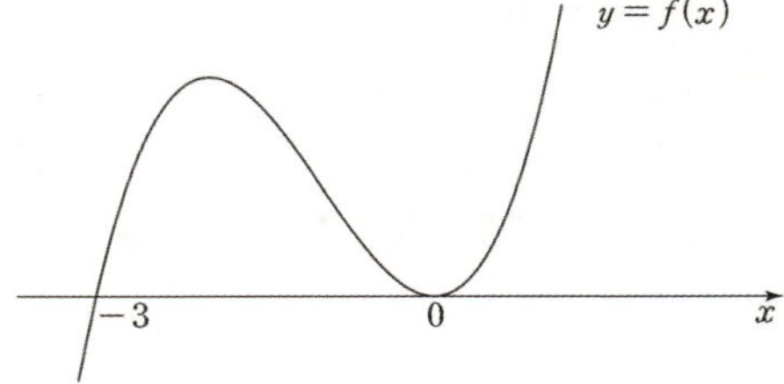

인수분해를 해주면 $f(x) = x^2(x+3)$이다. 따라서 $f(x)$는 $x = 0$에서 x축에 접하고, $x = -3$에서 x축과 만난다.

삼차함수의 $1 : 1 : 1$ 비율에 의해 $f(x)$는 $x = -2$에서 극대이고, $x = -1$에서 변곡점을 갖는다. 위와 같이 인수분해가 가능한 식을 보면, 그래프를 그리기 위해 $f'(x)$를 관찰할 필요가 없다. 제시된 식의 인수를 바탕으로 그래프를 그릴 수 있고, 삼차함수 비율에 의해 극점과 변곡점도 모두 찾을 수 있다.

② $f(x) = x^3 - 3x$의 그래프

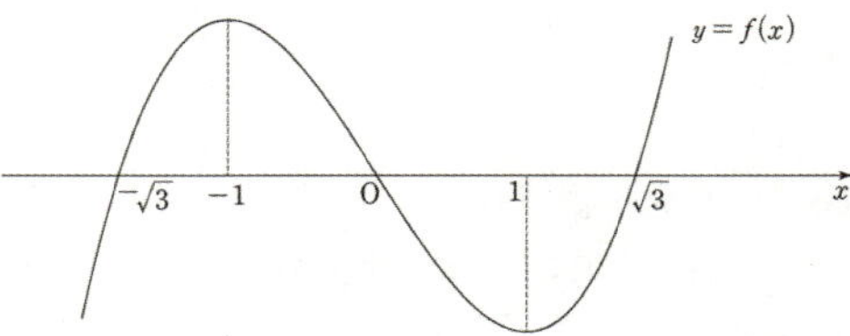

인수분해를 하면 $f(x) = x(x^2 - 3) = x(x + \sqrt{3})(x - \sqrt{3})$ 따라서 $f(x)$는 $x = 0$, $x = \sqrt{3}$, $x = -\sqrt{3}$에서 x축과 만난다.

삼차함수의 $1 : \sqrt{3}$ 비율에 의해 $f(x)$는 $x = \pm 1$에서 극값을 갖는다. 또한, $f(x)$는 홀수차항만으로 이루어져 있으므로 기함수(원점대칭)이다. (함수의 대칭성은 이번 챕터의 마지막 부분에서 배운다.)

③ $f(x) = x^3 - 7x^2 + 14x - 8$의 그래프 ($f'(x) = 0$의 정수근이 존재하지 않는다면, $f(x) = 0$이 정수근을 가질지도..?)

일단 식을 보자마자 당황할 수도 있다. 위의 두 개의 식은 상당히 간단했는데 이 식은 꽤(?) 복잡하기 때문이다. 아마 대부분 그래프를 그리기 위해 $f'(x) = 3x^2 - 14x + 14 = 0$의 근을 관찰할 것인데, $3x^2 - 14x + 14 = 0$은 인수분해가 되지 않는다! 그렇다고 근의 공식까지 쓰면서 그래프를 그려야 할까? NO. 아직 $x^3 - 7x^2 + 14x - 8 = 0$의 인수분해는 시도하지 않았다.

삼차방정식의 인수분해 TIP을 주겠다. $x = \pm 1$을 대입했을 때 0이 된다면 $(x-1)$ 또는 $(x+1)$을 인수로 갖기 때문에 인수분해가 출제 의도인 경우가 많다. (혹은 $x = \pm 2$까지도 대입할 수도 있다.)

$f(1) = 1 - 7 + 14 - 8 = 0$이므로 $f(x)$는 $(x-1)$을 인수로 갖는다. 조립제법을 사용하여 인수분해를 해보면, $f(x) = (x-1)(x-2)(x-4)$이다. 따라서 $f(x)$의 그래프는 다음과 같다. x축과의 교점 사이의 거리를 의식하여 x축과 $f(x)$로 둘러싸인 부분의 넓이도 고려하여 그려야 한다.

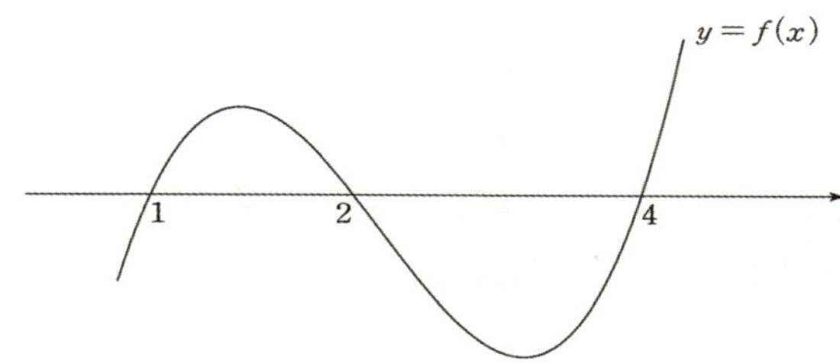

이차함수 $f(x)$는 $x=-1$에서 극대이고, 삼차함수 $g(x)$는 이차항의 계수가 0이다. 함수

$$h(x)=\begin{cases}f(x) & (x \leq 0) \\ g(x) & (x > 0)\end{cases}$$

이 실수 전체의 집합에서 미분가능하고 다음 조건을 만족시킬 때, $h'(-3)+h'(4)$의 값을 구하시오.

[4점]

(가) 방정식 $h(x)=h(0)$의 모든 실근의 합은 1이다.

(나) 닫힌구간 $[-2, 3]$에서 함수 $h(x)$의 최댓값과 최솟값의 차는 $3+4\sqrt{3}$ 이다.

---

1. 함수 $g(x)$와 함수 $f(x)$는 $x=0$에서 접하므로 차이함수를 작성해보자.
   (차이함수는 Chapter 5에서 자세히 배운다.)

   $p(x)=g(x)-f(x)$라 하면 $p(0)=p'(0)=0$이므로 $p(x)=ax^3+bx^2$으로 표현할 수 있다.

   $g(x)$의 이차항의 계수가 0이므로 $f(x)$의 최고차항의 계수는 $-b$이고,
   $f'(-1)=0$이므로 $f(x)=-b(x+1)^2+c=-bx^2-2bx+f(0)$이다.

   따라서 $g(x)=p(x)+f(x)=ax^3-2bx+g(0)$이고,
   함수 $g(x)$는 이차항의 계수가 0이므로 점 $(0,\ g(0))$에 대하여 대칭이다.

2. 조건 (가)에 맞게 함수 $h(x)$를 그려보자. $h(0)=f(0)=g(0)$이다.

   이차함수 $f(x)$는 $x=-1$에 대하여 대칭이고
   $f(0)=h(0)$이므로 $f(-2)=f(0)=h(0)$이다.

   삼차함수 $g(x)$는 점 $(0,\ h(0))$에 대하여 대칭이고,
   방정식 $h(x)=h(0)$의 모든 실근의 합이 1이므로
   삼차함수 $g(x)$는 세 점 $(-3,\ h(0))$,
   $(0,\ h(0))$, $(3,\ h(0))$을 지난다.

   삼차함수의 $1:\sqrt{3}$ 비율에 의하여 함수 $g(x)$의
   극솟점의 x좌표는 $\sqrt{3}$ 이다.

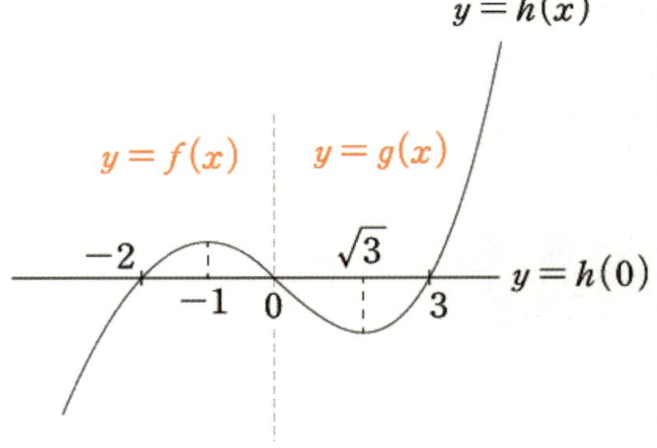

3. $g(x)=ax^3-2bx+g(0)$, $g(3)=g(0)$이므로 $g(3)-g(0)=27a-6b=0$에서 $9a=2b$이다.

   조건 (나)를 적용하자. 구간 $[-2,\ 3]$에서 함수 $h(x)$의 최댓값은 $f(-1)=b+f(0)$
   함수 $h(x)$의 최솟값은 $g(\sqrt{3})=3\sqrt{3}a-2\sqrt{3}b+g(0)$이므로

   $b+f(0)-(3\sqrt{3}a-2\sqrt{3}b+g(0))=(1+2\sqrt{3})b-3\sqrt{3}a=3+4\sqrt{3}$에서 $9a=2b$와 **연립하면**
   $b=3$, $a=\dfrac{2}{3}$를 얻는다.

4. $f'(x)=-6x-6$, $p'(x)=2x^2+6x$에서 $g'(x)=2x^2-6$이다.
   따라서 $h'(-3)+h'(4)=f'(-3)+g'(4)=12+26=38$이다.

   답은 38!!

※ 차이함수를 작성하지 않고도 풀 수 있다.

함수 $g(x)$의 이차항의 계수가 0이라는 것은 방정식 $g(x) = g(0)$의 실근의 합이 0이라는 것과
같다. 단, $g(x)$는 삼차함수이므로 $g(x) = g(0)$의 실근의 개수는 3 또는 1이다.

문제 조건에 의하여 $f(x) - f(0) = ax(x + 2)$이고,
방정식 $h(x) = h(0)$의 모든 실근의 합은 1이므로 $g(x) - g(0) = bx(x - 3)(x + 3)$으로 작성이 되는
것을 알 수 있다.

($g(x) = g(0)$의 실근에 3이 포함되어야 하므로 $g(x) = g(0)$은 서로 다른 세 실근 $-3, 0, 3$을 가진다.)

사차함수

사차함수에 관한 문제에서 조건을 만족하는 사차함수 그래프의 개형이 쉽게 떠오른다면 별문제가 없다. 하지만 조건을 만족하는 그래프 개형이 쉽게 생각나지 않는다면 개형 우선 사고가 요구된다.
태도 : 사차함수 그래프의 개형 추론이 어려울 경우 개형 우선 사고가 요구된다.

가능한 사차함수 그래프 개형을 모두 그려놓고 각각의 개형에 조건을 적용한다는 느낌이다.

이때, 각각의 개형에 조건을 적용할 때는 반드시 특수한 개형부터 적용하자.
태도 : 개형을 고려할 때는 특수한 개형부터 고려하자.

이는 〈Chapter 5. 도함수의 활용〉 함수 추론에서 배울 내용과 일맥상통한다. 함수를 추론할 때는 반드시 특수한 상황부터 따져야 한다. 그렇다면 사차함수의 특수한 개형은 어떤 것일까?

(1) 사차함수 그래프의 특수한 개형

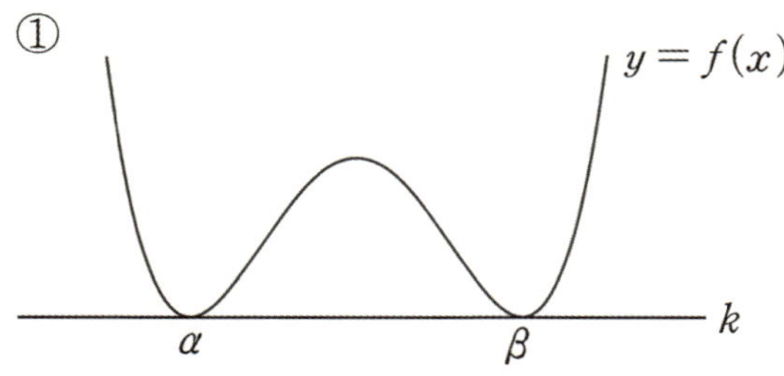

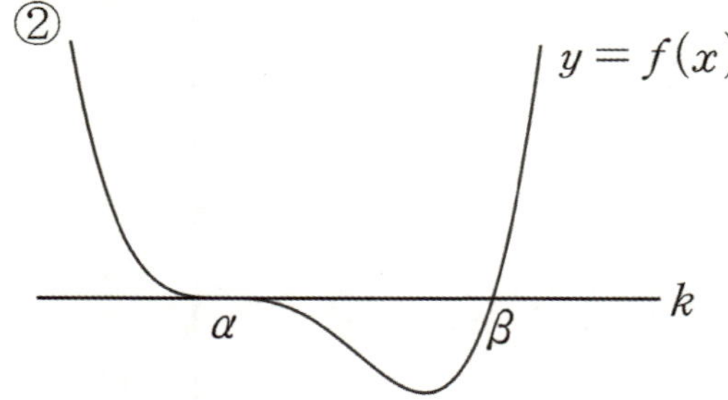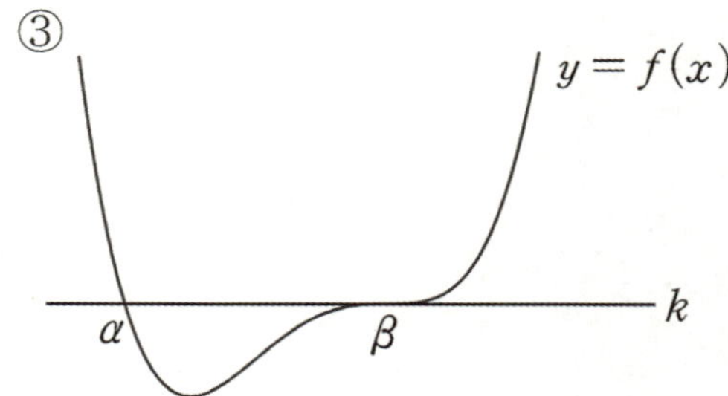

다음 페이지에서 각각의 경우를 자세히 살펴보자.
단, 모든 경우에서 사차함수 $f(x)$의 최고차항의 계수는 1 이라 하자.
이때, $f'(x)$의 최고차항의 계수는 4가 된다. 또한 α, β, γ는 $\alpha \neq \beta \neq \gamma$이고, $\alpha < \beta$인 실수이다.

① 방정식 $f(x) = k$가 α, β를 각각 중근으로 갖는 경우

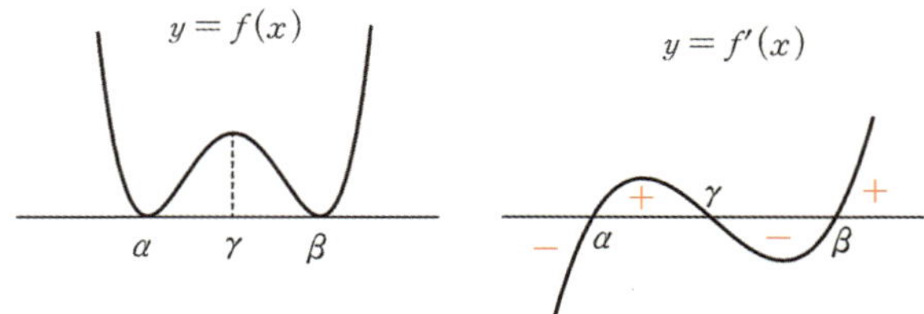

함수식 : $f(x) - k = (x-\alpha)^2(x-\beta)^2$, $f'(x) = 4(x-\alpha)(x-\gamma)(x-\beta)$

도출 정보 : $f(x)$의 그래프는 $x = \gamma$에 대해 대칭이고, $\gamma = \dfrac{\alpha+\beta}{2}$이다.

$y = f'(x)$와 x축으로 둘러싸인 두 영역의 넓이는 서로 같으므로

$$\int_{\alpha}^{\gamma} f'(x)dx = -\int_{\gamma}^{\beta} f'(x)dx \text{이다.}$$

② 방정식 $f(x) = k$가 α를 삼중근으로 갖고, β를 하나의 실근으로 갖는 경우

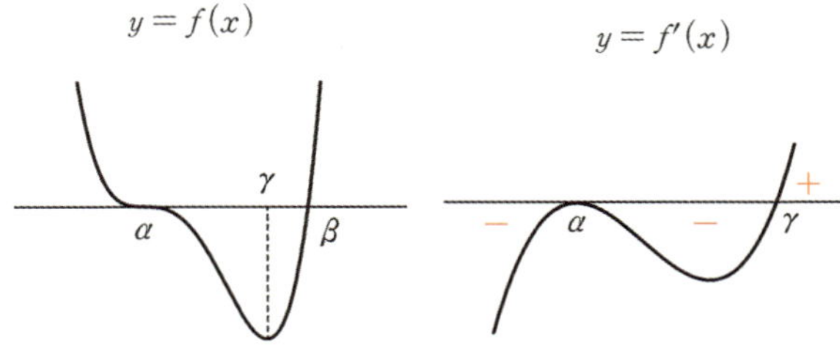

함수식 : $f(x) - k = (x-\alpha)^3(x-\beta)$, $f'(x) = 4(x-\alpha)^2(x-\gamma)$

도출 정보 : 사차함수 비율에 의해 $\gamma - \alpha = 3(\beta - \gamma)$, $\gamma = \dfrac{\alpha+3\beta}{4}$이다.

α, β의 $3:1$ 내분점 공식으로 이해해도 좋다. 사차함수 비율은 바로 다음에 나온다.

③ 방정식 $f(x) = k$가 β를 삼중근으로 갖고, α를 하나의 실근으로 갖는 경우

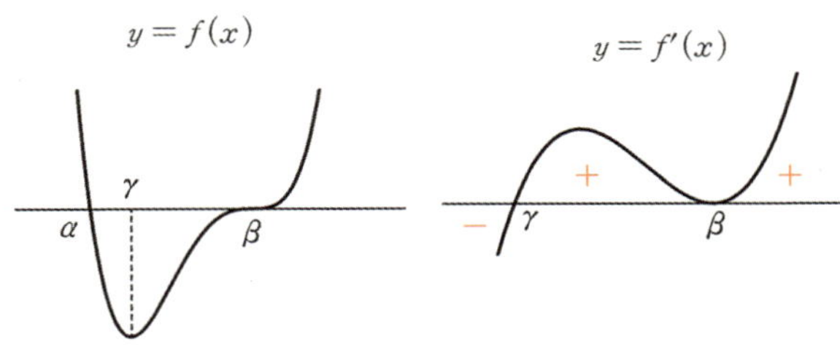

함수식 : $f(x) - k = (x-\alpha)(x-\beta)^3$, $f'(x) = 4(x-\gamma)(x-\beta)^2$

도출 정보 : 사차함수 비율에 의해 $\beta - \gamma = 3(\gamma - \alpha)$, $\gamma = \dfrac{3\alpha+\beta}{4}$이다.

α, β의 $1:3$ 내분점 공식으로 이해해도 좋다. 사차함수 비율은 바로 다음에 나온다.

(2) 사차함수 그래프의 일반적인 개형

이외의 사차함수 그래프의 모든 일반적인 개형 종류는 다음과 같다. 다음 페이지에서 하나씩 살펴보자.

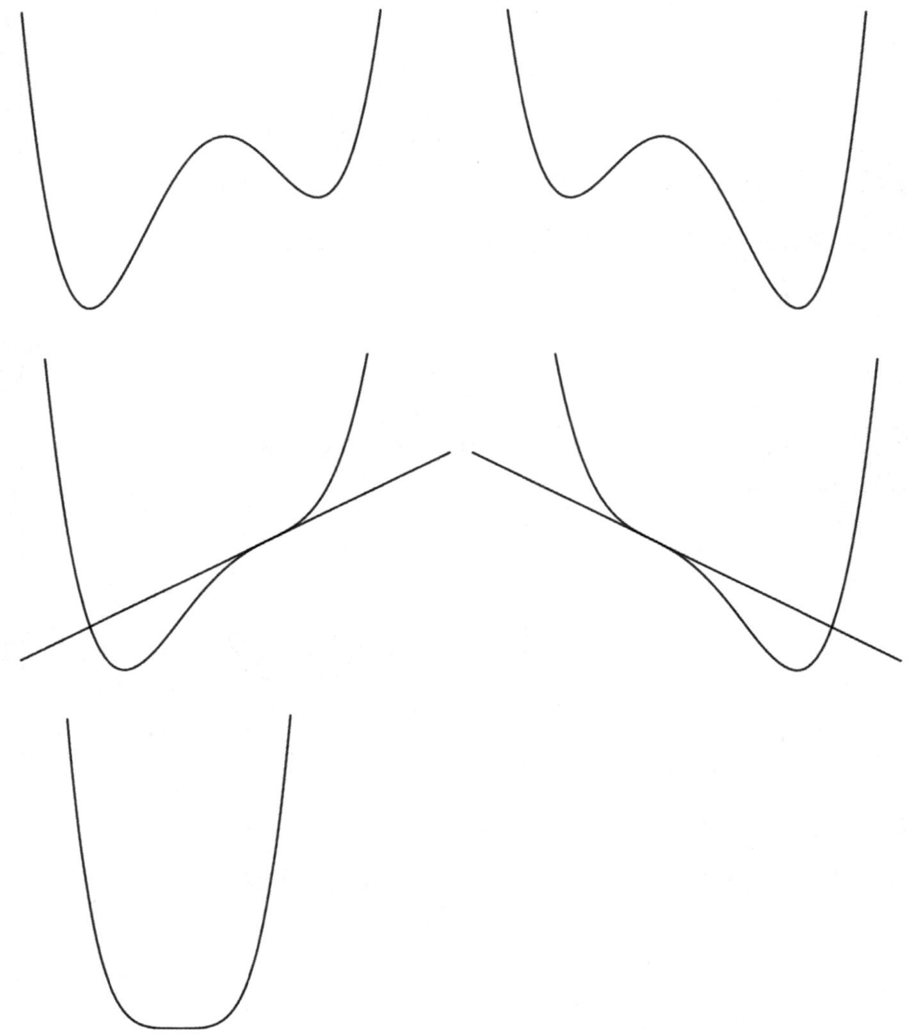

① 서로 다른 세 극점을 가질 때, $f(\alpha) < f(\gamma)$

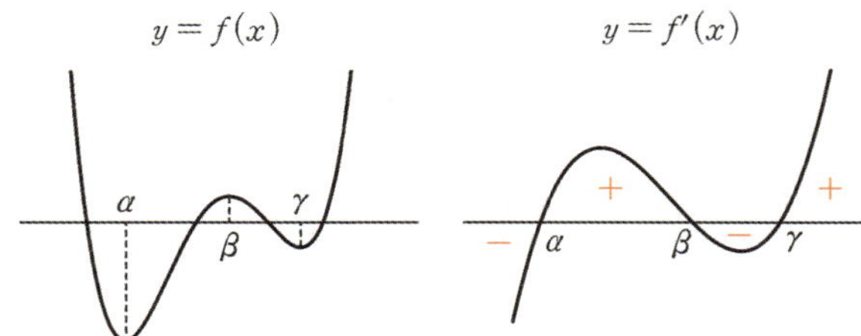

함수식 : $f'(x) = 4(x-\alpha)(x-\beta)(x-\gamma)$

도출 정보 : $\left| \displaystyle\int_{\alpha}^{\beta} f'(x)dx \right| > \left| \displaystyle\int_{\beta}^{\gamma} f'(x)dx \right|$, $f(\alpha) < f(\gamma)$

$f(x)$는 $x=\alpha$에서 $x=\gamma$까지 $\left| \displaystyle\int_{\alpha}^{\beta} f'(x)dx \right|$ 만큼 증가했다가 $\left| \displaystyle\int_{\beta}^{\gamma} f'(x)dx \right|$ 만큼 감소한다.

② 서로 다른 세 극점을 가질 때, $f(\alpha) > f(\gamma)$

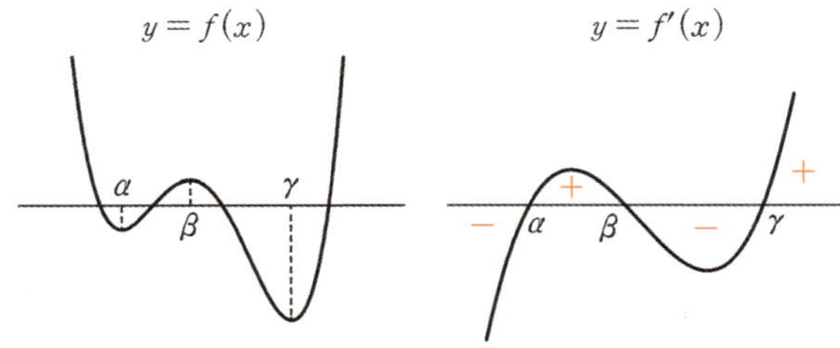

함수식 : $f'(x) = 4(x-\alpha)(x-\beta)(x-\gamma)$

도출 정보 : $\left| \displaystyle\int_{\alpha}^{\beta} f'(x)dx \right| < \left| \displaystyle\int_{\beta}^{\gamma} f'(x)dx \right|$, $f(\alpha) > f(\gamma)$

$f(x)$는 $x=\alpha$에서 $x=\gamma$까지 $\left| \displaystyle\int_{\alpha}^{\beta} f'(x)dx \right|$ 만큼 증가했다가 $\left| \displaystyle\int_{\beta}^{\gamma} f'(x)dx \right|$ 만큼 감소한다.

※ ①, ②에서 $f(x)$의 함수식을 예쁘게 작성하는 방법

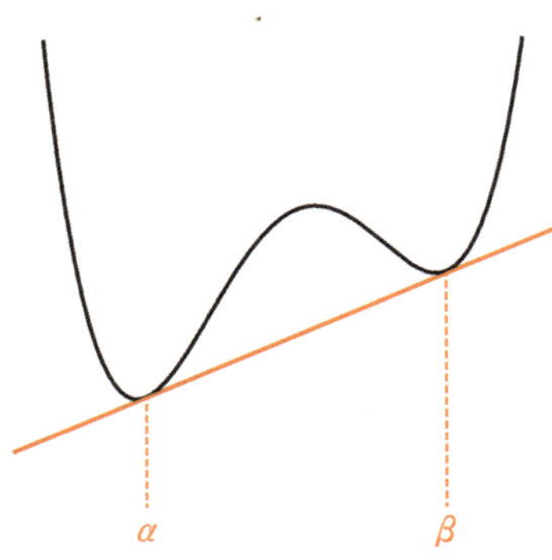

$f(x)$의 $x=\alpha$, $x=\beta$에서의 공통접선을 $y=g(x)$라 하면
$f(x) - g(x) = (x-\alpha)^2(x-\beta)^2$ 으로 간단히 나타낼 수 있다.
(단, 이때의 α, β는 위에서의 α, β와 다르다.)

※ 최고차항의 계수가 양수인 사차함수 $f(x)$와 서로 다른 세 실수 α, β, γ에 대하여
$f(\alpha) = f'(\alpha) = 0$, $f(\beta) = f(\gamma) = 0$일 때
(또는 함수 $f(x)$가 $(x-\alpha)^2(x-\beta)(x-\gamma)$를 인수로 가질 때),

α의 위치에 따라 세 가지 경우가 가능하다. (단, $\beta < \gamma$)

i) $\alpha < \beta < \gamma$인 경우

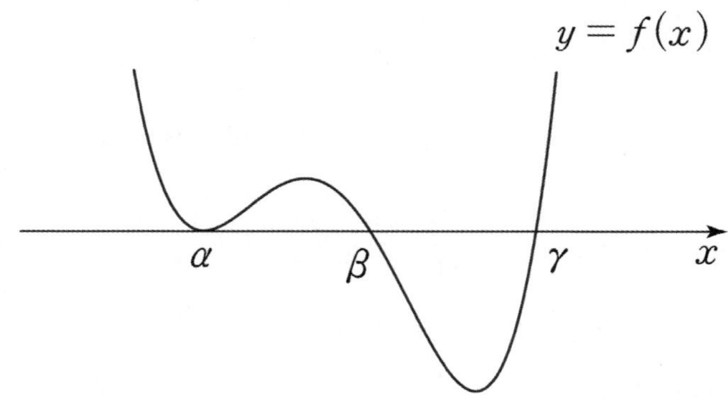

ii) $\beta < \alpha < \gamma$인 경우

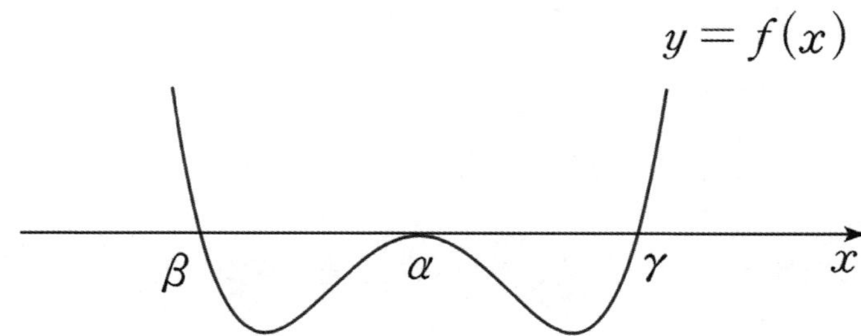

iii) $\beta < \gamma < \alpha$인 경우

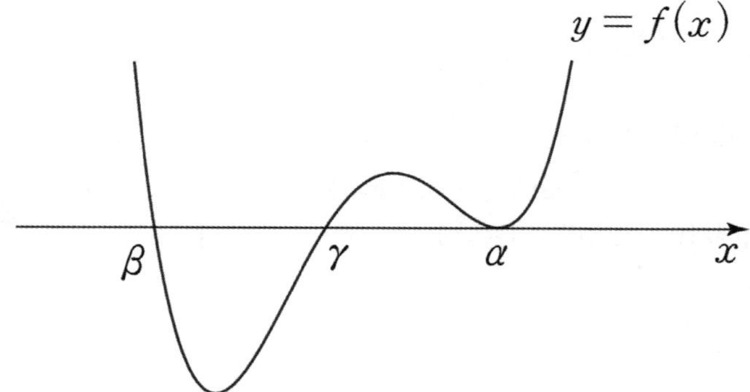

③, ④ 방정식 $f'(x) = 0$이 오직 하나의 근을 가질 때

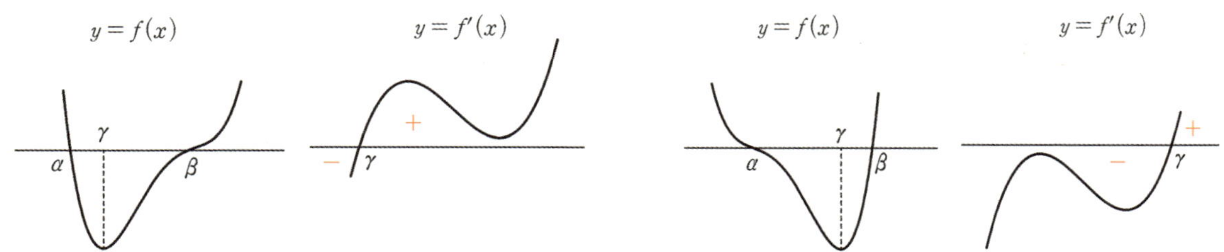

도출 정보 : $f'(x) = 0$은 $x = \gamma$에서만 근을 갖는다. $f(x)$의 극점은 $x = \gamma$에서만 생긴다.

함수식 : **(원함수)** $f(x) - k = (x - \alpha)(x - \beta)(x^2 + \cdots)$이고 $(x^2 + \cdots)$의 판별식 $D < 0$이다.

　　　　(도함수) $f'(x) = 4(x - \gamma)(x^2 + \cdots)$이고 $(x^2 + \cdots)$의 판별식 $D < 0$이다.

이 경우 $f(x)$의 함수식은 '접하면서 뚫고 지나가는 접선'을 이용하면 예쁘게 작성할 수 있다.

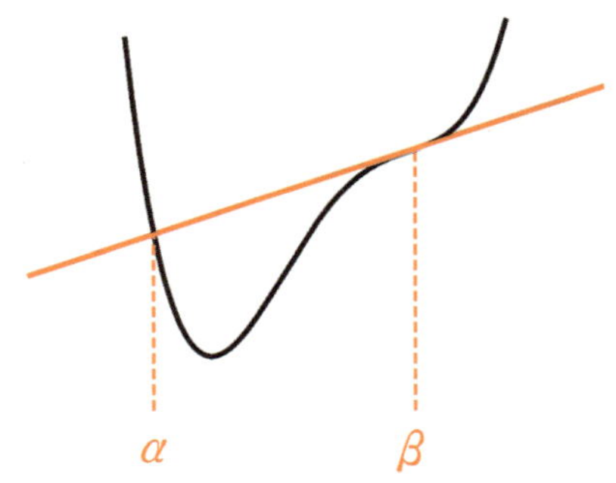

$f(x)$ 위의 점 $(\beta, f(\beta))$에서 그은 접선의 방정식을 $y = g(x)$라 하면
$f(x) - g(x) = (x - \alpha)(x - \beta)^3$ 로 간단히 나타낼 수 있다.

⑤ 방정식 $f(x) = k$가 α를 사중근으로 가질 때

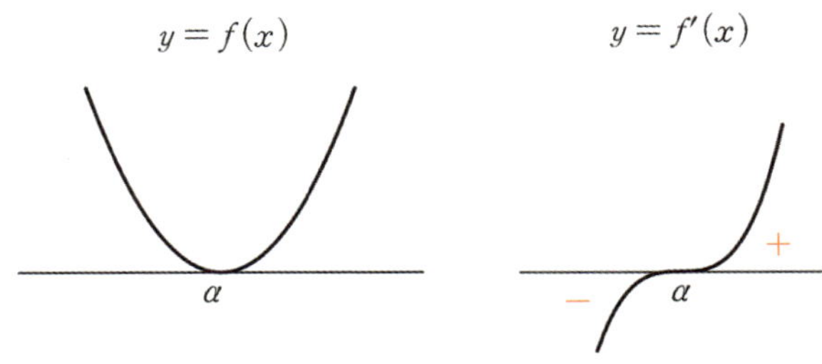

함수식 : $f(x) - k = (x - \alpha)^4$, $f'(x) = 4(x - \alpha)^3$

도출 정보 : $f(x)$의 그래프는 직선 $x = \alpha$에 대해 대칭이다.

　　　　(마치 이차함수의 그래프와 비슷하지만 증가 속도가 다르다.)

　　　　$f'(x)$는 증가함수이고, 방정식 $f'(x) = 0$은 α를 삼중근으로 갖는다.

최고차항의 계수가 양수인 사차함수 $f(x)$가 다음 조건을 만족시킨다.

$f'(x) = 0$이 서로 다른 세 실근 $\alpha,\ \beta,\ \gamma\ (\alpha < \beta < \gamma)$를 갖고, $f(\alpha)f(\beta)f(\gamma) < 0$이다.

<보기>에서 옳은 것을 모두 고른 것은? [3점]

<보　기>

ㄱ. 함수 $f(x)$는 $x = \beta$에서 극댓값을 갖는다.
ㄴ. 방정식 $f(x) = 0$은 서로 다른 두 실근을 갖는다.
ㄷ. $f(\alpha) > 0$이면 방정식 $f(x) = 0$은 β보다 작은 실근을 갖는다.

① ㄱ　　　② ㄷ　　　③ ㄱ, ㄴ　　　④ ㄴ, ㄷ　　　⑤ ㄱ, ㄴ, ㄷ

최고차항의 계수가 양수인 사차함수 $f(x)$**에 대해** $f'(x) = 0$**이 서로 다른 세 실근**
$\alpha,\ \beta,\ \gamma\ (\alpha < \beta < \gamma)$**를 가지므로**
$f(x)$**는** $x = \alpha,\ x = \gamma$**에서 극솟값을 갖고,** $x = \beta$**에서 극댓값을 갖는다.**

$f(\alpha)f(\beta)f(\gamma) < 0$이므로 $f(\alpha),\ f(\beta),\ f(\gamma)$의 값이 '**모두 음수**'이거나 '**두 개는 양수이고 하나는 음수**'인 두 가지 경우가 가능하다.

사차함수의 개형과 위의 두 가지 경우를 고려할 때, 곡선 $f(x)$와 x축의 위치 관계는 총 3가지 CASE가 가능하다.

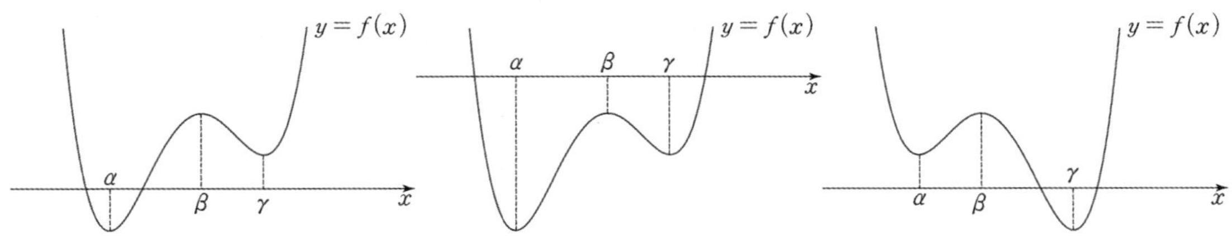

$f(x)$ 그래프를 토대로 ㄱㄴㄷ 선지를 판단하자.

1. $f'(x)$의 부호가 $x = \beta$ 좌우에서 양(+)에서 음(−)으로 바뀌므로 $f(x)$는 $x = \beta$에서 극댓값을 갖는다.
   이미 위에서 구한 사차함수 $f(x)$의 그래프 개형을 보고 판단해도 좋다. (O)

2. 위에서 살펴본 모든 CASE에서 함수 $f(x)$의 그래프는 x축과 서로 다른 두 점에서 만난다.
   따라서 방정식 $f(x) = 0$은 서로 다른 두 실근을 갖는다. (O)

3. $f(\alpha) > 0$인 한 가지 케이스가 존재하고 그 경우 $f(x) = 0$은 β보다 큰 두 개의 실근을 갖는다.
   (X)

따라서 옳은 것은 ㄱ, ㄴ이므로 **답은 ③!!**

최고차항의 계수가 1이고, $f(0)=3$, $f'(3)<0$인 사차함수 $f(x)$가 있다. 실수 t에 대하여 집합 S를

$$S=\{a\,|\,\text{함수 }|f(x)-t|\text{가 }x=a\text{에서 미분가능하지 않다.}\}$$

라 하고, 집합 S의 원소의 개수를 $g(t)$라 하자.
함수 $g(t)$가 $t=3$과 $t=19$에서만 불연속일 때, $f(-2)$의 값을 구하시오. [4점]

1. 새롭게 정의된 함수 $g(t)$가 등장했다. 정의역과 치역의 실질적 의미를 제대로 흡수하자.

　정의역(t) : 위아래로 움직이는 $y = t$

　치역($g(t)$) : $y = |f(x) - t|$ 가 미분가능하지 않은 점의 개수

잠시 함수 $y = |f(x) - a|$ 에 대해 알아보자. $y = f(x) - a$는
$y = f(x)$를 y축 방향으로 $-a$만큼 평행이동한 함수 또는
$y = f(x)$와 $y = a$ 간의 차이함수로 볼 수 있다. (결론적으로 두 개의 의미는 같다.)

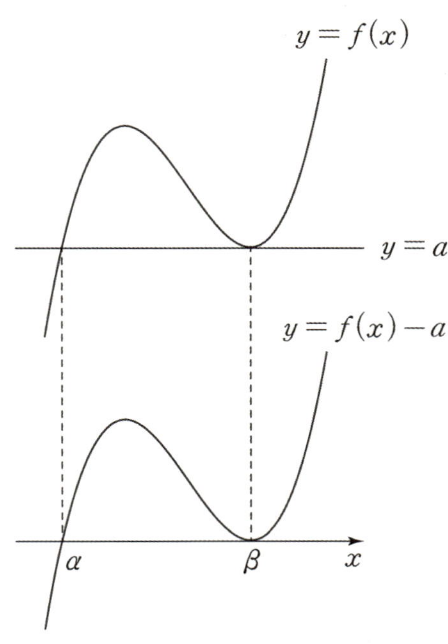

문제 속 제시된 함수는 $y = |f(x) - a|$ 이므로 곡선 $y = f(x) - a$의 x축 아랫부분을 x축을 기준으로
접어 올리면 된다. $y = a$와 $y = f(x)$의 위치 관계가 위의 그림과 같을 때 $y = |f(x) - a|$는 $x = \alpha$
에서 미분가능하지 않다.

그런데 a의 값에 따라 $y = |f(x) - a|$의 그래프를 계속해서 일일이 그리면 상당히 번거롭다.
팁을 주자면, **$y = f(x)$의 그래프 상에서 $y = a$ 자체를 x축으로 보고 $y = a$의 아랫부분을 $y = a$를
기준으로 접어 올리면 $y = |f(x) - a|$의 그래프가 된다.** 이러면 $y = f(x)$의 그래프만 그리고
$y = |f(x) - a|$의 그래프를 빠르게 관찰할 수 있다.

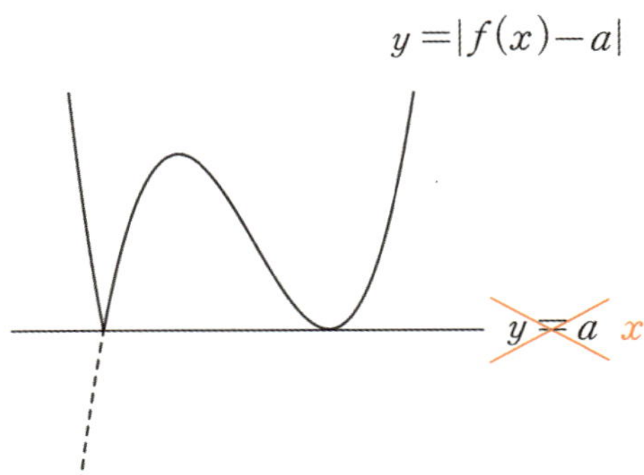

그러나 이 경우에는 **$y = a$를 x축으로 취급**해주어야
함을 주의하자.

2. 함수 $g(t)$가 $t=3$과 $t=19$에서만 불연속이라는 조건을 적용하기 위해서는 $y=f(x)$의 개형을 알아야 한다. $f(0)=3$, $f'(3)<0$을 만족시키는 사차함수의 그래프 개형은 확정되지 않으므로 가능한 모든 사차함수의 개형을 떠올리자. **사차함수는 개형 우선 사고를 해야 한다.**

그중에서도 특수한 그래프부터 먼저 따지자. 사차함수는 3가지의 특수한 그래프 개형을 가진다.

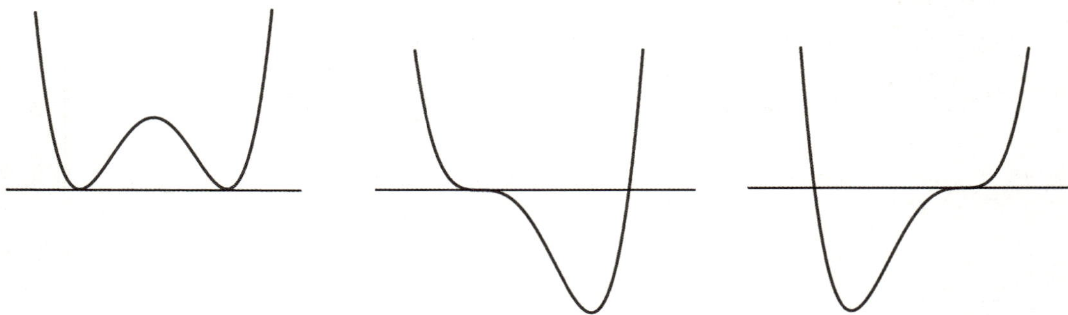

첫 번째 개형부터 따지자.

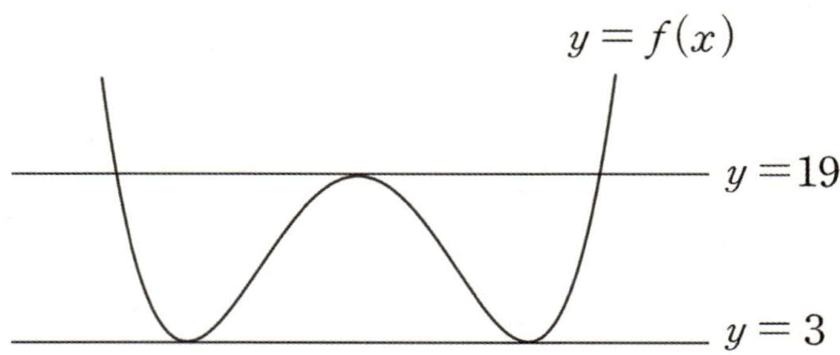

이 경우 함수 $g(t)$는 $t=3$과 $t=19$에서만 불연속이므로 사차함수 $f(x)$의 극솟값은 3, 극댓값은 19이다.

$f(x)$가 극소인 지점과 접하는 $y=3$과의 차이함수를 이용해서 $f(x)$의 식을 작성하자.
조건 $f(0)=3$도 적용해주면, $f(x)-3=x^2(x-k)^2$이다. (k는 0이 아닌 상수)

$f(x)$의 그래프는 $x=\dfrac{k}{2}$에 대해 대칭이므로 $x=\dfrac{k}{2}$에서 극댓값 19를 갖는다.

$f\left(\dfrac{k}{2}\right)=19$

$f\left(\dfrac{k}{2}\right)-3=\left(\dfrac{k}{2}\right)^2\left(-\dfrac{k}{2}\right)^2$

$16=\dfrac{k^4}{2^4}$

$\therefore\ k=\pm 4$

k의 두 가지 값 ± 4에 따라 두 가지 CASE가 존재한다.

각각에 대해 $y = f(x)$의 그래프를 그려주면, 남은 조건 $f'(3) < 0$을 만족하는 k의 값은 4이다.

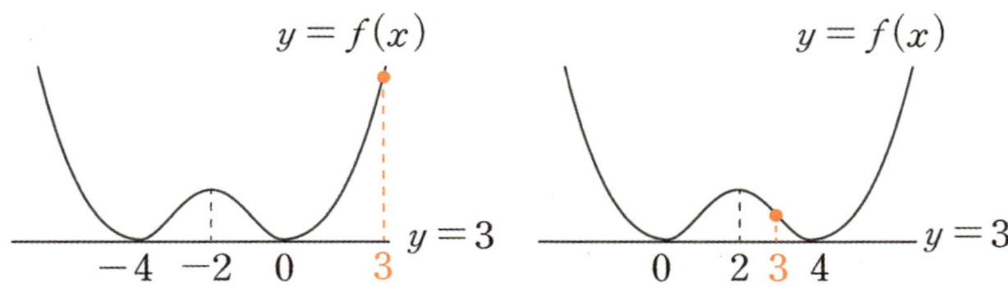

따라서 $f(x) - 3 = x^2(x-4)^2$이다.

$f(-2) = (-2)^2(-6)^2 + 3 = 147$이므로 **답은 147!!**

---

3. 이미 답은 나왔다. 다른 케이스는 모두 조건을 위배할 것이다. 실전에서는 빠르게 다음 문제로 넘어가야 하지만 $f(x)$의 나머지 특수한 개형도 살펴보자.

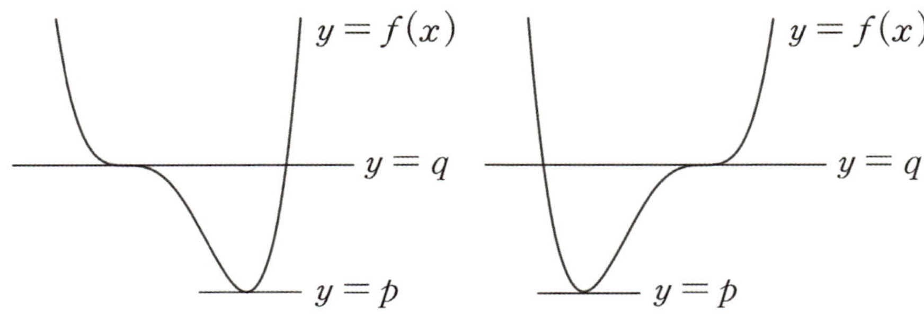

그림처럼 $f(x)$가 극솟값 p를 갖고 방정식 $f(x) = q$가 삼중근을 갖는 형태일 때,

함수 $g(t)$는 $t = p$, $t = q$에서 불연속이다. $g(t) = \begin{cases} 0 & (t \le p) \\ 2 & (p < t < q) \\ 1 & (t = q) \\ 2 & (t > q) \end{cases}$

따라서 $p = 3$, $q = 19$일 때 조건 '함수 $g(t)$는 $t = 3$, $t = 19$에서만 불연속'을 만족시킨다.
하지만 위의 두 그래프 개형은 $f(0) = 3$, $f'(3) < 0$을 동시에 만족시킬 수 없다.
$f(0) = 3$일 때 $x \ge 0$인 모든 x에 대해 $f'(x) \ge 0$이므로 $f'(3) \ge 0$이기 때문이다.

이외에 사차함수 $f(x)$의 다른 일반적인 그래프 개형도 모두 조건을 만족시키지 못한다.
그 정도는 직접 따져볼 수 있으리라 믿는다.

삼차함수 비율만큼 중요한 것은 아니나 외워둬서 나쁠 건 없다.

① $1 : \sqrt{2}$

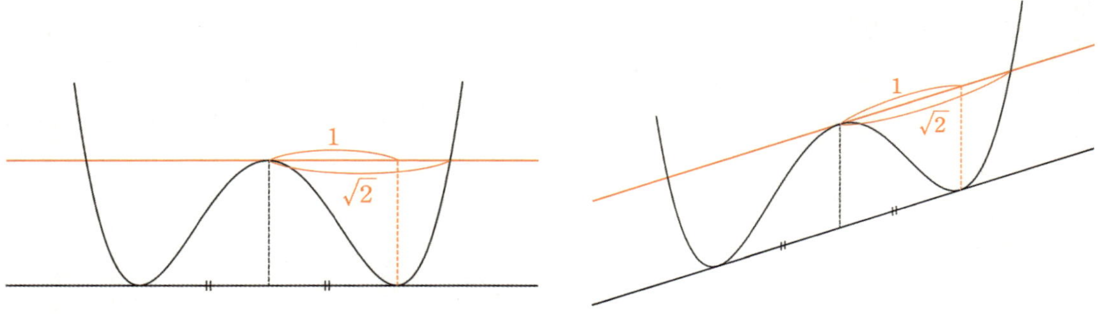

② $1 : 3$

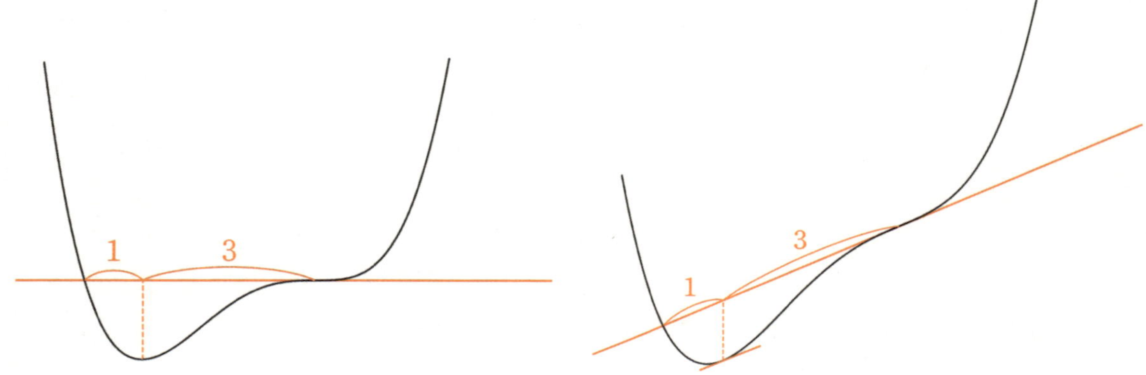

①, ② 각각의 경우 오른쪽 그래프는 왜 비율이 존재하는지 의문이 들 수 있다. ②를 예시로 들어보자.
사차함수를 $y = f(x)$, 직선의 방정식을 $y = g(x)$라 할 때, $f(x) - g(x) = a(x - \alpha)(x - \beta)^3$라 하자.
(단, $a > 0, \alpha < \beta$)

이때, 차이함수 $h(x) = f(x) - g(x)$를 관찰하면 $h(x)$의 그래프는 왼쪽과 같이 되어 비율이 존재한다.
$h'(\gamma) = f'(\gamma) - g'(\gamma) = 0$일 때, $\gamma - \alpha : \beta - \gamma = 1 : 3$이다. (단, $\alpha < \gamma < \beta$)

따라서 곡선 $y = f(x)$와 직선 $y = g(x)$에서도 α, β, γ의 값은 여전히 비율을 이루는데,
$f'(\gamma) = g'(\gamma)$인 γ가 α, β와 비율을 이룸을 주의해야 한다. ①일 때도 똑같이 차이함수를 관찰하면 된다.

$1 : \sqrt{2}$ 보다는 $1 : 3$ 비율이 더 유용하게 쓰인다. $1 : 3$ 비율은 외워두는 걸 추천한다.

▎다항함수 관련 태도·도구

1. 다항함수 또는 다항식의 차수와 최고차항의 계수는 반드시 고려하자.

(1) 태도 : 문제에서 '다항함수' 혹은 '다항식'을 보면 차수와 최고차항의 계수를 따져라.

지금 당장은 당연하게 받아들여지는 태도지만, 막상 문제를 마주할 때 제대로 적용하는 사람은 많지 않다. 다항함수에서 가장 중요한 것은 차수와 최고차항 계수다. 제발 외우자. 제발!!

(2) 특히 최고차항의 계수를 따질 때 부호에 유의해라.

문제를 풀 때 당연히 최고차항의 계수를 양수라고 생각하고 문제를 푸는 경향이 많은데, 그러다 불필요하게 시간을 소요하는 경우가 많다. 최고차항의 계수가 음수일 가능성도 의식하자.

(3) 다항함수 $f(x)$를 포함한 항등식이 있을 때,
$f(x)$의 차수와 최고차항의 계수를 알 수 없다면 최고차항을 설정하자.

$\underline{f(x)$의 (최고차항)$= ax^n}$ (단, a는 0이 아닌 상수, n은 음이 아닌 정수)
(일반적으로 $f(x)$는 확정되므로 a, n 모두 상수인 경우가 많다.)

이때, 다항함수는 상수함수도 포함하므로 $n = 0$일 수도 있음을 주의하자. 한편, 위와 같이 최고차항을 설정하면 모든 다항함수를 표현할 수 있지만, $f(x) = 0$인 경우를 빼먹게 된다. 그럴 확률은 거의 없지만, 모든 케이스를 따져야 하므로 $f(x) = 0$인 경우도 따로 대입해서 확인해주자.

이처럼 $f(x)$의 최고차항을 설정하여 항등식에 대입한 후 **계수 비교법을 통해 a, n의 값**을 알아낼 수 있는 경우가 많다. a, n의 값을 알아낸 다음 $f(x)$의 전체식을 알 수 있는 다른 방법이 없다면 **$f(x)$의 전체 식을 항등식에 대입**할 수도 있다. 단, 이 경우에는 출제자가 $f(x)$의 차수를 1 또는 2로 설계할 것이다.

최고차항을 항등식에 대입하여 계수 비교법을 적용하더라도 **차수나 계수에 대한 정보를 항등식으로부터 도출하지 못할 수도 있다.** 이때는 당황하지 말고 다른 조건과 연결짓는 등 다른 풀이를 생각해보면 된다. 다항함수가 문제에서 제시된 경우 '차수'만큼은 알 수 있도록 설계할 것이다.

태도 : 하나의 접근이 막히는 상황을 당연하게 받아들이자.

다항식 $g(x)$가 모든 실수 x에 대하여 $g(g(x)) = x$이고 $g(0) = 1$일 때, $g(-1)$의 값은? [1.5점]

① -2 ② -1 ③ 0 ④ 1 ⑤ 2

1. **차수와 최고차항의 계수가 알려지지 않은 다항식 $g(x)$를 포함한 항등식이 제시되었다. 최고차항을 설정 · 대입하여 계수 비교법을 이용**하자.

$(g(x)$의 최고차항$)=ax^n$ (단, a는 0이 아닌 상수, n은 음이 아닌 정수)

※ $g(x)=0$인 경우도 따져주자.

$g(x)=0$을 $g(g(x))=x$에 대입하면 $0=x$가 되어 등식을 만족시키지 못한다.

$g(g(x))=x$에서 $g(x)$ 자리에 ax^n을 대입하면

$($좌변의 최고차항$)=a(ax^n)^n$
$($우변의 최고차항$)=x$

좌 · 우변의 최고차항이 서로 일치하므로 $a^{n+1}x^{n^2}=x$
$n^2=1$, $a^{n+1}=1$
$n=1$ $(\because n \geq 0)$, $a=\pm 1$

2. $g(0)=1$을 적용하면 $g(x)=x+1$ or $-x+1$이다. 답이 나오기 위해 $g(x)$는 하나로 정해져야 한다. 1에서는 항등식에 최고차항만을 대입했지만, **$g(x)$의 전체 식을 항등식에 대입**하자.

$g(x)=x+1$이라면 $g(g(x))=x$에 대입했을 때 $x+2 \neq 2$가 되어 모든 실수 x에 대해 성립하지 않는다.
$\therefore g(x)=-x+1$

답은 ⑤!!

※ 잘못된 풀이법

$g(g(x))=x$의 양변에 $g^{-1}(x)$를 합성하면 $g(x)=g^{-1}(x)$이다.
다항함수 중 원함수와 역함수가 같은 함수는 $y=x$, $y=-x+k$ 두 가지밖에 없다.
$g(0)=1$이므로 $g(x)=-x+1$

이런 식으로 풀었다면 잘못된 풀이이다.
$g(g(x))=x$에서 양변에 $g^{-1}(x)$를 합성할 수 없기 때문이다.

$y=g^{-1}(x)$를 합성하려면 $y=g^{-1}(x)$의 존재성부터 확인해야 하고, 역함수가 존재하기 위해서는 원함수가 일대일대응이어야 한다. 그러나 $g(x)$가 다항식이고, $g(g(x))=x$라는 것만 가지고는 **$g(x)$가 일대일대응임을 알 수 없다.** 결과론적으로 $g(x)$는 일대일대응이 맞긴 하지만 이는 절대 논리적인 풀이로 보기 힘들다.

한편, 이 문제를 '방정식 $f(f(x))=x$의 실근은 $y=f(x)$와 $y=f(x)$를 $y=x$에 대해 대칭시킨 그래프의 교점의 x좌표와 같다.'를 이용하여 풀 수는 있다. 모든 x에 대하여 $f(f(x))=x$이므로 $y=f(x)$는 $y=x$에 대해 대칭인 함수이다. – 〈Chapter 8. 합성함수와 역함수〉

이차함수 $f(x)$에 대하여 함수 $g(x)$가

$$g(x) = \int \{x^2 + f(x)\}dx, \quad f(x)g(x) = -2x^4 + 8x^3$$

을 만족시킬 때, $g(1)$의 값은? [4점]

① 1   ② 2   ③ 3   ④ 4   ⑤ 5

1. **먼저, $g(x) = \int \{x^2 + f(x)\}dx$를 관찰하자.**

$x^2 + f(x)$는 다항함수이므로 이를 부정적분한 $g(x)$도 다항함수이다. $g(x)$가 다항함수임을 따지는 건 지극히 당연하고 필연적인 절차이다.

그렇다면 자연스레 $g(x)$의 차수와 최고차항의 계수가 궁금해진다.
'이차함수+이차함수'인 $x^2 + f(x)$은 일반적으로 이차함수일 것이고, 이를 부정적분한 $g(x)$는 한 차수 높은 삼차함수로 생각할 수 있다.

하지만 $f(x)$의 최고차항이 $-x^2$이라면 $g(x)$의 차수는 2 이하일 수도 있으므로 이 가능성도 의식해야 한다. 이 생각을 하지 못했더라도 괜찮다. 평가원도 너무 예외적인 케이스는 학생들이 스스로 생각하기 어렵다는 점을 명확히 인지하고 있다. 평가원이 이 점을 문제 속에서 어떻게 녹여내는지 보자.

2. **만약 $g(x)$가 삼차함수라면 $f(x)g(x)$는 5차함수가 되어서 조건을 위배한다.**

평가원이 대단한 이유가 여기서 나온다. 일반적으로 생각해봤을 때 추론할 수 있는 '$g(x)$가 삼차함수라는 결론'은 조건을 위배하도록 설계하여 학생 스스로 예외적인 케이스를 떠올리게끔 유도한다.

따라서 $g(x)$는 이차함수가 되어야 하고, $f(x)$의 최고차항은 $-x^2$으로 결정된다.

3. **$f(x)g(x) = -2x^4 + 8x^3$을 이용하자.**

인수분해를 해주면 $-2x^4 + 8x^3 = -2x^3(x-4)$
x에 관한 인수는 $x,\ x,\ x,\ (x-4)$ 4개가 존재한다.

$f(x),\ g(x)$는 모두 이차함수이므로 4개의 인수를 2개씩 분배해주면 된다.
하나는 x^2을 갖고, 다른 하나는 $x(x-4)$를 가지면 되므로 분배할 수 있는 2가지 케이스가 존재한다.

① $f(x) = -x^2,\ g(x) = 2x(x-4)$인 경우
    $g(x) = \int \{x^2 + f(x)\}dx$이므로 $g(x)$는 상수함수가 되어서 모순이 발생한다.

② $f(x) = -x(x-4),\ g(x) = 2x^2$인 경우
    $g(x) = \int \{x^2 + f(x))\}dx$를 만족한다.
    따라서 $g(1) = 2$이므로 답은 ②!!

상수항과 계수가 모두 정수인 두 다항함수 $f(x)$, $g(x)$가 다음 조건을 만족시킬 때, $f(2)$의 최댓값은? [4점]

(가) $\lim\limits_{x \to \infty} \dfrac{f(x)g(x)}{x^3} = 2$

(나) $\lim\limits_{x \to 0} \dfrac{f(x)g(x)}{x^2} = -4$

① 4 ② 6 ③ 8 ④ 10 ⑤ 12

1. **조건을 보자마자 〈Chapter 2. 극한값 계산과 미분계수〉에서 배운 내용을 떠올려야 한다.**

$$\lim_{x \to \infty} \frac{f(x)g(x)}{x^3} = 2$$

0이 아닌 극한값이 존재하므로 분모와 분자의 차수는 동일하고 **극한값 2는 $f(x)g(x)$의 최고차항 계수**를 의미한다.

$$\lim_{x \to 0} \frac{f(x)g(x)}{x^2} = -4$$

0이 아닌 극한값이 존재하므로 분모와 분자의 최저차항의 차수는 서로 같고 **-4는 $f(x)g(x)$의 최저차항 계수**를 의미한다.

$$\therefore \ f(x)g(x) = 2x^3 - 4x^2$$

2. **인수분해를 해주면 $f(x)g(x) = 2x^2(x-2)$**

   x에 관한 인수는 $x, \ x, \ (x-2)$로 3개 존재한다.

   이전 문항에서 했던 대로 인수를 $f(x)$와 $g(x)$에 분배하면 되는데 차이점이 존재한다.
   이전 문항에서는 $f(x)$와 $g(x)$ 각각의 차수와 최고차항의 계수를 알 수 있었고 $f(x)$와 $g(x)$는
   $g(x) = \int \{x^2 + f(x)\}dx$의 관계로 연결되어 있었지만,

   **여기서는
   $f(x), \ g(x)$의 차수와 최고차항 계수를 알 수도 없고 $f(x)$와 $g(x)$의 관계도 알 수 없다.
   이런 상황에서 $f(2)$의 최댓값을 구하기 위해서는 CASE를 분류할 수밖에 없다.**

3. CASE분류

   $f(x)g(x) = 2x^2(x-2)$이고 $f(x), \ g(x)$의 상수항과 계수는 모두 정수이다.
   하나의 함수의 최고차항 계수의 절댓값이 1 또는 2가 아니라면 다른 함수의 최고차항 계수는 정수가
   될 수 없으므로 $f(x)$의 최고차항 계수는 $-1, \ 1, \ -2, \ 2$ 네 개 중 하나이다.

   가장 먼저 인수 $(x-2)$을 고려하자.
   만약 $f(2)$가 아닌 다른 함숫값을 물었다면 CASE분류는 꽤 복잡해졌을 것이다.
   그러나 평가원도 이를 고려하여 $f(2)$를 발문으로 제시하여 인수 $(x-2)$는 제외하도록 설계했다.
   $f(x)$의 인수에 $(x-2)$가 포함되어 버리면 $f(2) = 0$이 되기 때문이다.

   따라서 $f(2)$가 최대가 되려면 남은 두 개의 인수 $x, \ x$를 모두 포함하고 최고차항의 계수는 2가 되어야 한다.
   $f(x) = 2x^2$이므로 $f(2) = 8$이다.

   답은 ③!!

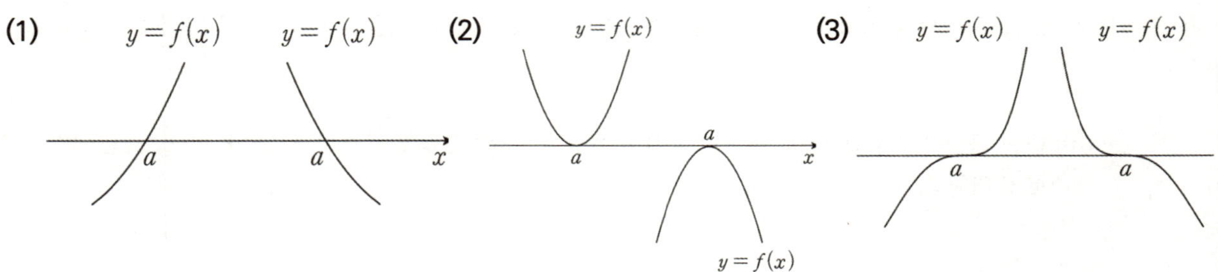

다항함수 $f(x)$와 실수 a에 대해,

(1) 방정식 $f(x)=0$이 a를 중근이 아닌 실근으로 가지면

　　$|f(x)|$는 $x=a$에서 미분가능하지 않다.

　　$y=f(x)$의 그래프는 $x=a$에서 x축에 접하지 않고 지나간다.

(2) 방정식 $f(x)=0$이 a를 n중근으로 가지면 (단, $n=2p$이고 p는 자연수)

　　$|f(x)|$는 $x=a$에서 미분가능하다.

　　$y=f(x)$의 그래프는 $x=a$에서 x축에 접한다.

(3) 방정식 $f(x)=0$이 a를 m중근으로 가지면 (단, $m=2q+1$이고 q는 자연수)

　　$|f(x)|$는 $x=a$에서 미분가능하다.

　　$y=f(x)$의 그래프는 $x=a$에서 x축에 뚫으면서 접한다.

※ 각각의 경우 $x=a$ 부근에서 $f(x)$의 그래프가 왼쪽 그림과 같을지, 오른쪽 그림과 같을지는 $f(x)$의 그래프의 전체 개형을 통해 파악해야 한다.

자연수 n에 대하여 최고차항의 계수가 1이고 다음 조건을 만족시키는 삼차함수 $f(x)$의 극댓값을 a_n이라 하자.

(가) $f(n) = 0$
(나) 모든 실수 x에 대하여 $(x+n)f(x) \geq 0$이다.

a_n이 자연수가 되도록 하는 n의 최솟값은? [4점]

① 1   ② 2   ③ 3   ④ 4   ⑤ 5

1. **(가)** $f(n) = 0$

(나) 모든 실수 x에 대하여 $(x + n)f(x) \geq 0$이다.

$(x + n)f(x) = g(x)$라 하면 $f(x)$는 최고차항으 계수가 1인 삼차함수이므로
$g(x)$는 최고차항의 계수가 1인 사차함수이다.
이때, $g(n) = g(-n) = 0$이므로 $g(x)$의 그래프는 $x = -n$과 $x = n$에서 x축과 만난다.

만약 방정식 $g(x) = 0$이 $-n$을 p중근($p = 2r$, r는 자연수)으로 갖지 않는다면
$g(x)$는 $x = -n$에서 x축을 뚫고 지나가므로 조건을 위배한다.
따라서 **방정식 $g(x) = 0$은 $-n$을 p중근($p = 2r$, r는 자연수)으로 갖는다.**

마찬가지로 방정식 $g(x) = 0$이 n을 q중근($q = 2s$, s는 자연수)으로 갖지 않는다면
$g(x)$는 $x = n$에서 x축을 뚫고 지나가므로 조건을 위배한다.
따라서 **방정식 $g(x) = 0$은 n을 q중근($q = 2s$, s는 자연수)으로 갖는다.**

$g(x) = 0$은 사차방정식이므로 $p = q = 2$이고 인수정리에 의해 $g(x)$는 $(x + n)^2$과 $(x - n)^2$을 인수로
갖는다. $\therefore\ g(x) = (x + n)^2(x - n)^2$

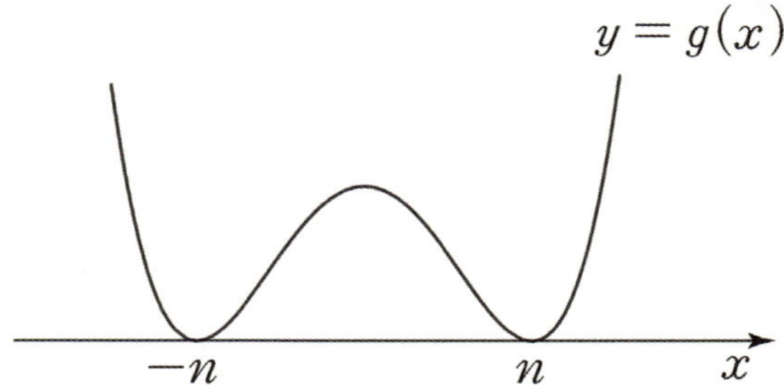

2. $g(x) = (x + n)f(x) = (x + n)^2(x - n)^2$이므로 $f(x) = (x + n)(x - n)^2$이다.

삼차함수 비율에 따라 $f(x)$는 $x = -\dfrac{n}{3}$에서 **극댓값**을 가진다.

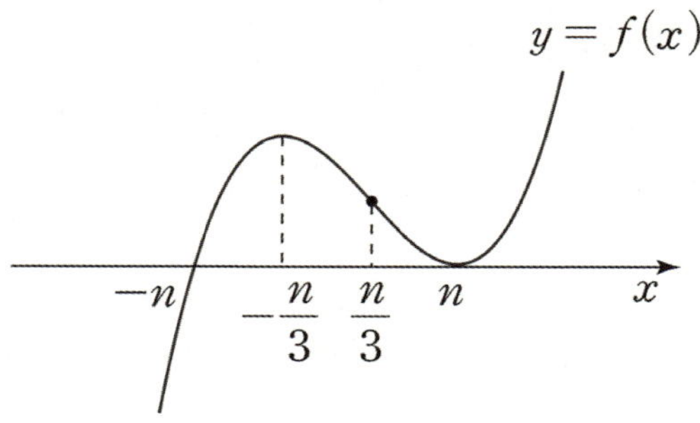

$a_n = f\left(-\dfrac{n}{3}\right) = \dfrac{2n}{3} \times \left(-\dfrac{4n}{3}\right)^2 = \dfrac{2^5}{3^3}n^3$이므로 a_n이 자연수가 되기 위해 n은 3의 배수여야 한다.
따라서 n의 최솟값은 3이다.

답은 ③!!

※ 놓치기 쉬운 부등식 처리 도구 : 부등식의 양변을 '변수'로 나누기

0이 아닌 상수 a에 대해, x에 관한 부등식 $ax^3 + ax^2 + ax \geq 0$의 양변을 a로 나누는 것을 자연스레 받아들이는 것처럼 양변을 변수 x로도 나눌 수 있다. **그러나 x의 범위를 주의해야 한다.**

① $x > 0$일 때

$$ax^3 + ax^2 + ax \geq 0$$
$$\Leftrightarrow ax^2 + ax + a \geq 0$$

양변을 '양수'로 나눴기 때문에 부등호 방향에 변화가 없다.

② $x < 0$일 때

$$ax^3 + ax^2 + ax \geq 0$$
$$\Leftrightarrow ax^2 + ax + a \leq 0$$

양변을 '음수'로 나눴기 때문에 부등호 방향을 바꿔줘야 한다.

단, $x = 0$일 때는 부등식의 양변을 x로 나눌 수 없으므로 부등식에 $x = 0$을 대입하여 직접 $x = 0$이 부등식의 해에 포함되는지 확인해야 한다. $ax^3 + ax^2 + ax \geq 0$의 경우 $x = 0$은 부등식의 해에 속한다.

이 문제를 위의 도구를 적용하여 풀 수도 있다.

(가) $f(n) = 0$
(나) 모든 실수 x에 대하여 $(x + n)f(x) \geq 0$이다.

(나)에서 부등식의 양변을 $(x + n)$으로 나눠보자.
단, $x + n > 0$, $x + n < 0$, $x + n = 0$일 때로 CASE를 나눠야 한다.

(1) $x + n > 0$일 때
부등식의 양변을 '양수'로 나누게 되므로 부등호 방향은 변하지 않는다.
즉, $x > -n$인 모든 실수 x에 대해 $f(x) \geq 0$이다.

(2) $x + n < 0$일 때
부등식의 양변을 '음수'로 나누게 되므로 부등호 방향은 변한다.
즉, $x < -n$인 모든 실수 x에 대해 $f(x) \leq 0$이다.

(3) $x + n = 0$일 때
$0 \geq 0$이므로 성립한다. (애초에 모든 실수 x에 대하여 $(x + n)f(x) \geq 0$이므로 성립할 수밖에...)

(1)~(3)을 종합하면, $x > -n$에서 $f(x) \geq 0$, $x < -n$에서 $f(x) \leq 0$이다. 그리고 (가)에서 $f(n) = 0$이므로 이를 모두 만족하려면 $f(x)$의 그래프는 $x = -n$에서 x축을 지나고 $x = n$에서 x축에 접해야 한다.

다음 조건을 만족시키는 모든 삼차함수 $f(x)$에 대하여

$\dfrac{f'(0)}{f(0)}$의 최댓값을 M, 최솟값을 m이라 하자. Mm의 값은? [4점]

(가) 함수 $|f(x)|$는 $x=-1$에서만 미분가능하지 않다.

(나) 방정식 $f(x)=0$은 닫힌 구간 $[3,\,5]$에서 적어도 하나의 실근을 갖는다.

① $\dfrac{1}{15}$ ② $\dfrac{1}{10}$ ③ $\dfrac{2}{15}$ ④ $\dfrac{1}{6}$ ⑤ $\dfrac{1}{5}$

1. **(가) 함수 $|f(x)|$는 $x=-1$에서만 미분가능하지 않다.**

   (나) 방정식 $f(x)=0$은 닫힌 구간 $[3,\,5]$에서 적어도 하나의 실근을 갖는다.

   (가) → 방정식 $f(x)=0$은 -1을 하나의 실근으로 가진다.

   (나) → 닫힌 구간 $[3,\,5]$에 존재하는 a에 대해 $f(a)=0$이다.

   이때, 만약 방정식 $f(x)=0$이 a를 중근이 아닌 실근으로 갖는다면 함수 $|f(x)|$는 $x=a$에서 뾰족
   점이 되어 미분가능하지 않게 된다. 따라서 방정식 $f(x)=0$은 a를 중근으로 가진다.

   > ※ 방정식 $f(x)=0$이 a를 1보다 큰 홀수 개의 중근으로 가져도 $|f(x)|$는 $x=a$에서 미분가능
   > 하다. $f'(a)=0$이기 때문이다.

   $f(x)$는 삼차함수이므로 $f(x)=k(x+1)(x-a)^2$ (단, $k\neq 0$, $3<a<5$)

   $f(x)$의 최고차항의 계수는 알 수 없으므로 미지수 k로 설정해야 함에 주의하자.

2. $\dfrac{f'(0)}{f(0)}$의 최댓값 M, 최솟값 m

$$f(x)=k(x+1)(x-a)^2$$
$$f'(x)=k(x-a)^2+k(x+1)(2x-2a)$$

$$f(0)=ka^2$$
$$f'(0)=ka^2-2ak$$

$$\frac{f'(0)}{f(0)}=\frac{ka^2-2ak}{ka^2}=1-\frac{2}{a}$$

$3\leq a\leq 5$이므로 $M=1-\dfrac{2}{5}=\dfrac{3}{5}$, $m=1-\dfrac{2}{3}=\dfrac{1}{3}$

$$\therefore Mm=\frac{3}{5}\times\frac{1}{3}=\frac{1}{5}$$

답은 ⑤!!

함수 $f(x)$는 최고차항의 계수가 1인 삼차함수이고, 함수 $g(x)$는 일차함수이다. 함수 $h(x)$를

$$h(x) = \begin{cases} |f(x) - g(x)| & (x < 1) \\ f(x) + g(x) & (x \geq 1) \end{cases}$$

이라 하자. 함수 $h(x)$가 실수 전체의 집합에서 미분가능하고,
$h(0) = 0$, $h(2) = 5$일 때, $h(4)$의 값을 구하시오. [4점]

1. 절댓값 안의 함수를 새로운 함수로 작성하자. 차이함수 $p(x)=f(x)-g(x)$라 하자.

   $|p(0)|=0$**이고,** $|p(x)|$**는** $x=0$**에서 미분가능해야 하므로** $p'(0)=f'(0)-g'(0)=0$ **이다.**

   $p(x)$는 최고차항의 계수가 1인 삼차함수이므로 $p(x)=x^2(x-a)$라 하자.

   $h(2)=f(2)+g(2)=p(2)+2g(2)=4\times(2-a)+2g(2)=5$이므로 $g(2)=2a-\dfrac{3}{2}$이다.

2. 함수 $h(x)$는 $x=1$에서 미분가능하므로 $p(1)\geq 0$일 때와 $p(1)<0$일 때로 CASE를 분류하자.

   (1) $p(1)\geq 0$
   $|p(1)|=p(1)=f(1)-g(1)=f(1)+g(1)$에서 $g(1)=0$이다.
   $p'(1)=f'(1)-g'(1)=f'(1)+g'(1)$이므로 $g'(1)=0$ 이다.
   이것은 함수 $g(x)$**가 일차함수라는 조건에 모순이다.**

   (2) $p(1)<0$
   $|p(1)|=-p(1)=g(1)-f(1)=f(1)+g(1)$에서 $f(1)=0$이다.
   $-p'(1)=g'(1)-f'(1)=f'(1)+g'(1)$이므로 $f'(1)=0$이다.
   따라서 함수 $f(x)$**와 함수** $g(x)$**의 그래프 개형은 다음과 같이 그려진다.**

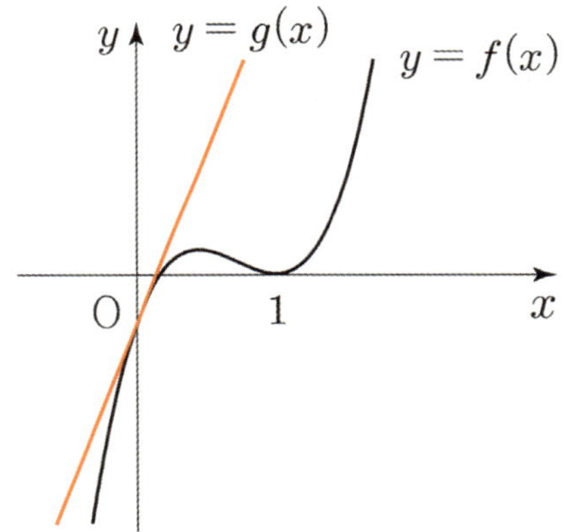

3. 1에서 $g(2)=2a-\dfrac{3}{2}$을, 2-(2)에서 $-p(1)=g(1)$, $-p'(1)=g'(1)$을 알아냈다.

   $g(x)$**는 일차함수이므로 미분계수 = 평균변화율, 즉** $g'(1)=\dfrac{g(2)-g(1)}{2-1}$ **을 이용하자.**

   $-p(1)=g(1)$에서 $g(1)=a-1$, $-p'(1)=g'(1)$에서 $g'(1)=2a-3$이고
   $g'(1)=\dfrac{g(2)-g(1)}{2-1}$에서 $2a-3=\left(2a-\dfrac{3}{2}\right)-(a-1)=a-\dfrac{1}{2}$이므로 $a=\dfrac{5}{2}$이다.

   $p(x)=x^2\left(x-\dfrac{5}{2}\right)$, $g(x)=g'(1)(x-1)+g(1)=(2a-3)(x-1)+(a-1)=2(x-1)+\dfrac{3}{2}$이므로

   $h(4)=f(4)+g(4)=p(4)+2g(4)=16\times\dfrac{3}{2}+2\times\left(6+\dfrac{3}{2}\right)=24+12+3=39$ 이다.

   답은 39!!

※ 다른 풀이

1. 함수 $h(x)$는 실수 전체의 집합에서 미분가능하므로 $x=1$에서 미분가능하다.
$f(1)-g(1)\geq 0$일 때와 $f(1)-g(1)<0$일 때로 CASE를 분류하자.

(1) $f(1)-g(1)\geq 0$: $|f(x)-g(x)|=f(x)-g(x)$이다.
$f(1)-g(1)=f(1)+g(1)$에서 $g(1)=0$이다.
$f'(1)-g'(1)=f'(1)+g'(1)$이므로 $g'(1)=0$ 이다.
이것은 함수 $g(x)$가 일차함수라는 조건에 모순이다.

(2) $f(1)-g(1)<0$: $|f(x)-g(x)|=g(x)-f(x)$이다.
$g(1)-f(1)=f(1)+g(1)$에서 $f(1)=0$이다.
$g'(1)-f'(1)=f'(1)+g'(1)$이므로 $f'(1)=0$이다.

함수 $f(x)=(x-1)^2(x-a)$ (a는 상수)라 하자.

2. **함수 $h(x)$는 실수 전체의 집합에서 미분가능하므로 $x=0$에서 미분가능하다.**
$h(0)=|f(0)-g(0)|=0$에서 함수 $|f(x)-g(x)|$가 $x=0$에서 미분가능하려면
$x=0$에서의 미분계수 또한 0이어야 한다.
따라서 $h'(0)=0$이므로 $f(0)=g(0)$, $f'(0)=g'(0)$이므로 $f(0)=-a$, $f'(0)=1+2a$에서
$g(x)=(1+2a)x-a$이다.

함수 $f(x)$와 함수 $g(x)$의 그래프 개형은 다음과 같이 그려진다.

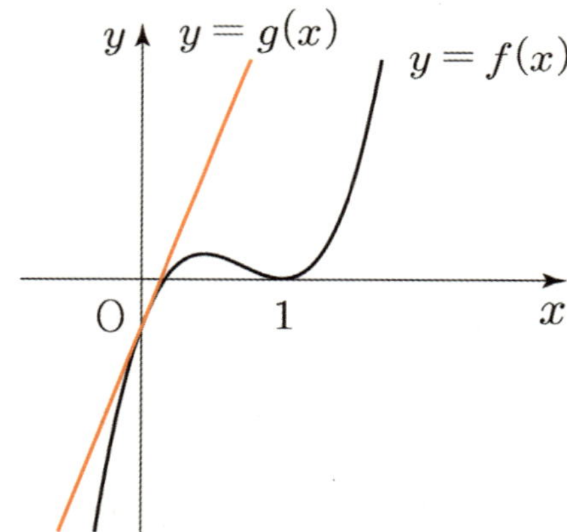

3. $h(2)=f(2)+g(2)=(2-a)+(3a+2)=2a+4=5$에서 $a=\dfrac{1}{2}$이므로

$f(x)=(x-1)^2\left(x-\dfrac{1}{2}\right)$, $g(x)=2x-\dfrac{1}{2}$이다.

따라서 $h(4)=f(4)+g(4)=9\times\left(4-\dfrac{1}{2}\right)+\left(8-\dfrac{1}{2}\right)=36-\dfrac{9}{2}+8-\dfrac{1}{2}=44-5=39$이다.

답은 39!!

포인트는 두 가지이다.

1. $f(x) - g(x) = p(x)$라 할 때, $h(x) = |p(x)|$ $(x < 1)$이다.

   이때, $p(0) = 0$이고 $y = |p(x)|$는 $x = 0$에서 미분가능해야 하므로 $p'(0) = 0$이다.

2. $h(x)$가 $x = 1$에서 미분가능하므로 연속이다. 따라서 $\displaystyle \lim_{x \to 1-} h(x) = \lim_{x \to 1+} h(x)$을 만족해야 한다.

   이때, $x < 1$에서 $h(x) = |p(x)|$이므로 $p(1) \geq 0$일 때와 $p(1) < 0$일 때로 CASE를 분류해야 한다.

두 다항함수의 그래프의 일부분만 볼 때는 절대로 추월할 수 없을 것 같이 보여도

차수가 높은 다항함수의 그래프가 차수가 낮은 다항함수의 그래프를 추월하는 순간이 반드시 존재한다.

x가 충분히 크거나 충분히 작은 순간에 다항함수의 차수가 높을수록 함숫값의 증가 또는 감소속도가 크기 때문이다.

예를 들어,

그림과 같은 삼차함수 $y = f(x)$와 사차함수 $y = g(x)$에 대해

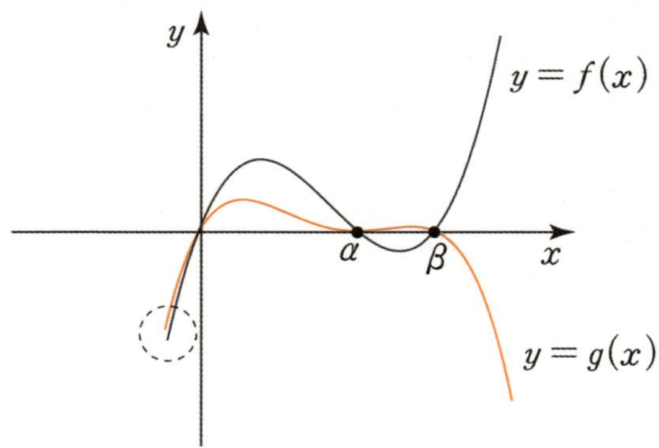

$y = g(x)$가 $y = f(x)$를 추월하는 순간이 존재한다.

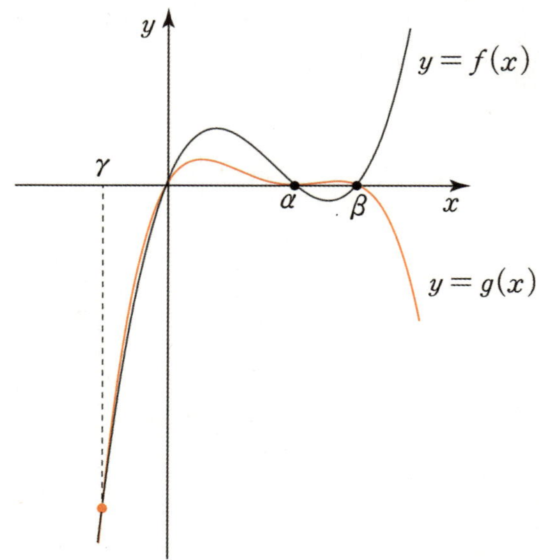

함수의 대칭성

1. 대칭의 핵심, 테크닉, 주의점

(1) 대칭의 핵심 개념 : 대칭은 곧 평균이다.

만약 두 함수가 어떤 직선에 대하여 대칭이면, 두 함수의 평균은 직선이다.
만약 두 함수가 어떤 점에 대하여 대칭이면, 두 함수의 평균은 점이다.

따라서 모든 대칭성 공식은 평균을 나타내는 식인 $\dfrac{a+b}{2} = c$와 연결된다.

(2) 대칭이동의 핵심 테크닉 : 대신 대입

함수의 그래프를 $x = a$에 대해 대칭시키려면 x 대신 $2a - x$를 대입하자. $\dfrac{x + (2a - x)}{2} = a$

함수의 그래프를 $y = a$에 대해 대칭시키려면 y 대신 $2a - y$를 대입하자. $\dfrac{y + (2a - y)}{2} = a$

함수의 그래프를 점 $(a,\ b)$에 대해 대칭시키려면 x 대신 $2a - x$를 대입하고, y 대신 $2b - y$를 대입하자.
이 또한 평균과 연결지으면 쉽게 이해할 수 있다.

(3) 대칭에서 주의해야 할 포인트 : 대칭성에 관한 문제를 본다면 다음의 두 가지를 잘 구분하자.

(i) 함수 $y = f(x)$의 그래프 자체가 직선 $x = a$에 대하여 대칭인가?
(ii) 함수 $y = f(x)$의 그래프와 또 다른 함수 $y = g(x)$의 그래프가 직선 $x = a$에 대하여 대칭인가?

예를 들어,
(i) 이차함수 $y = a(x - b)^2 + c$ $(a,\ b,\ c$는 실수)는 그래프 자체가 직선 $x = b$에 대하여 대칭이다.
(ii) 함수 $y = 2^x$의 그래프와 함수 $y = 2^{-x}$의 그래프는 y축$(x = 0)$에 대하여 대칭이다.

대칭의 핵심 개념, 테크닉, 주의점을 머리에 각인했다면 본격적으로 대칭성 공식을 알아보자.

단, 지금부터 효율적 표현과 빠른 이해를 위해 '**그래프, 직선, 함수 표현**'은 **가급적 생략하겠다.** 예를 들어,
'함수 $f(x)$의 그래프가 $x = a$에 대해 대칭이다'를 '$f(x)$가 $x = a$에 대해 대칭이다.'로 표현하겠다.

2. $x = a$ 대칭

① **형성** : $f(x)$를 $x = a$에 대해 대칭시키면 $f(2a-x)$이다.

　　　　즉, $f(x)$에 x 대신 $2a-x$를 대입하면 $f(x)$를 $x = a$에 대해 대칭시킬 수 있다.

② **$x = a$에 대해 대칭인 함수** : 모든 실수 x에 대하여 $f(x) = f(2a-x)$이면,

　　즉 $f(x)$가 $f(x)$를 $x = a$에 대해 대칭시킨 $f(2a-x)$와 같다면 $f(x)$는 $x = a$에 대해 대칭이다.

　　단, 두 함수가 $x = a$에 대칭임을 알려주는 항등식이 항상 저러한 형태로 제시되지는 않는다. 예를 들어,
　　x에 관한 항등식 $f(x) = f(2a-x)$에 x 대신 $a+x$를 대입하면 $f(a+x) = f(a-x)$가 되는데,
　　$f(a+x) = f(a-x)$도 많이 등장한다. **'공식의 형태'를 외우려고 하지 말자.**

　　따라서 대칭의 핵심 개념인 **'평균'**을 **기억**해야 한다.

　　$f(x) = f(2a-x)$에서 괄호 속 문자의 평균을 구해보면 $\dfrac{x + (2a-x)}{2} = a$이다.

　　또한 $f(a+x) = f(a-x)$에서 괄호 속 문자의 평균을 구해보면 마찬가지로 $\dfrac{(a+x) + (a-x)}{2} = a$이다.

　　평균을 기억하자!

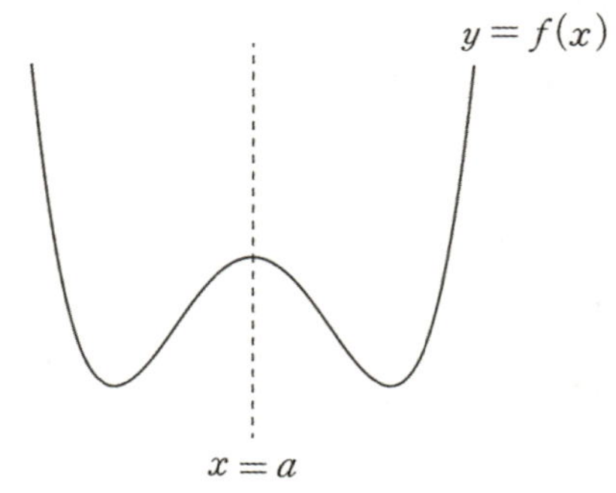

③ **$x = a$에 대해 대칭인 두 함수** : 모든 실수 x에 대하여 $f(x) = g(2a-x)$이면, 즉 $f(x)$가 $g(x)$를
　　$x = a$에 대해 대칭시킨 $g(2a-x)$와 같다면, $f(x)$와 $g(x)$는 $x = a$에 대해 대칭이다.

　　②는 하나의 함수 자체가 $x = a$에 대해 대칭인 경우이고, ③은 두 함수가 $x = a$에 대해 대칭인 경우이다.
　　②가 압도적으로 많이 등장하지만 둘을 헷갈리지 않기 위해 ②와 ③의 차이점도 정확히 알아둬야 한다.

※ **$x = a$ 대칭과 절댓값 함수**

　　$g(x) = \begin{cases} f(x) & (x \geq a) \\ f(2a-x) & (x < a) \end{cases}$ (혹은 절댓값을 이용하여 $f(|x-a|+a)$로 표현 가능)

　　일 때, $g(x)$의 그래프는 $f(x)$의 그래프에서 $x \geq a$인 부분은 그대로 두고, $x < a$인 부분은
　　$x \geq a$인 부분을 $x = a$에 대하여 대칭시킨 개형이 된다. 즉, $g(x)$는 $x = a$에 대해 대칭인 함수다.

① **형성** : $f(x)$를 직선 $y = a$에 대해 대칭시키면 $2a - f(x)$이다.

즉, $y = f(x)$에 대해 y 대신 $2a - y$를 대입하면 $2a - y = f(x)$, $y = 2a - f(x)$가 되어

$y = f(x)$를 $y = a$에 대해 대칭시킬 수 있다.

평균 공식을 적용해 보면 $\dfrac{f(x) + \{2a - f(x)\}}{2} = a$이다.

② **$y = a$에 대해 대칭인 함수** : 모든 실수 x에 대하여 $f(x) = 2a - f(x)$이면, 즉 $f(x)$가 $f(x)$를 $y = a$에 대해 대칭시킨 $2a - f(x)$와 같다면 $f(x)$는 $y = a$에 대해 대칭이다. 단, 이 경우 $f(x)$는 $f(x) = a$인 상수함수이므로 문제에 거의 등장하지 않는다.

※ **$y = a$ 대칭과 절댓값 함수**

$$g(x) = \begin{cases} f(x) & (f(x) \geq k) \\ 2k - f(x) & (f(x) < k) \end{cases} \quad (\text{혹은 절댓값을 이용하여 } |f(x) - k| + k \text{로 표현 가능})$$

에서 $g(x)$의 그래프는 $f(x)$의 그래프에서 $y = k$의 윗부분은 그대로 두고, $y = k$의 아랫부분은 $y = k$에 대해 대칭시킨(접어 올린) 개형이 된다. 기출에서 상당히 많이 등장한 함수이다.

① **형성** : $f(x)$를 점 $(a,\ b)$에 대해 대칭시키면 $2b - f(2a - x)$이다. $y = f(x)$에 x 대신 $2a - x$를 대입하고, y 대신 $2b - y$를 대입하면 $2b - y = f(2a - x)$, $y = 2b - f(2a - x)$가 되어 $y = f(x)$를 점 $(a,\ b)$에 대해 대칭시킬 수 있다.

※ x 대신 $2a - x$를 대입하는 것은 그래프를 $x = a$에 대칭하는 것이고, y 대신 $2b - y$를 대입하는 것은 그래프를 $y = b$에 대칭하는 것이다. 즉, $x = a$과 $y = b$ 모두에 대해 한 번씩 대칭 이동시키면 이동 전의 그래프와 점 $(a,\ b)$에 대해 대칭인 관계가 된다.

② **점 $(a,\ b)$에 대해 대칭인 함수** : 모든 실수 x에 대하여 $f(x) = 2b - f(2a - x)$이면, 즉 $f(x)$가 $f(x)$를 점 $(a,\ b)$에 대해 대칭시킨 $2b - f(2a - x)$와 같다면, $f(x)$는 점 $(a,\ b)$에 대해 대칭이다.

단, 함수가 점 $(a,\ b)$에 대해 대칭임을 알려주는 항등식이 항상 저러한 형태로 제시되지는 않는다. 예를 들어, x에 관한 항등식 $f(x) + f(2a - x) = 2b$에 x 대신 $a + x$를 대입하면 $f(a + x) + f(a - x) = 2b$가 되는데 이 형태도 다소 등장한다. **'공식의 형태'를 외우려고 하지 말자.**

대칭의 핵심 개념인 '평균'을 기억하자. $f(x) + f(2a - x) = 2b$에서 괄호 속 문자의 평균을 구해보면 $\dfrac{x + (2a - x)}{2} = a$이고 $f(a + x) + f(a - x) = 2b$에서 괄호 속 문자의 평균을 구해보면 $\dfrac{(a + x) + (a - x)}{2} = a$이다. 그래프를 곁들여 이해하면 더할 나위 없다.

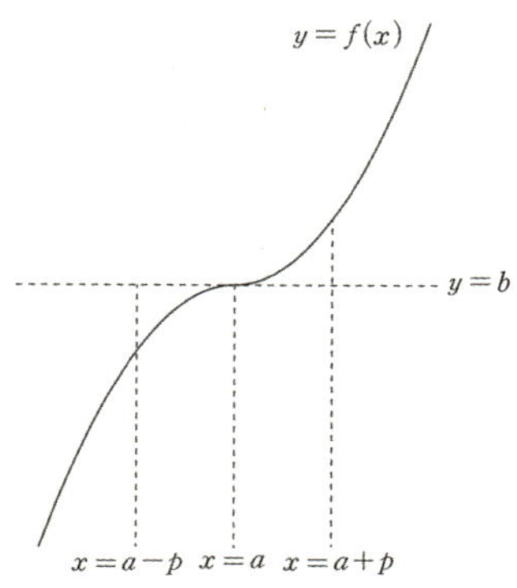

※ 〈$y = a$ 대칭〉과 〈점 $(a,\ b)$ 대칭〉에는 ③ **대칭인 두 함수** 항목을 넣지 않았지만, 항등식에 있는 하나의 f에 대해 f 대신 g만 대입하면 끝이다. $f(x) = 2a - g(x)$이면 $f(x)$와 $g(x)$는 $y = a$에 대해 대칭이고, $f(x) + g(2a - x) = 2b$이면 $f(x)$와 $g(x)$는 점 $(a,\ b)$에 대해 대칭이다. 이 두 경우는 문제에서 거의 등장하지 않지만 언제 나올지 모르니 알아두자.

comment

문제에서 대칭성과 관련된 등식을 보면 대칭성을 바로 파악할 수 있도록 연습해 두자. 대칭성 파트는 아무리 개념을 빠삭하게 알고 있어도 실전에서 빠르게 파악하지 못하는 경우가 많다. 위의 조건들을 자유자재로 말로 표현하고, 수식으로 나타내고, 그래프로 표현할 수 있어야 한다.

실수 k와 함수

$$f(x) = \begin{cases} 2^{x-2} & (x < 2) \\ 2^{-x+2} & (x \geq 2) \end{cases}$$

에 대하여 함수 $g(x)$를 $g(x) = |f(x) - k| + k$라 하자.

직선 $y = 2k$와 함수 $y = g(x)$의 그래프가 만나는 점의 개수를 $h(k)$라 할 때,

$\displaystyle \lim_{k \to \frac{1}{4}-} \left\{ h(k) h\left(k + \frac{1}{4}\right) \right\}$의 값을 구하시오. [4점]

1. 우선 함수 $f(x)$에 대해 알아보자. $-x+2=-(x-4)-2$이므로 함수 $y=2^{-x+2}$의 그래프는 함수 $y=2^{x-2}$의 그래프를 y축에 대하여 대칭이동한 후 x축 방향으로 4만큼 평행이동한 것이다. 따라서 $f(x)$의 그래프는 다음과 같다.

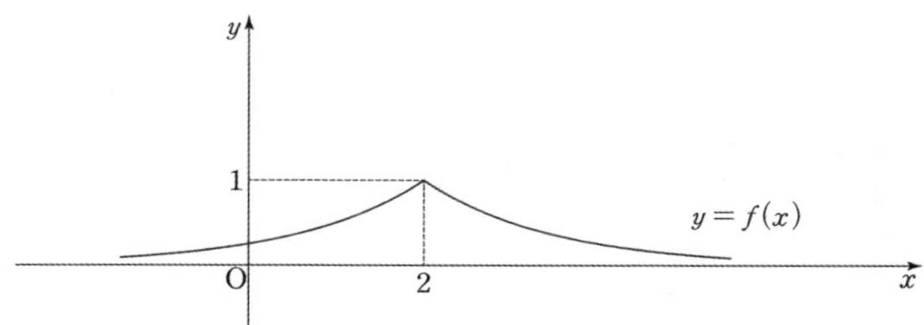

혹은 함수 $y=2^{x-2}$의 그래프를 x축 방향으로 -4만큼 평행이동한 후 y축에 대하여 대칭이동한 것이 함수 $y=2^{-x+2}$의 그래프와 같다고 해석해도 좋다. 결과는 같다.

※ 대칭성

두 함수 $f(x)$, $g(x)$에 대하여 $f(2-x)=g(2+x)$이면 $f(x)$와 $g(x)$의 그래프는 직선 $x=2$에 대하여 대칭이다. $y=2^{x-2}$와 $y=2^{-x+2}$에도 이 내용을 적용해 보면, $2^{(2-x)-2}=2^{-(2+x)+2}$, $2^{-x}=2^{-x}$ (혹은 $f(4-x)=g(x)$를 확인해도 좋다.)

$y=2^{x-2}$와 $y=2^{-x+2}$의 그래프는 직선 $x=2$에 대하여 대칭이므로 함수 $f(x)$의 그래프는 직선 $x=2$에 대하여 대칭이다.

$2^{(2-x)-2}=2^{-(2+x)+2}$를 확인하여 $f(x)$의 그래프가 직선 $x=2$에 대하여 대칭임을 파악하지 못했더라도, '곡선 $y=2^{-x+2}$를 <u>y축에 대해 대칭시킨 후 평행이동</u>한 것이 곡선 $y=2^{-x+2}$이므로 두 곡선이 <u>$x=2$에 대해 대칭</u>인 것은 바로 파악했어야 한다.

2. 다음으로 함수 $g(x)$를 알아보자. 절댓값 안이 0이 되는 x의 값을 기준으로 구간을 나눠 절댓값을 제거하자.

$$g(x)=\begin{cases} f(x) & (f(x) \geq k) \\ -f(x)+2k & (f(x) < k) \end{cases}$$

$\dfrac{f(x)+\{-f(x)+2k\}}{2}=k$이므로 함수 $y=f(x)$의 그래프와 함수 $y=-f(x)+2k$의 그래프는 직선 $y=k$에 대하여 대칭이다. 본문을 제대로 공부했다면 두 함수의 대칭성을 쉽게 파악해야 한다.

따라서 함수 $g(x)$의 그래프는 함수 $f(x)$의 그래프에서 직선 $y=k$의 윗부분은 그대로 두고, 직선 $y=k$의 아랫부분을 직선 $y=k$에 대하여 대칭시킨(접어 올린) 것이다.

3. $h(k)$는 직선 $y = 2k$와 함수 $y = g(x)$의 그래프가 만나는 점의 개수인데, 직선 $y = k$의 위치, 즉 k의 값에 따라 직선 $y = 2k$와 함수 $y = g(x)$의 그래프의 위치 관계가 변한다.
k의 값을 기준으로 CASE를 분류하자.

교점을 따지는 데에 있어서 한 가지 센스를 말하자면, $g(x) = -f(x) + 2k \ (f(x) < k)$의 그래프와 직선 $y = 2k$는 절대로 만나지 않는다. 방정식 $-f(x) + 2k = 2k$를 따져 보면 $f(x) = 0$이 되는데, 모든 실수 x에 대하여 $f(x) > 0$이기 때문이다. (케이스를 분류하기 전에 이 점을 먼저 파악하는 것이 다소 발상적일 수 있으니 참고만 하자.)

(i) $k \le 0$

모든 실수 x에 대하여 $f(x) > k$이므로 $g(x) = f(x)$이고,

$2k \le 0 < g(x)$이므로 $y = g(x)$의 그래프와 직선 $y = 2k$의 교점도 존재하지 않는다.

$\therefore \ h(k) = 0$

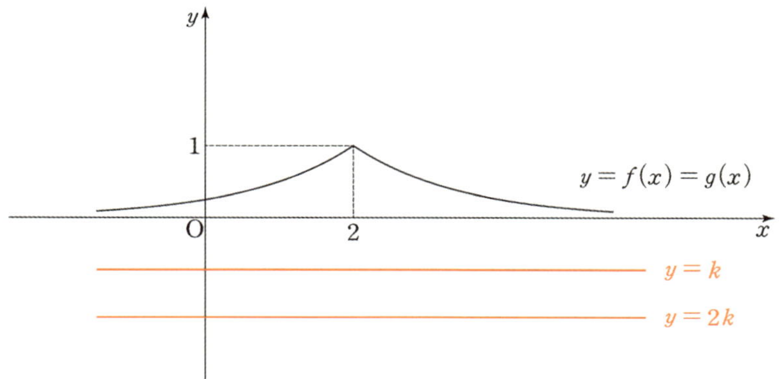

(ii) $0 < k < \dfrac{1}{2}$

다음과 같은 의문이 들 수 있다.

Q) $k = \dfrac{1}{2}$이 구간의 경계가 되는 이유가 무엇인가요?

A) 모든 실수 x에 대하여 $f(x)$의 최댓값은 1이다. 따라서 $g(x) = f(x) \ (f(x) \ge k)$에서 직선 $y = 2k$와 $y = f(x)$의 그래프의 교점이 형성될 수 있는 마지노선은 $1 = 2k$, $k = \dfrac{1}{2}$일 때이다.

본론으로 돌아와서, $h(k)$를 따지자.

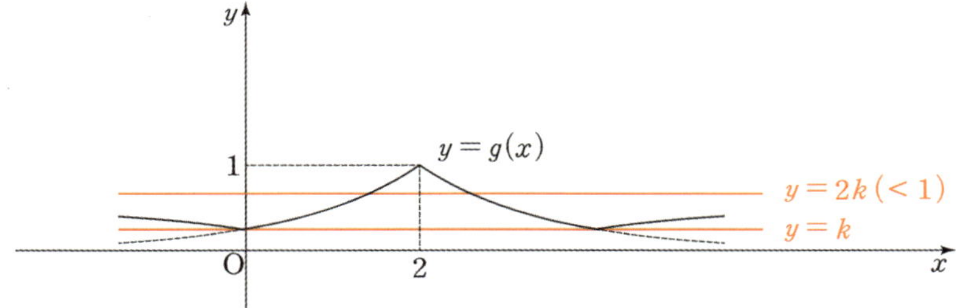

직선 $y = 2k$와 함수 $y = g(x)$의 그래프는 서로 다른 두 점에서 만난다. $\therefore \ h(k) = 2$

(ⅲ) $k = \dfrac{1}{2}$

(ⅱ)에서 살펴본 의문의 답변으로 $k = \dfrac{1}{2}$ 를 살펴보는 이유도 파악할 수 있을 것이다.

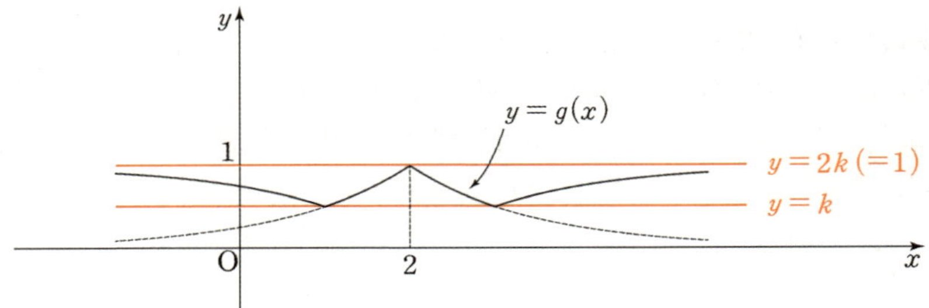

직선 $y = 2k$와 함수 $y = g(x)$의 그래프는 한 점에서 만난다. $\therefore\ h(k) = 1$

(ⅳ) $\dfrac{1}{2} < k < 1$

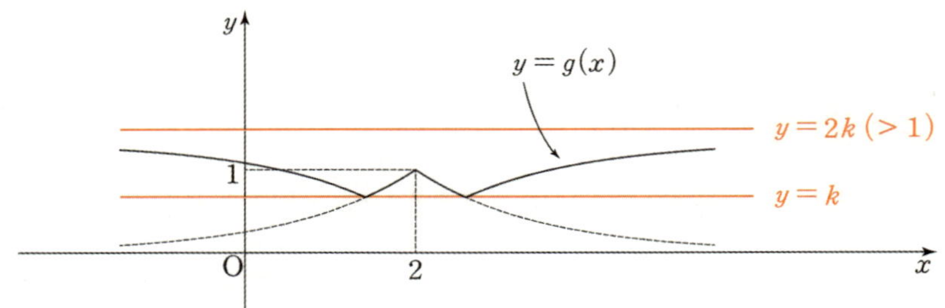

(ⅴ) $k = 1$

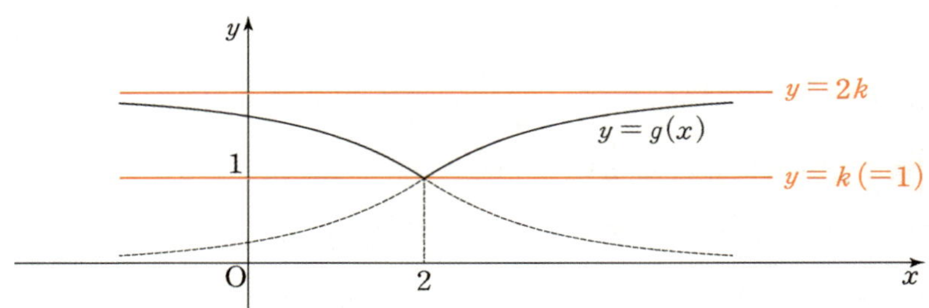

(ⅵ) $k > 1$

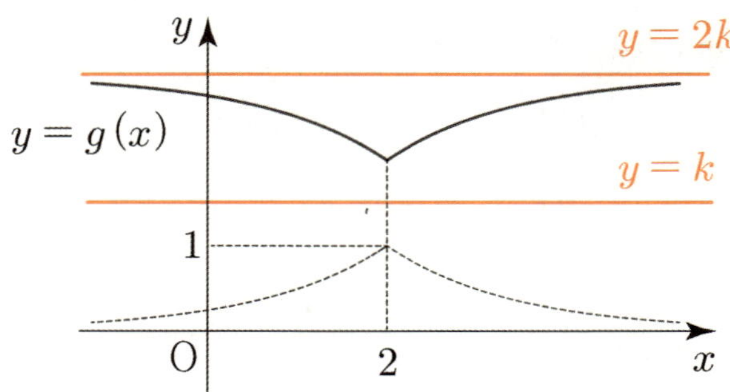

$k > \dfrac{1}{2}$인 모든 실수 k에 대하여 직선 $y = k$와 함수 $y = g(x)$의 그래프의 교점은 존재하지 않는다.

$\therefore\ h(k) = 0$

(ⅰ)~(ⅵ)를 종합하면 함수 $h(k)$의 식과 그래프는 다음과 같다.

$$h(k) = \begin{cases} 0 & (k \leq 0) \\ 2 & \left(0 < k < \dfrac{1}{2}\right) \\ 1 & \left(k = \dfrac{1}{2}\right) \\ 0 & \left(k > \dfrac{1}{2}\right) \end{cases}$$

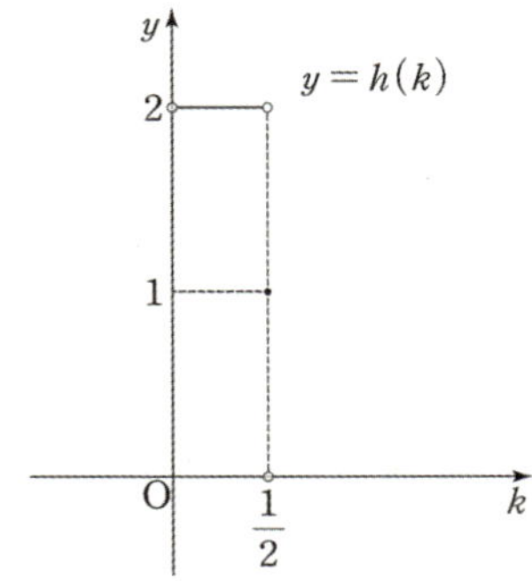

4. $\displaystyle\lim_{k \to \frac{1}{4}-} \left\{ h(k)h\left(k + \dfrac{1}{4}\right) \right\} = h\left(\dfrac{1}{4}-\right)h\left(\dfrac{1}{2}-\right) = 2 \times 2 = 4$

답은 4!!

대칭성과 CASE 분류가 중요한 문항이다. 집중력이 약할수록 이런 문항에 취약하므로 집중력 있게 푸는 연습이 필요하다.

삼차함수 $f(x)$가 다음 조건을 만족시킨다.

(가) $f(1) = f(3) = 0$
(나) 집합 $\{x \mid x \geq 1$ 이고 $f'(x) = 0\}$의 원소의 개수는 1이다.

상수 a에 대하여 함수 $g(x) = |f(x)f(a-x)|$가 실수 전체의 집합에서 미분가능할 때,

$\dfrac{g(4a)}{f(0) \times f(4a)}$ 의 값을 구하시오. [4점]

1. 조건 (가)에서 $f(1) = f(3) = 0$ 이므로 **롤의 정리에 의하여** $\dfrac{f(3)-f(1)}{3-1} = f'(c) = 0$ 인 c 가

열린구간 $(1,3)$에 반드시 존재한다.
조건 (나)에 의하여 열린구간 $(1,3)$에서 $f'(c) = 0$ 을 만족시키는 c 는 유일함을 알 수 있다.

2. 방정식 $f(x) = 0$의 다른 실근을 k 라 하면 $f(x)$ 의
그래프 개형은 다음과 같이 그려진다.

(최고차항 계수 > 0 | 최고차항 계수 < 0)

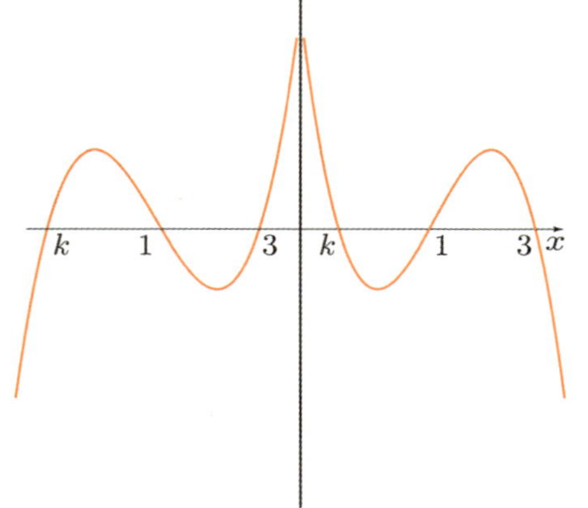

함수 $g(x) = |f(x)f(a-x)|$ 에서
방정식 $f(x) = 0$의 서로 다른 세 실근을 크기
순서대로 나열하면 $3, 1, k$이고,
방정식 $f(a-x) = 0$의 서로 다른 세 실근을 크기
순서대로 나열하면 $a-k, a-1, a-3$ 이다.

함수 $g(x)$ 가 모든 실수 x 에 대하여 미분가능하려면 모든 근에서 중근을 가져야 한다.
따라서 방정식 $f(x) = 0$의 세 실근과 방정식 $f(a-x) = 0$의 세 실근이 일치해야 한다.
$a-k = 3, a-1 = 1, a-3 = k$ 에서 $a = 2, k = -1$ 이다.

대칭으로 이해해도 좋다. $f(x) = 0$의 실근과 $f(x)$를 $x = \dfrac{a}{2}$에 대해 대칭시킨 함수 $f(a-x)$에

대하여 $f(a-x) = 0$의 실근이 서로 일치하려면 $\dfrac{a}{2} = 1$이어야 하고, $k, 1, 3$은 이 순서대로 등차수열
을 이뤄야 한다.

3. 함수 $f(x)$ 의 최고차항의 계수를 p 라 하자. $f(x) = p(x+1)(x-1)(x-3)$ 이고,
$g(x) = \{f(x)\}^2$ 이므로
$$\frac{g(4a)}{f(0) \times f(4a)} = \frac{\{f(8)\}^2}{f(0) \times f(8)} = \frac{f(8)}{f(0)} = \frac{9 \times 7 \times 5 \times p}{1 \times (-1) \times (-3) \times p} = 105 \text{ 이다.}$$

답은 105!!

롤의 정리를 떠올리지 못했다면 CASE 분류를 하면 된다. $f(x) = 0$의 실근의 개수가 2일 때와 3일 때를 비
교하면 실근의 개수가 3임을 알 수 있고, $f(x) = 0$의 한 실근과 $1, 3$의 대소관계를 비교하면 $y = f(x)$의
그래프를 추론할 수 있다. 또한 묻는 것이 분수 꼴이므로 $f(x)$의 최고차항의 계수와 관계없이 답이 정해짐을
눈치챌 수 있다.

(1) 우함수(y축 대칭)

$f(x)$를 y축에 대해 대칭시키면 $f(-x)$이다. '$f(x)$가 우함수이다.' 또는 '$f(x)$가 y축 대칭이다.'는
곧 '$f(x)$와 $f(x)$를 y축에 대해 대칭시킨 $f(-x)$와 같다.'라는 의미이다.
따라서 $f(x) = f(-x)$이면 $f(x)$는 우함수(y축 대칭)이다. (혹은 $f(x)$가 우함수이면 $f(x) = f(-x)$이다.)
단, $f(x) - f(-x) = 0$으로 제시될 수도 있으므로 형태에 주목하지 말고, 의미에 주목하자.

$f(x) = f(-x)$를 보고 $f(x)$가 우함수임을 파악하는 것은 누구나 할 수 있지만, 어떤 함수의 y축 대칭
여부를 판정하기 위해 $f(x) = f(-x)$를 적용하는 것은 아무나 하지 못한다. 후자의 처리도 당연히 할 수
있어야 한다.

함수 $f(x)$가 우함수인 경우 $\displaystyle\int_{-a}^{a} f(x)dx = 2\int_{0}^{a} f(x)dx$ 이다. – 〈Chapter 8〉

(2) 기함수(원점 대칭)

$f(x)$를 원점에 대해 대칭시키면 $-f(-x)$이다. '$f(x)$가 기함수이다.' 또는 '$f(x)$가 원점 대칭이다.'는
곧 '$f(x)$와 $f(x)$를 원점에 대해 대칭시킨 $-f(-x)$와 같다.'라는 의미이다.
따라서 $f(x) = -f(-x)$이면 $f(x)$는 기함수(원점 대칭)이다. (혹은 $f(x)$가 기함수이면 $f(x) = -f(-x)$이다.)
단, $f(x) + f(-x) = 0$으로 제시될 수도 있으므로 '형태'에 주목하지 말고, '의미'에 주목하자.

기함수는 우함수와 달리 한 가지 정보를 더 캐낼 수 있다. 만약 $f(x)$가 $x = 0$에서 정의된 함수인 경우
$f(x) = -f(-x)$의 양변에 $x = 0$을 대입하면 $f(0) = -f(0)$이므로 $f(0) = 0$이 된다. 즉, $x = 0$에서 정의된
기함수는 항상 원점을 지난다. ($x = 0$에서 정의된 함수가 아니라면 원점을 지나지 않을 수도 있으므로 주의하자.)

$f(x) = -f(-x)$를 보고 $f(x)$가 기함수임을 파악하는 것은 누구나 할 수 있지만, 어떤 함수의 원점 대칭
여부를 판정하기 위해 $f(x) = -f(-x)$를 적용하는 것은 아무나 하지 못한다. 후자의 처리도 당연히 할 수
있어야 한다.

함수 $f(x)$가 기함수인 경우 $\displaystyle\int_{-a}^{a} f(x)dx = 0$ 이다. – 〈Chapter 8〉

comment

문제에서 대칭성과 관련된 등식을 보면 대칭성을 바로 파악할 수 있도록 연습해 두자. 대칭성 파트는 아무
리 개념을 빠삭하게 알고 있어도 실전에서 빠르게 파악하지 못하는 경우가 많다. 위의 조건들을 자유자재로
말로 표현하고, 수식으로 나타내고, 그래프로 표현할 수 있어야 한다.

(3) 다항함수와 우함수·기함수

다항함수의 식이 짝수차항으로만 이루어진 경우 : 우함수
다항함수의 식이 홀수차항으로만 이루어진 경우 : 기함수

짝수의 정의 자체가 2로 나누어 떨어지는 정수이므로 0 또한 짝수이다. 즉, 상수항도 짝수차항으로 취급한다. 따라서 **다항함수 식이 상수항을 포함한다면 해당 다항함수는 절대로 기함수일 수 없다.** 기함수인 다항함수 식은 홀수차항만으로 이루어지기 때문이다.

증명 : 우함수, 기함수의 정의에 해당하는 $f(x) = f(-x)$, $f(x) = -f(-x)$를 이용하자.
우함수인 다항함수 $f(x)$ 식의 모든 항은 ax^n(n은 0 이상의 짝수)의 꼴이다. 이때, $ax^n = a(-x)^n$이므로 $f(x)$는 $f(x) = f(-x)$를 만족한다.

기함수인 다항함수 $f(x)$ 식의 모든 항은 ax^m(m은 1 이상의 홀수)의 꼴이다. 이때, $ax^m = -a(-x)^m$이므로 $g(x)$는 $g(x) = -g(-x)$를 만족한다.

이를 정적분 계산과 연결하면 다음과 같다. 다항함수 $f(x)$에 대해, $\int_{-a}^{a} f(x)dx$에서 $f(x)$의 홀수차항은 삭제하고, 짝수차항만 남긴 뒤 $2\int_{0}^{a}$ 계산을 해주면 된다.

예를 들어, $\int_{-2}^{2}(x^3 + 2x^2 - 3x + 2)dx = \int_{-2}^{2}(2x^2 + 2)dx = 2\int_{0}^{2}(2x^2 + 2)dx$이다. – 〈Chapter 8〉

(4) 다항함수의 미분·적분과 대칭성

다항함수 $f(x)$에 대해,

① **우함수 $f(x)$에 대해 $f'(x)$는 기함수이다.**
우함수인 다항함수 $f(x)$ 식의 모든 항은 ax^n(n은 0 이상의 짝수)의 꼴이다. $f(x)$를 x에 대해 미분한 $f'(x)$의 모든 항은 anx^{n-1}의 꼴이다. $n = 0$일 때 $anx^{n-1} = 0$, $n \geq 2$일 때 anx^{n-1}은 홀수차항이므로 $f'(x)$의 식은 홀수차항만으로 이루어진다. 따라서 $f'(x)$는 기함수이다.

② **기함수 $f(x)$에 대해 $f'(x)$는 우함수이다.**
기함수인 다항함수 $f(x)$ 식의 모든 항은 ax^m(m은 1 이상의 홀수)의 꼴이다. $f(x)$를 x에 대해 미분한 $f'(x)$의 모든 항은 amx^{m-1}의 꼴이다. amx^{m-1}은 짝수차항이므로 $f'(x)$의 식은 짝수차항만으로 이루어진다. 따라서 $f'(x)$는 우함수이다.

③ **우함수 $f(x)$에 대해 $F(x) = \int f(x)dx$는 점 $(0, C)$ 대칭 함수이다. (C는 적분상수)**

우함수인 다항함수 $f(x)$ 식의 모든 항은 ax^n (n은 0 이상의 짝수)의 꼴이다.

$f(x)$를 x에 대해 적분한 $F(x)$의 모든 항은 $\dfrac{a}{n+1}x^{n+1}$의 꼴이며, 적분상수 C가 추가된다.

$\dfrac{a}{n+1}x^{n+1}$은 홀수차항이므로 $F(x) - C$의 식은 홀수차항만으로 이루어진다.

즉, $F(x) - C$는 점 $(0, 0)$에 대해 대칭이므로

$F(x) - C$를 y축 방향으로 C만큼 이동한 $F(x)$는 점 $(0, C)$에 대칭이다.

단, $F(0) = 0$이라는 조건이 추가적으로 주어진다면 $F(x)$는 기함수이다.

이런 추가 조건 없이 $F(x)$를 기함수로 착각하는 학생들이 많은데, 조건을 정확히 알아두자.

④ **기함수 $f(x)$에 대해 $F(x) = \int f(x)dx$는 우함수이다.**

기함수인 다항함수 $f(x)$ 식의 모든 항은 ax^m (m은 1 이상의 홀수)의 꼴이다.

$f(x)$를 x에 대해 적분한 $F(x)$의 모든 항은 $\dfrac{a}{m+1}x^{m+1}$의 꼴이며, 적분상수 C가 추가된다.

$\dfrac{a}{m+1}x^{m+1}$와 C는 모두 짝수차항이므로 $F(x)$의 식은 짝수차항만으로 이루어진다.

따라서 $F(x)$는 우함수이다.

comment

사실 미분, 적분과 대칭성은 다항함수뿐만 아니라 미분가능한 함수에도 똑같이 적용된다. 다만 미분가능한 함수 $f(x)$에 대해 위의 내용을 증명하려면 합성함수의 미분과 적분을 설명해야 하는 관계로 **수학Ⅱ 과정에서는 다항함수인 우함수, 기함수의 미분·적분만** 알고 있으면 된다.

사차함수 $f(x) = x^4 + ax^3 + bx^2 + cx + 6$이 다음 조건을 만족시킬 때, $f(3)$의 값을 구하시오.

[4점]

(가) 모든 실수 x에 대하여 $f(-x) = f(x)$이다.
(나) 함수 $f(x)$는 극솟값 -10을 갖는다.

1. **(가) 조건에 의해 $f(x)$는 우함수다. 따라서 $f(x)$는 짝수차항만 가진다.**

$f(x) = x^4 + ax^3 + bx^2 + cx + 6$에서 $a = c = 0$

$\therefore\ f(x) = x^4 + bx^2 + 6$

2. **함수 $f(x)$는 극솟값 -10을 갖는다.**

$f(x)$는 최고차항의 계수가 양수이고 우함수인 사차함수이므로 그 그래프는 매우 특수하다. 그래프로 해결하자. 가능한 $f(x)$의 그래프 개형은 두 가지밖에 없다.

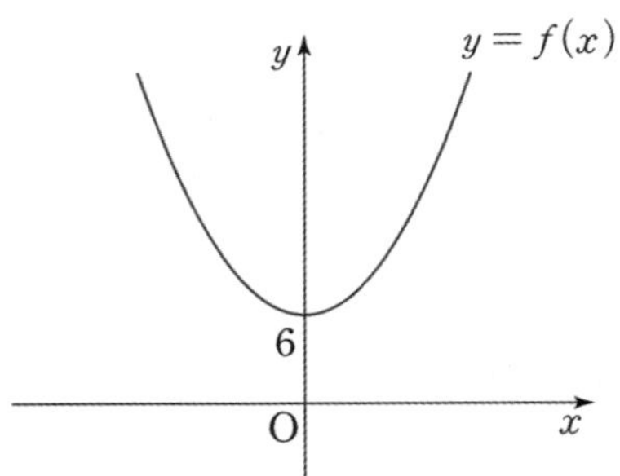

이 경우 극솟값$= f(0) = 6$이므로 극솟값이 -10이라는 조건을 위배한다. 따라서 $f(x)$의 개형은 다음과 같다.

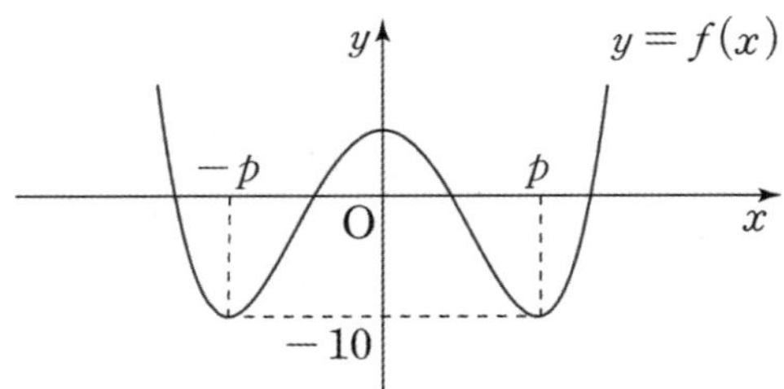

곡선 $f(x)$는 직선 $y = -10$과 두 점에서 접하고, 두 점은 $x = 0$에 대해 대칭이다($\because\ f(x)$는 우함수) $y = f(x)$와 $y = -10$ 간의 차이함수를 이용해서 식을 작성하자.

$f(x) - (-10) = (x - p)^2 (x + p)^2\ (p > 0)$

※ 함수의 차를 통해 새로운 함수를 설정하는 차이함수는 〈Chapter 5. 도함수의 활용〉 차이함수 **파트**에서 자세히 배운다.

1에서 구한 $f(x) = x^4 + bx^2 + 6$를 이용해서 p를 구하자. $f(0) = 6$이므로

$f(0) + 10 = (-p)^2 (p)^2 = p^4$

$16 = p^4,\ p = 2\ (\because\ p > 0)$

$f(x) + 10 = (x + 2)^2 (x - 2)^2$이므로 $f(3) = 5^2 \times 1^2 - 10 = 15$.

답은 15!!

(5) 다항함수 $f(x)$에 대해 $xf(x)$의 대칭성

다항함수 $f(x)$에 대해,

① $f(x)$가 우함수라면 $xf(x)$는 기함수이다.
　우함수인 다항함수 $f(x)$ 식의 모든 항은 ax^n(n은 0 이상의 짝수)의 꼴이므로 $xf(x)$의 모든 항은 ax^{n+1}의 꼴이다. ax^{n+1}은 홀수차항이므로 $xf(x)$의 식은 홀수차항만으로 이루어진다. 따라서 $xf(x)$는 기함수이다.

② $f(x)$가 기함수라면 $xf(x)$는 우함수이다.
　기함수인 다항함수 $f(x)$ 식의 모든 항은 ax^m(m은 1 이상의 홀수)의 꼴이므로 $xf(x)$의 모든 항은 ax^{m+1}의 꼴이다. ax^{m+1}은 짝수차항이므로 $xf(x)$의 식은 짝수차항만으로 이루어진다. 따라서 $xf(x)$는 우함수이다.

※ 사실 다항함수가 아닌 실수 전체의 집합에서 정의된 함수 $f(x)$에 대해서도 위의 도구가 똑같이 적용된다.
　다만, $f(x)$가 다항함수라는 보장이 없으므로 위와 같이 '항'을 따질 수는 없다.
　대신, '우함수와 기함수의 정의'를 이용하여 증명할 수 있다.

실수 전체의 집합에서 정의된 함수 $f(x)$에 대해,

$f(x)$가 우함수라면 $xf(x)$는 기함수이다.
$f(x)$는 우함수이므로 $f(x) = f(-x)$이다. $g(x) = xf(x)$라 할 때,
$-g(-x) = -\{-xf(-x)\} = xf(-x) = xf(x) = g(x)$이다.
따라서 $g(x) = -g(-x)$이므로 $xf(x)$는 기함수이다.

$f(x)$가 기함수라면 $xf(x)$는 우함수이다.
$f(x)$는 기함수이므로 $f(x) = -f(-x)$이다. $g(x) = xf(x)$라 할 때,
$g(-x) = -xf(-x) = xf(x) = g(x)$
따라서 $g(x) = g(-x)$이므로 $xf(x)$는 우함수이다.

두 다항함수 $f(x)$, $g(x)$가 모든 실수 x에 대하여 $f(-x) = -f(x)$, $g(-x) = g(x)$를 만족시킨다. 함수 $h(x) = f(x)g(x)$에 대하여 $\displaystyle\int_{-3}^{3} (x+5)h'(x)dx = 10$일 때, $h(3)$의 값은? [4점]

① 1   ② 2   ③ 3   ④ 4   ⑤ 5

1. **모든 실수 x에 대하여** $f(-x)=-f(x)$, $g(-x)=g(x)$이므로 $f(x)$는 기함수, $g(x)$는 우함수
이다. $h(x)$는 '우함수×기함수'이므로 기함수에 해당한다.

$h(x)$가 기함수인 이유는 **우함수와 기함수의 정의**를 이용하여 증명할 수 있다.
$f(-x)=-f(x)$, $g(-x)=g(x)$이므로 $h(-x)=f(-x)g(-x)=-f(x)g(x)=-h(x)$
즉, $h(-x)=-h(x)$이므로 $h(x)$는 기함수이다.

혹은 $h(x)$가 다항함수이므로 $h(x)$의 모든 항이 홀수차항임을 보여줄 수도 있다.
$f(x)$는 기함수인 다항함수이므로 모든 항은 홀수차항이다.
$g(x)$는 우함수인 다항함수이므로 모든 항은 짝수차항이다.

이때, $h(x)$의 모든 항은 $f(x)$의 홀수차항 중 하나와 $g(x)$의 짝수차항 중 하나를 곱하여 만들어진다.
즉, $h(x)$의 어떤 항이든 결국 홀수차항×짝수차항이므로 $h(x)$의 모든 항은 홀수차항이다.
따라서 $h(x)$는 기함수다.

2. 함수 $h(x)=f(x)g(x)$에 대하여 $\displaystyle\int_{-3}^{3}(x+5)h'(x)dx=10$

→ **대칭성을 이용한 정적분 계산 문항**임을 눈치채야 한다. $h'(x)$는 우함수이고 적분 구간의 양 끝이
$x=0$에 대해 대칭이기 때문이다.

$\displaystyle\int_{-3}^{3}(x+5)h'(x)dx=10$에서 피적분함수를 두 함수의 합으로 분리하자. 본문에서 배웠듯이 홀수차
항은 홀수차항끼리, 짝수차항은 짝수차항끼리 묶는다.

기함수인 다항함수 $h(x)$를 x에 대해 미분한 $h'(x)$는 우함수이다.
우함수인 다항함수 $h'(x)$에 x를 곱한 $xh'(x)$는 기함수이다.
$5h'(x)$는 우함수다. 5를 곱해도 $h'(x)$의 차수에 영향을 주진 못한다.

$$\int_{-3}^{3}(x+5)h'(x)dx=\int_{-3}^{3}xh'(x)dx+\int_{-3}^{3}5h'(x)dx$$
$$=0+10\int_{0}^{3}h'(x)dx=10 \quad \therefore \int_{0}^{3}h'(x)dx=1$$

3. $h(0)$은 어떻게 구할 수 있을까? **도함수의 정적분은 원함수의 함숫값 차**와 같다. – 〈Chapter 8〉
따라서 $\displaystyle\int_{0}^{3}h'(x)dx=h(3)-h(0)=1$이므로 $h(3)=1+h(0)$이다.
실수 전체의 집합에서 정의된 $h(x)$가 기함수이므로 $h(0)=0$이다. $\therefore h(3)=1$

답은 ①!!

memo

Chapter
05

도함수의 활용

▌도함수

여기서 말하는 개형은 함수의 전체적인 모양, 극값을 갖는 지점, 대칭점 등을 모두 포함한다.

대부분 함수식을 보자마자 아무런 생각 없이 바로 미분을 하는 경향이 있는데 앞으로는 그 습관을 고치자. 함수의 개형을 알 필요가 느껴질 때, 그때 미분을 하고 도함수를 관찰하는 것이다.

물론, 수학II의 함수 관련 문제에서 대부분 미분이 어느 정도 필수적인 절차이긴 하나 그런 식의 목적 없는 행동은 수학적 사고력 자체를 저해할 가능성이 크다.

예제(1) 20학년도 9월 평가원 17번

함수 $f(x) = x^3 - 3ax^2 + 3(a^2 - 1)x$의 극댓값이 4이고 $f(-2) > 0$일 때, $f(-1)$의 값은? (단, a는 상수이다.) [4점]

① 1   ② 2   ③ 3   ④ 4   ⑤ 5

1. 조건 '$f(x)$의 극댓값은 4'를 이용하기 위해 극댓값을 갖는 x좌표를 알아야 하고, 이를 위해 $f(x)$의 도함수를 알아야 한다.

$f(x) = x^3 - 3ax^2 + 3(a^2 - 1)x$를 x에 대하여 미분하자.

$f'(x) = 3x^2 - 6ax + 3(a^2 - 1) = 3(x - a + 1)(x - a - 1)$

함수 $f(x)$는 $x = a - 1$에서 극댓값을 갖고, $x = a + 1$에서 극솟값을 가진다.

$f(a - 1) = 4$, $a^3 - 3a - 2 = 0$, $(a - 2)(a + 1)^2 = 0$ $\therefore$ $a = -1$ 또는 $a = 2$

$f(x) = x^3 - 3ax^2 + 3(a^2 - 1)x$에 $a = -1$, $a = 2$을 대입한 후 $f(-2) > 0$을 만족시키는 a의 값을 찾아도 되지만 **그래프를 이용하는 습관을 들여보자.**

2. (1) $a = -1$일 때
     $x = -2$에서 극댓값, $x = 0$에서 극솟값

(2) $a = 2$일 때
     $x = 1$에서 극댓값, $x = 3$에서 극솟값

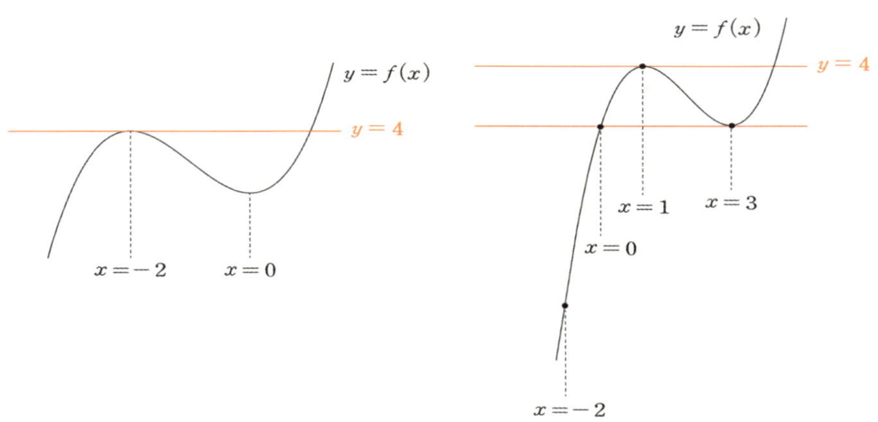

(1)은 $f(-2) = 4 > 0$으로 조건을 만족시키지만 (2)는 그래프만 보고 $f(-2)$의 부호를 알 수 없다. 이런 경우 실전에서는 (1)을 답으로 선택하고 빠르게 넘어가는 센스가 매우 중요하다.
어차피 답은 하나뿐인데 확실한 답을 놔두고 애매한 경우를 직접 따져볼 필요가 없는 것이다.
(못 믿겠으면 직접 계산해 봐라. $a = 2$는 조건을 만족시키지 못한다.)

따라서 $a = -1$을 $f(x) = x^3 - 3ax^2 + 3(a^2 - 1)x$에 대입하면 $f(x) = x^3 + 3x^2$이다. $f(-1) = 2$이므로 **답은 ②!!**

a 자리에 두 가지 값을 대입한 후 $f(-2) > 0$ 조건을 위배하지 않는 a값을 찾는 계산이 그리 복잡한 것도 아닌데 굳이 그래프까지 그려서 '먼 길로' 돌아가듯이 풀 필요가 있냐고 질문할 수 있다. 이 책에서 첫 번째로 강조하는 내용을 되새기자. **그래프를 그리는 것이 도움이 되든 안 되든 그래프를 그리고 관찰하는 '습관'을 들이는 것 자체가 매우 중요하다.**

2. 도함수를 나타내는 다양한 표현

다음은 모두 함수 $y = f(x)$의 도함수를 나타내는 기호다.

$$f'(x), \ y', \ \frac{dy}{dx}, \ \frac{d}{dx}f(x)$$

이때 $\dfrac{dy}{dx}$는 y를 x에 대하여 미분한다는 뜻이고, $\dfrac{d}{dx}f(x)$는 $f(x)$를 x에 대하여 미분한다는 뜻이다.
참고로 도함수는 미분계수의 정의를 실수 전체의 집합으로 확장하여 구할 수 있다.

$$f'(x) = \lim_{h \to 0} \frac{f(x+h) - f(x)}{h}$$

3. 미분 TIP (교과 외)

Q) $y = (2x + 3)^4$의 도함수는?

A) **수학II 범위** 내에서는 $y = (2x+3)(2x+3)(2x+3)(2x+3)$에서 **곱의 미분**을 사용하는 수밖에 없다. 곱의 미분을 사용하면 $y' = 8(2x+3)^3$이다. 사실 이렇게 곱의 미분을 사용해도 별 지장은 없으나 꽤 불편하다.

따라서 '일차함수가 합성된 합성함수의 미분' 정도는 알아두면 나쁠 건 없다.
(물론 이걸 모른다고 해서 못 풀 문제는 없다.) 다른 합성함수의 미분은 머릿속에서 지워버리자.

$f(x)$가 실수 전체의 집합에서 미분가능할 때, $f(ax + b)$를 x에 대해 미분하면 $af'(ax+b)$이다.
$y = (2x+3)^4$에서 $f(x) = x^4$이라 생각하면 $y = f(2x+3)$으로 나타낼 수 있고,
$y' = 2f'(2x+3) = 2 \times 4(2x+3)^3 = 8(2x+3)^3$이다.

e.g. $y = 2(2x+3)^5$의 도함수는 $y' = 20(2x+3)^4$이다.

4. 도함수 해석

기본 개념이다. **도함수의 부호가 음수(−)이면 원함수는 감소하고, 양수(+)이면 원함수는 증가한다.**

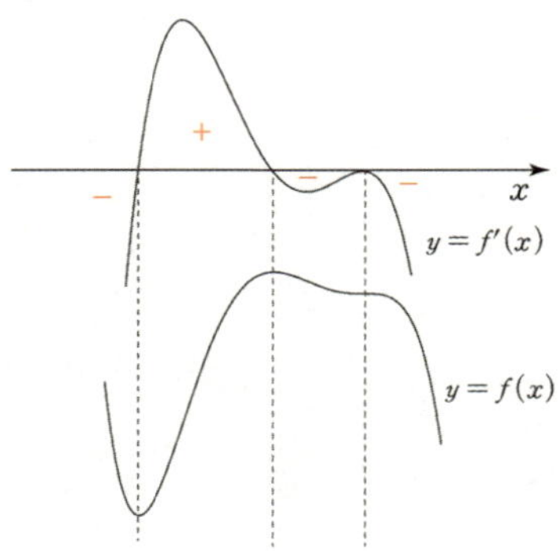

사차함수 $f(x)$의 도함수 $f'(x)$가

$$f'(x) = (x+1)(x^2 + ax + b)$$

이다. 함수 $y = f(x)$가 구간 $(-\infty, 0)$에서 감소하고 구간 $(2, \infty)$에서 증가하도록 하는 실수 a, b의 순서쌍 (a, b)에 대하여, $a^2 + b^2$의 최댓값을 M, 최솟값을 m이라 하자. $M+m$의 값은? [4점]

① $\dfrac{21}{4}$ ② $\dfrac{43}{8}$ ③ $\dfrac{11}{2}$ ④ $\dfrac{45}{8}$ ⑤ $\dfrac{23}{4}$

1. 함수 $y = f(x)$ 가 구간 $(-\infty, 0)$에서 감소하고 구간 $(2, \infty)$ 에서 증가한다.

  ⇔ 도함수 $f'(x)$가 구간 $(-\infty, 0)$에서 음수이고 구간 $(2, \infty)$에서 양수다.

$f'(x) = (x+1)(x^2 + ax + b)$이므로 이를 만족하는 $f'(x)$의 그래프 개형은 다음과 같다.

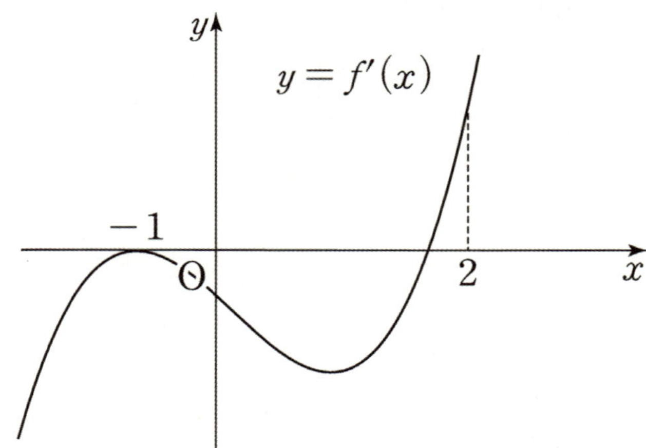

(단, $f'(x)$는 구간 $(2, \infty)$에서 양수이므로 $f'(2) \geq 0$이다.)

그래프를 바탕으로 a, b에 관한 정보를 도출하자. $f'(x)$는 $x = -1$에서 x축에 접한다.

즉, $f'(x)$는 $(x+1)^2$을 인수로 가지므로 $(x^2 + ax + b)$는 $(x+1)$를 인수로 가진다.

즉, $(x^2 + ax + b)$에 $x = -1$를 대입하면 0이 되어야 하므로 $1 - a + b = 0$

또한 $f'(0) \leq 0$, $f'(2) \geq 0$이어야 한다. 둘 중 하나만 만족하는 경우 $f'(x)$가 구간 $(-\infty, 0)$에서 음수이고 구간 $(2, \infty)$에서 양수가 될 수 없다. 반드시 두 조건 모두 만족해야 한다.

$f'(0) = b \leq 0 \cdots \textcircled{\small ㄱ}$

$f'(2) = 3(4 + 2a + b) \geq 0 \cdots \textcircled{\small ㄴ}$

더 이상 얻어낼 수 있는 정보는 없다.

---

2. a, b의 관계식 $1 - a + b = 0$을 통해 ㉠, ㉡을 모두 문자 a에 관해 정리하고, 최종 목적인 $a^2 + b^2$ 또한 a에 관해 정리하자.

$b = a - 1$을 ㉠, ㉡에 대입하면

㉠ $a - 1 \leq 0$, $a \leq 1$

㉡ $3(4 + 2a + a - 1) \geq 0$, $3(3a + 3) \geq 0$, $a \geq -1$

두 부등식을 동시에 만족해야 하므로 $-1 \leq a \leq 1$

$a^2 + b^2$을 a에 관해 정리하자.

$a^2 + b^2 = a^2 + (a-1)^2 = 2a^2 - 2a + 1 = 2\left(a - \dfrac{1}{2}\right)^2 + \dfrac{1}{2}$ (단, $-1 \leq a \leq 1$)

$-1 \le a \le 1$에서 a에 대한 이차함수 $y = 2\left(a - \dfrac{1}{2}\right)^2 + \dfrac{1}{2}$ 의 최댓값과 최솟값을 구하자.

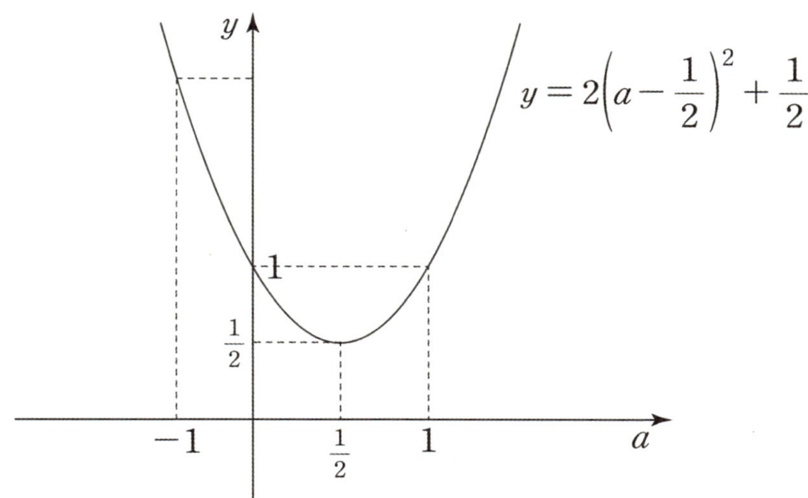

그래프를 관찰하면 $y = 2\left(a - \dfrac{1}{2}\right)^2 + \dfrac{1}{2} \ (-1 \le a \le 1)$은 $a = \dfrac{1}{2}$에서 최솟값 $\dfrac{1}{2}$을 갖고,

$a = -1$에서 최댓값 5를 갖는다.

$$\therefore \ M + m = 5 + \dfrac{1}{2} = \dfrac{11}{2}$$

답은 ③!!

이전 교육과정에서는 부등식의 영역을 배웠기 때문에 $a^2 + b^2$을 원으로 표현하여 최대, 최소를 부등식의 영역으로도 풀 수 있었다.

그러나 이번 교육과정부터는 부등식의 영역을 배우지 않는다. 이처럼 최대·최소를 구하는 문항에서 변수가 두 개 이상인 경우에 출제 의도는 대부분 '한 문자에 관해 정리하여 함수의 최대·최소'를 구하는 것으로 생각해도 좋다. (산술기하 평균과 같은 특수한 경우를 제외한다면)

두 실수 a, b에 대하여 함수

$$f(x)=\begin{cases} -\dfrac{1}{3}x^3 - ax^2 - bx & (x < 0) \\[2mm] \dfrac{1}{3}x^3 + ax^2 - bx & (x \geq 0) \end{cases}$$

이 구간 $(-\infty, -1]$에서 감소하고 구간 $[-1, \infty)$에서 증가할 때, $a+b$의 최댓값을 M, 최솟값을 m이라 하자. $M-m$의 값은? [4점]

① $\dfrac{3}{2}+3\sqrt{2}$ ② $3+3\sqrt{2}$ ③ $\dfrac{9}{2}+3\sqrt{2}$ ④ $6+3\sqrt{2}$ ⑤ $\dfrac{15}{2}+3\sqrt{2}$

1. 함수 $f(x)$는 실수 전체의 집합에서 미분가능한 함수이다.

함수 $f(x)$의 도함수는

$$f'(x) = \begin{cases} -x^2 - 2ax - b & (x < 0) \\ x^2 + 2ax - b & (x \geq 0) \end{cases}$$

이고, 주어진 조건에 의하여

$x < -1$인 모든 실수 x에 대하여 $f'(x) \leq 0 \ \cdots$ (①),

$x > -1$인 모든 실수 x에 대하여 $f'(x) \geq 0 \ \cdots$ (②)가 성립한다.

따라서 사이값 정리에 의해 $f'(-1) = 0 \implies b = 2a - 1$임을 알 수 있다.

2. $x^2 + 2ax - b = -2b - (-x^2 - 2ax - b)$이므로

함수 $y = x^2 + 2ax - b$의 그래프는

함수 $y = -x^2 - 2ax - b$의 그래프를 직선 $y = -b$에 대하여 대칭이동시킨 것이다.

$f'(0) = -b$이므로 $-b < 0$이면 주어진 조건에 모순임에 착안하여

$$-b \geq 0 \implies b \leq 0 \implies a \leq \frac{1}{2} \ \text{이다.}$$

또한 함수 $y = x^2 + 2ax - b$의 그래프의 대칭축은 직선 $x = -a$이므로

$-a$의 값과 0의 대소 관계에 따라 함수 $f'(x)$의 그래프의 개형이 결정된다.

(i) $-\dfrac{1}{2} \leq -a \leq 0$

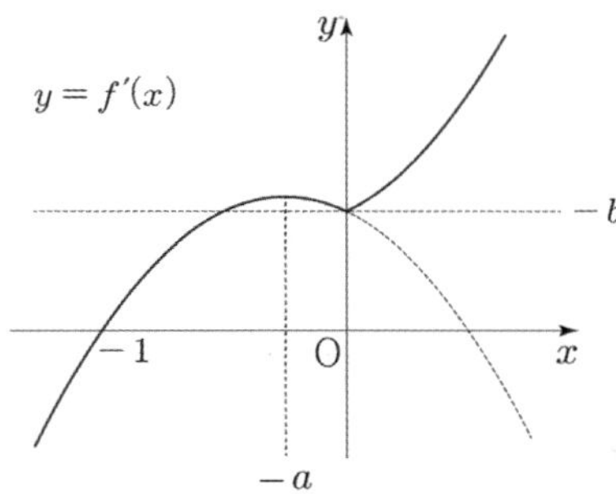

함수 $f(x)$가 (①), (②)를 만족시킨다. $\cdots$ (③)

(ii) $-a > 0$

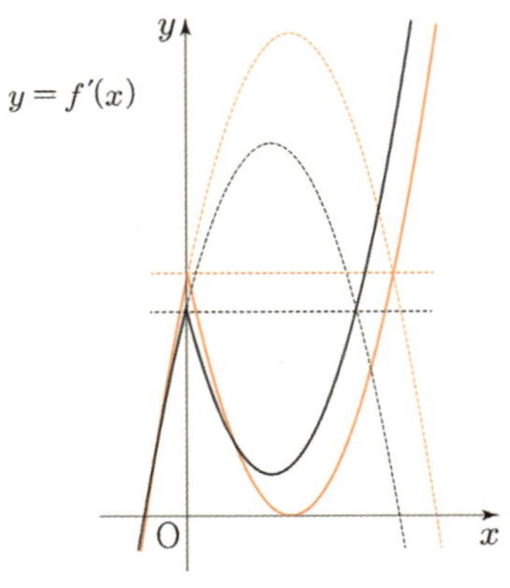

함수 $f(x)$가 (①)은 만족시키고,

$x > 0$ 에서 함수 $f'(x)$의 최솟값이 0 이상일 때 함수 $f(x)$가 (②)를 만족시킨다.

$x > 0$ 에서 함수 $f'(x)$의 최솟값은 $f'(-a) = a^2 - 2a^2 - b = -a^2 - 2a + 1$ 이므로

$-a^2 - 2a + 1 \geq 0 \implies -\sqrt{2} - 1 \leq a < 0 \cdots$ (④)이다.

$a + b = a + (2a - 1) = 3a - 1$ 이므로

(③)에 의하여 $M = \dfrac{3}{2} - 1 = \dfrac{1}{2}$, (④)에 의하여 $m = 3(-\sqrt{2} - 1) - 1 = -3\sqrt{2} - 4$ 이다.

따라서 $M - m = 3\sqrt{2} + \dfrac{9}{2}$ 이다.

답은 ③!!

정리하면,

함수 $f(x)$가 주어진 조건을 만족시키도록 하는 실수 a의 값의 범위는 $-\sqrt{2} - 1 \leq a \leq \dfrac{1}{2}$ 이다.

a의 값이 $-\sqrt{2} - 1$ 부터 $\dfrac{1}{2}$ 까지 증가하면서 함수 $f'(x)$의 그래프의 개형이 어떻게 변화하는지까지 관찰해보는 것으로 학습을 마무리하면 된다.

▎차이함수

차이함수는 수능 수학에서 정말 많이 등장한다. **수학Ⅱ에서 제일 중요한 도구 중 하나이므로 정확히 공부하고 적극적으로 활용하자.**

1. 차이함수의 개념

차이함수 : 두 함수 $y=f(x)$와 $y=g(x)$가 있을 때, 하나의 함수에서 다른 함수를 뺀 다음 $y=f(x)-g(x)$와 같이 하나의 함수로 관찰하는 것을 의미한다.

이를 그래프로 말하자면,
차이함수 : 두 그래프의 비교를 하나의 그래프와 x축과의 비교로 치환하여 관찰

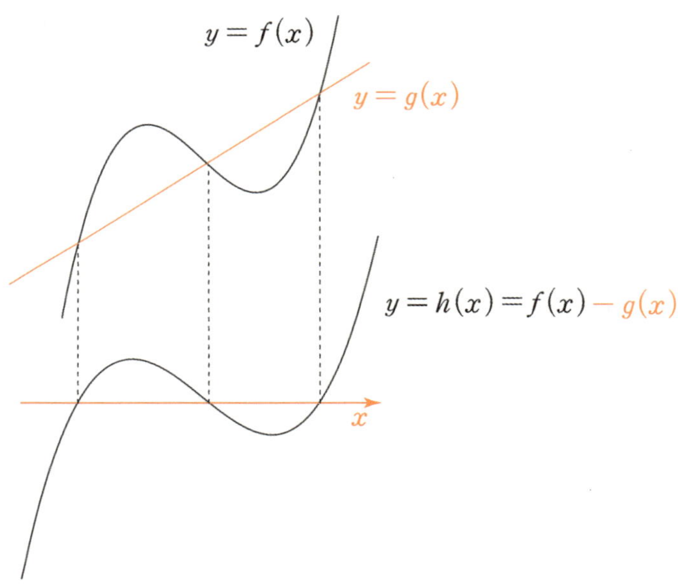

> $y=f(x)$의 그래프와 $y=g(x)$의 그래프의 교점의 x좌표
> $\Leftrightarrow$ 방정식 $f(x)-g(x)=0$의 실근
> $\Leftrightarrow$ 방정식 $h(x)=0$의 실근
> $\Leftrightarrow$ $y=h(x)$의 그래프와 x축의 교점의 x좌표

박스 안의 변환은 언제든지 가능해야 한다. 너무 중요하다.

$\langle h(x) = k \ \text{꼴} \rangle$

목적에 따라 '$h(x) = 0$'이 아닌 '$h(x) = k$'의 꼴로 만드는 경우도 많다.

16학년도 6월 평가원 17번

두 함수

$$f(x) = 3x^3 - x^2 - 3x, \ g(x) = x^3 - 4x^2 + 9x + a$$

에 대하여 방정식 $f(x) = g(x)$가 서로 다른 두 개의 양의 실근과 한 개의 음의 실근을 갖도록 하는 모든 정수 a의 개수는? [4점]

① 6   ② 7   ③ 8   ④ 9   ⑤ 10

20학년도 9월 평가원 27번

곡선 $y = x^3 - 3x^2 + 2x - 3$과 직선 $y = 2x + k$가 서로 다른 두 점에서만 만나도록 하는 모든 실수 k의 값의 곱을 구하시오. [4점]

20학년도 6월 평가원 27번

두 함수

$$f(x) = x^3 + 3x^2 - k, \ g(x) = 2x^2 + 3x - 10$$

에 대하여 부등식 $f(x) \geq 3g(x)$가 닫힌 구간 $[-1, 4]$에서 항상 성립하도록 하는 실수 k의 최댓값을 구하시오. [4점]

---

(1), (2)는 $h(x) = k$꼴, (3)은 $h(x) \geq k$꼴로 변환해서 풀면 쉽게 풀린다. 순서대로 **답은** ① **, 21, 30이다.** 참고로 (2), (3) 두 문제는 각각 동일 연도 6, 9월에 같은 번호로 출제되었고, 풀이 구조도 거의 똑같다. **수능에는 해당 연도의 트렌드가 존재한다.**

그렇다면 도대체 왜 함수를 빼서 관찰하는 걸까?
두 함수를 따로(독립적으로) 비교하기가 어렵기 때문이다.
따라서 두 함수를 뺀 다음 하나의 함수를 관찰한다.

이 목적을 정확히 기억하자. 일찍이 평가원은 이 목적을 문제를 통해 말한 적이 있다.

05학년도 6월 평가원 가형 6번

미분가능한 두 함수 $f(x)$와 $g(x)$의 그래프는 $x=a$와 $x=b$에서 만나고, $a<c<b$인 $x=c$에서 두 함숫값의 차가 최대가 된다. 다음 중 항상 옳은 것은?

① $f'(c)=-g'(c)$ ② $f'(c)=g'(c)$ ③ $f'(a)=g'(b)$

④ $f'(b)=g'(b)$ ⑤ $f'(a)=-g'(a)$

---

1. **주어진 조건을 만족하는 $f(x)$, $g(x)$는 셀 수 없이 많다.**

가장 간단한 관계를 생각하면 이런 그래프를 생각해 볼 수 있지만

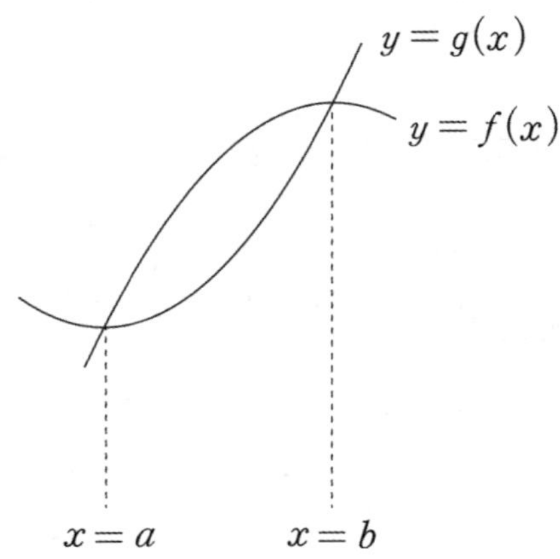

두 그래프가 이런 복잡한 개형을 가져도 조건을 위배하지는 않는다.

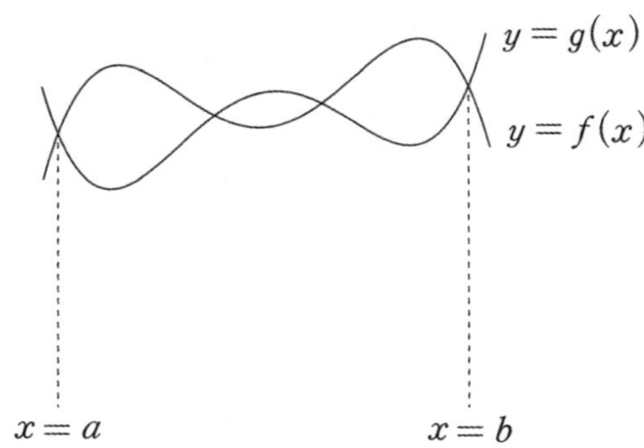

개형이 미확정이라는 것도 문제지만, 위의 그래프들을 살펴봤을 때 최댓값을 가지는 c가 어디인지도 불분명하다.

2.1에서 나온 문제점들은 모두 $f(x)$와 $g(x)$를 따로 놓고 비교하기 때문에 발생한다.

따라서 우리는 차이함수를 떠올릴 수 있어야 한다. 심지어 평가원도 '두 함숫값의 차가 최대가 된다'는 문장을 통해 제발 함수를 빼서 관찰하라고 말해주고 있다.

$h(x) = f(x) - g(x)$라는 차이함수를 관찰하면 1에서 그린 두 그래프는 다음과 같이 대응된다.

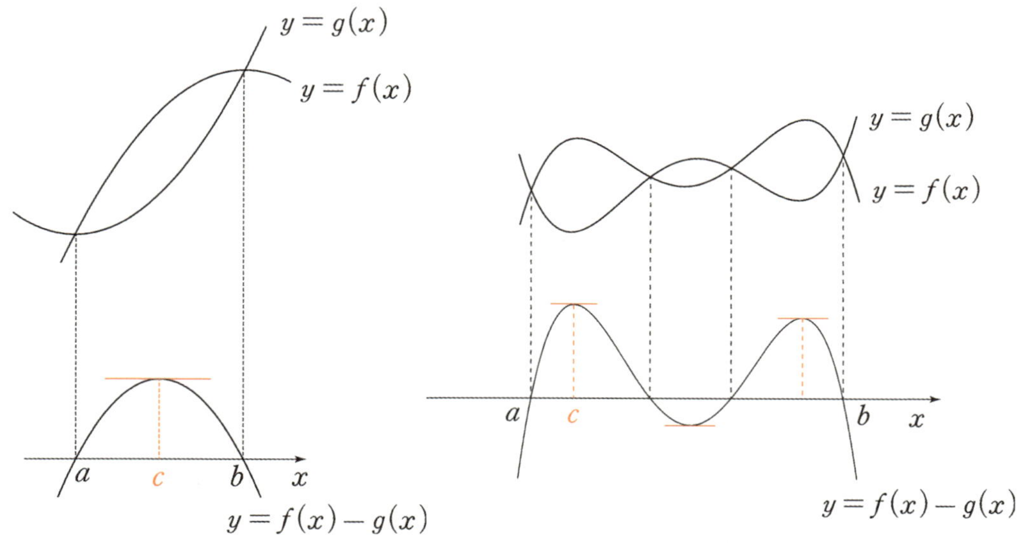

'$x = c$에서 두 함숫값의 차가 최대가 된다'는 문장은 차이함수 $h(x) = f(x) - g(x)$에 대해 '$x = c$에서 $|h(x)|$가 최대가 된다.'는 문장으로 번역할 수 있다.

$|h(x)|$가 최대일 때의 함숫값은 최댓값인 동시에 '극댓값 또는 극솟값'이다.
즉, $h'(c) = 0$이므로 $h'(c) = f'(c) - g'(c) = 0$, $f'(c) = g'(c)$

답은 ②!!

차이함수의 개념과 목적을 생각하면서 기출 문제를 풀어보자.

삼차함수 $f(x)$ 의 도함수의 그래프와 이차함수 $g(x)$ 의 도함수의 그래프가 그림과 같다. 함수 $h(x)$를 $h(x) = f(x) - g(x)$라 하자. $f(0) = g(0)$일 때, 옳은 것만을 <보기>에서 있는 대로 고른 것은? [4점]

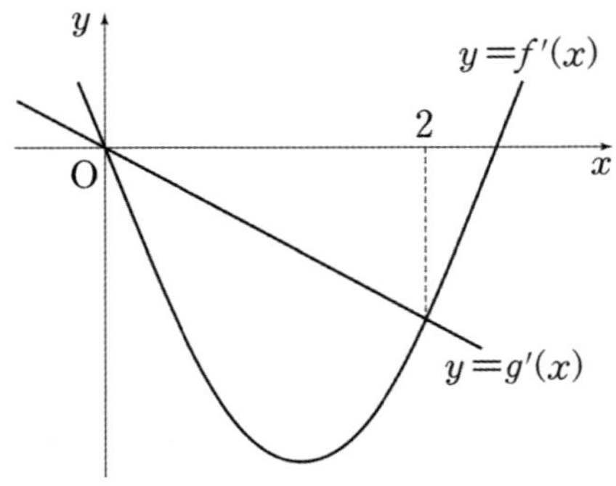

<보 기>

ㄱ. $0 < x < 2$에서 $h(x)$는 감소한다.

ㄴ. $h(x)$는 $x = 2$에서 극솟값을 갖는다.

ㄷ. 방정식 $h(x) = 0$은 서로 다른 세 실근을 갖는다.

① ㄱ   ② ㄴ   ③ ㄱ, ㄴ   ④ ㄱ, ㄷ   ⑤ ㄱ, ㄴ, ㄷ

함수 $h(x)$는 $f(x)$와 $g(x)$의 차이함수다.
$f(x)$, $g(x)$ 모두 미분가능하므로 이 둘을 뺀 $h(x)$도 미분가능하다.

$h(x)$의 도함수 $h'(x) = f'(x) - g'(x)$이다.
$y = f'(x) - g'(x)$ 그래프를 관찰하면 $x = 0$에서 $+$에서 $-$로 바뀌고, $x = 2$에서 $-$에서 $+$로 바뀐다.

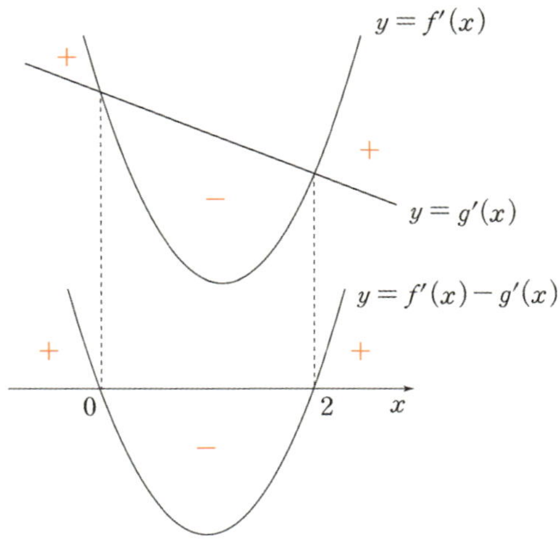

해설을 위해 $h(x)$의 도함수 그래프를 그리기는 했지만,
학생들은 문제에서 제시한 $y = f'(x)$와 $y = g'(x)$의 그래프를 보고 바로 $h(x)$의 그래프를 그릴 수
있어야 한다.

$h(x)$는 $x = 0$에서 극댓값을 갖고, $x = 2$에서 극솟값을 갖는 삼차함수이다.
이때, $h(0) = f(0) - g(0) = 0$이므로 $h(x)$의 그래프는 $x = 0$에서 x축에 접한다.
따라서 $y = h(x)$의 그래프는 다음과 같다.

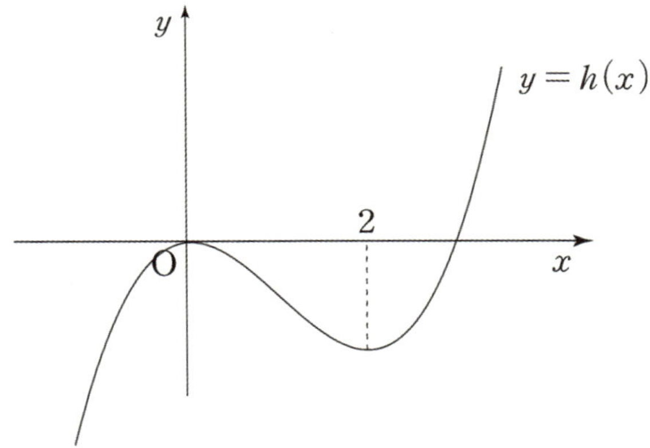

1. $0 < x < 2$에서 도함수의 부호가 음수이므로 당연하다. (O)
2. $x = 2$에서 도함수의 부호가 음$(-)$에서 양$(+)$으로 바뀌므로 $x = 2$에서 극솟값을 갖는다. (O)
3. $y = h(x)$의 그래프를 보면 방정식 $h(x) = 0$은 서로 다른 두 실근을 갖는다. (X)

옳은 선지는 ㄱ, ㄴ이므로 **답은 ③!!**

두 다항함수 $f(x)$와 $g(x)$에 대하여

$$f'(x) = 6x^2 \text{이고} \ \ g'(x) = 2x$$

이다. $y = f(x)$와 $y = g(x)$의 그래프가 두 점에서 만날 때, $f(0) - g(0)$의 값들의 합은 $\dfrac{p}{q}$이다. $p+q$의 값을 구하시오. (단, p와 q는 서로소인 자연수이다.) [4점]

1. $f'(x) = 6x^2$, $g'(x) = 2x$를 x에 대하여 적분하여 $f(x)$, $g(x)$를 구해주자.

$f(x) = 2x^3 + a$ (단, a는 적분상수)

$g(x) = x^2 + b$ (단, b는 적분상수)

두 함수 $f(x)$와 $g(x)$의 그래프가 두 점에서 만나게끔 해야 하는데 **두 그래프를 따로 놓고 비교하면 꽤 복잡하다. 차이함수를 생각해야 한다.**

$y = f(x)$의 그래프와 $y = g(x)$의 그래프가 두 점에서 만난다.

$\Leftrightarrow y = f(x) - g(x)$의 그래프가 x축과 두 점에서 만난다.

$\Leftrightarrow$ 방정식 $f(x) - g(x) = 0$이 서로 다른 두 실근을 가진다.

$\Leftrightarrow$ 방정식 $2x^3 - x^2 + a - b = 0$이 서로 다른 두 실근을 가진다.

관찰하기 편하도록 $(a - b)$를 이항하자.

방정식 $2x^3 - x^2 + a - b = 0$

$\Leftrightarrow$ 방정식 $2x^3 - x^2 = b - a$

2. **방정식 $2x^3 - x^2 = b - a$이 서로 다른 두 실근을 갖도록 하는 $b - a$의 값을 구하자.**

마침 $f(0) - g(0) = a - b$이므로 최종 목적인 $f(0) - g(0)$의 값들의 합과 바로 연결된다.

방정식 $2x^3 - x^2 = b - a$의 실근은 당연히 함수 $y = 2x^3 - x^2$와 함수 $y = b - a$의 교점으로 보는 게 맞다.

태도 : '방정식의 실근 $\Leftrightarrow$ 그래프의 교점' 변환을 필요에 따라 능동적으로 할 수 있어야 한다.

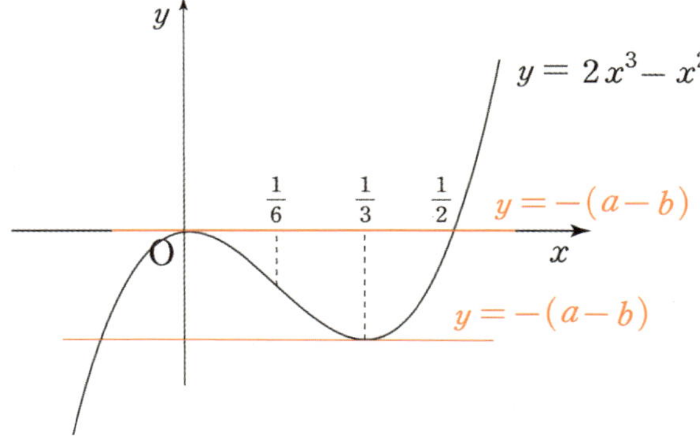

함수 $y = 2x^3 - x^2$와 x축과 평행한 직선 $y = b - a$가 서로 다른 두 점에서 만나기 위해 $-(a - b) = 0$ 또는 $-(a - b) = -\dfrac{1}{27}$ 이어야 한다.

따라서 조건을 만족시키는 $f(0) - g(0) = a - b$의 값들의 합은 $0 + \left(\dfrac{1}{27}\right) = \dfrac{1}{27}$

답은 **28 !!**

다음 조건을 만족시키며 최고차항의 계수가 음수인 모든 사차함수 $f(x)$에 대하여 $f(1)$의 최댓값은? [4점]

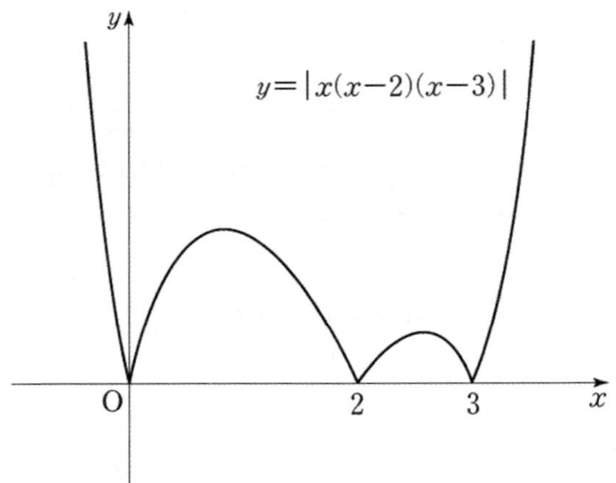

(가) 방정식 $f(x)=0$의 실근은 $0,\ 2,\ 3$뿐이다.
(나) 실수 x에 대하여 $f(x)$와 $|x(x-2)(x-3)|$ 중 크지 않은 값을 $g(x)$라 할 때, 함수 $g(x)$는 실수 전체의 집합에서 미분가능하다.

① $\dfrac{7}{6}$ ② $\dfrac{4}{3}$ ③ $\dfrac{3}{2}$ ④ $\dfrac{5}{3}$ ⑤ $\dfrac{11}{6}$

1. (가)에서 사차방정식 $f(x) = 0$의 실근이 $0, 2, 3$ 뿐이라고 했으므로 셋 중 하나는 반드시 중근으로 갖는다. 따라서 $f(x)$의 가능한 식은 다음과 같다.

> ※ Q) 실근 세 개와 허근 하나를 가질 수 없나요?
>
> A) 실수 계수의 다항 방정식에서 허근은 켤레복소수의 형태로 '쌍'으로 존재한다.
>
> 즉, 허근의 개수가 홀수일 수는 없으므로 $f(x) = 0$은 중근 하나와 실근 두 개를 가질 수밖에 없다.
>
> (수능에서 허수 계수 다항 방정식이 나올 일은 없으니 실수 계수는 신경 쓰지 않아도 좋다.)

(1) $f(x) = ax^2(x-2)(x-3) \ (a < 0)$

(2) $f(x) = ax(x-2)^2(x-3) \ (a < 0)$

(3) $f(x) = ax(x-2)(x-3)^2 \ (a < 0)$

(1)의 경우 $f(1) = 2a < 0$으로 $f(1)$의 최댓값은 음수일 수밖에 없다. 선지는 모두 '양수'이므로 실전에서는 이 케이스를 따지지 않는 것이 맞다. 일단 넘어가자.

2. (2)번 경우를 따지자. $x \leq 0, x \geq 3$일 때 $g(x) = f(x)$이므로 $g(x)$는 $x < 0, x > 3$에서 미분가능하다. 하지만 $0 \leq x \leq 3$에서 $g(x)$가 미분가능하기 위해 $f(x)$와 $|x(x-2)(x-3)|$ 중 어떤 함수를 택해야 할지는 매우 복잡하다.

직관적으로 따진다면, $0 \leq x \leq 3$에서도 $g(x) = f(x)$이어야 한다고 생각해 볼 수 있지만, 이는 직관에 불과하다.

$0 \leq x \leq 3$에서 $f(x)$와 $|x(x-2)(x-3)|$를 비교하기 힘든 이유가 무엇인가? '두 함수를 따로 놓고 비교하기 때문이다'. 그렇다면 그 해결법은 역시 차이함수다.

$$h(x) = x(x-2)(x-3)\text{으로 놓으면} \quad |x(x-2)(x-3)| = \begin{cases} h(x) & (0 < x < 2) \\ -h(x) & (2 \leq x < 3) \end{cases}$$

따라서 $0 < x < 2$에서 차이함수 $f(x) - h(x)$를 관찰하고,

$2 < x < 3$에서 차이함수 $f(x) - \{-h(x)\} = f(x) + h(x)$를 관찰하자.

※ 우리가 해결해야 할 구간은 $0 \leq x \leq 3$이다. 그런데 $x = 0, x = 2, x = 3$을 기점으로 $|x(x-2)(x-3)|$의 함수식이 달라지므로 일단 $0 < x < 2$와 $2 < x < 3$에서의 미분가능성을 먼저 따지고, 구간의 경계인 $x = 0, x = 2, x = 3$에서의 미분가능성은 마지막에 따지자.

(i) $0 < x < 2$일 때

$$f(x) - h(x) = ax(x-2)^2(x-3) - x(x-2)(x-3)$$
$$= x(x-2)(x-3)(ax - 2a - 1)$$

두 곡선 $y = f(x)$와 $y = h(x)$는 $x = 0$, $x = 2$, $x = 3$, $x = 2 + \dfrac{1}{a}$에서 만난다.

여기서 잠시 $g(x)$가 미분가능하기 위한 조건을 생각해보자. $0 < k < 2$인 k에 대해 $f(k) = h(k)$이고, $f(x)$와 $h(x)$ 중 크지 않은 값을 $g(x)$라 할 때, $g(x)$가 $x = k$에서 미분가능하려면 $f'(k) = h'(k)$이어야 한다.

만약 $f'(k) \neq h'(k)$라면 $x = k$를 기점으로 $f(x)$와 $h(x)$ 중 크지 않은 값이 변하게 되고 이 순간 $f'(k) \neq h'(k)$이므로 $g(x)$는 $x = k$에서 미분가능하지 않기 때문이다. 그림으로 살펴보면 다음과 같다.

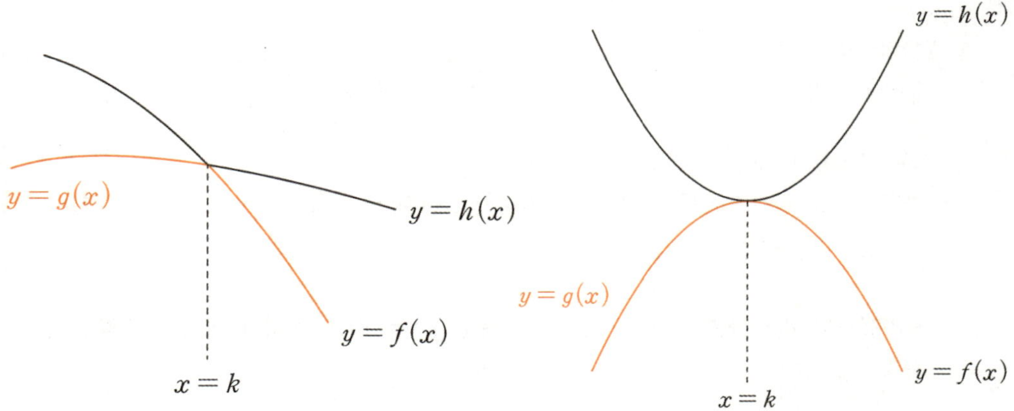

그렇다면 다시 본론으로 돌아와서,

두 곡선 $y = f(x)$와 $y = h(x)$가 $x = 0$, $x = 2$, $x = 3$, $x = 2 + \dfrac{1}{a}$에서 만날 때, $g(x)$가 $0 < x < 2$에서 미분가능하기 위한 조건이 무엇일까?

$0 < 2 + \dfrac{1}{a} < 2$이라면 $g(x)$가 $x = 2 + \dfrac{1}{a}$에서 미분가능하기 위해 $f'\!\left(2 + \dfrac{1}{a}\right) - h'\!\left(2 + \dfrac{1}{a}\right) = 0$ 이어야 하지만 사차방정식 $f(x) - h(x) = 0$은 $\left(x - 2 - \dfrac{1}{a}\right)^2$을 인수로 가질 수 없다.

따라서 $2 + \dfrac{1}{a} \leq 0$ 이어야 한다! $(\because a < 0)$

$2 + \dfrac{1}{a} \leq 0$을 풀어주면 $\dfrac{1}{a} \leq -2$, $-\dfrac{1}{2} \leq a < 0$이다. $(\because a < 0)$ … ㉠

(ii) $2 < x < 3$일 때

$$f(x) + h(x) = ax(x-2)^2(x-3) + x(x-2)(x-3)$$
$$= x(x-2)(x-3)(ax - 2a + 1)$$

두 곡선 $y = f(x)$와 $y = -h(x)$는 $x = 0$, $x = 2$, $x = 3$, $x = 2 - \dfrac{1}{a}$에서 만나므로 $g(x)$가

$2 < x < 3$에서 미분가능하기 위한 조건은 $2 - \dfrac{1}{a} \geq 3$이다. $(\because a < 0)$

$2 - \dfrac{1}{a} \geq 3$을 풀어주면 $\dfrac{1}{a} \leq -1$, $-1 \leq a < 0$ $(\because a < 0)$ $\cdots$ ㉡

따라서 ㉠, ㉡의 공통 범위는 $-\dfrac{1}{2} \leq a < 0$이다. 그런데 아직 $x = 0$, $x = 2$, $x = 3$에서 $g(x)$의

미분가능성은 확인하지 않았다. $-\dfrac{1}{2} \leq a < 0$일 때 $y = f(x)$와 $y = |x(x-2)(x-3)|$의

그래프를 그려주면 모든 실수 x에서 $f(x) \leq |x(x-2)(x-3)|$이므로 $g(x)$는 실수 전체의 집합

에서 미분가능하다.

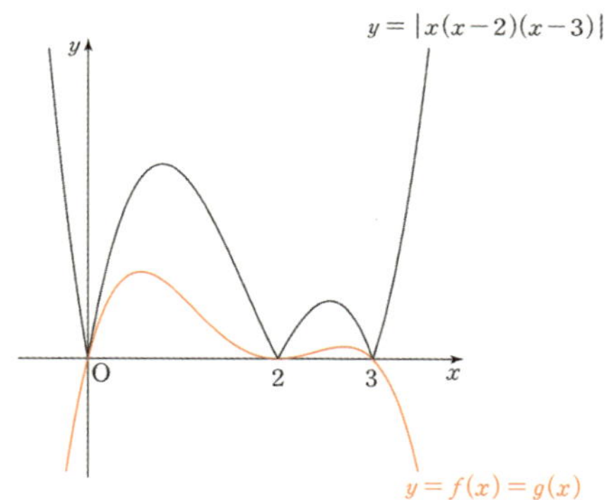

따라서 (2)번 경우일 때 $g(x)$가 실수 전체의 집합에서 미분가능하기 위한 조건은 $-\dfrac{1}{2} \leq a < 0$

이다. $f(x) = ax(x-2)^2(x-3)$에서 $f(1) = -2a$이므로 $f(1)$의 최댓값은 1이다.

---

3. (3)번 경우를 따지자. 이 경우 $f(x) = ax(x-2)(x-3)^2(a<0)$이므로 $x \leq 0$, $x \geq 2$에서
$f(x) \leq 0$이므로 $g(x) = f(x)$이다. 따라서 $x < 0$, $x > 2$에서 $g(x)$는 미분가능하다.

$0 < x < 2$에서는 차이함수 $f(x) - h(x)$를 관찰하여 $g(x)$가 미분가능하도록 만들어주자.

※ 우리가 해결해야 할 구간은 $0 \leq x \leq 2$이다.
　그런데 $x = 0$, $x = 2$를 기점으로 $|x(x-2)(x-3)|$의 함수식이 달라지므로
　일단 $0 < x < 2$에서의 미분가능성을 먼저 따지고, 구간의 경계인
　$x = 0$, $x = 2$에서의 미분가능성은 마지막에 따지자.

$0 < x < 2$일 때 $f(x) - h(x) = ax(x-2)(x-3)^2 - x(x-2)(x-3)$
$$= x(x-2)(x-3)(ax - 3a - 1)$$

두 곡선 $y = f(x)$와 $y = h(x)$는 $x = 0$, $x = 2$, $x = 3$, $x = 3 + \dfrac{1}{a}$에서 만나므로 $g(x)$가

$0 < x < 2$에서 미분가능하기 위한 조건은 $3 + \dfrac{1}{a} \leq 0$ 또는 $2 \leq 3 + \dfrac{1}{a} \leq 3$이다. $(\because a < 0)$

$3 + \dfrac{1}{a} \leq 0$을 풀어주면 $-\dfrac{1}{3} \leq a < 0$이 나오고,

$2 \leq 3 + \dfrac{1}{a} \leq 3$을 풀어주면 $a \leq -1$이 나온다.

둘 중 어느 것이 답일지는 $x = 0$, $x = 2$에서의 미분가능성이 알려준다.

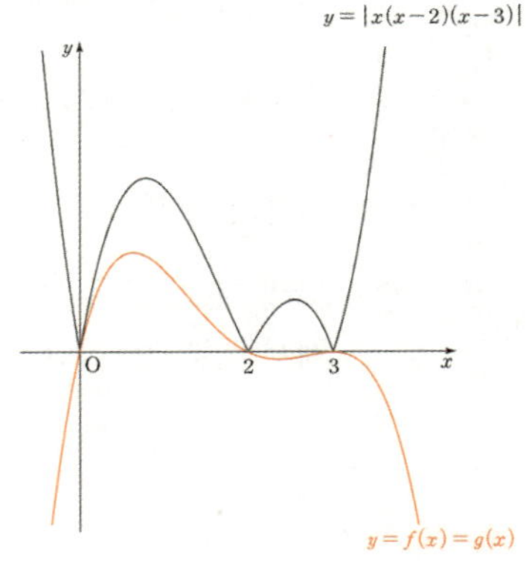

① $-\dfrac{1}{3} \leq a < 0$인 경우 $y = f(x)$와 $y = |x(x-2)(x-3)|$의

그래프를 그려주면 모든 실수 x에서
$f(x) \leq |x(x-2)(x-3)|$이므로 $g(x) = f(x)$가 되어
$g(x)$는 실수 전체의 집합에서 미분가능하다. (O)

② $a \leq -1$인 경우 $y = f(x)$와 $y = |x(x-2)(x-3)|$의 그래프를 그려주면 다음과 같다.

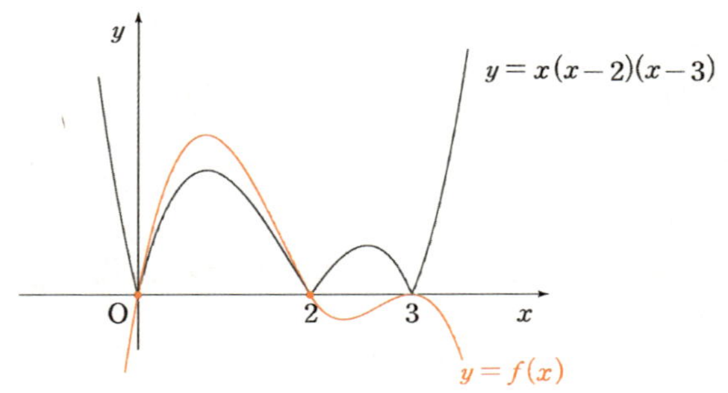

$0 < x < 2$에서 $g(x) = x(x-2)(x-3) = h(x)$, $x \leq 0$, $x \geq 2$에서 $g(x) = f(x)$이다.
이러한 $g(x)$가 실수 전체의 집합에서 미분가능하려면 $x = 0$, $x = 2$에서 미분가능해야 한다.

즉, $h'(0) = f'(0)$, $h'(2) = f'(2)$를 만족해야 한다.
그래야만 $x = 0$, $x = 2$에서 함수가 바뀔 때 $g(x)$의 그래프는 '매끄럽게' 연결되기 때문이다.

$h'(0) = 6$, $h'(2) = -2$이므로 $f'(0) = 6$, $f'(2) = -2$이어야 한다.
$f(x) = ax(x-2)(x-3)^2$에서 $f'(0) = -18a = 6$, $f'(2) = 2a = -2$이어야 하지만,
두 조건을 동시에 만족시키는 a는 존재하지 않는다. (X)

따라서 ①, ②에 의하여 (3)번 경우일 때 $g(x)$가 실수 전체의 집합에서 미분가능하기 위한 조건은
$-\dfrac{1}{3} \leq a < 0$이다. $f(x) = ax(x-2)(x-3)^2$에서 $f(1) = -4a$이므로 $f(1)$의 최댓값은 $\dfrac{4}{3}$이다.

따라서 (2), (3)번 경우를 종합하면 $f(1)$의 최댓값은 $\dfrac{4}{3}$이다.

답은 ②!!

굉장히 어려운 문항이므로 이 해설을 완벽하게 이해하려면 정말 많이 풀어보고, 고민하고, 해설을 읽어봐야 한다.

※ 미분계수 풀이

그런데 사실 이 문제를 '미분계수'만 가지고 설명하는 해설이 대부분이다. 물론 미분계수만 가지고도 이 문제를 빠르게 풀 수 있으나, 미분계수로 풀 수 있는 근거가 중요하다.

$f(x) = ax(x-2)^2(x-3) \, (a < 0)$일 때 다음 설명을 한 번 살펴보자.

설명 : $h(x) = |x(x-2)(x-3)|$ 이라 할 때, $g(x)$가 실수 전체의 집합에서 미분가능하려면 실수 전체의 집합에서 $f(x) \leq h(x)$이어야 한다. 이를 만족하려면 $x = 0$에서 $f'(0)$이 $h(x)$의 우미분계수보다 작아야 하고, $x = 3$에서 $f'(3)$이 $h(x)$의 좌미분계수보다 커야 한다.

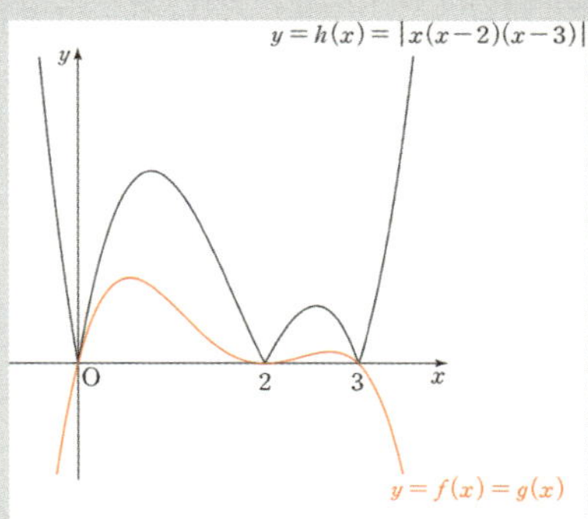

즉, $f'(0) \leq \lim\limits_{x \to 0+} h'(x)$, $\lim\limits_{x \to 3-} h'(x) \leq f'(3)$이다.

$f'(0) = -12a$이고, 구간 $(0, 2)$에서 $h'(x) = 3x^2 - 10x + 6$이므로 $\lim\limits_{x \to 0+} h'(x) = 6$이다.

$-12a \leq 6$이므로 $-\dfrac{1}{2} \leq a < 0$이다. ($\because a < 0$)

$f'(3) = 3a$이고, 구간 $(2, 3)$에서 $h'(x) = -3x^2 + 10x - 6$이므로 $\lim\limits_{x \to 3-} h'(x) = -3$이다.

$-3 \leq 3a$이므로 $-1 \leq a < 0$이다. ($\because a < 0$)

조건을 모두 만족시키는 a의 범위는 $-\dfrac{1}{2} \leq a < 0$이므로 $f(1) = -2a$의 최댓값은 1이다.

답도 맞고, 결론적으로 맞는 설명이긴 하다. 그런데

'$g(x)$가 실수 전체의 집합에서 미분가능하려면 실수 전체의 집합에서 $f(x) \leq h(x)$이어야 한다.
이를 만족하려면 $x = 0$에서 $f'(0)$이 $h(x)$의 우미분계수보다 작아야 하고,
$x = 3$에서 $f'(3)$이 $h(x)$의 좌미분계수보다 커야 한다.'

위 설명의 근거가 중요하다.

A) 사차함수 $f(x) = ax(x-2)^2(x-3)$과
삼차함수 $p(x) = x(x-2)(x-3)$에 대해
사차방정식 $f(x) = p(x)$를 **살펴보자**

방정식 $f(x) = p(x)$는 $0, 2, 3$을 실근으로 가지므로 나머지 하나의 근도 반드시 실근이다. 이때 $f'(0) > \lim_{x \to 0+} h'(x)$이면 방정식은 $0 < l < 2$인 l을 나머지 하나의 실근으로 갖게 되고, 따라서 $g(x)$는 l에서 미분가능하지 않게 된다.

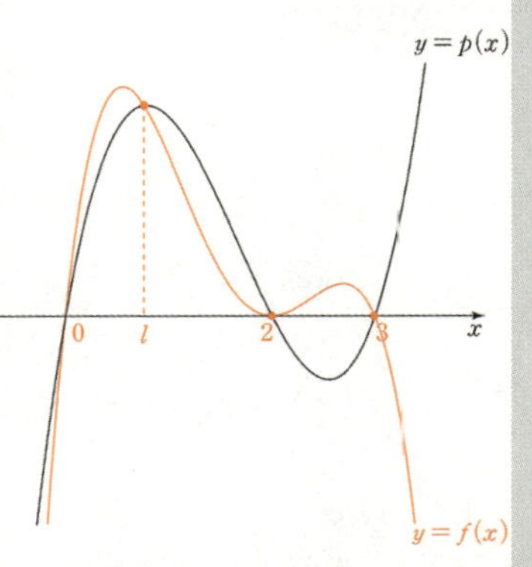

$f'(0) < \lim_{x \to 0+} h'(x)$이면 방정식 $f(x) = p(x)$는 $m < 0$인 m을 나머지 하나의 실근으로 갖게 되므로 $g(x)$는 실수 전체의 집합에서 미분가능하다. (어차피 $x < 0,\ x > 2$에서 $g(x) = f(x)$이므로 $x < 0$에서 방정식 $f(x) = p(x)$가 실근을 가지든 말든 상관없다.)

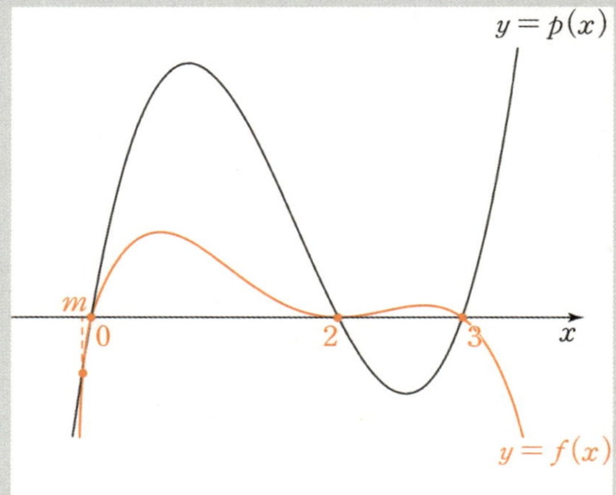

$f'(0) = \lim_{x \to 0+} h'(x)$이면 방정식 $f(x) = p(x)$는 0을 중근으로 가지게 되고, $g(x)$는 실수 전체의 집합에서 미분가능하다.

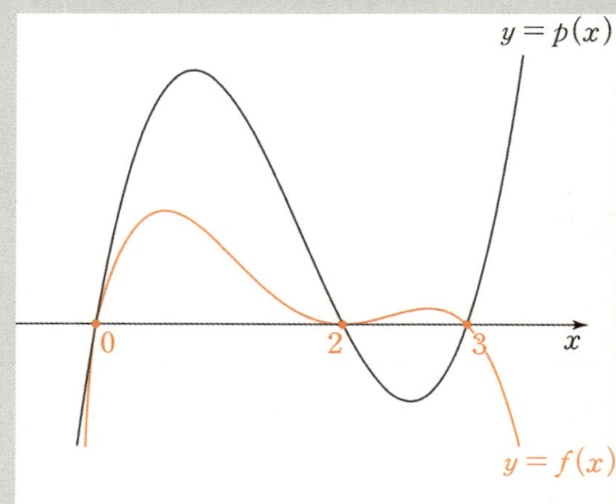

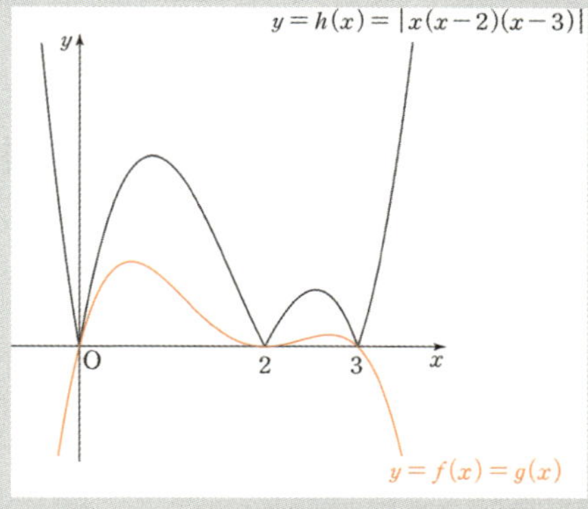

사차함수 $f(x) = ax(x-2)^2(x-3)$**과 삼차함수** $p(x) = x(x-2)(x-3)$**에 대해**
사차방정식 $f(x) = -p(x)$**를 살펴보자**

$\lim\limits_{x \to 0+} h'(x) < f'(3)$ 이면 방정식 $f(x) = -p(x)$는 $n > 3$인 n을 나머지 하나의 실근으로 갖게 되므로 $g(x)$는 실수 전체의 집합에서 미분가능하다.

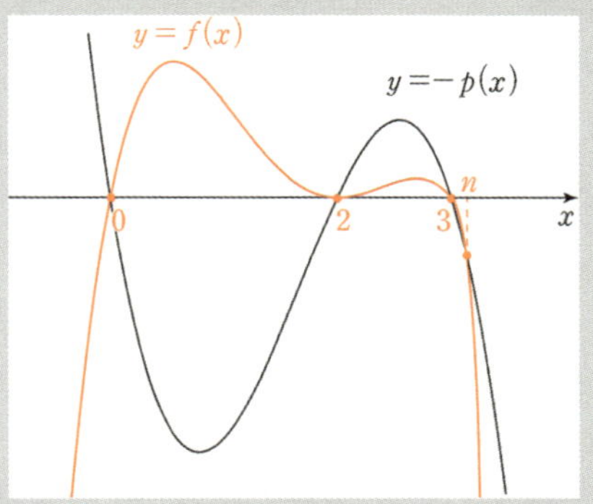

$\lim\limits_{x \to 0+} h'(x) = f'(0)$ 이면 방정식 $f(x) = -p(x)$는 3을 중근으로 가지게 되고, $g(x)$는 실수 전체의 집합에서 미분가능하다.

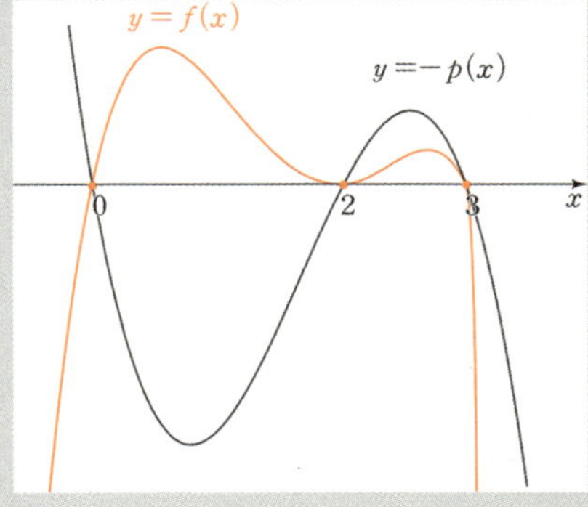

지금까지 차이함수의 개념과 목적을 공부하였다. 이로써 차이함수의 기본적 내용은 모두 끝났다. 이제부터는 차이함수가 실제 문제에서 어떻게 일상적으로 사용되는가를 살펴보자.

차이함수는 다항함수 식 작성에서 소요되는 시간을 획기적으로 줄여주는데, **접선을 가지고 차이함수 식을 작성하는 경우가 가장 많다.**

태도 : 접선이 나온다면 차이함수를 이용한 식 작성을 떠올려라. (정말 중요한 태도이므로 반드시 체화하자.)

(1) 삼차함수

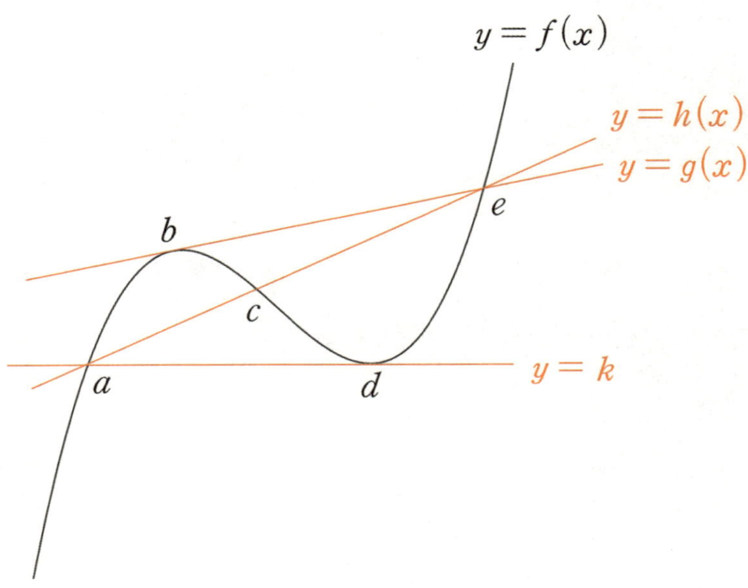

$f(x) = ax^3 + bx^2 + cx + d$으로 삼차함수의 일반식을 설정하고 $f(x)$ 위의 점을 대입하여 $f(x)$의 식을 구하는 행동은 어쩔 수 없을 때만 사용해야 한다. (물론 이 $a,\ b,\ c,\ d$는 그림 속 $a,\ b,\ c,\ d$와 다르다.)

그림과 같은 상황에서는 차이함수를 이용하여 3가지 방법으로 $f(x)$의 식을 작성할 수 있다.

$f(x)$의 최고차항 계수가 1일 때,

① **삼차함수와 접선의 차이함수**

$$f(x) - k = (x-a)(x-d)^2$$
$$f(x) - g(x) = (x-b)^2(x-e)$$

② **삼차함수와 접선이 아닌 직선의 차이함수**

$$f(x) - h(x) = (x-a)(x-c)(x-e)$$

(2) 사차함수

다양한 사차함수 개형이 등장하고, 또 그에 따라 다양한 차이함수를 작성할 수 있지만 여기서는 **특수한 두 가지 케이스**를 살펴보자. $f(x)$는 최고차항의 계수가 1인 사차함수이다.

① 직선(접선)이 $f(x)$의 그래프를 접하면서 뚫고 지나가는 경우 (삼중근 형성 접선)

(1) $f(x) - k = (x - \alpha)(x - \beta)^3$

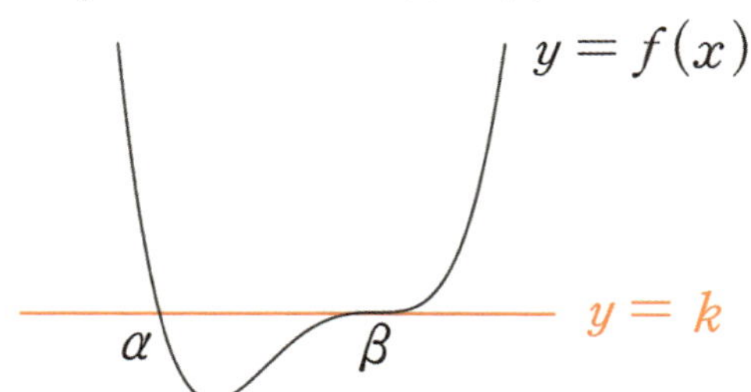

(2) $f(x) - h(x) = (x - \alpha)(x - \beta)^3$

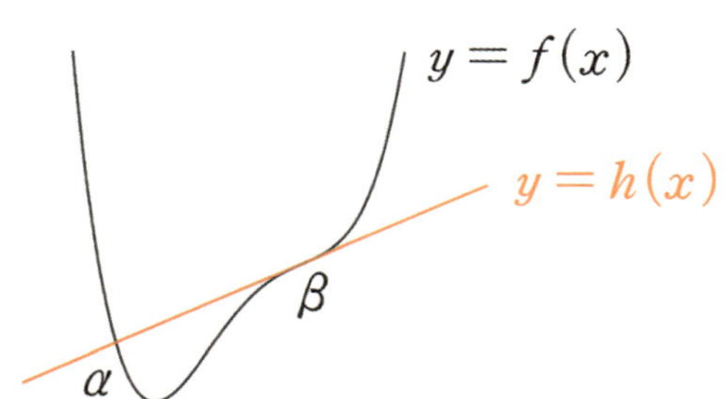

② 직선(접선)과 서로 다른 두 개의 점에서 접하는 경우 (공통접선)

(1) $f(x) - k = (x - \alpha)^2(x - \beta)^2$

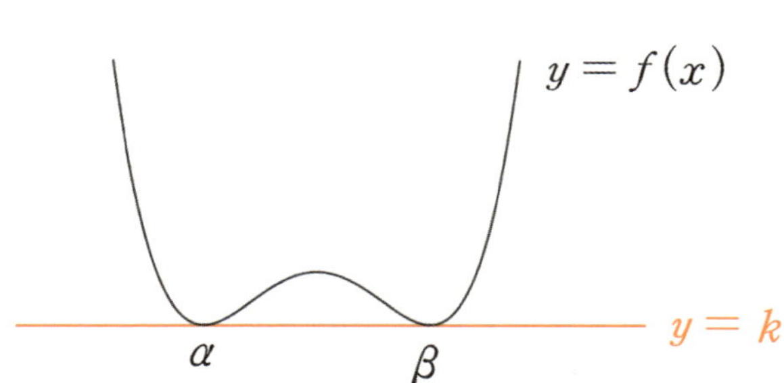

(2) $f(x) - g(x) = (x - \alpha)^2(x - \beta)^2$

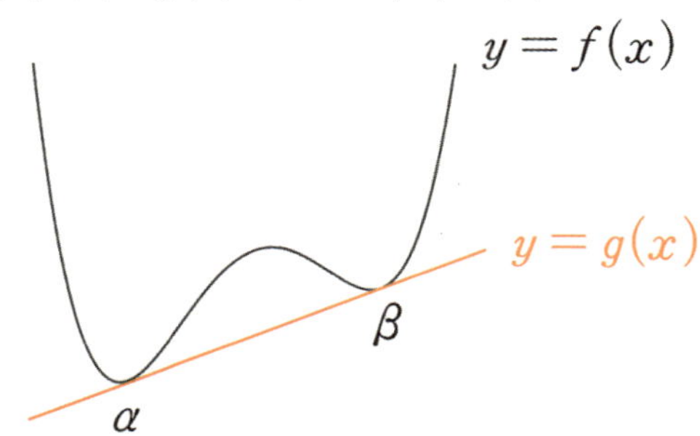

(3) 구간에 따라 정의된 함수에서의 차이함수 작성

최고차항의 계수가 1인 이차함수 $g(x)$와 일차함수 $h(x)$에 대해 함수 $f(x) = \begin{cases} g(x) & (x < a) \\ h(x) & (x \geq a) \end{cases}$ 가 실수 전체의 집합에서 미분가능하다고 하자.

연속의 정의와 미분가능성의 정의에 의해 $g(a) = h(a)$, $g'(a) = h'(a)$ 두 가지 정보를 도출할 수 있다.

그러나 **차이함수를 이용하면 $g(x)$와 $h(x)$의 식을 더욱 깔끔하게 작성**할 수 있다.
$g(x)$와 $h(x)$는 $x = a$에서 서로 접하므로 $g(x) - h(x) = (x - a)^2$이다.

차이함수 파트에서 배운 내용을 바탕으로 고난도 문제를 풀어보자. 안 풀리더라도 해설을 보지 말고 최대한 노력해보길 바란다.

예제(7) 18학년도 6월 평가원 30번

최고차항의 계수가 1인 삼차함수 $f(x)$와 최고차항의 계수가 2인 이차함수 $g(x)$가 다음 조건을 만족시킨다.

> (가) $f(\alpha) = g(\alpha)$이고 $f'(\alpha) = g'(\alpha) = -16$인 실수 α가 존재한다.
> (나) $f'(\beta) = g'(\beta) = 16$인 실수 β가 존재한다.

$g(\beta+1) - f(\beta+1)$의 값을 구하시오. [4점]

1. (가), (나) 조건을 보고서 차이함수를 떠올려야 한다.

> (가) $f(\alpha) = g(\alpha)$이고 $f'(\alpha) = g'(\alpha) = -16$인 실수 α가 존재한다.
> (나) $f'(\beta) = g'(\beta) = 16$인 실수 β가 존재한다.

**방정식 $f(x) = g(x)$와 방정식 $f'(x) = g'(x)$의 근을 제시하고 있으므로
두 함수를 빼서 차이함수 $h(x) = f(x) - g(x)$를 설정하자.**

$y = f(x)$와 $y = g(x)$의 교점
$\Leftrightarrow f(x) - g(x) = 0$의 실근
$\Leftrightarrow y = h(x)$의 실근
$\Leftrightarrow y = h(x)$와 x축의 교점
차이함수 파트를 제대로 공부한 학생이라면 이 변환이 자유자재로 이루어져야 한다.

심지어 평가원은 조건을 보고서 차이함수를 생각하지 못한 학생들이 있을까 우려하여
발문을 $g(\beta+1) - f(\beta+1)$로 제시하여 대놓고 차이함수를 보여줬다.

차이함수 $h(x) = f(x) - g(x)$로 조건을 다시 해석하자.
$f(\alpha) = g(\alpha),\ f'(\alpha) = g'(\alpha) = -16,\ f'(\beta) = g'(\beta) = 16$
$\rightarrow h(\alpha) = h'(\alpha) = h'(\beta) = 0$

$h(\alpha) = h'(\alpha) = 0$이므로 함수 $h(x)$는 $(x-\alpha)^2$을 인수로 가진다. $h(x)$는 최고차항의 계수가 1인
삼차함수이므로 다음과 같이 식을 세울 수 있다.
$h(x) = (x-\alpha)^2(x-k)$

2. 사용하지 않은 조건 : $f'(\alpha) = g'(\alpha) = -16,\ f'(\beta) = g'(\beta) = 16,\ h'(\beta) = 0,\ g(x)$의 최고차항
계수는 2

$f'(\alpha) = g'(\alpha)$와 $f'(\beta) = g'(\beta)$는 사용했지만 $-16, 16$이라는 구체적인 숫자는 아직 사용하지
않았다. 또한 $h'(\beta) = 0$과 $g(x)$의 최고차항 계수 2도 사용하지 않았다. $h(x)$의 식이 있으므로
$h'(\beta) = 0$부터 적용하자.

$h(x) = (x-\alpha)^2(x-k)$의 도함수를 구한 다음 β를 대입하면 식이 복잡해진다.

〈Chapter 4. 다항함수〉에서 배운 대로 삼차함수 비율을 통해 k의 값을 β를 통해 바로 나타내자. 그런데
문제가 있다. α와 β중 어느 것이 더 큰지 알 수 없으므로 함수 $h(x)$가 $x = \beta$에서 극솟값을 갖는지
혹은 극댓값을 갖는지 알 수 없다.
지금부터 우리가 해야 할 일은 α, β의 대소관계를 정하는 일이다. 나머지 세 가지 조건을 통해 알
아내자.

3. $f'(\beta) = g'(\beta) = 16$, $f'(\alpha) = g'(\alpha) = -16$, $g(x)$의 최고차항 계수는 2이다.

두 가지 조건에서
$f'(\beta) = g'(\beta) = 16$, $f'(\alpha) = g'(\alpha) = -16$ **에서 16, -16 두 숫자가 매우 특이하다는 점을 캐치해야 한다.** 평가원 문제 속 사소한 숫자, 부호도 철저한 설계의 결과물이다.

16과 -16은 0에 대해 대칭이다. 이러한 **대칭성은** $g(x)$**가 이차함수라는 사실과 연결**된다. 이차함수도 꼭짓점에 대해 대칭이기 때문이다.

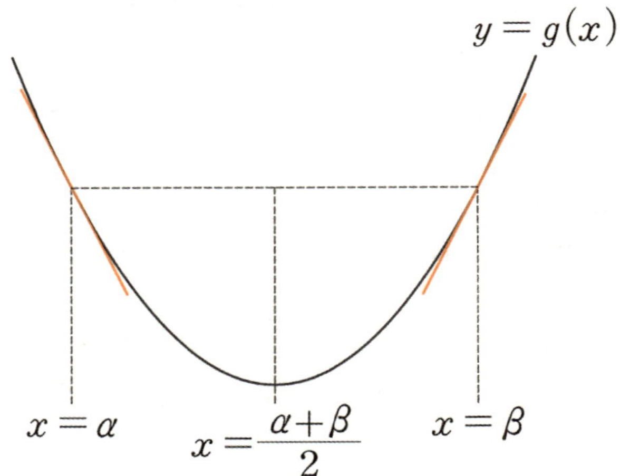

$g'(\alpha) = -16$, $g'(\beta) = 16$이므로 이차함수 $g(x)$의 대칭축은 $x = \dfrac{\alpha+\beta}{2}$이다.

$g(x)$의 최고차항의 계수는 양수이므로 양의 미분계수를 갖는 β가 대칭축의 오른쪽에 위치하고, 음의 미분계수를 갖는 α가 대칭축의 왼쪽에 위치한다. α, β의 대소관계를 알아냈다.

---

4. $g'(\alpha) = -16$, $g'(\beta) = 16$에서 구체적인 숫자 -16, 16을 이용하기 위해서 $g'(x)$의 식을 구하여 $x = \alpha$ 또는 $x = \beta$를 대입하자.

$g(x)$의 최고차항 계수가 2이고 꼭짓점의 x좌표가 $\dfrac{\alpha+\beta}{2}$이므로 $g'(x)$**는 최고차항 계수가 4이고 $x = \dfrac{\alpha+\beta}{2}$을 근으로 가지는 일차함수이다.** 따라서 $g'(x) = 4\left(x - \dfrac{\alpha+\beta}{2}\right)$이다.

$g'(\beta) = 4\left(\dfrac{\beta-\alpha}{2}\right) = 16$이므로 $\beta - \alpha = 8$

※ $g'(\beta) = 16$을 이용했지만, $g'(\alpha) = -16$을 이용해도 똑같은 관계식 $\beta - \alpha = 8$이 도출된다. 함수 $g(x)$가 $x = \dfrac{\alpha+\beta}{2}$에 대해 대칭이라는 점을 이미 식에 녹여냈기 때문이다.

5. 삼차함수 $h(x)$로 돌아가서 다음의 정보를 이용하여 정확한 $h(x)$의 식을 구하자.

$$\beta - \alpha = 8$$
$$h(x) = (x-\alpha)^2 (x-k)$$
$$h'(\beta) = 0$$

위의 조건에 의해 $y = h(x)$의 그래프는 다음과 같다.

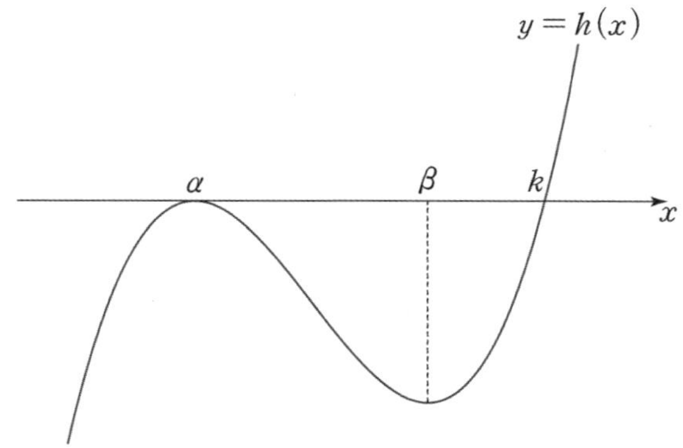

삼차함수 비율관계에 따라 $k = \beta + \dfrac{\beta - \alpha}{2} = \dfrac{3\beta - \alpha}{2}$ 이므로

$$h(x) = (x-\alpha)^2 \left(x - \frac{3\beta - \alpha}{2} \right)$$

구해야 할 것은 $g(\beta + 1) - f(\beta + 1) = -h(\beta + 1)$**이므로**
함수 $h(x)$를 x와 β에 관한 식으로 정리하여 $\beta + 1$을 대입하자.

$\alpha = \beta - 8$이므로 $h(x) = (x - \beta + 8)^2 (x - \beta - 4)$

$$\therefore \ -h(\beta + 1) = -(9)^2 \times (-3) = 243$$

답은 243!!

최고차항의 계수가 양수인 삼차함수 $f(x)$가 다음 조건을 만족시킨다.

> (가) 방정식 $f(x) - x = 0$의 서로 다른 실근의 개수는 2이다.
> (나) 방정식 $f(x) + x = 0$의 서로 다른 실근의 개수는 2이다.

$f(0) = 0$, $f'(1) = 1$일 때, $f(3)$의 값을 구하시오. [4점]

노가다하기 좋게 생겼다. 비주얼을 봐도 그렇게 어려워 보이지 않고 조건들이 명확하므로 **대충 미지수 포함해서 $f(x)$ 식을 세운 다음 노가다를 하면 풀리긴 풀린다.**

그러나 이 책을 공부한 독자라면 이제 어떤 문제든 이런 식으로 맞히는 것은 지양하자. 이는 출제 의도란 것을 전혀 고려하지 않은 채, 아무런 생각도 하지 않은 채, 시간만 지나치게 축내는 풀이다. 해설을 보면서 이 문제를 제대로 풀어 보자.

조건 (가), (나)를 차이함수로 해석하는 풀이와 차이함수로 해석하지 않는 풀이가 모두 존재한다.
어떤 풀이가 출제 의도인지는 확실치 않지만,
49:51의 비율(?)로 차이함수로 해석하지 않는 풀이가 출제 의도로 보이기는 한다.

〈조건 (가), (나)를 차이함수로 해석하지 않는 풀이〉

1. 차이함수의 개념에서 배운 표를 기억하는가?

> $f(x)$의 그래프와 $g(x)$의 그래프의 교점의 x좌표
> $\Leftrightarrow$ 방정식 $f(x) - g(x) = 0$의 실근
> $\Leftrightarrow$ 방정식 $h(x) = 0$의 실근
> $\Leftrightarrow$ $h(x)$의 그래프와 x축의 교점의 x좌표

방정식 $f(x) - x = 0$의 실근은 $y = f(x)$와 $y = x$의 교점의 x좌표와 같고,
방정식 $f(x) + x = 0$의 실근은 $y = f(x)$와 $y = -x$의 교점의 x좌표와 같다.

즉, 이 풀이는 **차이함수를 두 함수로 해체하고,**
방정식은 두 함수의 그래프의 교점으로 해석하는 풀이이다.

우선, $y = x$와 $y = -x$부터 좌표평면에 그리자. 아직 $f(x)$의 정확한 식을 알 수 없으므로
함수 $y = f(x)$의 그래프를 먼저 그린 다음 $y = x$와 $y = -x$를 그 위에 덧그리는 것보다는 확실한 식이
제시된 $y = x$와 $y = -x$를 먼저 그린 다음 $y = f(x)$의 그래프를 그 위에 덧그리는 편이 훨씬 좋다.

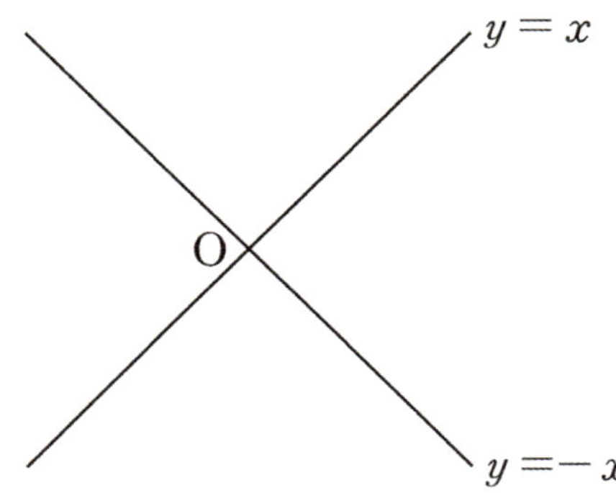

2. $f(0) = 0$, $f'(1) = 1$

$f(0) = 0$부터 적용하자. $f'(1) = 1$은 지금 상황에서 생뚱맞은 조건이다.

방정식 $f(x) - x = 0$의 서로 다른 실근의 개수는 2이므로 곡선 $y = f(x)$와 직선 $y = x$는 서로 다른 두 점에서만 만나야 한다. 즉, 한 점에서 만나고 또 다른 한 점에서 접해야 한다.

$f(0) = 0$이므로 두 점 중 하나가 제시된 상황에서, 점 $(0, 0)$에서 두 함수의 그래프가 단순히 '만나는 건지', 혹은 '접하는 건지' 알 수 없다. CASE를 분류하자.

(1) $(0, 0)$에서 곡선 $y = f(x)$와 직선 $y = x$가 접하지 않고 만나는 경우

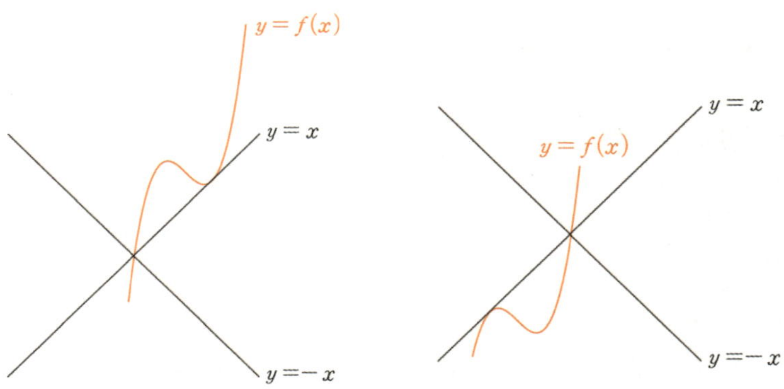

곡선 $y = f(x)$가 $y = x$와 서로 다른 두 점에서 만날 때, 곡선 $y = f(x)$와 직선 $y = -x$는 한 점에서만 만날 수밖에 없다. 즉, 방정식 $f(x) + x = 0$의 서로 다른 실근의 개수는 1이 되므로 조건을 위배한다. (X)

(2) $(0, 0)$에서 곡선 $y = f(x)$와 직선 $y = x$가 접하는 경우

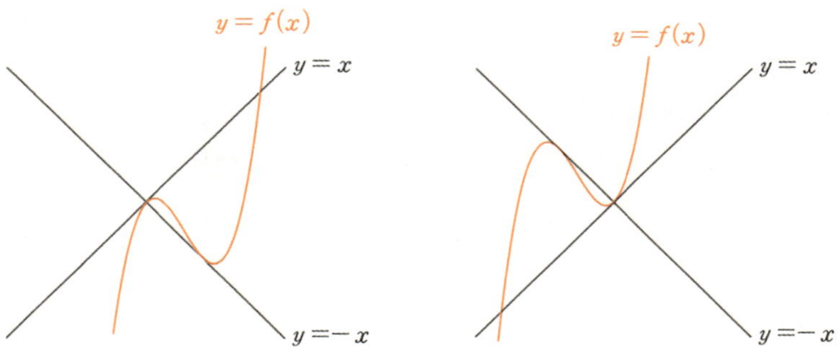

곡선 $y = f(x)$가 $y = x$와 서로 다른 두 점에서 만날 때, $y = f(x)$와 $y = -x$가 서로 다른 두 점에서 만나게 그래프를 그릴 수 있다. 즉, 방정식 $f(x) + x = 0$의 서로 다른 실근의 개수는 2가 되므로 조건을 만족시킨다.

두 경우 중 어느 경우가 정답인지는 아직 안 쓴 조건인 $f'(1) = 1$이 알려준다. 곡선 $y = f(x)$가 점 $(0, 0)$에서 직선 $y = x$의 위에서 접하는 경우(오른쪽 그림)라면 $f'(1) > 1$이 되어버려 조건을 위배한다. **따라서 $y = f(x)$는 $(0, 0)$에서 직선 $y = x$의 아래에서 접한다. (왼쪽 그림)**

3. $f(3)$의 값을 구하자.

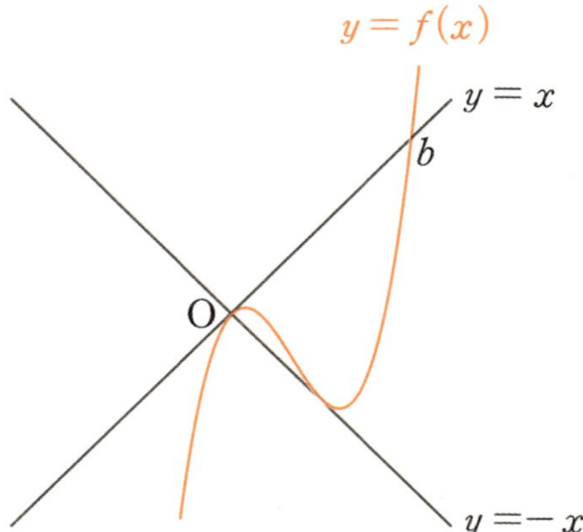

$y = f(x)$와 $y = x$의 그래프를 성공적으로 그렸다. $f(3)$을 구하기 위해 $f(x)$의 식을 설정하자. 접선이 제시되었으므로 차이함수를 이용한다.

$f(x)$의 최고차항 계수를 a, $y = f(x)$와 $y = x$가 접하지 않고 만나는 점의 x좌표를 b라 할 때, $f(x) - x = ax^2(x - b)$ (단, a, b는 상수이고 $a \neq 0$이다.)

$f'(1) = 1$을 적용하자.
$f'(x) - 1 = 2ax(x - b) + ax^2$
$f'(1) - 1 = 2a(1 - b) + a$
$0 = a(3 - 2b)$
$a \neq 0$이므로 $b = \dfrac{3}{2}$

a의 값을 알아내려면 한 가지 조건이 더 필요하다. 안 쓴 조건이 무엇일까?
우리는 $y = f(x)$와 $y = x$의 차이함수를 이용했기 때문에 **아직 $y = -x$와 $y = f(x)$가 접한다는 점을 이용하지 않았다.** 삼차함수와 접선이 이루는 비율을 통해 두 그래프가 접하는 점을 구하자.

4. $y = f(x)$와 $y = x$가 이루는 비율을 보면 $f(x)$의 변곡점의 x좌표는 $\dfrac{1}{3}b = \dfrac{1}{3} \times \dfrac{3}{2} = \dfrac{1}{2}$이다.

– 〈Chapter 4. 다항함수〉

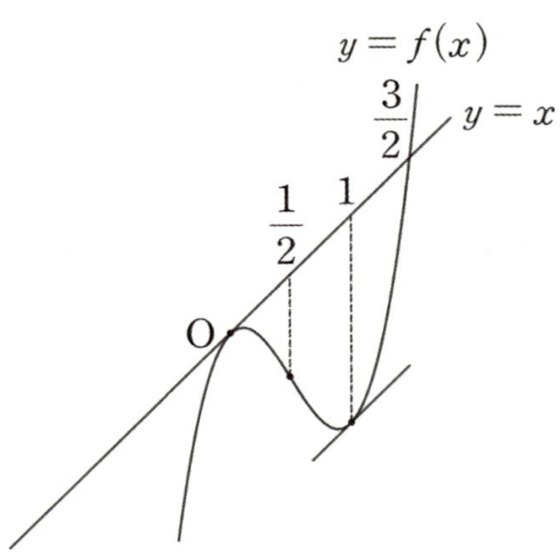

$f(x)$의 **변곡점의** x**좌표가** $\dfrac{1}{2}$**이므로** $y=f(x)$**와** $y=-x$**가 이루는 비율에 의해**

점 C의 x좌표는 $\dfrac{3}{4}$이다. 따라서 $f'\!\left(\dfrac{3}{4}\right)=-1$이다. (혹은 $f'\!\left(\dfrac{1}{4}\right)=-1$을 이용해도 좋다.)

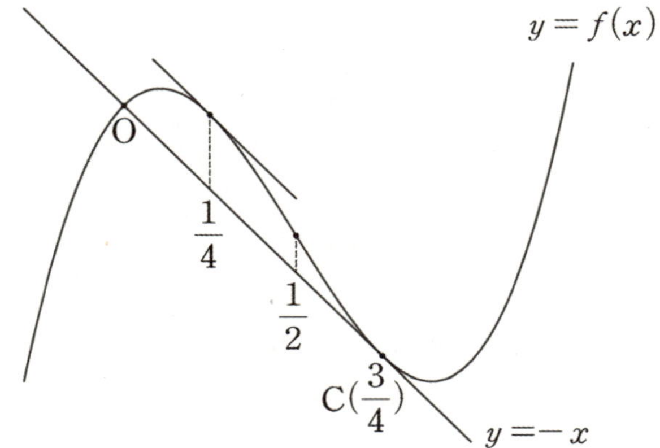

$$f(x)-x=ax^2\left(x-\frac{3}{2}\right)$$

$$f'(x)-1=2ax\left(x-\frac{3}{2}\right)+ax^2$$

$$f'\!\left(\frac{3}{4}\right)-1=\frac{3a}{2}\left(-\frac{3}{4}\right)+\frac{9}{16}a$$

$$-2=-\frac{9}{16}a,\ a=\frac{32}{9}$$

$$f(x)-x=\frac{32}{9}x^2\left(x-\frac{3}{2}\right)\text{이므로 } f(3)=\frac{32}{9}\times 3^2\left(3-\frac{3}{2}\right)+3=32\times\frac{3}{2}+3=51$$

답은 51!!

---

comment

1. 조건 적용의 우선순위, 케이스 분류, 차이함수, 삼차함수와 접선이 이루는 비율, 약간의 계산 등 많은 것을 공부할 수 있는 문항이다.

2. 해설은 길어보이지만 **차이함수와 삼차함수와 접선이 이루는 비율**을 체화한다면 $f(x)$식을 매우 빠르게 구할 수 있다.

〈조건 (가), (나)을 차이함수로 해석하지 않는 풀이〉를 살펴봤으니,
〈조건 (가), (나)을 차이함수로 해석하는 풀이〉도 살펴보자. 다음 페이지!

〈조건 (가), (나)을 차이함수로 해석하는 풀이〉

1. 차이함수를 이용하여 $h(x) = f(x) - x$라 하자.

이제부터 문제의 주인공은 $f(x)$가 아닌 $h(x)$이므로 문제 속 조건을 모두 $h(x)$에 관해 표현하자.

(가) 방정식 $h(x) = 0$의 서로 다른 실근의 개수는 2이다.
(나) 방정식 $h(x) + 2x = 0$의 서로 다른 실근의 개수는 2이다.
$h(0) = f(0) - 0 = 0, \ h'(1) = f'(1) - 1 = 0$

최고차항의 계수가 양수인 삼차함수 $h(x)$에 대해

방정식 $h(x) = 0$의 서로 다른 실근의 개수는 2이고 $h(0) = 0, \ h'(1) = 0$

을 만족시키는 $h(x)$의 그래프는 세 가지의 CASE가 존재한다.

CASE 분류 기준은 무엇일까?

$h(x) = 0$의 서로 다른 실근의 개수가 2이므로 곡선 $y = h(x)$는 x축과 한 점에서 접하고,

다른 한 점에서 만난다.

이때, $h(0) = 0$이므로 접하는 점의 x좌표가 0인지 아닌지를 기준으로 CASE를 분류하면 된다.

(i), (ii)는 접하는 점의 x좌표가 0이 아닐 때, (iii)은 접하는 점의 x좌표가 0일 때이다.

(i)

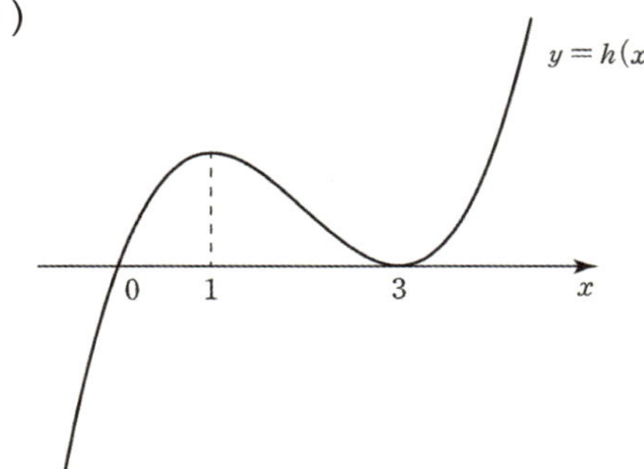

(ii)

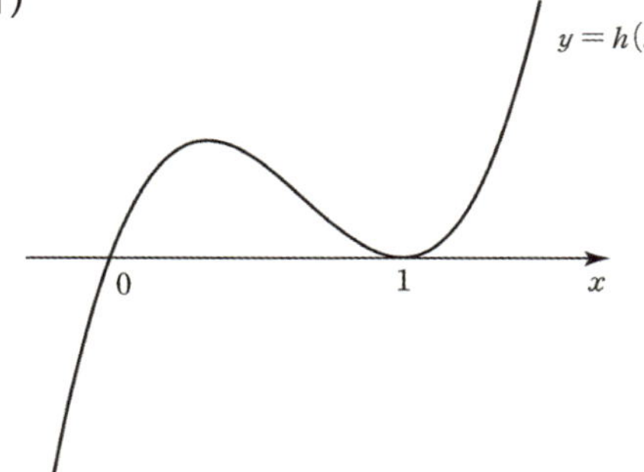

$h(x) = ax(x-3)^2$ (단, a는 양수인 상수) $h(x) = bx(x-1)^2$ (단, b는 양수인 상수)

(iii)

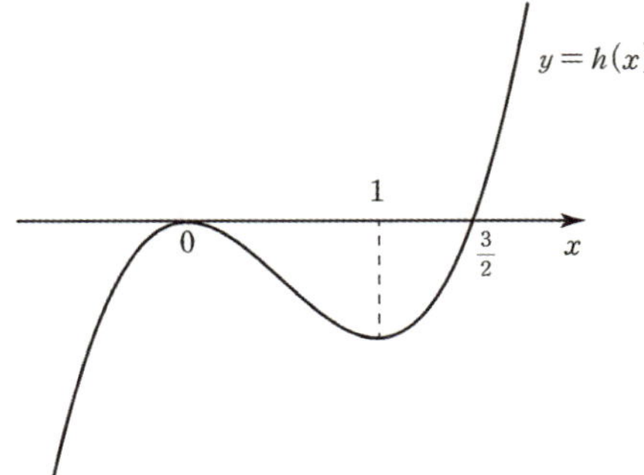

$h(x) = cx^2\left(x - \dfrac{3}{2}\right)$ (단, c는 양수인 상수)

2. (i), (ii), (iii) 각각의 경우에 대해 '(나) 방정식 $h(x) + 2x = 0$의 서로 다른 실근의 개수는 2이다.'를 적용하자. 하지만 $y = h(x) + 2x$의 그래프를 그리기는 매우 까다롭다. 물론 어떻게든 그리려면 그릴 수는 있겠지만, 수능장에서 그걸 그리고 있으면... 결과는 안 봐도 뻔하다.

따라서 방정식 $h(x) + 2x = 0$은 '식의 관점'으로 접근해야 한다.
(i), (ii), (iii) 각각의 경우에 $h(x)$의 식을 알고 있으므로 충분히 식으로 따질 수 있다.
방정식을 다루는 두 가지 관점 인수분해와 그래프 중 인수분해를 사용하자.

$$(i)\ h(x) + 2x = ax(x - 3)^2 + 2x = x\{a(x - 3)^2 + 2\} = 0$$

위의 방정식이 서로 다른 두 실근을 가져야 한다. 이미 실근 $x = 0$을 가졌으므로
방정식 $a(x - 3)^2 + 2 = 0$이 <u>0이 아닌 중근</u>을 가지거나
<u>서로 다른 두 실근 $x = 0$, $x = p$(p는 0이 아닌 실수)</u>를 가져야 한다.

〈$a(x - 3)^2 + 2 = 0$이 0이 아닌 중근을 가질 때〉

$ax^2 - 6ax + 9a + 2 = 0$의 판별식 $\dfrac{D}{4} = (3a)^2 - a(9a + 2) = -2a = 0$ $\therefore\ a = 0$

$a > 0$이므로 전제에 모순된다. (X)

〈$a(x - 3)^2 + 2 = 0$이 **서로 다른 두 실근 $x = 0$, $x = p$(p는 0이 아닌 실수)**을 가질 때〉
$x = 0$을 근으로 가지므로 $x = 0$을 대입했을 때 등식이 성립한다.

$a(0 - 3)^2 + 2 = 0,\ 9a + 2 = 0$ $\therefore\ a = -\dfrac{2}{9}$

$a > 0$이므로 전제에 모순된다. (X)

※ 혹은 다음과 같은 방식으로 따질 수 있다. $(x - 3)^2 = -\dfrac{2}{a}$인데, $a > 0$이므로 $-\dfrac{2}{a} < 0$이다.

그런데, $(x - 3)^2 \geq 0$이므로 $(x - 3)^2 = -\dfrac{2}{a}$는 실근을 갖지 않는다.

이걸 미리 파악한다면 (i)을 바르게 판단할 수 있다.

$$(ii)\ h(x) + 2x = bx(x - 1)^2 + 2x = x\{b(x - 1)^2 + 2\} = 0$$

(i)과 똑같다. 이미 실근 $x = 0$을 가졌으므로 방정식 $b(x - 1)^2 + 2 = 0$이 <u>0이 아닌 중근</u>을 가지거나 <u>서로 다른 두 실근 $x = 0$, $x = p$(p는 0이 아닌 실수)</u>를 가져야 한다.

하지만 여기서도 $(x - 1)^2 = -\dfrac{2}{b}$에서 $-\dfrac{2}{b} < 0$이므로 방정식 $b(x - 1)^2 + 2 = 0$은 실근을 갖지 않는다. (X)

(iii) $h(x) + 2x = cx^2\left(x - \dfrac{3}{2}\right) + 2x = x\left\{cx\left(x - \dfrac{3}{2}\right) + 2\right\} = 0$

(i), (ii)와 같은 완전제곱식이 없으므로 ※를 적용하기는 힘들다. 직접 따져보자.
(i), (ii)가 조건을 만족시키지 못하므로 (iii)에서 답이 나올 것이다.

방정식 $x\left\{cx\left(x - \dfrac{3}{2}\right) + 2\right\} = 0$이 서로 다른 두 실근을 가져야 한다. 이미 실근 $x = 0$을 가졌으므로

방정식 $\left\{cx\left(x - \dfrac{3}{2}\right) + 2\right\} = 0$ 이 0이 아닌 중근을 가지거나 서로 다른 두 실근 $x = 0$, $x = p$

(p는 0이 아닌 실수)를 가져야 한다.

$\left\langle \left\{cx\left(x - \dfrac{3}{2}\right) + 2\right\} = 0\text{이 } \mathbf{0\text{이 아닌 중근을 가질 때}}\right.$

$cx^2 - \dfrac{3}{2}cx + 2 = 0$의 판별식 $D = \left(\dfrac{3}{2}c\right)^2 - 8c = c\left(\dfrac{9}{4}c - 8\right) = 0 \quad \therefore c = \dfrac{32}{9} \;\; (\because c > 0)$

단, $c = \dfrac{32}{9}$일 때 $\left\{cx\left(x - \dfrac{3}{2}\right) + 2\right\} = 0$ 이 0이 아닌 중근을 가지는지 확인해야 한다.

$\dfrac{32}{9}x^2 - \dfrac{16}{3}x + 2 = 0, \left(\dfrac{4\sqrt{2}}{3}x - \sqrt{2}\right)^2 = 0, \;\; \therefore x = \dfrac{3}{4}$ 조건을 만족시킨다. (O)

$\left\langle \left\{cx\left(x - \dfrac{3}{2}\right) + 2\right\} = 0 \text{ 이 } \mathbf{\text{서로 다른 두 실근 } x = 0, \, x = p \, (p\text{는 0이 아닌 실수})\text{를 가질 때}}\right.$

$x = 0$을 근으로 가지므로 $x = 0$을 대입했을 때 등식이 성립해야 한다.
하지만 $x = 0$을 대입하면 $2 = 0$이 되어 등식을 성립시키지 못한다. (X)

---

3. 따라서 $h(x) = \dfrac{32}{9}x^2\left(x - \dfrac{3}{2}\right)$이다. $h(x) = f(x) - x$이므로 $f(x) = \dfrac{32}{9}x^2\left(x - \dfrac{3}{2}\right) + x$이다.

$\therefore f(3) = \dfrac{32}{9} \times 9 \times \dfrac{3}{2} + 3 = 48 + 3 = 51$

답은 51!!

1. 두 풀이 모두 굉장히 아름답고 깔끔한 풀이이므로 반드시 소화하고 넘어가자. 두 번째 풀이의 관건은 CASE를 분류에 대한 생각이다. CASE 분류를 대부분 까다로워하고, 실전 속에서 생각하기 어려운 측면이 있지만, 반드시 연습해둬야 한다.

2. 18학년도 9월 평가원 29번 문항이 이 문항의 CASE 분류와 상당히 유사한 면이 있다.
   이번 챕터의 마지막 파트인 〈CASE 분류〉에서 만나볼 수 있다.

3. 두 번째 풀이에서 방정식의 실근을 따지는 과정을 버벅거리지 않고 단계를 나눠 스스로 진행할 수 있어야 한다. 그러기 위해서는 당연히 많은 연습이 필요하겠다.

접선

1. 접선을 다루는 도구

일단 도구를 모른 채로 다음의 기출 두 문항을 풀어보자.

예제(9) 10학년도 6월 평가원 가형 4번

곡선 $y = x^2$ 위의 점 $(-2, 4)$에서의 접선이 곡선 $y = x^3 + ax - 2$에 접할 때, 상수 a의 값은? [3점]

① -9 ② -7 ③ -5 ④ -3 ⑤ -1

예제(10) 08학년도 6월 평가원 가형 20번

양수 a에 대하여 점 $(a, 0)$에서 곡선 $y = 3x^3$에 그은 접선과 점 $(0, a)$에서 곡선 $y = 3x^3$에 그은 접선이 서로 평행할 때, $90a$의 값을 구하시오. [3점]

두 함수 $f(x)$, $g(x)$의 그래프가 $x = a$에서 접하는 것을 수식적으로 표현한다면 $f(a) = g(a)$, $f'(a) = g'(a)$이다. 따라서 **접선을 다룰 때도 기본적으로 $f(a) = g(a)$, $f'(a) = g'(a)$를 이용**하면 된다. 하지만 이 방법만 가지고 항상 미지수의 값을 구할 수 있는 것은 아니다. 접선을 다루는 특수한 도구 3가지를 알아보자.

(1) (두 점을 지나는) 직선의 기울기=미분계수

접선이 등장하는 상황에서 가장 쉽고 빠르게 적용할 수 있는 도구는 '직선의 기울기=미분계수'이다. 예를 들어 점 (a, b)에서 $f(x)$에 그은 접선과 $f(x)$의 접점의 좌표가 $(t, f(t))$일 때 $\dfrac{f(t) - b}{t - a} = f'(t)$ 이다.

(2) 접선의 방정식

접선의 방정식을 구한 다음, 해당 접선이 지나가는 또 다른 점의 좌표를 대입한다. 함수의 **바깥의 한 점에서 함수에 그은 접선**이 있는 경우에 주로 사용한다.

예를 들어 함수 바깥의 점 (a, b)에서 $f(x)$에 그은 접선과 $f(x)$의 접점의 좌표가 $(t, f(t))$일 때, 접선의 방정식 $y = f'(t)(x - t) + f(t)$을 작성한 다음 (a, b)를 대입하면 $b = f'(t)(a - t) + f(t)$이다.

한편, **접선이 두 함수의 공통접선**인 경우 두 접선의 방정식이 서로 같아야 하므로 **계수 비교법**을 통해 미지수를 알아낼 수 있다.

예를 들어 $f(x)$의 위의 점 $(a, f(a))$에서의 접선과 $g(x)$ 위의 점 $(b, g(b))$에서의 접선이 공통접선인 경우, $y = f'(a)(x - a) + f(a)$와 $y = g'(b)(x - b) + g(b)$가 서로 같아야 하므로 $f'(a) = g'(b)$, $f(a) - af'(a) = g(b) - bg'(b)$이어야 한다.

(3) 중근을 갖는 방정식

$f(x)$의 그래프와 직선 $g(x)$가 $x = t$에서 접할 때, 방정식 $f(x) = g(x)$는 t를 중근으로 갖는다. **이 방법은 주로 이차함수의 그래프와 직선이 접하는 경우**에 사용한다. 이차방정식이 중근을 가질 조건은 $D = 0$으로 굉장히 간단하기 때문이다. (혹은 완전제곱식의 꼴로 만들어준다고 생각해도 좋다.)

만약 삼차함수와 접선이 있는 경우, 방정식을 풀었을 때 '중근과 하나의 실근' 또는 '삼중근'이 나오게끔 하면 된다.

도구 적용의 우선순위
상황에 따라 다르겠으나 (1), (2), (3)의 순으로 적용하자. 대개 이 순으로 식 설정이 깔끔하고 계산이 적은 경향을 보인다.

도구를 가지고, 전 페이지의 두 문항을 풀어보자.

1.**기본 도구**부터 적용해 보자.

곡선 $y = x^2$ 위의 점 $(-2, 4)$에서의 접선의 방정식은 $y = -4(x+2) + 4 = -4x - 4$이다.

접선 $y = -4x - 4$가 곡선 $y = x^3 + ax - 2$에 접하는 점의 좌표를 $(t, t^3 + at - 2)$라 하자.

$f(x) = -4x - 4$, $g(x) = x^3 + ax - 2$라 할 때, $f(t) = g(t)$, $f'(t) = g'(t)$이다.

(함숫값) $-4t - 4 = t^3 + at - 2$ $\cdots$ ㉠

(미분계수) $-4 = 3t^2 + a$ $\cdots$ ㉡

㉡에서 구한 $a = -3t^2 - 4$를 ㉠에 대입하면 $-4t - 4 = t^3 - t(3t^2 + 4) - 2$

$2t^3 = 2$, $t = 1$

$t = 1$을 ㉡에 대입하면 $a = -7$이다.

답은 ②!!

기본 도구로도 꽤 깔끔하게 푼 셈이다. 다른 특수한 도구로도 풀어보자.

2.**(두 점을 지나는) 직선의 기울기=미분계수**

이 방법을 적용하려면 서로 다른 두 점이 필요하다.

곡선 $y = x^2$ 위의 점 $(-2, 4)$에서의 접선이 곡선 $y = x^3 + ax - 2$에 접하는 좌표를

$(t, t^3 + at - 2)$로 설정하자.

점 $(-2, 4)$와 점 $(t, t^3 + at - 2)$을 지나는 **(직선의 기울기)**$= \dfrac{t^3 + at - 6}{t + 2}$

곡선 $y = x^2$ 위의 점 $(2, 4)$에서의 **(미분계수)**$= -4$

곡선 $y = x^3 + ax - 2$ 위의 점 $(t, t^3 + ax - 2)$에서의 **(미분계수)**$= 3t^2 + a$

직선의 기울기와 두 개의 미분계수가 모두 같다.

따라서 a, t에 관한 연립방정식 $\dfrac{t^3 + at - 6}{t + 2} = 3t^2 + a = -4$의 방정식을 풀어주면 $t = 1$, $a = -7$이

나온다.

답은 ②!!

3. 접선의 방정식 - 공통접선

곡선 $y = x^2$ 위의 점 $(-2, 4)$에서의 접선이 곡선 $y = x^3 + ax - 2$에 접하는 점의 좌표를 $(t, t^3 + at - 2)$로 설정하자.

곡선 $y = x^3 + ax - 2$ 위의 점 $(t, t^3 + at - 2)$에서의 접선의 방정식
: $y = (3t^2 + a)(x - t) + t^3 + at - 2 = (3t^2 + a)x - 2t^3 - 2$

곡선 $y = x^2$ 위의 점 $(-2, 4)$에서의 접선의 방정식
: $y = -4(x + 2) + 4 = -4x - 4$

두 접선의 방정식이 서로 같으므로 계수 비교법을 사용하면,
(기울기) $3t^2 + a = -4$
(y절편) $-2t^3 - 2 = -4$

마찬가지로 연립방정식을 풀어주면 $t = 1$, $a = -7$이 나온다.

4. 중근을 갖는 방정식

곡선 $y = x^2$ 위의 점 $(-2, 4)$에서의 접선의 방정식은 $y = -4x - 4$이다. 이 직선이 곡선 $y = x^3 + ax - 2$에 접하므로 삼차방정식 $-4x - 4 = x^3 + ax - 2$가 **(중근 하나와 실근 하나)** 또는 **(삼중근)을 가지면 된다.**

$-4x - 4 = x^3 + ax - 2$이 (중근 하나와 실근 하나)를 갖거나, (삼중근)을 가진다
$\Leftrightarrow x^3 + (a+4)x + 2 = 0$ (중근 하나와 실근 하나)를 갖거나, (삼중근)을 가진다.
$\Leftrightarrow$ 함수 $y = x^3 + (a+4)x + 2$가 (x축과 한 점에서 접하고 다른 한점에서 만나거나),
   (x축에 접하면서 뚫고 지나간다)

$f(x) = x^3 + (a+4)x + 2$라 하자. 우선, 함수 $f(x)$의 개형을 알아야 하므로 도함수를 구하자.
$f'(x) = 3x^2 + a + 4$

a의 값에 따라서 $y = x^3 + (a+4)x + 2$의 개형이 달라지는데,
$a > -4$인 경우 $f'(x) > 0$이므로 $f(x)$는 <u>x축에 접할 수 없다.</u>
$a = -4$인 경우 $f'(x) = x^3 + 2$가 된다. $f(x)$는 $y = 2$에 접할 뿐, <u>x축에 접하지 않는다.</u>
$a < -4$인 경우 $f(x)$는 <u>극댓값과 극솟값을 가진다.</u> 따라서

$y = f(x)$가 x축에 접하려면 $a < -4$이고 극댓값 또는 극솟값이 0이어야 한다.

방정식 $f'(x) = 3x^2 + a + 4 = 0$의 근은 $x = \pm \sqrt{\dfrac{-(a+4)}{3}}$ 이므로

삼차함수 $f(x)$는 $x = -\sqrt{\dfrac{-(a+4)}{3}}$ 에서 극댓값, $x = \sqrt{\dfrac{-(a+4)}{3}}$ 에서 극솟값을 갖는다.

$f\left(-\sqrt{\dfrac{-(a+4)}{3}}\right) = 0$ 또는 $f\left(\sqrt{\dfrac{-(a+4)}{3}}\right) = 0$을 풀어주면 a값을 구할 수 있다.

그런데 계산이 '상당히' 복잡하므로 이 문항의 출제 의도는 (1) 혹은 (2)로 보는 게 합당하다.

〈08학년도 6월 평가원 가형 20번 해설〉

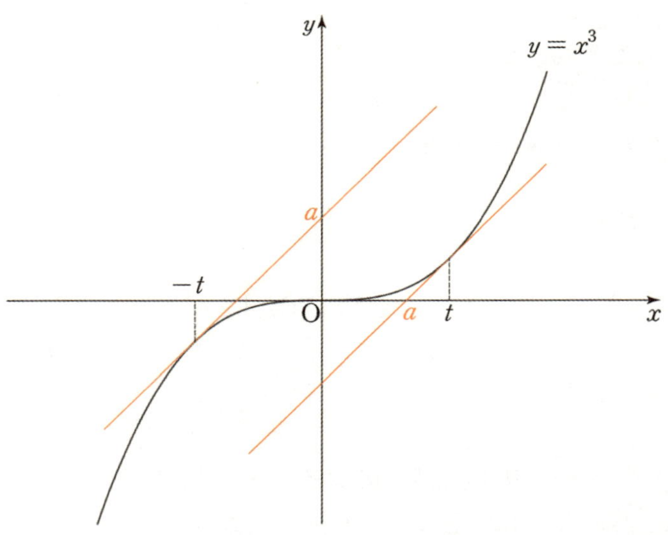

1. 상황 파악을 위해 문제 상황을 그래프로 나타내자. 웬만하면 그래프를 그리는 습관을 들여야 한다.

앞의 문제에서는 $y = x^3 + ax - 2$가 미지수 a를 포함하여 그래프를 그릴 수 없었지만, 이 문제에서는 함수식이 완전하게 주어졌다. 마찬가지로 기본 도구와 접선을 다루는 특수한 도구 3가지를 적용해 보자.

기본적인 도구는 적용하기 어렵다. $f(a) = g(a)$, $f'(a) = g'(a)$를 이용하려면 서로 접하는 두 함수의 식이 있어야 하는데, **접선의 방정식을 작성하는 것 자체가 $f(a) = g(a)$, $f'(a) = g'(a)$를 이용하는 것이다.** 이처럼 기본 도구로 모든 문제가 풀리는 것이 아니므로 특수한 도구가 필요하다.

2. 직선의 기울기=미분계수

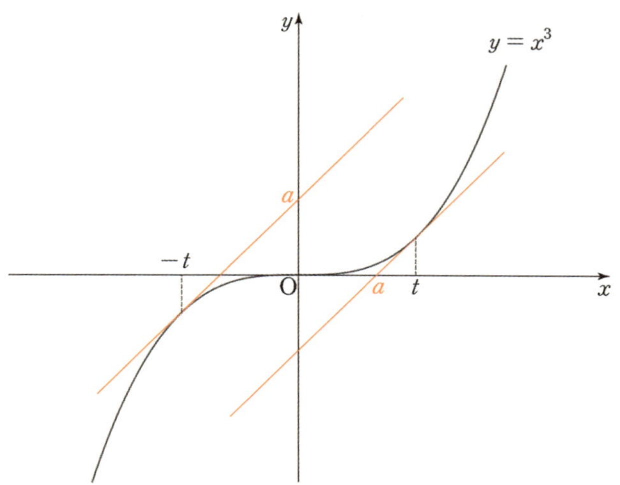

점 $(0, a)$을 지나는 직선이 곡선 $y = 3x^3$와 접하는 점의 좌표를 $(-t, -3t^3)$

점 $(a, 0)$을 지나는 직선이 곡선 $y = 3x^3$와 접하는 점의 좌표를 $(t, 3t^3)$으로 설정하자.

※ 두 점의 x좌표의 절댓값을 같게 설정하는 이유 : 두 접선이 서로 평행하므로,

   $y = 3x^3$의 접점에서의 미분계수도 서로 같다.

   $y = 3x^3$의 변곡점의 x좌표는 $x = 0$이므로 두 접점의 x좌표는 $x = 0$에 대해 대칭이다.

점 $(0, a)$와 점 $(-t, -3t^3)$을 지나는 **(직선의 기울기)** : $\dfrac{a + 3t^3}{t}$

점 $(a, 0)$과 점 $(t, 3t^3)$을 지나는 **(직선의 기울기)** : $\dfrac{3t^3}{t - a}$

곡선 $y = 3x^3$의 $x = t$에서의 **(미분계수)** : $9t^2$

세 개의 값이 모두 같다.

연립방정식 $\dfrac{a + 3t^3}{t} = \dfrac{3t^3}{t - a} = 9t^2$을 풀어주면 $t = \dfrac{1}{3}$, $a = \dfrac{2}{9}$이다.

답은 20!!

3. 접선의 방정식 – 접선이 지나는 점 대입

점 $(0, a)$을 지나는 직선이 곡선 $y = 3x^3$와 접하는 점의 좌표를 $(-t, -3t^3)$

점 $(a, 0)$을 지나는 직선이 곡선 $y = 3x^3$와 접하는 점의 좌표를 $(t, 3t^3)$ 로 설정하자.

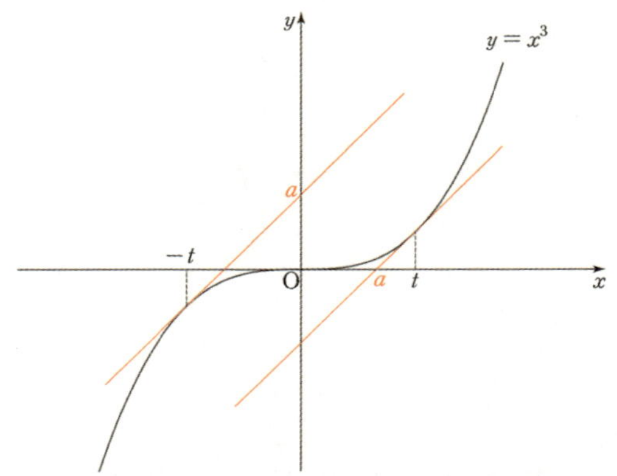

곡선 $y = x^3$ 위의 점 $(-t, -3t^3)$에서의 접선의 방정식 : $y = 9t^2(x + t) - 3t^3$

곡선 $y = x^3$ 위의 점 $(t, 3t^3)$에서의 접선의 방정식 : $y = 9t^2(x - t) + 3t^3$

$y = 9t^2(x + t) - 3t^3$이 점 $(0, a)$을 지나므로 $a = 9t^3 - 3t^3 \cdots$ ㉠

$y = 9t^2(x - t) + 3t^3$이 점 $(a, 0)$을 지나므로 $0 = 9t^2(a - t) + 3t^2 \cdots$ ㉡

㉠, ㉡을 연립하면 $t = \dfrac{1}{3}$, $a = \dfrac{2}{9}$ 이다.

답은 20!!

4. 중근을 갖는 방정식

기본 도구를 적용할 수 없듯이 이 방법도 적용할 수 없다.

곡선 $y = 3x^3$와 두 직선이 서로 접하게끔 하도록 방정식을 풀어줘야 하는데, 애초에 두 직선의 방정식은 '곡선 $y = 3x^3$의 $x = \pm t$, 에서의 접선'이기 때문에 이 풀이를 적용해도 $x = \pm t$에서 접한다는 무의미한 결론만 나올 뿐이다.

이렇게 두 가지 기출로 접선을 다루는 도구 3가지를 배워보았다.
접선과 관련해서 한 가지 주제만 더 짚어보고 접선 파트를 마무리하자.

한 점에서 $y = f(x)$**에 그을 수 있는 접선의 개수를 다루는 도구를** 알아보자. 여기서도 **그래프의 관점과 식의 관점** 2개의 도구가 존재한다. 이 책을 공부하면서 거의 모든 파트에서 그래프와 식의 관점이 동시에 쓰이는 것 같다는 느낌만 받아도 절반은 성공한 것이다.

주의) 지금부터 설명하는 내용은 외우려고 하지 말고 최대한 그 흐름과 과정, 그에 따른 결론을 이해할 필요가 있다. 외우려고 드는 순간 내용은 어려워지고, 외울 필요도 없다. 필연적인 과정을 이해하려고 한다면 암기는 자연스레 따라온다.

식의 관점과 그래프의 관점의 자유로운 적용을 연습하고 수학적 사고력을 기른다는 마음으로 이 도구를 공부하자.

(1) 그래프의 관점

한 점에서 $y = f(x)$에 몇 개의 접선을 그을 수 있는지 관찰하면 된다. 포인트는 '관찰'이다.

① **이차함수**

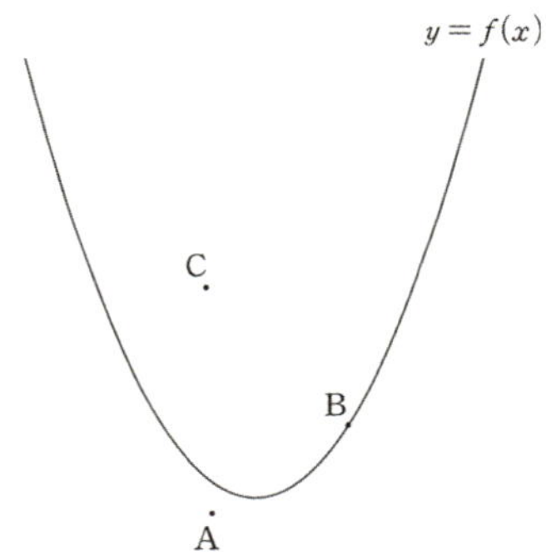

아래로 볼록한 이차함수의 그래프에 대해, **한 점에서** $f(x)$**의 그래프에 그을 수 있는 접선의 개수가 변하는 점의 위치는** A, B, C **3가지이다.**

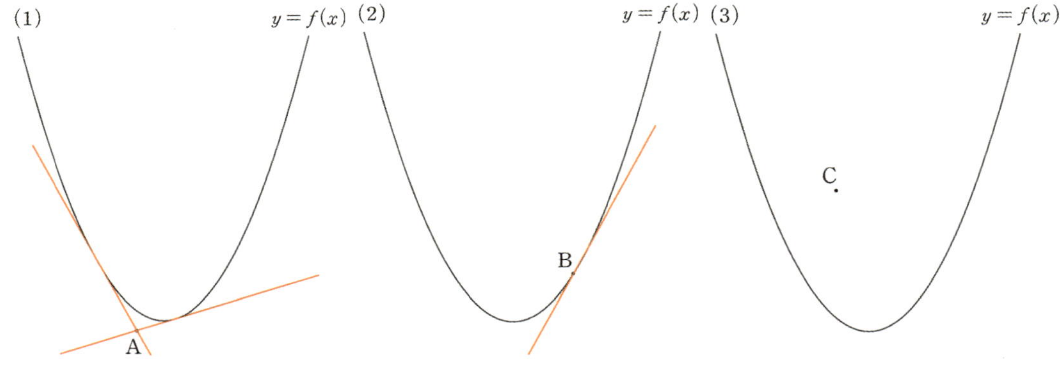

그림에서 볼 수 있듯이,
점 A, B, C에서 이차함수 $f(x)$에 그을 수 있는 접선의 개수는 각각 2, 1, 0이다.
관찰만 하면 쉽게 이해할 수 있다.

② **삼차함수**

오른쪽 그림에서 삼차함수 $f(x)$의 **변곡점 E에서 그은 접선을**
기준으로 **(접선 위)와 (접선의 왼쪽 영역)**을 관찰하자.

※ 삼차함수의 점대칭 성질에 의하여 접선의 오른쪽 영역은 왼쪽
   영역과 같은 접선의 개수 양상을 가진다.

(접선 위)와 (접선의 왼쪽 영역)에서 '**한 점에서 $f(x)$의 그래프에
그을 수 있는 접선의 개수가 변하는 점의 위치**'는
A, B, C, D, E 5가지이다. 하나씩 살펴보자.

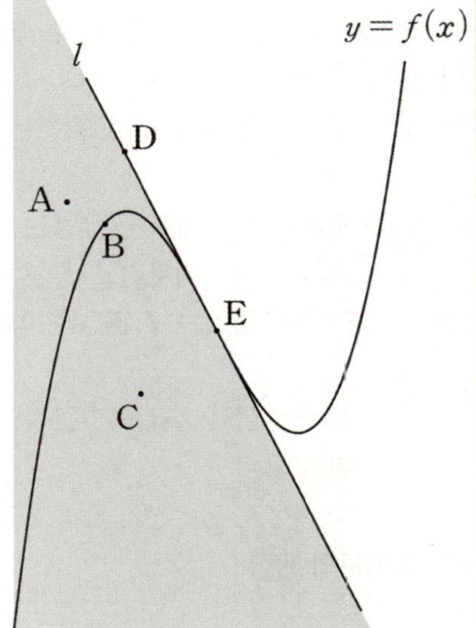

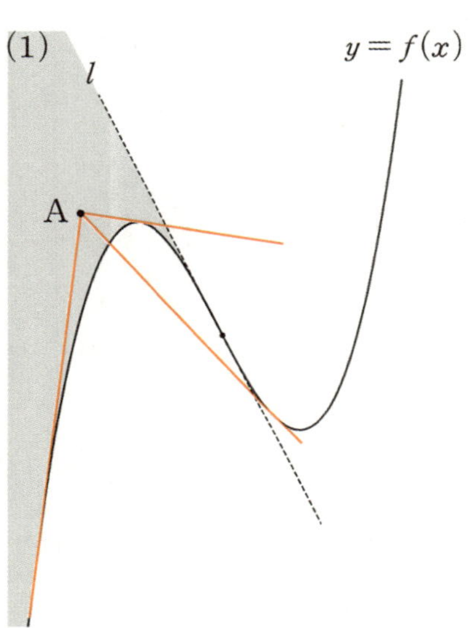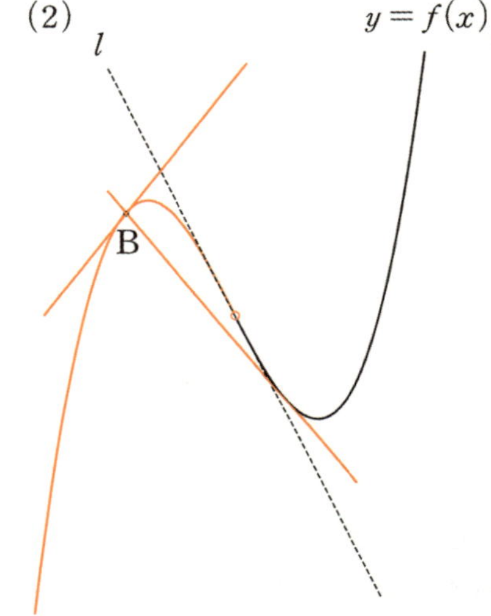

(1) 점 A 에서 $f(x)$의 그래프에 그을 수 있는 접선의 개수는 3이다. 긴장되는 상황 속에서 가장 기울기가
   큰 접선을 빠트려 개수를 2로 착각하기도 하는데, 주의해야 한다.

(2) 점 B 에서 $f(x)$의 그래프에 그을 수 있는 접선의 개수는 2이다. B는 $f(x)$ 위의 점이다.

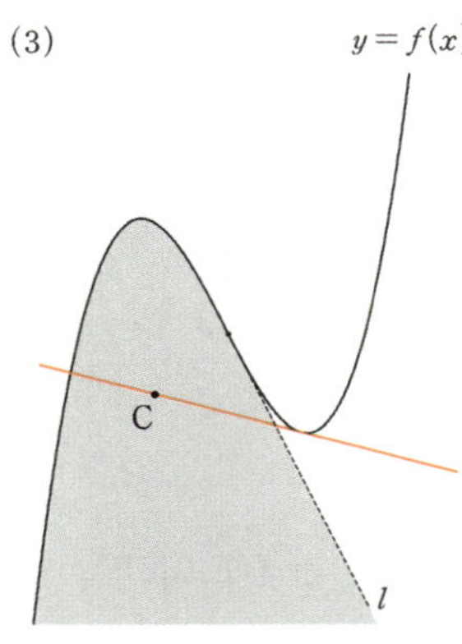

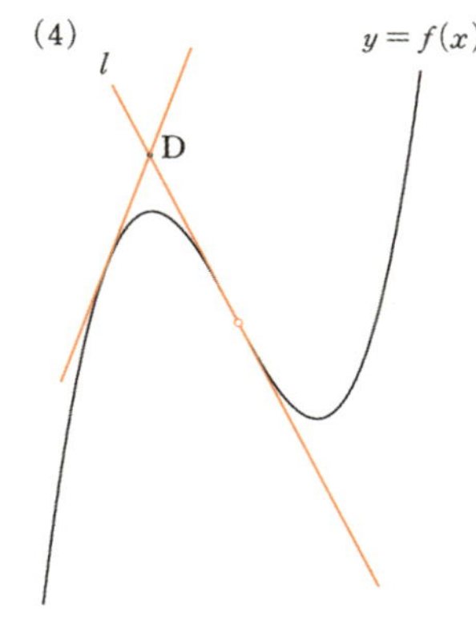

(3) 점 C 에서 $f(x)$의 그래프에 그을 수 있는 접선의 개수는 1 이다. 쉽게 이해할 수 있다.

(4) 점 D 에서 $f(x)$의 그래프에 그을 수 있는 접선의 개수는 2 이다.
점 D는 $f(x)$의 변곡점에서 그은 접선 위에 있는 점이므로
$f(x)$의 변곡점에 접선을 그을 수 있다는 점이 포인트다.

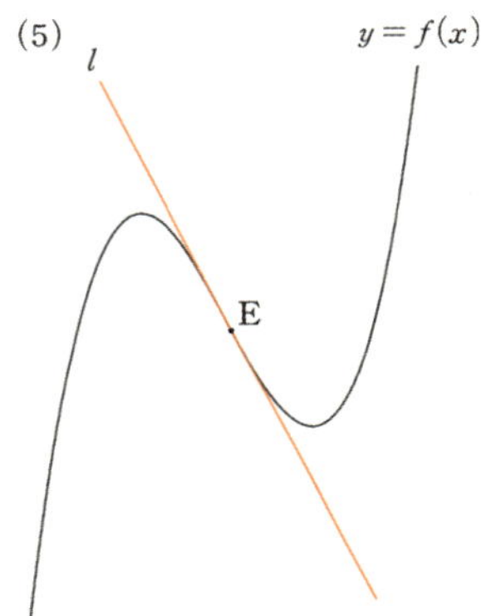

(5) 마지막으로 $f(x)$의 변곡점 E 에서 $f(x)$의 그래프에 그을 수 있는 접선의 개수는 1 이다.
변곡접선이라 부르지만, 수학Ⅱ에서 이 용어까지 알 필요는 없다.

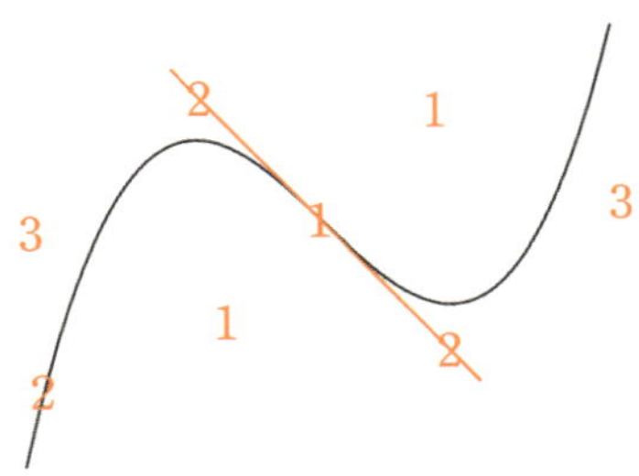

그을 수 있는 접선의 개수는 삼차함수의 그래프와 변곡점에서 그은 접선을 기준으로 바뀐다는 것을 확인할 수 있다.
결국 암기가 되어야 하겠지만, 목적은 암기가 아닌 이해이다.
암기할 필요 없이, 문제에서 묻는다면 그 자리에서 즉시 판단하면 된다는 마인드가 중요하다.

(2) 식의 관점

모든 경우 그래프를 관찰하여 접선의 개수를 쉽게 파악하면 좋겠지만, 그러지 못할 때가 종종 있다.
함수의 그래프를 그릴 수 없는 경우가 대표적이다. 이때는 식을 통해서 접선의 개수를 구해야 하는데,
접선을 다루는 도구 중 **(2) 접선의 방정식**을 활용하면 된다.

1. '점 (a, b)에서 곡선 $y = f(x)$에 그은 접선의 개수'

곡선 $y = f(x)$의 점 $(t, f(t))$에서의 접선의 방정식은 $y = f'(t)(x - t) + f(t)$이다.
이 접선이 점 (a, b)를 지나므로 $b = f'(t)(a - t) + f(t)$이다.
이때, **방정식 $b = f'(t)(a - t) + f(t)$의 실근의 개수에 따라 접선의 개수가 결정**된다.

$\because$ 실근의 개수 = 실수 t의 개수 = 접점의 개수 = 접선의 개수

그러나 이 방법은 삼차 이하의 다항함수에서만 사용할 수 있다. 사차 이상의 다항함수에서는 $f(x)$ 위의 서로
다른 점 $(t, f(t))$에서의 접선이 **공통접선**일 수 있기 때문이다.

$f(x)$가 오른쪽 그림과 같은 사차함수이고, 점 (a, b)가 빨간 직선 위에 존재한다
면, 방정식 $b = f'(t)(a - t) + f(t)$의 실근에는 α, β가 포함될 것이다.

즉, $t = \alpha$, $t = \beta$에서 실근 t의 개수와 접점의 개수는 2개이지만 그을 수 있는
접선의 개수는 1개이므로 실근의 개수와 접선의 개수가 일치하지 않게 된다.

이에 불안감을 느낀다면 **곡선 $f(x)$가 공통접선을 가질 수 있는지 먼저 확인하자.**
만약 곡선 $f(x)$가 공통접선을 갖는다면 그 접선의 방정식과 접점을 구하고 그래프를 그려 확인하는 것이 더
효율적일 것이다. 하지만 아직까지는 평가원, 교육청, 사관학교 기출에서는 이까지 다루지는 않았으니 너무 걱정하
지 말자.

2. 실근의 개수 구체화

$y = f(x)$가 삼차함수일 때 $b = f'(t)(a - t) + f(t)$은 삼차방정식이다. 이때, 삼차방정식이 근을 갖는 모든
경우의 수는 다음과 같다.

① 서로 다른 세 실근 (서로 다른 실근 3개),　　② 중근과 하나의 실근 (서로 다른 실근 2개)
③ 삼중근 (실근 1개),　　④ 하나의 실근과 두 개의 허근 (실근 1개)

> ※ 홀수차 방정식은 적어도 하나의 실근을 가진다. 즉, n차 다항함수 $g(x)$에 대해,
> n이 홀수인 경우 $y = g(x)$의 그래프는 x축과 적어도 한 점에서 만난다.

이러한 결론은 **그래프의 관점에서 살펴본 〈한 점에서 삼차함수의 그래프에 그은 접선의 개수〉가 갖는 모든
CASE와 동일**하다. 이 내용을 바탕으로 두 예제를 다시 풀어보자.

최고차항의 계수가 1인 삼차함수 $f(x)$와 최고차항의 계수가 -1인 이차함수 $g(x)$가 다음 조건을 만족시킨다.

(가) 곡선 $y = f(x)$ 위의 점 $(0, 0)$에서의 접선과 곡선 $y = g(x)$ 위의 점 $(2, 0)$에서의 접선은 모두 x축이다.

(나) 점 $(2, 0)$에서 곡선 $y = f(x)$에 그은 접선의 개수는 2이다.

(다) 방정식 $f(x) = g(x)$는 오직 하나의 실근을 가진다.

$x > 0$인 모든 실수 x에 대하여

$$g(x) \le kx - 2 \le f(x)$$

를 만족시키는 실수 k의 최댓값과 최솟값을 각각 α, β라 할 때, $\alpha - \beta = a + b\sqrt{2}$ 이다. $a^2 + b^2$의 값을 구하시오. (단, a, b는 유리수이다.) [4점]

1. 삼차함수 $f(x)$의 최고차항의 계수는 1이고 곡선 $y=f(x)$ 위의 점 $(0,0)$에서의 접선은 x축이므로 $f(x)=x^2(x+a)$이다. (단, a는 상수)

조건 (가)와 $g(x)$는 최고차항의 계수 -1을 종합하면 $g(x)=-(x-2)^2$이다.

a의 범위와 '(다) 방정식 $f(x)=g(x)$는 오직 하나의 실근을 가진다.'를 통해 $y=f(x)$의 그래프를 좌표평면에 표현하면 다음과 같은 세 가지 CASE를 가진다.

※ 그림 상으로는 두 그래프의 교점이 존재하지 않지만, **삼차함수는 이차함수의 증가 속도를 따라 잡기 때문에 교점이 반드시 생긴다.** – ⟨Chapter 4⟩

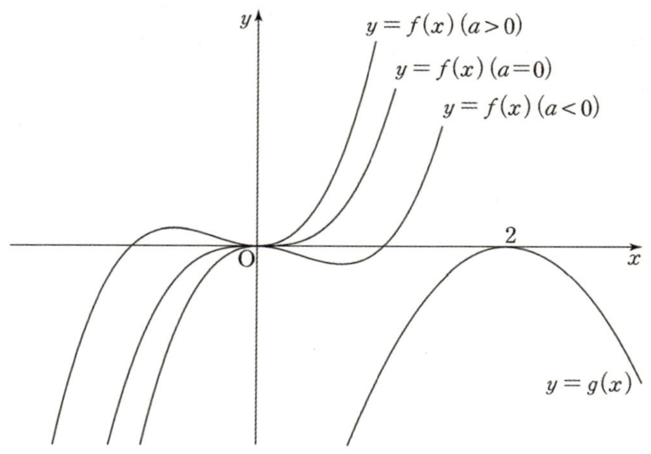

2. 안 쓴 조건 '(나) 점 $(2,0)$에서 곡선 $y=f(x)$에 그은 접선의 개수는 2이다.'를 적용하자.

(1) 그래프의 관점

그래프가 다 그려져 있으므로 순수하게 그래프의 관점에서 그을 수 있는 접선을 관찰해보면, $a=0$일 때, 즉 $f(x)=x^3$만 가능하다. $a>0$, $a<0$일 때의 접선의 개수는 3이다.

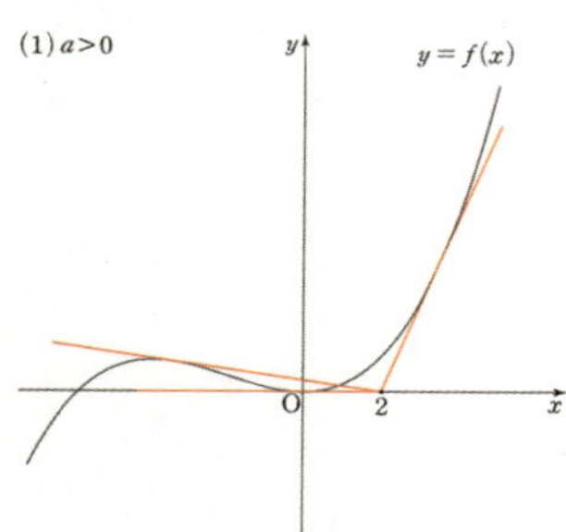

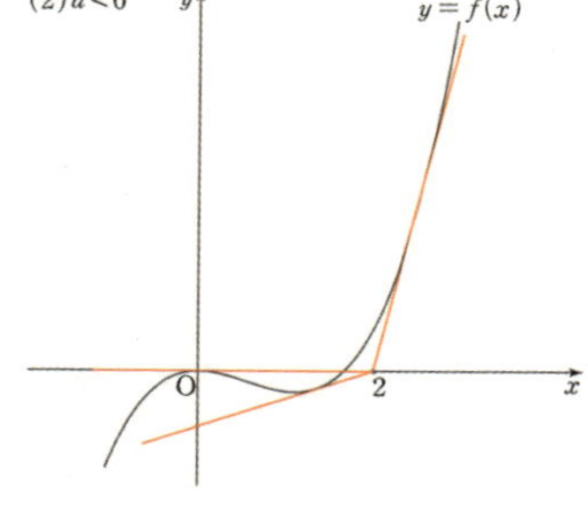

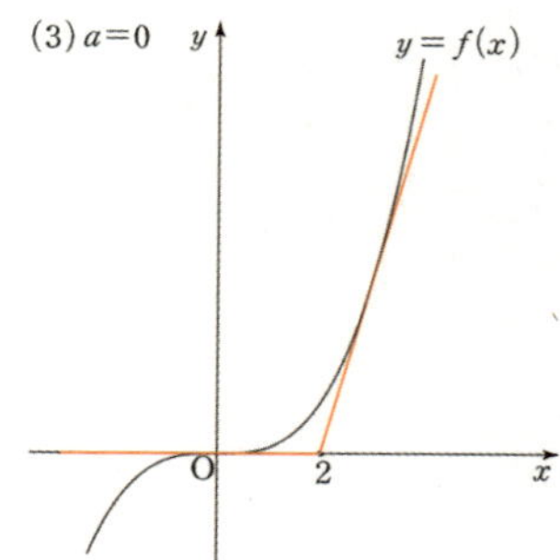

(2) 식의 관점

그래프로 관찰하면 쉽게 $f(x)$를 파악할 수 있으나 깊은 이해를 위해 **식의 관점으로도 접근**해보자.

$f(x) = x^2(x+a)$이므로 삼차함수 $f(x)$의 $x = t$에서 접선의 방정식:
$$y = (3t^2 + 2at)(x-t) + t^3 + at^2$$

이 접선이 점 $(2, 0)$를 지나므로 (점 $(2, 0)$에서 $f(x)$에 그은 접선의 개수를 구하고 있다.) $0 = (3t^2 + 2at)(2-t) + t^3 + at^2$을 만족한다. t에 관한 이 삼차방정식은 서로 다른 두 개의 실근을 가져야 한다. ($\because$ 그을 수 있는 접선의 개수가 2개라는 말은, 가능한 실수 t의 값이 2개임을 의미한다.)

따라서 중근 하나와 실근 하나를 갖도록 하는 a의 값을 구하자.
$$0 = (3t^2 + 2at)(2-t) + t^3 + at^2$$
$$\Leftrightarrow 2t^3 + (a-6)t^2 - 4at = t\{2t^2 + (a-6)t - 4a\} = 0$$

실근 중 하나는 0이므로 **방정식 $2t^2 + (a-6)t - 4a = 0$이 나머지 하나의 실근을 가지면 된다.** 이때 두 가지 케이스가 존재한다.

(ⅰ) 방정식 $2t^2 + (a-6)t - 4a = 0$이 0과 0이 아닌 한 실근을 가지는 경우
(ⅱ) 방정식 $2t^2 + (a-6)t - 4a = 0$이 0이 아닌 중근을 가지는 경우

삼차방정식이 두 개의 실근을 가지는 상황에서 이미 0이 나왔다는 것을 고려하면 위의 2가지 CASE가 가능함을 쉽게 이해할 수 있다. 각각의 CASE에 대해 a의 값을 구하자.

(ⅰ) 방정식 $2t^2 + (a-6)t - 4a = 0$이 0과 0이 아닌 한 실근을 가지는 경우

0을 대입했을 때 등식이 성립해야 하므로 $-4a = 0$ $\therefore a = 0$

여기서 끝내면 안 된다. $a = 0$을 대입한 다음 이차방정식이 0과 0이 아닌 한 실근을 가짐을 마지막까지 확인해야 한다. 방정식에 $a = 0$을 대입하면 $2t^2 - 6t = 0$이므로 $t = 0,\ 3$

(ⅱ) 방정식 $2t^2 + (a-6)t - 4a = 0$이 0이 아닌 중근을 가지는 경우

판별식 $D = 0$일 때 방정식은 중근을 갖는다. $(a-6)^2 + 32a = 0$
$a^2 + 20a + 36 = 0$, $(a+2)(a+18) = 0$이므로 $a = -2,\ -18$

마찬가지로 여기서 끝내면 안 된다. $a = -2$와 $a = -18$을 대입한 다음 이차방정식이 0이 아닌 중근을 갖는지 확인해 주자.

방정식에 $a = -2$를 대입하면 $2t^2 - 8t + 8 = 0$, $2(t-2)^2 = 0$, $t = 2$를 중근으로 갖는다.
방정식에 $a = -18$을 대입하면 $2t^2 - 24t + 72 = 0$, $2(t-6)^2 = 0$, $t = 6$을 중근으로 갖는다.

따라서 (i) ~ (ii)에서 가능한 a의 값은 3개다. 침착하자. 3개 중 2개는 무조건 문제 속 다른 조건을 위배할 것이다.

세 가지 경우 각각의 그래프를 그려보면 $a = -2$, $a = -18$일 때 삼차함수 $f(x)$와 이차함수 $g(x)$는 두 개 이상의 교점을 가진다. 따라서 $a = 0$이다.

※ 그래프와 식의 관점을 모두 사용하여 a의 값을 구해보았지만, 식의 관점이 훨씬 복잡하다. 식의 관점은 그래프로 관찰할 수 없는 경우에만 사용하자.

---

3. $x > 0$인 **모든 실수** x에 **대하여** $g(x) \leq kx - 2 \leq f(x)$**를 만족시키는 실수** k**의 최댓값과 최솟값을 구하자.** 이 조건은 세 가지 특징을 지닌다.

① '실수 전체의 집합'이 아닌 '$x > 0$인 모든 실수'라는 제한 범위
② 함수 간의 부등식(대소관계)
③ 일차함수 $y = kx - 2$는 k에 따라 기울기가 변화하는 일차함수이지만, 항상 $(0, -2)$를 지난다.

①과 관련해서는 실전에서 실수가 나올 수 있으므로 평소에 정확하게 범위를 따지는 연습이 요구된다.
②**와 관련해서는 두 함수가 접하는 경우**가 당연히 떠올라야 한다. – 〈Chapter 6〉

③은 당연히 고려해야 할 요소다. 미지수 k가 포함되어 있지만, 직선이 점 $(0, -2)$을 지난다는 것은 확실하다.

태도 : '미지수'가 포함되어 있다고 모든 것이 불확실한 것은 아니다. 미지수가 있더라도 확실한 정보가 존재할 수 있음을 유의하자.

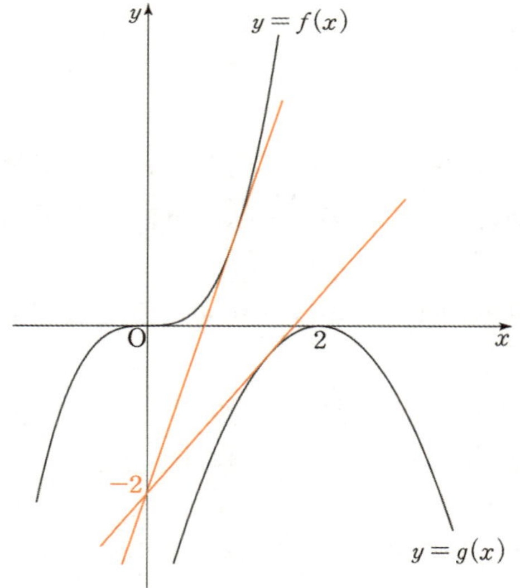

그래프를 관찰하면 (직선의 기울기 k)의 값은 직선이 $g(x)$에 접할 때 최소이고, $f(x)$에 접할 때 최대이다.

※ 함수 간의 부등식에서 가장 중요한 순간은 등호가 성립할 때이고, 등호가 성립하는 순간은 대부분 두 함수의 그래프가 접하는 순간이다.

4. **두 개의 접하는 상황에서 k의 값을 구하자.**
  접하는 상황이므로 접선을 다루는 도구를 적용하면 된다.

① $y = kx - 2$와 이차함수 $g(x)$가 접하는 경우 (k의 최솟값)

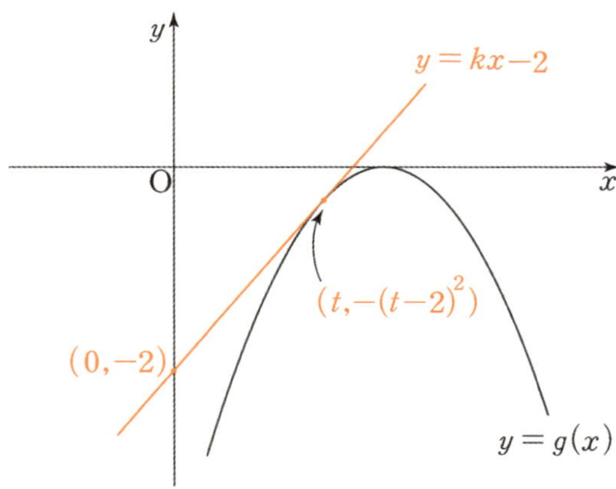

(1) 직선의 기울기=미분계수

접점의 좌표를 $(t, \ -(t-2)^2)$로 놓으면,

$y = kx - 2$의 기울기 : k

$g(x)$의 $x = t$에서 미분계수 : $-2(t-2)$

점 $(0, \ -2)$와 점 $(t, \ -(t-2)^2)$를 지나는 직선의 기울기 : $\dfrac{-(t-2)^2 + 2}{t}$

세 개의 값이 모두 동일하므로 방정식 $k = -2(t-2) = \dfrac{-(t-2)^2 + 2}{t}$을 풀어주면

$t = \sqrt{2}$, $k = 4 - 2\sqrt{2}$이다. 따라서 $\beta = 4 - 2\sqrt{2}$

(2) 접선의 방정식

$y = -(x-2)^2$의 $x = t$에서의 접선의 방정식 : $y = -2(t-2)(x-t) - (t-2)^2$

이 접선이 점 $(0, \ -2)$를 지나므로 $-2 = -2(t-2)(-t) - (t-2)^2$
위의 방정식을 풀어주면 $t = \sqrt{2}$이다.

k는 $g(x) = -(x-2)^2$의 $x = t$에서의 미분계수와 동일하므로 $k = g'(\sqrt{2}) = 4 - 2\sqrt{2}$

(3) 중근을 갖는 방정식

방정식 $kx - 2 = -(x-2)^2$가 중근을 가진다.
$(x-2)^2 + kx - 2 = 0, \ x^2 + (k-4)x + 2 = 0$

판별식 $D = 0$이 되어야 하므로 $(k-4)^2 - 8 = 0, \ k = 4 - 2\sqrt{2} \ (\because \ k < 2)$

② $y = kx - 2$와 삼차함수 $f(x)$가 접하는 경우(k의 최댓값)

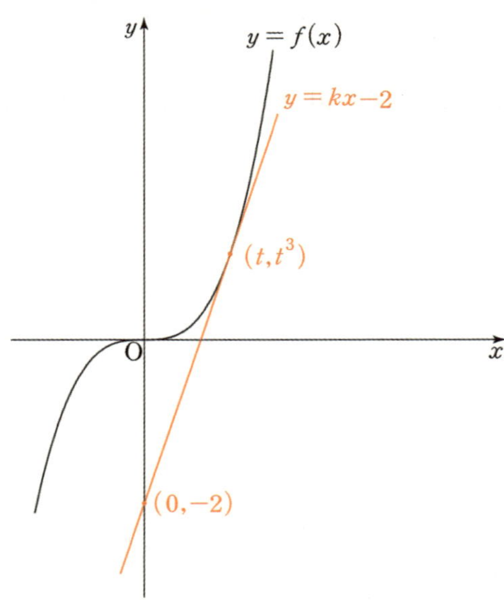

직선의 기울기=미분계수를 이용하자.

접점의 x좌표를 t라고 하면,
$y = kx - 2$**의 기울기** : k
$f(x)$**의** $x = t$**에서의 미분계수** : $3t^2$

점 $(0, -2)$**와 점** (t, t^3)**를 지나는 직선의 기울기** : $\dfrac{t^3 + 2}{t}$

세 개의 값이 모두 같으므로 연립방정식 $k = 3t^2 = \dfrac{t^3 + 2}{t}$을 풀어주면 $k = 3$, $t = 1$이므로 $\alpha = 3$이다. 나머지 2개의 도구는 생략할 테니 스스로 시도해보길 바란다.

따라서 ①, ②**에 의하여** $\alpha = 3$, $\beta = 4 - 2\sqrt{2}$ 이므로
$\alpha - \beta = 2\sqrt{2} - 1$, $a^2 + b^2 = (-1)^2 + 2^2 = 5$

답은 5!!

좌표평면 위의 점 $(0, t)$를 지나고 곡선 $y = x^3 - ax^2 + 3x - 5$ (a는 자연수)에 접하는 서로 다른 모든 직선의 개수를 $f(t)$라 할 때, 함수 $f(t)$에 대하여 합성함수 $g(t) = (f \circ f)(t)$라 하자. 다음 조건을 만족시키는 a의 최솟값을 m이라 할 때, $m + g(m)$의 값은? [4점]

(가) 모든 실수 t에 대하여 $g(t) > 1$이다.
(나) 함수 $g(t)$의 치역의 원소의 개수는 1이다.

① 4   ② 6   ③ 8   ④ 10   ⑤ 12

19학년도 수능의 이듬해에 실시된 7월 교육청에 등장한 킬러 문항이다. 교육청은 주로 평가원이 보여준 아이디어와 도구를 바로 반영하는 경향이 있다.

이 문항도 19학년도 수능 30번의 '한 점에서 그을 수 있는 접선의 개수' 주제를 그대로 반영한 채, 합성함수 주제를 추가함으로써 난이도를 올린 문항이다. 동일한 주제를 담고 있다고 해도 19학년도 수능 30번보다 훨씬 어려운데 그 이유는 다음과 같다.

한 점 $(0,\ t)$가 미지수 t를 포함했고 곡선도 $y = x^3 - ax^2 + 3x - 5$로 미지수 a를 포함하여 **접선의 개수를 그래프로 관찰하기 어렵기 때문이다.** 19학년도 수능 30번은 한 점을 $(2,\ 0)$으로 완전히 제시해줘서 그래프 관찰이 가능했다.

따라서 **이 문항은 식의 관점**을 적용해야 한다. 그 이후의 합성함수 부분도 꽤 어려운데 잘 따라오길 바란다. 이 문제의 해설을 보면서 어떻게 일관된 태도와 도구를 적용하고, 논리적이고 필연적인 단계를 거치는지 자세히 관찰하고 흡수하길 바란다.

1. 접점의 x좌표를 p라고 설정하자.

   곡선 $y = x^3 - ax^2 + 3x - 5$의 $x = p$에서의 접선의 방정식:
   $$y = (3p^2 - 2ap + 3)(x - p) + p^3 - ap^2 + 3p - 5$$

   위의 접선이 점 $(0,\ t)$를 지나므로 $t = (3p^2 - 2ap + 3)(-p) + p^3 - ap^2 + 3p - 5$을 만족하고 이는 p에 관한 삼차방정식이다.

   전개한 다음 좌변으로 모두 이항하여 내림차순으로 깔끔하게 다시 정리하면 $2p^3 - ap^2 + 5 + t = 0$이다.

   $f(t)$는 문제에서 새롭게 정의한 함수이다.
   태도 : 문제에서 새롭게 정의한 함수는 정의역과 치역의 실질적 의미를 빠르게 흡수해야 한다.

   정의역(t) : 직선 $y = t$를 위아래로 움직이게 한다.
   치역($f(t)$) : '접선의 개수'를 의미하고 이는 **방정식 $2p^3 - ap^2 + 5 + t = 0$의 서로 다른 실근의 개수** 를 의미한다.

   정의역과 치역이 문제에서 일상적으로 등장하는 친숙한 x좌표 속 x값과 y좌표 속 y값이 아니므로 문제를 풀면서 계속 의식하자.

※ 정의역 t를 '직선 $y = t$를 위아래로 움직이게 한다'고 한 것이 잘 이해가 안 될 수 있지만 어렵지
않다. 방정식 $2p^3 - ap^2 + 5 + t = 0$을 이 형태 그대로 관찰하기보다 $-2p^3 + ap^2 - 5 = t$로 설정
하여 **곡선 $y = -2p^3 + ap^2 - 5$와 $y = t$의 교점으로 관찰하자**는 의미이다.

t를 삼차함수의 상수항의 일부로 놔둔다면

고정된 것 : x축

움직이는 것 : 곡선 $y = 2p^3 - ap^2 + 5 + t$

t를 이항하여 삼차함수를 고정된 것으로 놔둔다면

고정된 것 : 곡선 $y = -2p^3 + ap^2 - 5$

움직이는 것 : $y = t$

삼차함수를 이동시키는 것보다는, 삼차함수는 고정한 채 직선 $y = t$를 이동시키는 게 훨씬 편하므로
밑처럼 풀자는 것이다. 이처럼 문제의 핵심적인 부분은 아니지만 세밀한 처리를 요구하는 순간이
수학II 킬러에서 많이 등장하고, 실전에서는 이런 사소한 부분이 굉장히 크게 다가온다.

---

2. $f(t)$**에 대한 세팅 작업이 끝났다. 이제는 함수 $g(t)$에 관한 조건을 해석하자.**

(1) $g(t) = (f \circ f)(t)$
(2) 모든 실수 t에 대하여 $g(t) > 1$이다.
(3) 함수 $g(t)$의 치역의 원소의 개수는 1이다.

(1) $g(t) = (f \circ f)(t)$

안쪽함수 $f(t)$의 치역은 바깥함수 $f(t)$의 정의역이 되고, 최종적인 $g(t)$의 함숫값은 바깥함수
$f(t)$를 거쳐 나온다. 즉, ($g(t)$의 치역) $\subset$ ($f(t)$의 치역) 이다.

(2) 모든 실수 t에 대하여 $g(t) > 1$이다.

($g(t)$의 치역) $\subset$ ($f(t)$의 치역)이고, $f(t)$의 치역의 원소는 1, 2, 3밖에 없다.
($\because$ 삼차곡선과 직선 $y = t$의 교점의 개수는 1, 2, 3만 가능)
따라서 가능한 $g(t)$의 치역의 원소도 1, 2, 3를 벗어나지 않는다.
$g(t) > 1$이므로 가능한 $g(t)$의 치역의 원소는 2, 3이다.

(3) 함수 $g(t)$의 치역의 원소의 개수는 1이다. (이는 상수함수의 다른 표현이다.)

가능한 $g(t)$의 치역의 원소가 2, 3밖에 없는 상황에서 함수 $g(t)$의 치역의 원소의 개수가 1이다.
따라서 $g(t) = 2$ **또는** $g(t) = 3$이다. 다음 페이지에서 $f(t)$를 자세히 파악하면서 두 가지
CASE 중 어떤 게 맞는지 따져보자.

3. $f(t)$는 방정식 $-2p^3 + ap^2 - 5 = t$의 서로 다른 실근의 개수이다.

$h(p) = -2p^3 + ap^2 - 5$라 하면, $h(p)$는 p에 관한 삼차함수이다.
$f(t)$를 관찰하려면 $y = h(p)$의 그래프를 그려야 하는데,
미지수 a가 포함되어 있어 좀 까다로워 보인다.

a가 자연수라는 점 이외에는 추가 조건이 없으므로 우직하게 나아갈 수밖에 없다.
$h(p)$의 그래프 개형을 알아야 하므로 방정식 $h'(p) = 0$의 실근을 구하자.

$$h'(p) = -6p^2 + 2ap = -2p(3p - a) = 0$$

$$\therefore \ p = 0 \ \text{또는} \ p = \frac{a}{3}$$

출제자의 설계에 감탄해야 하는 순간이다.

방정식 $h'(p) = 0$의 실근이 0, $\dfrac{a}{3}$인 상황에서 a가 자연수이므로 $\dfrac{a}{3} > 0$이다.

따라서 삼차함수 $h(p)$는 $p = 0$에서 극솟값을 가지고, $p = \dfrac{a}{3}$에서 극댓값을 가진다.

태도 : 미지수를 포함해도 확실한 정보를 캘 수 있는 경우가 존재한다.

따라서 함수 $y = -2p^3 + ap^2 - 5$의 그래프는 다음과 같이 그려진다.

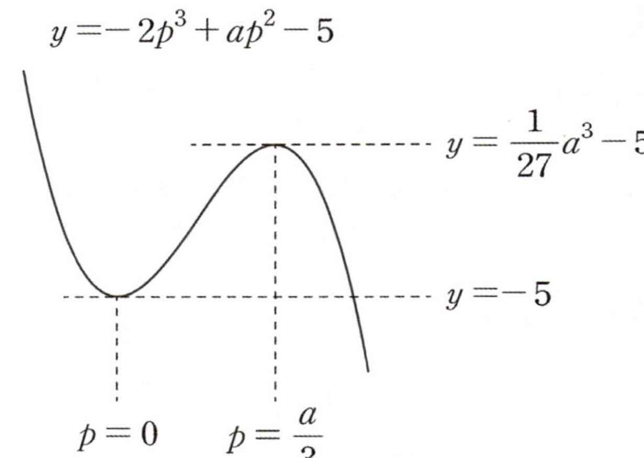

4. 이렇게 호흡이 긴 문항의 관건은 길을 잃지 않는 것이다. 목적을 분명하게 의식하면서 문제를 풀어나가자. 우리의 목적은 $g(t)$가 2인지 3인지 정하는 일이다.

$y = -2p^3 + ap^2 - 5$의 그래프에 의해 $f(t)$의 치역의 원소는 1, 2, 3이다.
(극값이 존재하는 삼차함수와 직선 $y = t$의 교점의 개수는 1 또는 2 또는 3이다.)

$g(t) = f(f(t))$이므로 안쪽함수 $f(t)$의 치역은 바깥함수 $f(t)$의 정의역이 된다. $f(t)$의 치역의 원소는 1, 2, 3이므로 $\{1, 2, 3\}$이 정의역이 되어 다시 $f(t)$로 들어간다.

따라서 $g(t)$의 치역은 $\{f(1), f(2), f(3)\}$이다. 즉, (곡선 $y = -2p^3 + ap^2 - 5$)와 (직선 $y = 1$ 또는 $y = 2$ 또는 $y = 3$)의 교점의 개수가 $g(t)$의 치역이라고 볼 수 있다.

$1 \neq 2 \neq 3$이기 때문에 $g(t) = 2$가 될 수 없다. **삼차함수의 그래프와 직선 $y = t$의 교점의 개수가 2인 순간은 최대 두 번**이므로 (곡선 $y = -2p^3 + ap^2 - 5$)와 ($y = 1$ 또는 $y = 2$ 또는 $y = 3$)의 교점의 개수가 2인 순간이 생겨버리면 교점의 개수가 1또는 3인 순간도 반드시 생겨버리기 때문이다.
따라서 $g(t) = 3$이다. (아래의 두 그림을 비교하면 $g(t) = 3$인 이유를 쉽게 이해할 수 있다.)

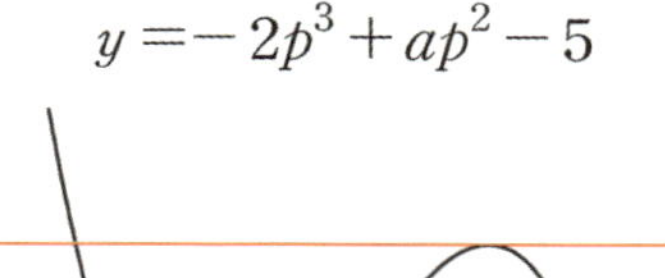

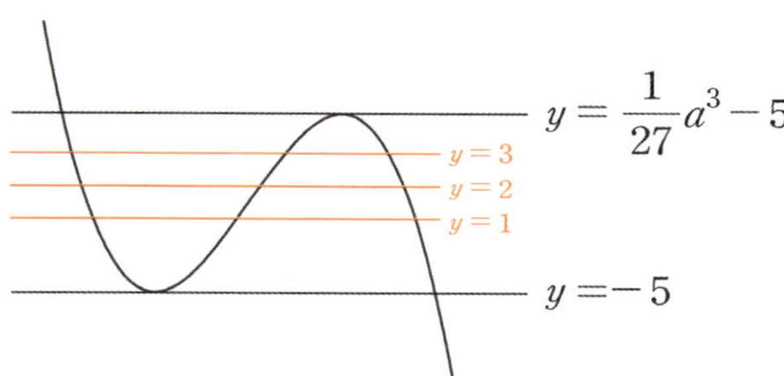

(곡선 $y = -2p^3 + ap^2 - 5$)와 (직선 $y = 1$ 또는 $y = 2$ 또는 $y = 3$)의 교점의 개수는 항상 3이 되어야 하므로 $\dfrac{a^3}{27} - 5 > 3$이다.

$a^3 > 8 \times 27,\ a^3 > 2^3 \times 3^3 \quad \therefore\ a > 6$

조건을 만족시키는 a의 최솟값 m의 값은 7이다. 구해야 할 것은 $m + g(m)$이므로 $g(7)$도 구해주자.
$g(t) = 3$, 즉 $g(t)$의 치역은 항상 3이므로 $g(7) = 3$이다.

$\therefore\ m + g(m) = 7 + 3 = 10$

답은 ④!!

어려운 문항인 것은 맞다. 접선의 개수를 식으로 따지기, 낯선 함수 $f(t)$, 합성함수 무엇 하나 쉬운 게 없다. 하지만 그만큼 얻어갈 것도 많으므로 여러 번 풀어보면서 완벽히 정복해보자.

함수 추론

1. 함수를 추론하는 기본적 태도

① 확실한 정보부터 따지기
② 조건을 만족하는 특수한 예시부터 떠올리기

'함수 추론' 문제에 요구되는 태도는 이 두 가지밖에 존재하지 않는다. 학생들이 함수 추론 문제를 어려워하는 이유는 정해진 것이 많지 않아 어디서부터 출발해야 할지 모르기 때문이다. 따라서 **미시적으로는 불확실한 요소가 아니라** 확실하게 제시된 정보부터 따지면서 하나씩 **해결**해 나가야 한다.

그러나 이것만으로는 충분하지 않다. **거시적으로는 전체적인 문제 상황, 즉 큰 그림을 완전히 파악하고 장악하는 것이 중요한데 이때 '특수한 예시'를 들어야 한다.**

여기서 말하는 '특수한 예시'는 다음을 만족한다.

계산이 예쁘게 떨어질 것 같다

쉽게 말해서, "조건을 만족하는 그래프가 이런 그래프라면 계산이 매우 간단할 것 같은데..."라는 생각이 드는 그래프를 말한다.

특히, 문제를 많이 풀면서 '답이 되는 경우'를 많이 접하고 수학 실력이 향상될수록 '특수한 예시'로 든 그래프가 정말로 답이 되는 경험을 많이 하게 될 것이다.

그래프가 아름답다

아름다운 그래프는 계산이 예쁘게 떨어질 수밖에 없다.

아름다운 그래프는 대개 '대칭성', '극값'을 가진다고 할 수 있다. '아름다운 그래프'에 대한 판단은 수능 수학 공부를 어느 정도 하다 보면 자연스럽게 감이 생기는 영역이므로 크게 걱정할 필요는 없다.

실제 기출 문제를 풀어보면서, 스스로 부딪혀보자. 이번 파트는 무엇보다도 경험치가 가장 중요하다.

$a \leq 35$인 자연수 a와 함수 $f(x) = -3x^4 + 4x^3 + 12x^2 + 4$에 대하여 함수 $g(x)$를

$$g(x) = |f(x) - a|$$

라 할 때, $g(x)$가 다음 조건을 만족시킨다.

> (가) 함수 $y = g(x)$의 그래프와 직선 $y = b$ $(b > 0)$이 서로 다른 4개의 점에서 만난다.
> (나) 함수 $|g(x) - b|$가 미분가능하지 않은 실수 x의 개수는 4이다.

두 상수 a, b에 대하여 $a + b$의 값을 구하시오. [4점]

1. 함수 $y = |f(x) - a|$는 〈Chapter 4〉의 사차함수 예제 문항에서 상세히 알아보았다. $y = f(x)$의 그래프 상에서 $y = a$를 x축 취급해주고, $y = a$ $(x$축) 아랫부분을 $y = a$를 기준으로 접어 올리면 함수 $y = |f(x) - a|$의 그래프가 된다. 본 문제로 돌아가자.

$g(x)$의 그래프를 파악해야 하므로 $f(x)$의 그래프부터 그리자.

$$f'(x) = -12x^3 + 12x^2 + 24x = -12x(x^2 - x - 2) = -12x(x-2)(x+1)$$

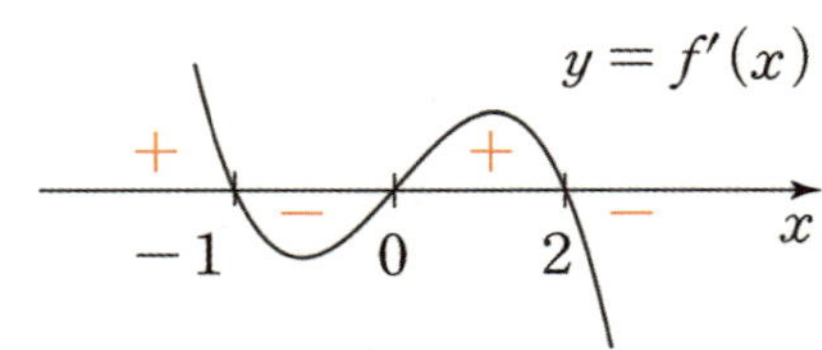

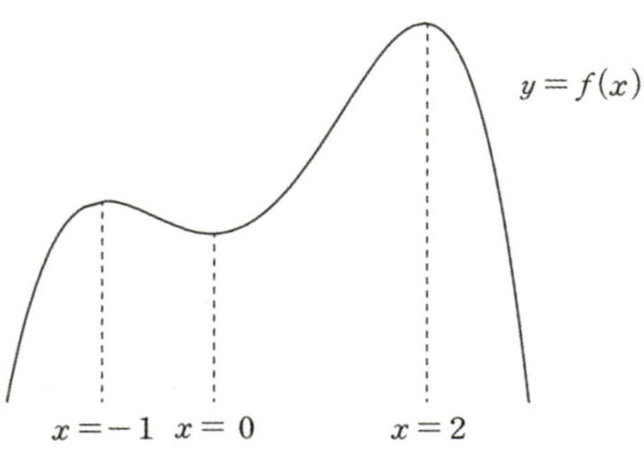

$y = g(x)$의 그래프를 파악해야 하는데, 아무렇게나 따지면 안 된다. **특수한 경우부터 따지자. 특수한 경우라고 한다면 당연히 직선 $y = a$가 $y = f(x)$에 접할 때다.**

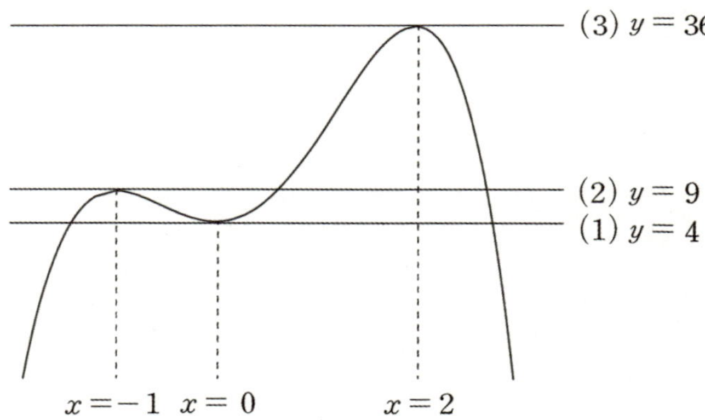

a는 $a \leq 35$인 자연수이므로 (3)이 될 수는 없다. **(1)과 (2)를 관찰하자.**

2. (1)부터 따져보자.

함수 $y = g(x)$의 그래프는 다음과 같고, 함수 $y = g(x)$의 그래프와 직선 $y = b$ $(b > 0)$가 서로 다른 4개의 점에서 만나기 위해서는 $y = b$가 그림과 같은 위치에 존재해야 한다.

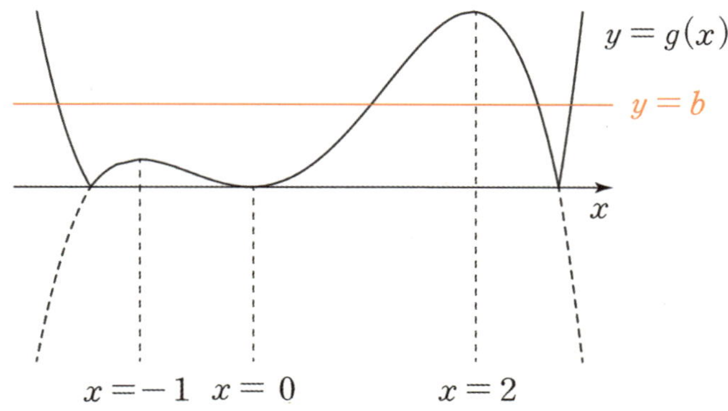

이때, 함수 $|g(x) - b|$가 미분가능하지 않은 실수 x의 개수는 6이다.
$y = g(x)$의 자체에서 미분가능하지 않은 점의 개수가 2이고,
$y = g(x)$와 직선 $y = b$가 만나는 네 점 모두에서 $|g(x) - b|$는 미분가능하지 않다. (X)

(2) 함수 $y = g(x)$의 그래프는 다음과 같고, 함수 $y = g(x)$의 그래프와 직선 $y = b$ $(b > 0)$가 서로 다른 4개의 점에서 만나기 위해서는 $y = b$가 그림과 같은 위치에 존재해야 한다.

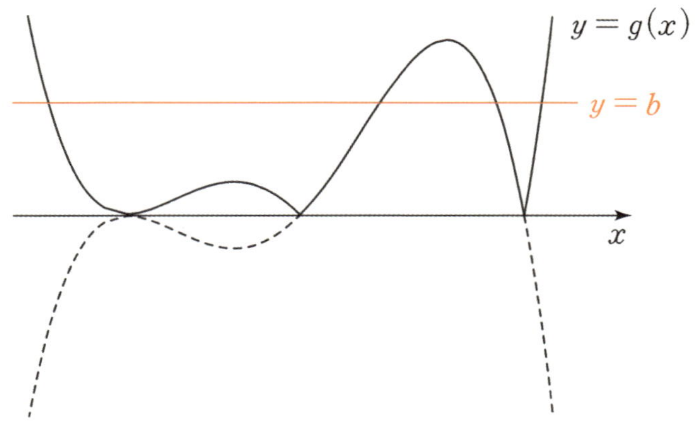

마찬가지로 $|g(x) - b|$가 미분가능하지 않은 실수 x의 개수는 6이다. (X)

여기서 감을 잡아야 한다. 이처럼 $y = g(x)$ 자체에서 미분가능하지 않은 점의 개수가 2라면 $|g(x) - b|$가 미분가능하지 않은 실수 x의 개수가 4가 되기 위해서는 **$y = g(x)$와 $y = b$가 서로 다른 두 점에서 접하고 또 다른 서로 다른 두 점에서 만나야 한다.**

3. 이를 만족하려면 직선 $y = a$의 위치가 (2)일 때보다 조금 더 올라가야 하고 다음과 같은 $g(x)$의 그래프가 나와야 한다.

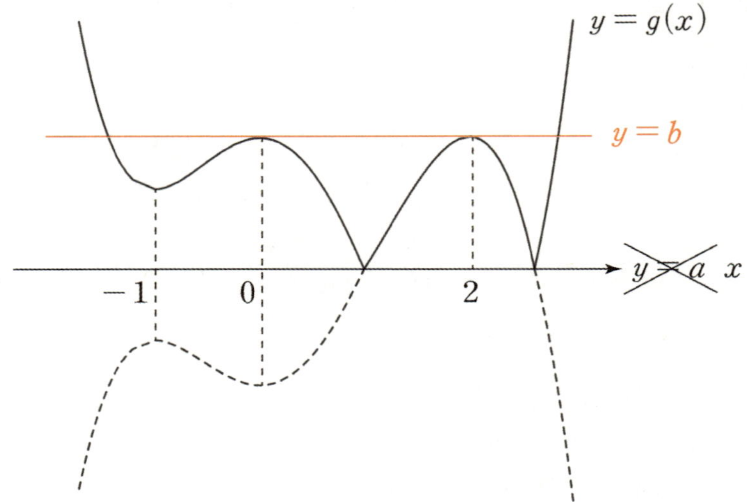

이 경우 함수 $|g(x) - b|$가 미분가능하지 않은 실수 x의 개수는 4로 조건을 만족한다.

함수 $y = g(x)$의 그래프가 그림과 같이 나타나려면 **$y = a$는 극솟값 $f(0)$과 극댓값 $f(2)$의 정중앙에 위치해야 한다.** 그래야 $y = a$를 기준으로 $f(x)$ 그래프를 접어올렸을 때 두 극댓값이 같아질 수 있다.

$f(0) = 4$, $f(2) = 36$이므로 $a = \dfrac{4+36}{2} = 20$

다음으로 b를 구하자. b를 구할 때 가장 많이 실수하는 것 중 하나가 $y = a$와 x축의 혼동이다. **직선 $y = b$는 $g(x)$의 그래프와의 관계 속에서 존재하는데, $g(x)$ 그래프에서는 $y = a$가 x축이 된다.**

따라서 b는 $f(x)$의 극댓값 36이 아니라 $36 - a = 16$이다. $a + b = 36$이므로 **답은 36!!**

함수 추론에서는 특수한 예시부터 살펴보면서 '빠르게 감을 잡는 것'이 제일 중요하다.

최고차항의 계수가 1이고 $f(2)=3$인 삼차함수 $f(x)$에 대하여 함수

$$g(x) = \begin{cases} \dfrac{ax-9}{x-1} & (x < 1) \\[2mm] f(x) & (x \geq 1) \end{cases}$$

이 다음 조건을 만족시킨다.

> 함수 $y=g(x)$의 그래프와 직선 $y=t$가 서로 다른 두 점에서만 만나도록 하는 모든 실수 t의 값의 집합은 $\{t \,|\, t=-1 \text{ 또는 } t \geq 3\}$이다.

$(g \circ g)(-1)$의 값을 구하시오. (단, a는 상수이다.) [4점]

1. $g(x)$는 구간에 따라 정의된 함수다.

   $x < 1$일 때는 유리함수이고, $x \geq 1$일 때는 삼차함수 $f(x)$이다.

   분모·분자가 모두 일차식인 유리함수가 제시되면 점근선과 개형 파악이 가능한 형태로 변형해주자.

$$g(x) = \frac{ax-9}{x-1} = \frac{a(x-1)+a-9}{x-1} = \frac{a-9}{x-1} + a \ (x < 1)$$

$a \neq 9$일 때, $g(x)$의 점근선의 방정식 : $x = 1$, $y = a$

$a \neq 9$일 때, $g(x)$의 개형 : $a-9$의 부호를 알 수 없으므로 아직 개형을 알 수 없음

특수한 정보 : $(0, 9)$를 지남

단, $a = 9$일 때는 $g(x) = \dfrac{ax-9}{x-1} = a \ (x < 1)$가 되어 점근선이 존재하지 않는다.

상수 a에 관한 정보가 없으므로 유리함수 $g(x)$의 그래프 개형을 알 수 없다. 특수한 예시부터 보고 싶지만 유리함수에 특수한 예시는 없으므로 $a - 9$의 부호를 기준으로 CASE를 분류하자.

---

2. (1) $a - 9 > 0$인 경우

   $x < 1$일 때 $g(x)$의 그래프를 좌표평면 위에 그리면 다음과 같다. 점근선 정보와 특수한 정보인 $(0, 9)$는 꼭 표시해두자.

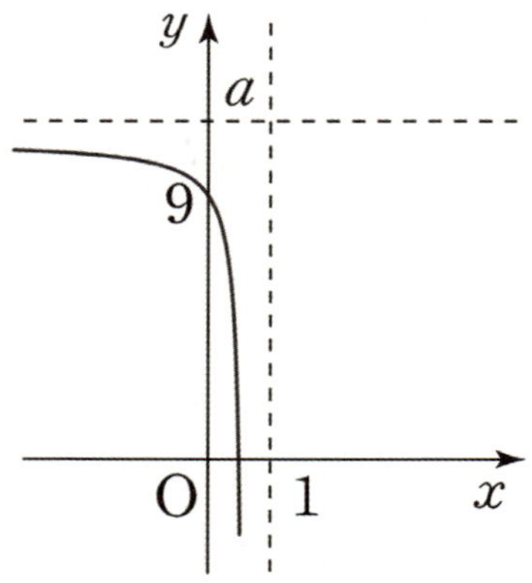

함수 $y = g(x)$의 그래프와 직선 $y = t$가 서로 다른 두 점에서만 만나도록 하는 모든 실수 t의 값의 집합은 $\{t \,|\, t = -1 \text{ 또는 } t \geq 3\}$이다.

이 조건을 만족하는 $y = f(x)$의 그래프를 덧그릴 차례다.

$t = -1$과 $t \geq 3$ 중 더욱 특수한 상황은 $t \geq 3$이다.

$t = -1$일 때 직선 $y = -1$과 함수 $g(x)$가 서로 다른 두 점에서 만나는 건 쉽지만,
$t \geq 3$일 때 직선 $y = t$와 함수 $g(x)$가 항상 서로 다른 두 점에서 만나는 것은 훨씬 어렵기 때문이다.

$t \geq 3$를 가지고 따져보자.

그런데 **곡선** $y = \dfrac{ax-9}{x-1}$ $(x < 1)$**는 점근선의 존재로 인해** $y \geq a$**일 때는 그래프가 존재하지 않는다.** 따라서 $y = \dfrac{ax-9}{x-1}$ $(x < 1)$는 $y \geq a$에서 직선 $y = t$와 교점을 형성하지 못한다.

따라서 함수 $f(x)$ $(x \geq 1)$가 $y \geq a$일 때 직선 $y = t$와 항상 서로 다른 두 점에서 만나야 하지만 $f(x)$는 삼차함수이므로 t가 충분히 크면 반드시 $y = t$와 한 점에서 만나는 순간이 생겨버려 조건을 만족시키지 못한다.

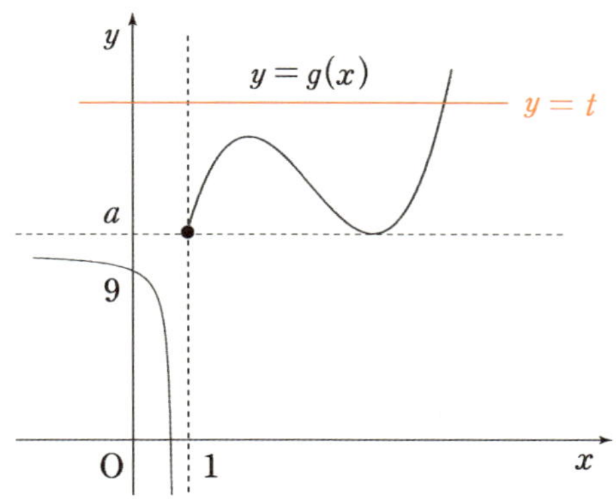

(2) $a - 9 = 0$**인 경우**

함수 $g(x)$는 $x < 1$에서 $y = 9$가 되어버린다. 당연히 조건을 만족하지 못한다.

이 경우 답이 될 리는 당연히 없겠지만, 케이스 분류는 꼼꼼함이 생명이다. 빠지는 케이스가 없어야 한다. (물론 실전에서는 이런 택도 없는 케이스는 마지막에 따져보면 된다.)

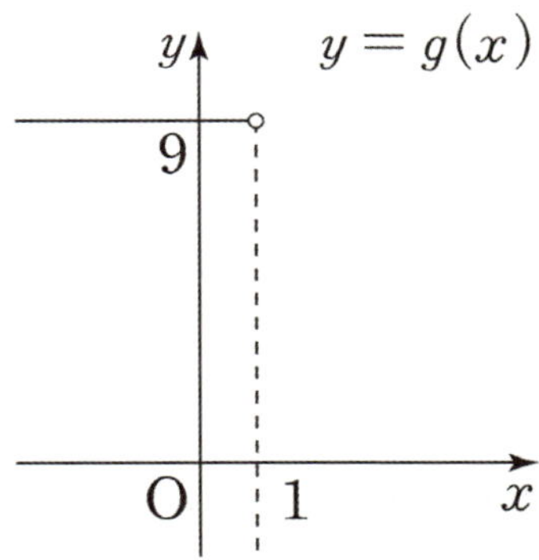

(3) $a - 9 < 0$인 **경우**

$x < 1$일 때 $g(x)$의 그래프를 좌표평면 위에 그리면 다음과 같다. 점근선 정보와 특수한 정보인 $(0,\ 9)$는 꼭 표시해두자.

(아래 그림에서는 $a > 0$처럼 보이지만 $a < 9$이므로 $a < 0$일 가능성도 고려해야 한다.)

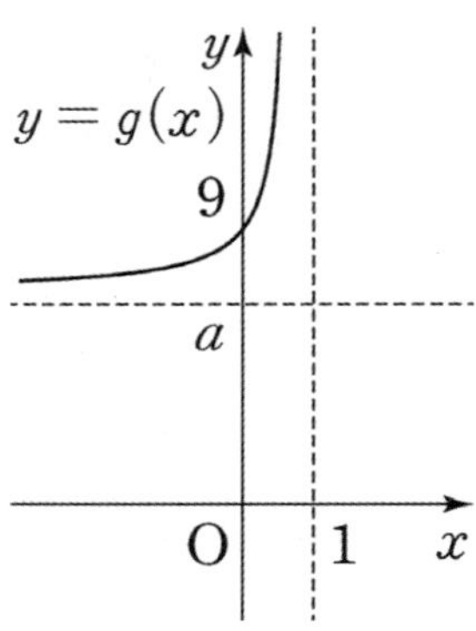

(1)과 같이 $t \geq 3$부터 따지자. 그러나 (1)보다는 어렵다.

곡선 $y = \dfrac{ax - 9}{x - 1}$ $(x < 1)$의 그래프도 $y > a$에서 직선 $y = t$과 항상 한 점에서 만나기 때문이다.

이제는 곡선 $y = \dfrac{ax - 9}{x - 1}$ $(x < 1)$의 y 점근선 $y = a$에 주목할 차례다.

곡선 $y = \dfrac{ax - 9}{x - 1}$ $(x < 1)$는 $y > a$에서 직선 $y = t$과 항상 한 점에서 만난다.

함수 $g(x)$는 $t \geq 3$인 직선 $y = t$와 항상 서로 다른 두 점에서 만난다.

그렇다면 가장 특수한 경우는 언제인가? 바로 $a = 3$일 때이다. 이게 맞는 경우인지는 아직 모른다. 단지 가장 특수한 관계로 살펴본다. (다른 경우를 시도해보고 시행착오를 겪은 다음 $a = 3$일 때를 봐도 좋다.)

---

3. $a = 3$일 때 곡선 $y = \dfrac{ax - 9}{x - 1}$ $(x < 1)$는 $y = 3$과 만나지 않는다. 따라서 함수 $f(x)$ $(x \geq 1)$는 $y = 3$과 서로 다른 두 점에서 만나야 한다. 삼차함수 $y = f(x)$ $(x \geq 1)$의 그래프가 $y = 3$과 서로 다른 두 점에서 만나기 위해서는 한 점에서 만나고 다른 한 점에서 접해야 한다.

만약 삼차함수 $y = f(x)$ $(x \geq 1)$가 직선 $y = 3$의 위에서 접한다고 해보자. 이 경우 $t \geq 3$에서 함수 $g(x)$와 직선 $y = t$가 서로 다른 네 점, 세 점에서 만나는 경우가 생겨버려 조건을 만족하지 못한다.

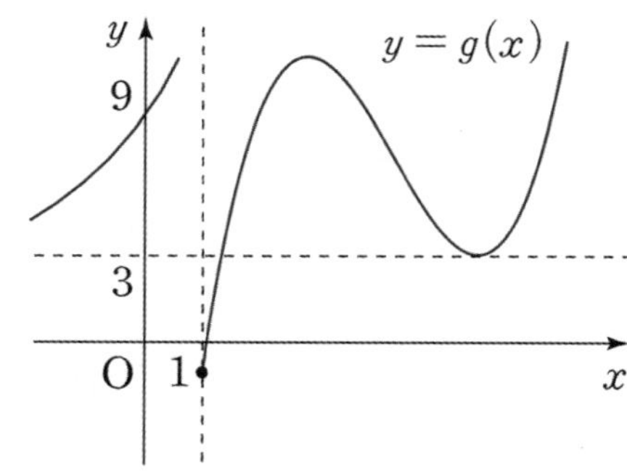

따라서 삼차함수 $y = f(x)$ $(x \geq 1)$는 직선 $y = 3$의 아래에서 접한다.

$t = -1$에서도 $g(x)$의 그래프와 직선 $y = t$는 서로 다른 두 점에서 만나야 하므로,
곡선 $y = f(x)$ $(x \geq 1)$는 직선 $y = -1$에 접해야 하고, $f(1) \leq -1$이어야 한다.
이후에 구할 $f(x)$의 식에서 $f(1) \leq -1$을 꼭 확인하자.

※ 여기서 $f(1) = -1$로 생각하는 학생들이 간혹 있는데, 오개념이다. $f(1) < -1$이어도 조건을
　만족시키므로 $f(1) \leq -1$이어야 한다.

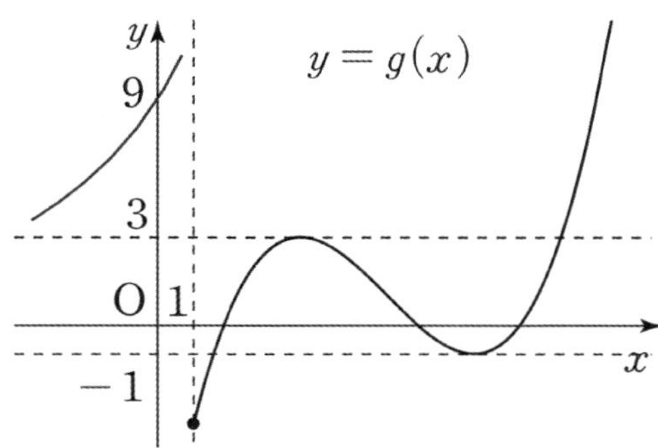

4. 그래프를 바탕으로 $f(x)$의 식을 구하자.

$f(2) = 3$을 이용하면 되는데, 곡선 $y = f(x)$와 직선 $y = 3$이 접하는 점이 $x = 2$인지는 알 수 없다.
결국 CASE를 분류해야 한다.

(1) 삼차함수 $f(x)$와 직선 $y = 3$이 $x = 2$에서 접하는 경우

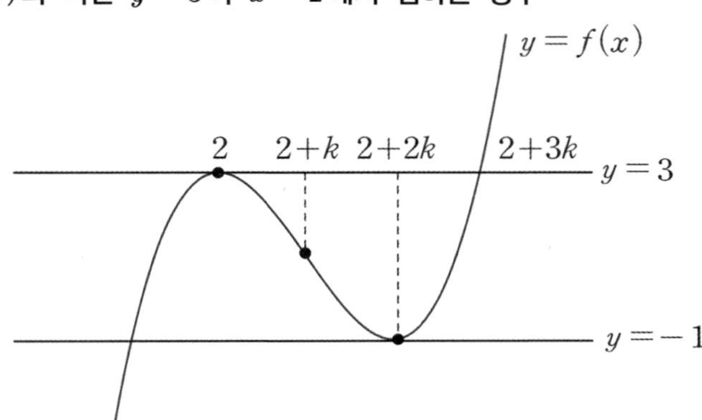

① $y = 3$과의 차이함수를 이용하여 $f(x)$의 식을 작성한 다음, $f(x)$의 극솟값이 -1이라
　는 점을 적용하자.

$f(x) - 3 = (x - 2)^2 (x - 2 - 3k)$ (삼차함수 비율을 고려하여 곡선 $y = f(x)$와
직선 $y = 3$이 접하지 않고 만나는 점의 x좌표를 $2 + 3k$로 설정했다.)

$f(x)$는 $x = 2 + 2k$에서 극솟값 -1을 가진다. $f(x) - 3 = (x - 2)^2 (x - 2 - 3k)$에
$x = 2 + 2k$를 대입하면 $f(2 + 2k) - 3 = (2k)^2 (-k)$, $-4 = -4k^3$, $k = 1$
이 경우 $f(1) = -1$이 되어 $f(1) \leq -1$을 만족시킨다.

$$\therefore f(x) = (x - 2)^2 (x - 5) + 3$$

② 〈이차함수 넓이 공식과 삼차함수 극값의 관계〉를 이용하여 $f(x)$를 구할 수도 있다.

$f(x)$의 극댓값과 극솟값의 차는 4이다. 이차함수 $y = f'(x)$의 그래프와 x축으로 둘러싸인 부분의 넓이도 이와 같으므로 삼차함수 $f(x)$가 $x = p$에서 극솟값을 가진다고 할 때

$$\frac{|3|}{6}(p-2)^3 = 4 \quad \therefore \ p = 4$$

삼차함수 비율에 의해 함수 $f(x)$는 직선 $y = 3$과 $x = 2$에서 접하고 $x = 5$에서 만나므로
$$f(x) - 3 = (x-2)^2(x-5)$$

(2) 삼차함수 $f(x)$와 직선 $y = 3$이 $x = 2$에서 접하지 않는 경우

$y = 3$과의 차이함수를 이용하여 $f(x)$의식을 작성한 다음 $f(x)$의 극솟값이 -1이라는 점을 적용하자.

$$f(x) - 3 = (x - 2 - 3k)^2(x - 2)$$

(삼차함수 비율을 고려하여 곡선
$y = f(x)$와 직선 $y = 3$과 접하는
점의 x좌표를 $2 + 3k$로 설정했다.)

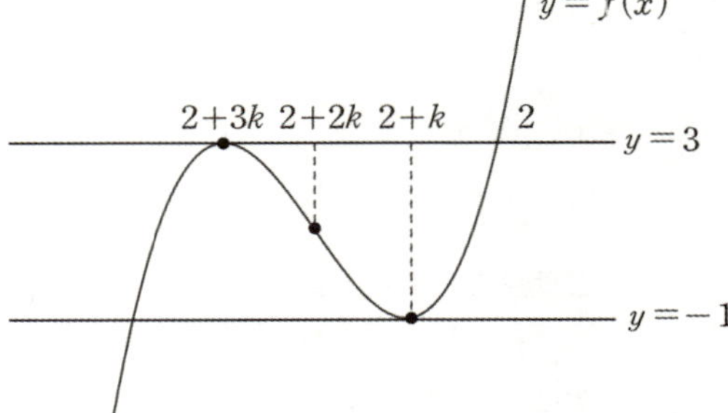

$f(x)$는 $x = 2 + k$에서 극솟값 -1을 가진다. $f(x) - 3 = (x - 2 - 3k)^2(x - 2)$에 $x = 2 + k$를 대입하면 $f(2 + k) - 3 = (-2k)^2(k)$, $-4 = 4k^3$, $k = -1$

$$\therefore \ f(x) = (x+1)^2(x-2) + 3$$

→ 이 경우 $f(1) \leq -1$이지만, $y = g(x)$의 그래프가 조건을 만족시키지 못한다. (X)

따라서 $f(x) = (x-2)^2(x-5) + 3$이다. 마지막으로 $(g \circ g)(-1)$을 구해주자.

$$g(x) = \begin{cases} \dfrac{3x-9}{x-1} & (x < 1) \\ (x-2)^2(x-5) + 3 & (x \geq 1) \end{cases}$$ 이므로 $(g \circ g)(-1) = g(6) = 19$

답은 19!!

1. 모든 경우를 일일이 다 따지려면 고려해야 할 게 너무 많다. **확실한 정보를 바탕으로 특수한 경우부터 따지자. 대개 특수한 경우가 답이 된다.** (해설에서는 $a < 9$일 때 특수한 경우 $a = 3$을 바로 관찰했고, 실전에서도 특수한 경우를 먼저 살펴야 하지만, 지금은 공부하는 중이므로 $a \neq 3$일 때는 왜 조건을 만족시킬 수 없는지 스스로 관찰해보는 것도 중요하다.)

2. 마지막 부분에서 $f(1) \leq -1$을 체크하지 못하고 $f(1) = -1$로 확정해버린 학생들도 많을 것 같다. 평가원 또한 학생들이 $f(1) = -1$로 확정해버릴 것을 누구보다도 잘 알고 있다. 그래서 답인 경우도 $f(1) = -1$일 때로 설계했다. ($f(1) = -1$도 특수한 경우에 해당한다.)

우리는 다항함수, 유리함수, 무리함수, 지수함수, 로그함수, 삼각함수의 특성을 이미 알고 있다.

수능 수학에서 이런 함수들이 가장 많이 나오기는 하지만
'새롭게 정의한 함수'도 정말 많이 출제되며 특히 킬러 문항일수록 더욱 그렇다.
따라서 이번 파트에서는 이러한 새롭게 정의된 함수를 다루는 태도를 공부할 것이다.

 ※ 새롭게 정의한 함수는 대개 't에 대해 정의된 함수'로 제시되는 경우가 많다.
 ※ 구간에 따라 정의된 함수도 새롭게 정의한 함수이긴 하지만, '경계'에서의 연속성과 미분 가능성을 제외
   하고는 특별히 어려운 점이 없기에 여기서는 다루지 않는다.

(1) 정의역과 치역

함수의 가장 중요하고 본질적인 특징 중 하나가 '정의역과 치역'이다.
따라서 어떠한 함수를 공부하든지 간에 '정의역과 치역'에 대한 논의가 필수적으로 요구된다.

우리가 알고 있는 일반적인 함수 $y = f(x)$의 정의역은 좌표평면의 x좌표 속 x값이고, 치역은 좌표평면의
y좌표 속 y값이다.

하지만 문제에서 새롭게 정의한 함수의 정의역과 치역은 이러한 일상적인 의미를 벗어나 문제에서 새롭게 그
의미를 제시한다.

따라서 그 정의역과 치역의 '실질적 의미'를 빠르게 이해, 흡수, 암기하여 문제를 풀어야 한다.
함수의 '느낌'만 갖고 문제를 풀면 일반적인 정의역, 치역과 혼동하여 실수가 나올 확률이 높기 때문이다.

태도 : 문제에서 새롭게 정의한 함수는 그 정의역과 치역의 실질적 의미를 빠르게 이해, 흡수, 암기해야 한다.

(2) 양의 무한대와 음의 무한대, 특수한 상황

새롭게 정의한 함수가 나왔을 때 t를 이동하면서 관찰하는 경우가 많다. (주로 $y = t$, $x = t$를 움직이는 상황이 많으므로 위아래로 이동하거나 좌우로 이동한다.)

이때 두 가지 포인트를 알아두자.

① 일방향 관찰 : 양의 무한대에서 출발해서 음의 무한대로 가거나, 음의 무한대에서 출발해서 양의 무한대로 가거나

관찰은 정말 기계적으로, 꼼꼼하게 해야 한다. t를 이동하면서 관찰할 때도 이곳저곳 움직이면서 관찰하는 게 아니라 **일방향으로 관찰**하는 걸 추천한다.

예를 들어 t가 좌우로 움직이는 변수라면 (왼쪽 → 오른쪽) 또는 (오른쪽 → 왼쪽)으로 관찰하고,
t가 위아래로 움직이는 변수라면 (아래 → 위) 또는 (위 → 아래)로 관찰하자.

이러한 일방향 관찰의 습관은 연속성 판정 시에 많은 도움이 된다.

② 특수한 경우에 주목하기 (함수를 추론하는 가장 기본적인 태도)

또한, 일방향으로 관찰을 하면서도 **특수한 지점에 대한 생각**을 계속해야 한다. 대부분 특수한 지점에서 답이 나오기 때문이다. 특수한 지점 중에서도 두 함수의 그래프가 서로 **접하는 순간**이 가장 중요하다.

함수를 추론하는 기본적 태도에서도 말했듯이, 함수 추론 파트는 실제 문제를 가지고 공부하는 게 가장 효율적이다. 기출 문제를 풀어보고 해설을 꼼꼼히 읽어보자.

최고차항의 계수가 1이고 $f'(0)=0$인 사차함수 $f(x)$가 있다. 실수 전체의 집합에서 정의된 함수 $g(t)$가 다음 조건을 만족시킨다.

> (가) 방정식 $f(x)=t$의 실근이 존재하지 않을 때, $g(t)=0$이다.
> (나) 방정식 $f(x)=t$의 실근이 존재할 때, $g(t)$는 $f(x)=t$의 실근의 최댓값이다.

함수 $g(t)$가 $t=k$, $t=30$에서 불연속이고

$$\lim_{t \to k+} g(t) = -2, \quad \lim_{t \to 30+} g(t) = 1$$

일 때, 실수 k의 값을 구하시오. (단, $k < 30$) [4점]

1. 새롭게 정의한 함수 $g(t)$가 등장했다. 정의역과 치역의 실질적 의미를 제대로 흡수하자.

정의역(t) : 위아래로 움직이는 $y = t$

치역($g(t)$: $y = t$와 $y = f(x)$의 교점이 없을 때는 0

$y = t$와 $y = f(x)$의 교점이 존재할 때는 교점 중에서 가장 오른쪽에 있는 점의 x좌표

정의역과 치역이 **우리가 익숙히 알고 있던 x, y의 값과 정반대**가 됨에 주의하자.
$g(t)$에서는 우리에게 y가 정의역이 되고, x가 치역이 된다. (엄밀한 표현으로 서술한 건 아니지만,
학생의 입장에서 'y, x의 의미가 정반대가 된다는 점'을 쉽게 파악할 수 있으리라 믿는다.)

실질적 의미를 흡수했다면 조건을 적용하자. 아래의 조건들을 적용하려면 사차함수 $f(x)$의 그래프
개형을 알아야 한다.

> 함수 $g(t)$는 $t = k$, $t = 30$에서 불연속
>
> $$\lim_{t \to k+} g(t) = -2, \quad \lim_{t \to 30+} g(t) = 1$$

가능한 사차함수 개형을 모두 떠올리되 특수한 개형부터 따져보자.

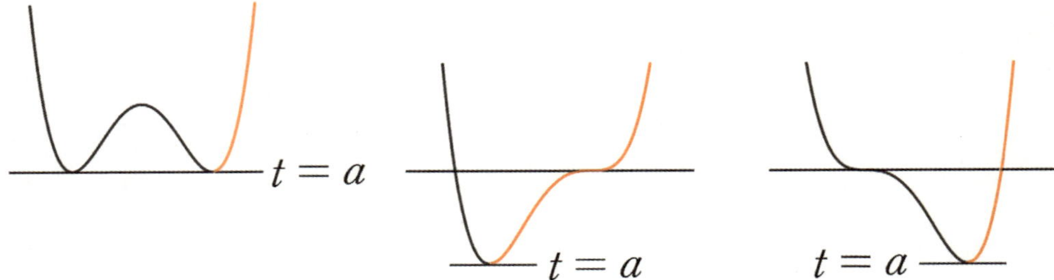

사차함수 $f(x)$가 위와 같은 3가지의 특수한 개형일 때 함수 $g(t)$는 $t = a$에서만 불연속이 될 수 있다.
따라서 조건을 위배한다. 사차함수의 특수한 개형은 〈Chapter 4〉에서 살펴봤다.

2. 다음으로 사차함수 $f(x)$의 일반적인 개형 중 서로 다른 극값이 3개 존재하는 개형을 살펴보자.

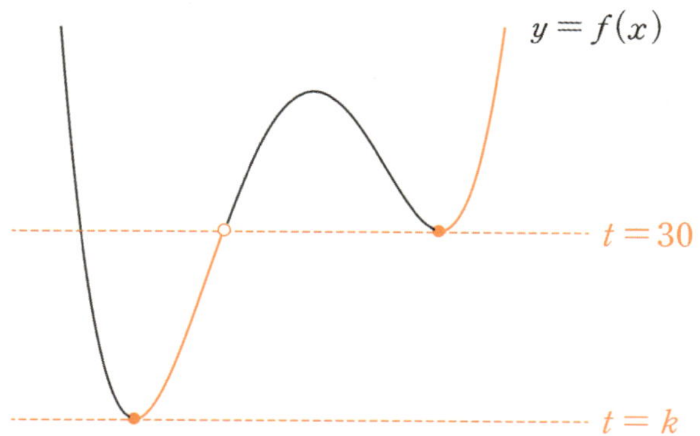

그림과 같은 개형의 $f(x)$가 극솟값 k와 극솟값 30을 가진다면 함수 $g(t)$는 $t = k$와 $t = 30$에서만 불연속이 될 수 있다. $y = t$가 음의 무한대에서 출발하여 그 값이 점점 커질 때, $f(x) = t$의 실근의 최댓값은 $y = f(x)$의 빨간선 위를 움직인다.

주의 : 밑줄을 주의하자. 함수 $f(x)$의 그래프가 그림과 같을 때 함수 $g(t)$가 항상 $t = k$와 $t = 30$에서만 불연속인 것은 아니다.

만약 $f(0) = k$라면 $t = k$일 때는 (나) 조건에 의해 $g(t) = g(t+) = 0$이고, $t \to k-$일 때는 (가) 조건에 의해 $f(x) = t$의 실근이 없으므로 $g(t) = 0$이다.

즉, $g(k-) = g(k+) = g(k) = 0$이 되어 함수 $g(t)$는 $t = k$에서 연속이 된다.

3. $\lim\limits_{t \to k+} g(t) = -2$, $\lim\limits_{t \to 30+} g(t) = 1$

$\lim\limits_{t \to k+} g(t) = -2$로 인해 $f(-2) = k$이고, $\lim\limits_{t \to 30+} g(t) = 1$에 의해 $f(1) = 30$이다. $g(t)$의 치역은 $f(x)$의 x값이므로 헷갈리지 않아야겠다. (정의역과 치역의 실질적 의미 빠르게 흡수하자!)

그리고 $f'(0) = 0$이므로 $x = 0$에서 극댓값을 갖는다. 따라서 $y = f(x)$의 그래프는 다음과 같다.

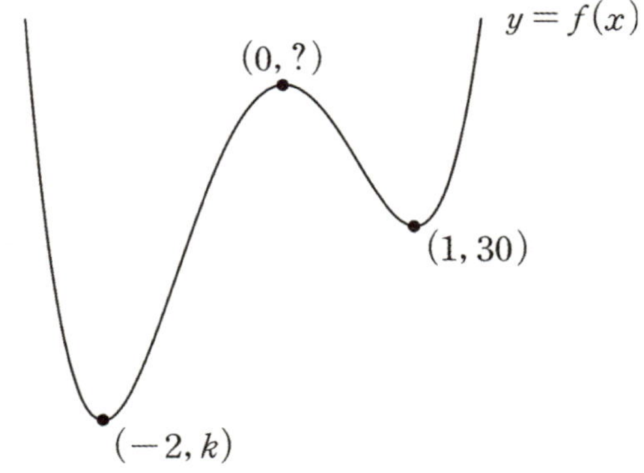

마지막으로 k의 값을 구하자. $f(-2) = k$이므로 k를 구하기 위해서는 $f(x)$의 식을 알아내야 한다. 접선이 있으므로 차이함수를 작성하고 싶지만, 접선과 곡선의 교점의 x좌표를 거의 알 수 없다. 대신 방정식 $f'(x) = 0$의 서로 다른 세 실근(극점의 x좌표)은 모두 알고 있으므로 $f'(x)$의 식을 작성한 다음 이를 적분하자.

4. $k = ?$

$$f'(x) = 4x(x-1)(x+2)$$
$$= 4x(x^2 + x - 2)$$
$$= 4x^3 + 4x^2 - 8x$$

이를 x에 대하여 적분하면 $f(x) = x^4 + \dfrac{4}{3}x^3 - 4x^2 + C$이다. (단, C는 적분상수)

적분상수 C는 $f(1) = 30$을 통해 알아낼 수 있다.

$$f(1) = 1 + \frac{4}{3} - 4 + C = C - \frac{5}{3} = 30, \quad C = \frac{5}{3} + 30$$

$$f(-2) = k$$
$$f(-2) = 16 - \frac{32}{3} - 16 + \frac{5}{3} + 30$$
$$= 30 - \frac{27}{3} = 30 - 9 = 21$$

k는 21이므로 **답은 21!!**

1. $g(t)$의 정의역과 치역의 실질적 의미를 빠르게 흡수한 다음,
   사차함수 $f(x)$의 특수한 개형부터 따지고,
   마지막 우극한 조건도 헷갈리지 않게 적용해서 깔끔하게 풀었다면 완벽하다.

2. $f(0) = k$인 경우도 반드시 고려해야 한다. 출제자가 조금만 힘을 더 줘서 $g(t)$가 $t = k$일 때 연속이
   되도록 설계했다면 많은 학생들이 당황했을 것이다. 2에서 언급한 주의사항이 핵심이다.

최고차항의 계수가 $\dfrac{1}{2}$인 삼차함수 $f(x)$와 실수 t에 대하여 방정식 $f'(x)=0$이 닫힌구간 $[t,\ t+2]$에서 갖는 실근의 개수를 $g(t)$라 할 때, 함수 $g(t)$는 다음 조건을 만족시킨다.

(가) 모든 실수 a에 대하여 $\displaystyle\lim_{t\to a+}g(t)+\lim_{t\to a-}g(t)\le 2$이다.

(나) $g(f(1))=g(f(4))=2$, $g(f(0))=1$

$f(5)$의 값을 구하시오. [4점]

1. 삼차함수 $f(x)$의 그래프 개형부터 추론하자. $f'(x) = 0$의 실근의 개수로 CASE를 분류할 수 있다. 이차방정식 $f'(x) = 0$이 실근을 갖지 않는 경우, 모든 실수 t에 대하여 $g(t) = 0$이므로 조건 (나)를 만족시키지 않는다.

이차방정식 $f'(x) = 0$이 중근 $x = \alpha$를 갖는 경우, 함수 $y = g(t)$의 그래프는 다음과 같다.

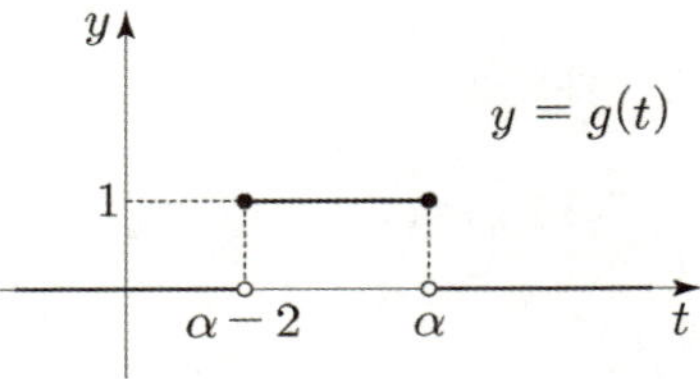

이 경우 $g(t) = 2$인 t가 존재하지 않으므로 조건 (나)를 만족시키지 않는다.

따라서 이차방정식 $f'(x) = 0$은 서로 다른 두 실근을 갖는다.
이차방정식 $f'(x) = 0$이 서로 다른 두 실근 $x = \alpha$, $x = \beta$를 갖는 경우를 생각해보자.
$\beta - \alpha > 2$일 때, 함수 $y = g(t)$의 그래프는 다음과 같다.

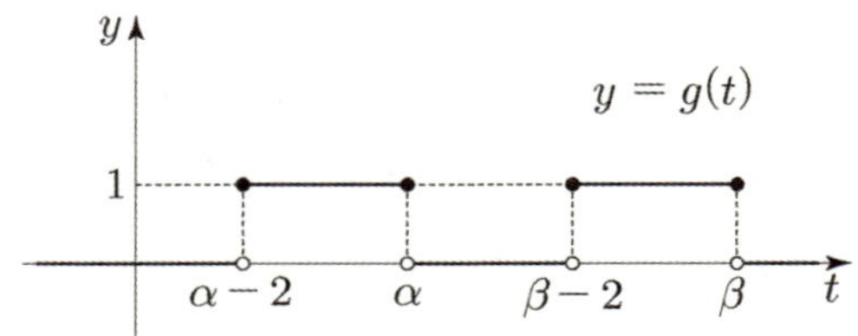

이 경우 $g(t) = 2$인 t가 존재하지 않으므로 조건 (나)를 만족시키지 않는다.

$\beta - \alpha < 2$일 때, 함수 $y = g(t)$의 그래프는 다음과 같다.

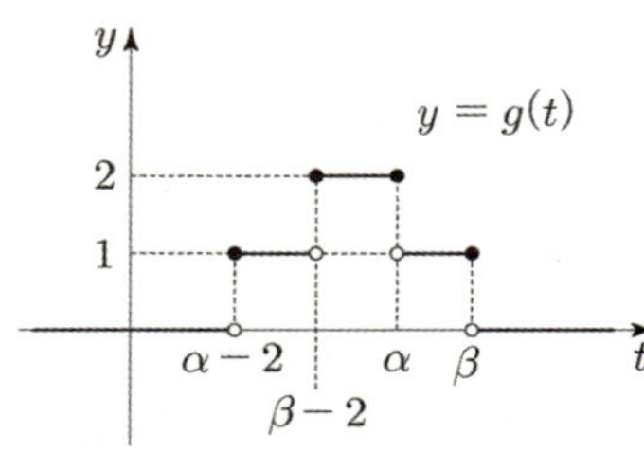

이 경우 $\lim\limits_{t \to a+} g(t) + \lim\limits_{t \to a-} g(t) > 2$인 $a\,(a = \beta - 2,\ a = \alpha)$가 존재하므로 조건 (가)를 만족시키지 않는다. **따라서 $\beta - \alpha = 2$이고 함수 $y = g(t)$의 그래프는 다음과 같다.**

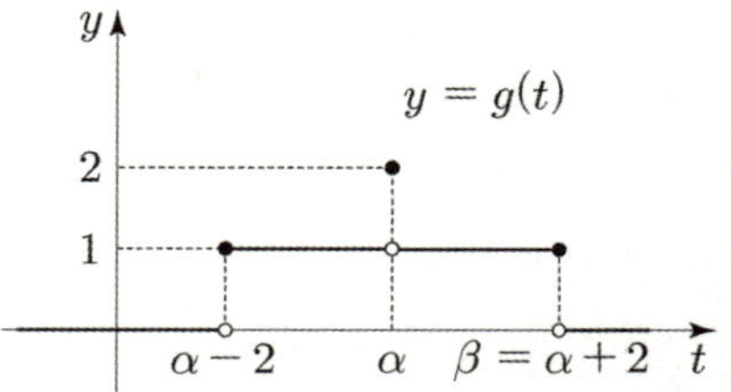

한편 조건 (나)에서 $g(f(1)) = g(f(4)) = 2$이고, $g(t) = 2$인 t의 값은 α 뿐이므로 $f(1) = f(4) = \alpha$이다.

이때, $f(x)$가 극대, 극소를 갖는 x의 값의 차가 2이고 $f(1) = f(4) = \alpha$에서 $x = 1$과 $x = 4$의 차가 3이므로

삼차함수 비율에 의하여 $f(1) = f(4) = \alpha$의 값이 함수 $f(x)$의 극솟값 또는 극댓값이다.

2. $f(1) = f(4)$ 의 값이 극솟값일 때와 극댓값일 때로 나누어 관찰하자.

(1) $f(1) = f(4)$ **의 값이 함수** $f(x)$ **의 극솟값일 때**

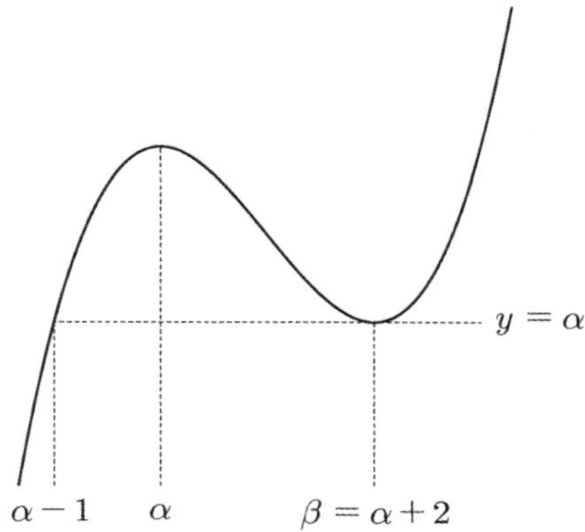

$\alpha - 1 = 1$, $\alpha + 2 = 4$ 이므로 $\alpha = 2$, $\beta = 4$ 이고 $f(1) = f(4) = 2$ 이다.

따라서 $f(x) = \dfrac{1}{2}(x-1)(x-4)^2 + 2$ 이지만 $f(0) = -6$, $g(f(0)) = g(-6) = 0$ 이므로 조건 (나)를 만족시키지 않는다.

(2) $f(1) = f(4)$ **의 값이 함수** $f(x)$ **의 극댓값일 때**

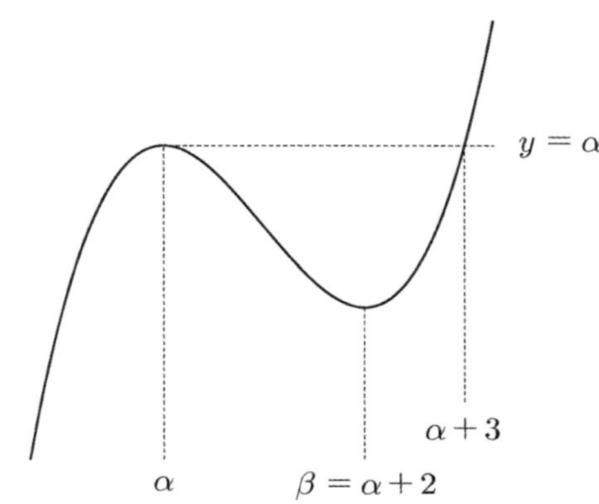

$\alpha = 1$, $\alpha + 3 = 4$ 이므로 $\alpha = 1$, $\beta = 3$ 이고 $f(1) = f(4) = 1$ 이다.

따라서 $f(x) = \dfrac{1}{2}(x-1)^2(x-4) + 1$ 이고 $f(0) = -1$, $g(f(0)) = g(-1) = 1$ 이므로 조건 (나)를 만족시킨다.

(1), (2)에 의하여 $f(5) = \dfrac{1}{2} \times 16 \times 1 + 1 = 8 + 1 = 9$ 이다.

답은 9!!

※ 삼차함수의 비율을 이용하지 않는 풀이

$f(1) = f(4) = \alpha$ 에서 $\displaystyle\int_1^4 f'(x)dx = 0$, $f'(x) = \dfrac{3}{2}(x-\alpha)(x-\alpha-2)$ 을 이용하자.

$$\int_1^4 f'(x)dx = \int_1^4 \frac{3}{2}(x-\alpha)(x-\alpha-2)dx$$

$$= \frac{3}{2}\int_1^4 \left\{x^2 - 2(\alpha+1)x + \alpha(\alpha+2)\right\}dx$$

$$= \frac{3}{2}\left\{21 - 15(\alpha+2) + 3\alpha(\alpha+2)\right\}$$

$$= \frac{9\alpha^2 - 27\alpha + 18}{2}$$

$$= \frac{9}{2}(\alpha-1)(\alpha-2) = 0$$

이므로, $\alpha = 1$ 이거나 $\alpha = 2$ 이다.

즉, $f(1) = f(4) = \alpha$ 의 값이 함수 $f(x)$ 의 극솟값 또는 극댓값이다. 이후 풀이는 동일하다.

comment

새롭게 정의한 함수를 포함한 함수추론 문제였으며, CASE 분류와 삼차함수 비율이 핵심이었다. 새롭게 정의한 함수에서는 정의역과 치역의 실질적 의미를 정확히 이해하고, 함수추론의 핵심은 특수한 예시부터 살펴보는 것임을 잊지 말자. 이번 문제에서도 삼차함수 비율을 만족시키는 x좌표에서 답이 나왔다.

최고차항의 계수가 1인 사차함수 $f(x)$와 실수 t에 대하여 구간 $(-\infty, t]$에서 함수 $f(x)$의 최솟값을 m_1이라 하고, 구간 $[t, \infty)$에서 함수 $f(x)$의 최솟값을 m_2라 할 때,

$$g(t) = m_1 - m_2$$

라 하자. $k > 0$인 상수 k와 함수 $g(t)$가 다음 조건을 만족시킨다.

$g(t) = k$를 만족시키는 모든 실수 t의 값의 집합은 $\{t \mid 0 \le t \le 2\}$이다.

$g(4) = 0$일 때, $k + g(-1)$의 값을 구하시오. [4점]

1. 사차함수 $f(x)$의 그래프의 개형을 분류하여 함수 $g(t)$를 관찰하자.

i) 함수 $f(x)$가 $x = \alpha_1$ 에서 오직 하나의 극값을 가질 때

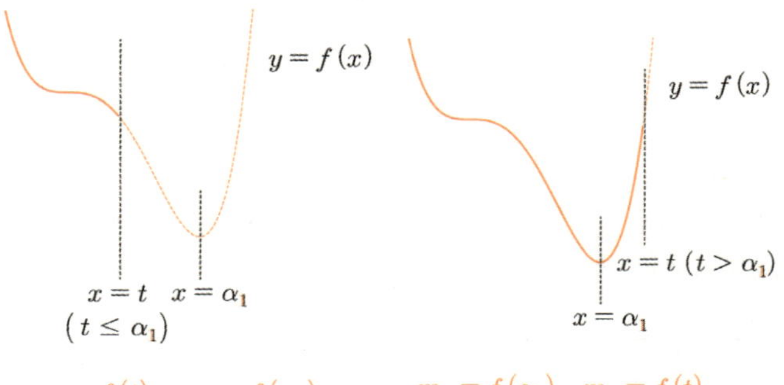

t의 값을 키우면서 함수 $g(t)$를 구하면

$$g(t) = \begin{cases} f(t) - f(\alpha_1) & (t \leq \alpha_1) \\[2mm] f(\alpha_1) - f(t) & (t > \alpha_1) \end{cases}$$

이므로 조건을 만족시키지 않는다.

ii) 함수 $f(x)$가 $x = \alpha_2$, $x = \alpha_3$ 에서 동일한 극솟값을 가질 때

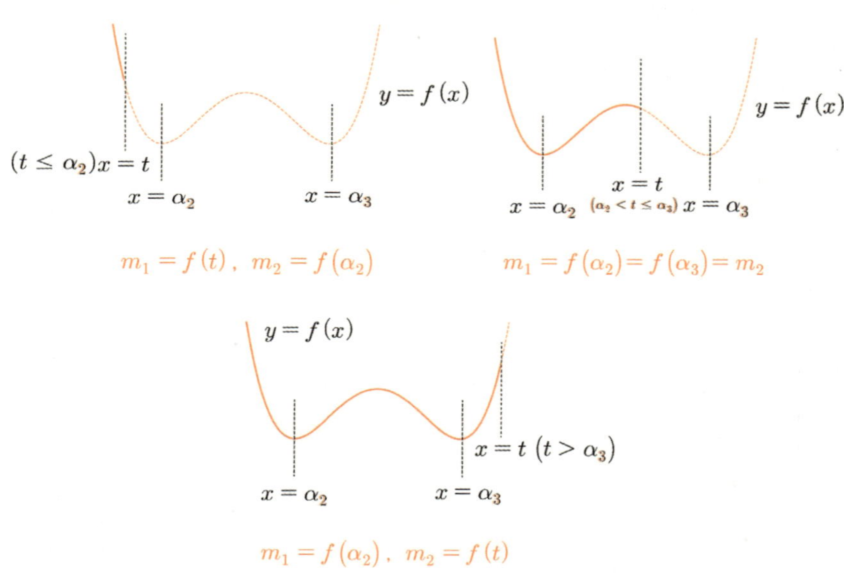

t의 값을 키우면서 함수 $g(t)$를 구하면

$$g(t) = \begin{cases} f(t) - f(\alpha_2) & (t \leq \alpha_2) \\[2mm] 0 & (\alpha_2 < t \leq \alpha_3) \\[2mm] f(\alpha_2) - f(t) & (t > \alpha_3) \end{cases}$$

이므로 조건을 만족시키지 않는다.

iii) 함수 $f(x)$ 가 $x = \alpha_4$, $x = \alpha_5$ 에서 극솟값을 갖고, $f(\alpha_4) < f(\alpha_5)$ 일 때

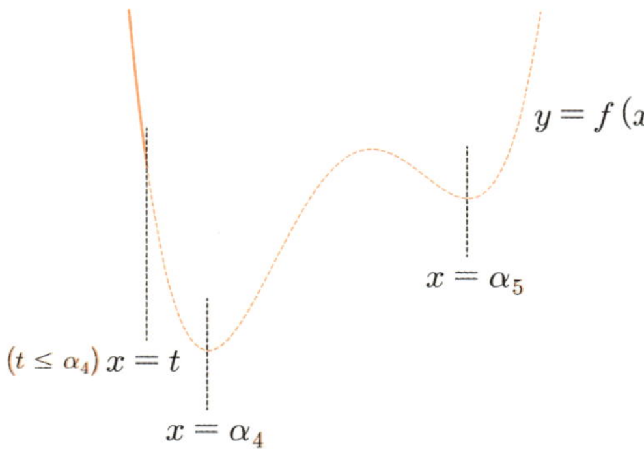

$m_1 = f(t)$, $m_2 = f(\alpha_4)$

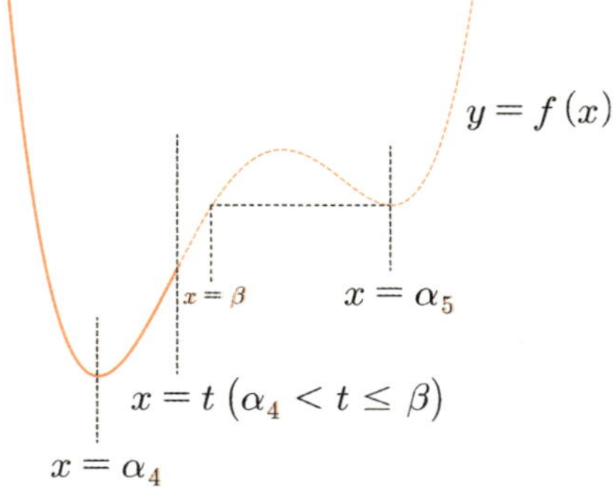

$m_1 = f(\alpha_4)$, $m_2 = f(t)$

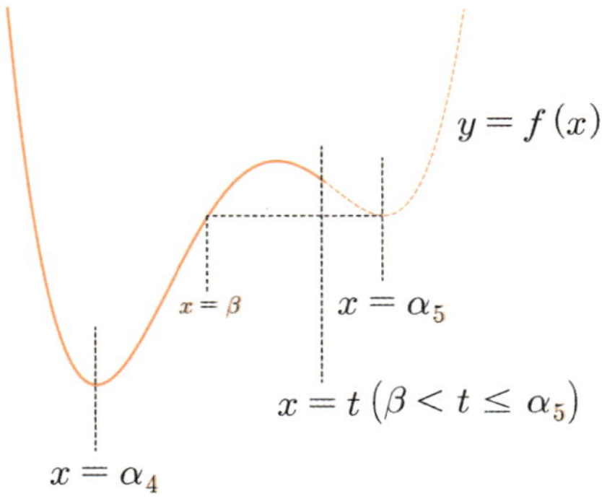

$m_1 = f(\alpha_4)$, $m_2 = f(\alpha_5)$

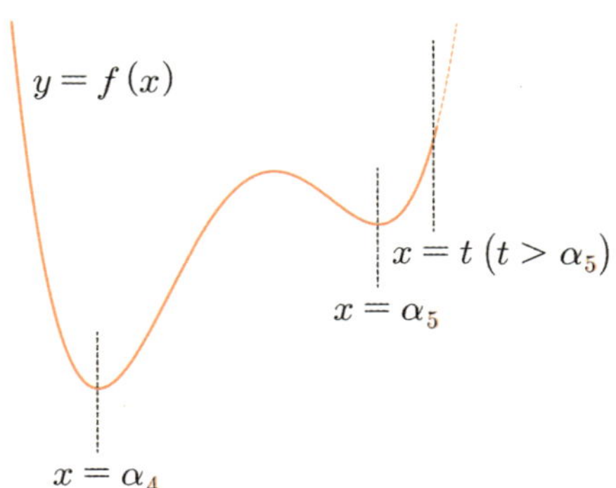

$m_1 = f(\alpha_4)$, $m_2 = f(t)$

t 의 값을 키우면서 함수 $g(t)$ 를 구하면

$$
g(t) = \begin{cases}
f(t) - f(\alpha_4) & (t \le \alpha_4) \\[1mm]
f(\alpha_4) - f(t) & (\alpha_4 < t \le \beta) \\[1mm]
f(\alpha_4) - f(\alpha_5) & (\beta < t \le \alpha_5) \\[1mm]
f(\alpha_4) - f(t) & (t > \alpha_5)
\end{cases}
$$

이고 $f(\alpha_4) - f(\alpha_5) = k < 0$ 이므로 조건을 만족시키지 않는다.

iv) iii)에서의 함수 $f(x)$ 에 대하여 $f(\alpha_4) > f(\alpha_5)$ 일 때

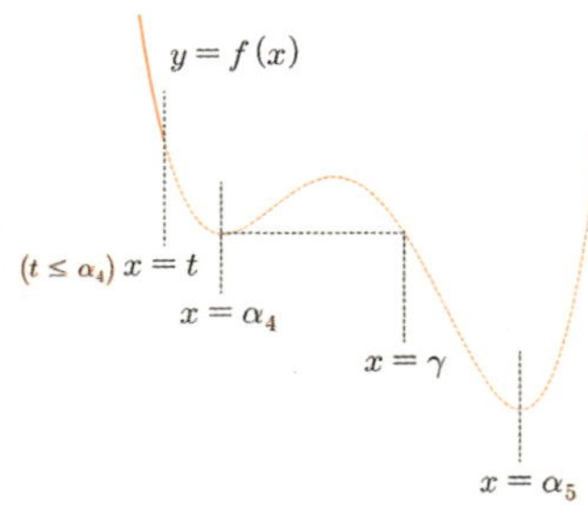

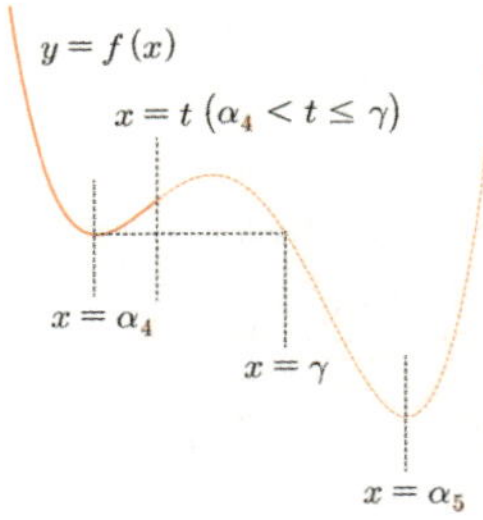

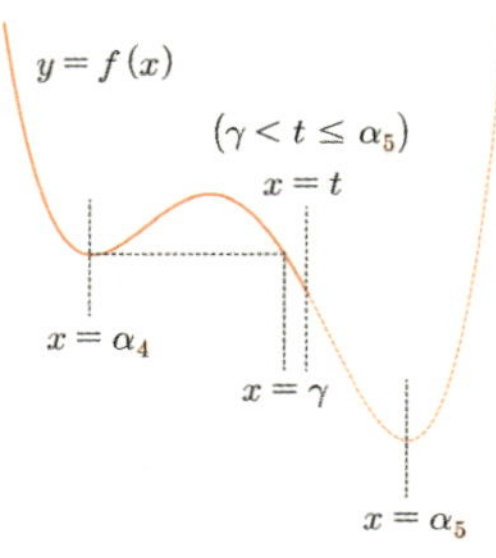

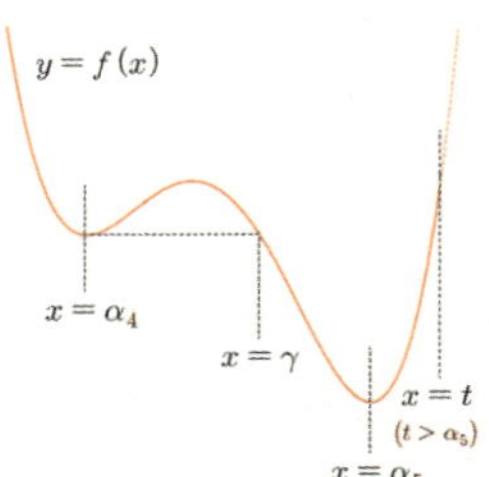

t 의 값을 키우면서 함수 $g(t)$ 를 구하면

$$
g(t) = \begin{cases}
f(t) - f(\alpha_5) & (t \leq \alpha_4) \\[2mm]
f(\alpha_4) - f(\alpha_5) & (\alpha_4 < t \leq \gamma) \\[2mm]
f(t) - f(\alpha_5) & (\gamma < t \leq \alpha_5) \\[2mm]
f(\alpha_5) - f(t) & (t > \alpha_5)
\end{cases}
$$

이므로 $f(\alpha_4) - f(\alpha_5) = k > 0$ 이 될 수 있고, 이때 $\alpha_4 = 0$, $\gamma = 2$ 이다.

---

2. $f(x) = x^2(x-2)(x-a) + f(0)$ 이라 하자.

$t > 2$ 인 모든 실수 t 에 대하여 $f(t) \geq f(\alpha_5)$ 가 성립하고, $f(t) - f(\alpha_5) = 0$ 인 실수 t 는 α_5 로 유일하므로 $g(4) = 0$ 에서 $\alpha_5 = 4$ 이다.

$f'(x) = 2x(x-2)(x-a) + x^2(x-a) + x^2(x-2)$ 에서 $f'(4) = 160 - 32a = 0$ 이므로 $a = 5$ 이다. k 의 값은 함수 $f(x)$ 의 두 극솟값의 차이므로 $k = f(0) - f(4) = 32$ 이고, $g(-1) = f(-1) - f(4) = 50$ 이다. 따라서 $k + g(-1) = 82$ 이다.

답은 82!!

조건 속 핵심은 $k > 0$ 과 $0 \leq t \leq 2$ 이다. $k > 0$ 이므로 $m_1 > m_2$ 이어야 하고, $0 \leq t \leq 2$ 일 때 $m_1 - m_2 = k$ 가 지속 유지되어야 한다. **어떠한 기교도 요구되지 않는 문항이다.** 단지 새롭게 정의된 함수 $g(t)$ 를 빠르게 흡수하고, 주어진 조건을 다양한 그래프에 차근차근 적용해보는 수밖에 없다. 당연히 특수한 CASE부터 확인해봐야겠다.

두 자연수 a, b에 대하여 함수 $f(x)$는

$$f(x)=\begin{cases} 2x^3-6x+1 & (x \leq 2) \\ a(x-2)(x-b)+9 & (x > 2) \end{cases}$$

이다. 실수 t에 대하여 함수 $y=f(x)$의 그래프와 직선 $y=t$가 만나는 점의 개수를 $g(t)$라 하자.

$$g(k)+ \lim_{t \to k-} g(t)+ \lim_{t \to k+} g(t)= 9$$

를 만족시키는 실수 k의 개수가 1이 되도록 하는 두 자연수 a, b의 순서쌍 (a, b)에 대하여 $a+b$의 최댓값은? [4점]

① 51 ② 52 ③ 53 ④ 54 ⑤ 55

1. 함수 $f(x)$ 의 그래프와 직선 $y=t$ 사이의 관계,
구체적으로는 함수 $f(x)$ 의 그래프와 직선 $y=t$ 의 교점의 개수가 문제의 주제이므로
함수 $f(x)$ 의 그래프의 개형을 관찰하는 것이 필요하다.

$x \leq 2$ 에서의 함수 $f(x)$ 에 대하여 $x < 2$ 에서 $f'(x) = 6x^2 - 6 = 6(x+1)(x-1)$ 이므로
$x \leq 2$ 에서의 함수 $f(x)$ 는 $x = -1$ 에서 극댓값 5 , $x = 1$ 에서 극솟값 -3 을 갖는다.
또한 $f(2) = 5$ 임을 알 수 있다.

$x > 2$ 에서의 함수 $f(x)$ 를 관찰해보자.

이차함수 $a(x-2)(x-b)+9$ 와 직선 $y=9$ 가 만나는 점의 x 좌표는 2 또는 b 이므로
2 와 b 의 대소 관계에 따라 경우를 나누어 그래프의 개형을 관찰해보자.

ⅰ) b 가 1 또는 2 인 경우

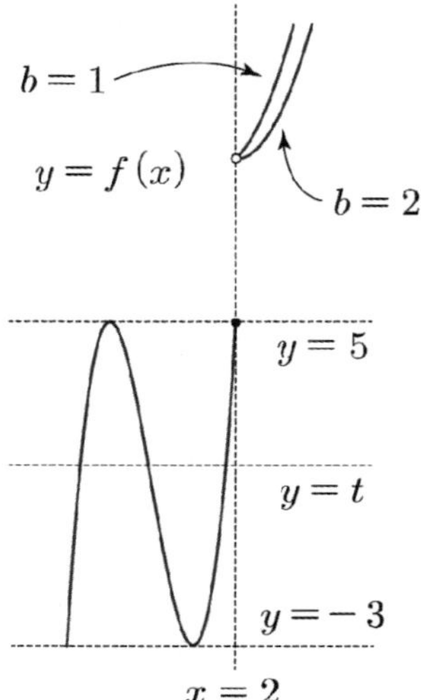

$-3 < t < 5$ 인 임의의 실수 t 에 대하여 $g(t)$ 는 연속이고, $g(t) = 3$ 이므로
$g(k) + \lim\limits_{t \to k-} g(t) + \lim\limits_{t \to k+} g(t) = 3 + 3 + 3 = 9$ 를 만족시키는 실수 k 가
무수히 많이 존재한다. $\cdots$ (①)

i)에 착안하여 $x > 2$ 에서의 함수 $f(x)$ 의 최솟값이 -3 이 아니면 (①) 과 동일한 과정으로

$$g(k) + \lim_{t \to k-} g(t) + \lim_{t \to k+} g(t) = 9$$ 를 만족시키는 실수 k 의 개수가 무수히 많음을 확인할 수 있다.

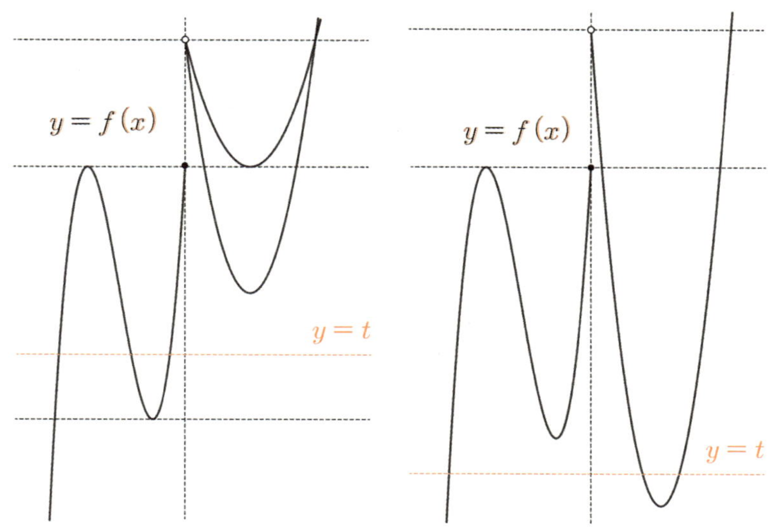

2. ii)에 의하여 $b \geq 3$ 이고 $x > 2$ 에서의 함수 $f(x)$ 의 최솟값은 -3 임을 알 수 있고,

$$g(k) + \lim_{t \to k-} g(t) + \lim_{t \to k+} g(t) = 9$$ 를 만족시키는 실수 k 의 값은 -3 이다.

$x > 2$ 에서의 함수 $f(x)$ 는 $x = \dfrac{2+b}{2}$ 에서 최소이므로

$$f\left(\frac{2+b}{2}\right) = -a\left(\frac{b}{2} - 1\right)^2 + 9 = -3 \implies a(b-2)^2 = 48$$ 을 만족시키는 두 자연수 $a,\, b$ 의

순서쌍 (a, b) 는 $(48, 3)$, $(12, 4)$, $(3, 6)$ 이므로 $a+b$ 의 최댓값은 $48 + 3 = 51$ 이다.

답은 ①!!

▌추가 도구와 팁

ㄱㄴㄷ 문항이 평가원이 학생들을 배려하는 문항이라는 사실은 이제 너무나도 유명하다.
ㄱ과 ㄴ은 ㄷ을 풀기 위한 힌트이자 초석이다. 이 사실을 모르는 수험생은 이제 없을 것이다.
ㄱㄴㄷ 예제 문항과 유제 문항 해설에서도 저자는 항상 이 사실을 강조했다.

하지만 여전히 학생들은 〈ㄱㄴㄷ 문항〉을 어려워하며 자꾸만 내용 외적으로 평가원과 가위바위보 게임을 하려 한다.

"최근 몇 년동안 ⑤가 답이었어. 이번에도 틀림없이 그게 답일거야."
"맞게 푼 것 같은데... 왜 ㄴ이 틀렸다고 나오지... 헷갈리는데..."

이제 이런 가위바위보 게임은 그만두고, 필자가 전하는 태도에 입각해서 확신을 갖고 ㄱㄴㄷ 문항을 맞히자.
ㄱ, ㄴ을 풀 때는 항상 다음과 같이 생각해라.

"출제자는 이걸 왜 물어보는 걸까?"

즉, ㄱ, ㄴ을 제시한 이유를 필수적으로 고려해야 한다.
ㄱ, ㄴ은 ㄷ의 길잡이이므로 ㄱ, ㄴ이 제시된 이유는 반드시 ㄷ에 대한 해답으로 이어질 수밖에 없다.
.
지금까지 많은 ㄱㄴㄷ 문항을 풀어봤으므로 따로 예제 문항은 풀지 않겠다.

풀이법 자체는 어렵지 않다.

① 도형을 식으로 표현한 다음 최대, 최소를 구한다.

쉬운 도형이라면 넓이를 구하기 위한 길이를 t에 관한 식으로 나타낸 다음 넓이를 구하면 되고,
어려운 도형이라면 쉬운 도형으로 쪼갠 다음 각각의 넓이를 구하면 된다.

넓이를 나타내는 식을 구했다면 식을 기반으로 함수 그래프를 그려 최대, 최소를 구하면 된다.

② 정의역 범위를 주의하자.

최댓값과 최솟값은 특정한 정의역 범위 내에서 정의된다.
정의역 범위를 따지지 않고 직관적으로 최대, 최소를 판단했다가 실수를 범할 수 있으므로 주의하자.

그림과 같이 한 변의 길이가 1인 정사각형 ABCD의 두 대각선의 교점의 좌표는 $(0, 1)$이고, 한 변의 길이가 1인 정사각형 EFGH의 두 대각선의 교점은 곡선 $y = x^2$ 위에 있다. 두 정사각형의 내부의 공통부분의 넓이의 최댓값은? (단, 정사각형의 모든 변은 x축 또는 y축에 평행하다.) [4점]

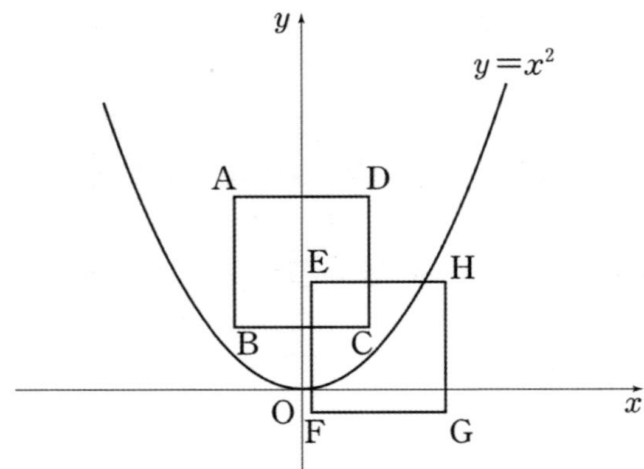

① $\dfrac{4}{27}$　　② $\dfrac{1}{6}$　　③ $\dfrac{5}{27}$　　④ $\dfrac{11}{54}$　　⑤ $\dfrac{2}{9}$

1. **정사각형 $EFGH$의 두 대각선의 교점의 좌표를 (a, a^2)으로 놓자.**

$a < 0$일 때와 $a > 0$일 때 두 정사각형의 내부의 공통부분의 넓이 변화 양상은 동일하므로
$a > 0$일 때만 관찰하자.

넓이가 형성되기 위한 a값의 범위를 따져주면 두 정사각형의 한 변의 길이는 모두 1이므로
$a \geq 1$일 때 두 정사각형 내부의 공통부분은 존재하지 않는다. 따라서 $0 < a < 1$

2. **공통부분의 넓이를 a로 표현하자.**

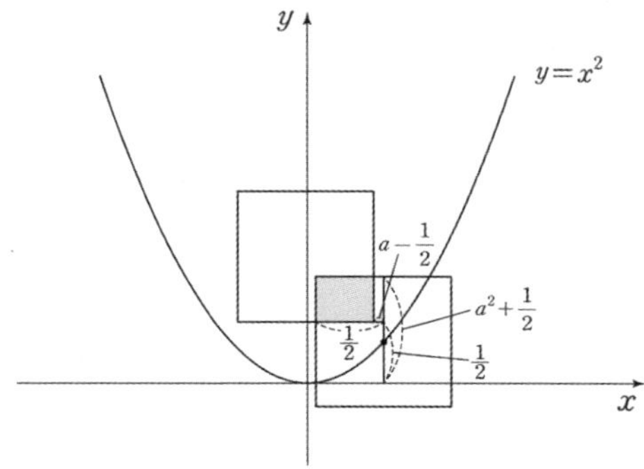

공통부분은 직사각형이다.

직사각형의 세로 길이 $= \left(a^2 + \dfrac{1}{2}\right) - \dfrac{1}{2} = a^2$

직사각형의 가로 길이 $= \dfrac{1}{2} - \left(a - \dfrac{1}{2}\right) = 1 - a$

따라서 두 정사각형의 공통부분의 넓이 $S(a) = a^2(1-a)\ (0 < a < 1)$

3. **$S(a)$의 최댓값을 파악하기 위해 그래프를 그려주자.**

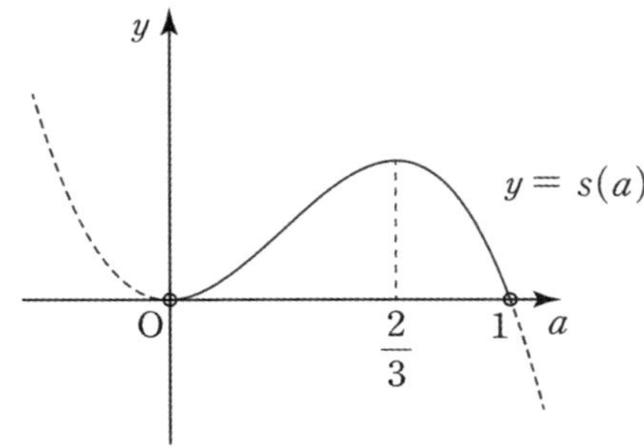

$S(a)$는 삼차함수의 비율에 의해 $a = \dfrac{2}{3}$에서 최댓값을 갖는다.

$$\therefore S\left(\dfrac{2}{3}\right) = \left(\dfrac{2}{3}\right)^2\left(1 - \dfrac{2}{3}\right) = \dfrac{4}{9} \times \dfrac{1}{3} = \dfrac{4}{27}$$

답은 ①!!

3. 거리

(1) 거리함수

거리는 수단일 뿐이고, 거리함수는 결국 '절댓값'이 포함된 함수를 다룰 수 있는가를 묻는 문항이다. 절댓값은 거의 대부분 미분가능성으로 연결된다. 지금부터 설명에 쓰이는 곡선, 점, 직선은 모두 좌표평면에 위에 존재한다고 가정하자.

① $y = f(x)$의 그래프 위를 움직이는 점 P와 고정된 점 Q 사이의 거리

$y = f(x)$ 위를 움직이는 점 $P(t, f(t))$와 고정된 점 $Q(a, b)$ 사이의 거리는 점과 점 사이의 거리 공식으로 구할 수 있다.

점 P와 점 Q 사이의 거리 : $\sqrt{(t-a)^2 + \{f(t) - b\}^2}$

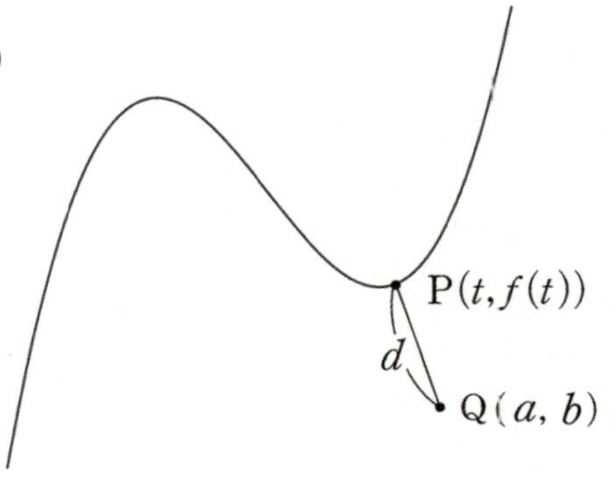

② $y = f(x)$의 그래프 위를 움직이는 점 P와 직선 사이의 거리

$y = f(x)$ 위를 움직이는 점 $P(t, f(t))$와 직선 l 간의 거리는 **점과 직선 사이의 거리 공식**으로 구할 수 있다.

직선 l의 방정식이 $ax + by + c = 0$일 때,
점 P와 직선 l 사이의 거리 : $\dfrac{|at + bf(t) + c|}{\sqrt{a^2 + b^2}}$

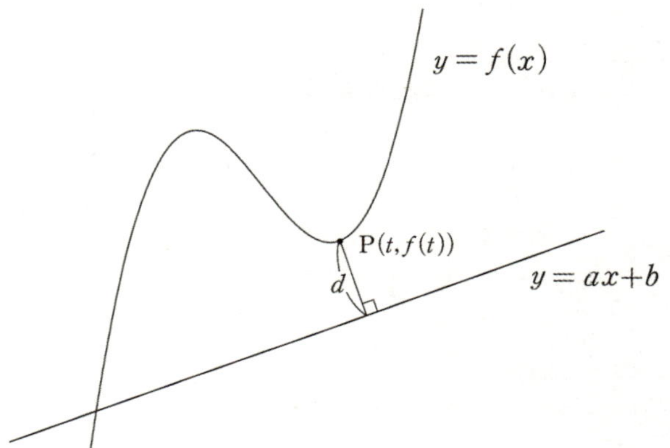

③ 직선 $x = t$ 또는 직선 $y = t$ 위의 두 점 사이의 거리

이 경우 **'절댓값'**을 이용하면 된다. 예를 들어, 함수 $y = f(x)$ 위의 점 $(t, f(t))$에서 그은 접선이 y축과 만나는 점 P와 y축 위의 점 $Q(0, k)$ 간의 거리를 구한다고 해보자. (단, k는 실수)

함수 $y = f(x)$ 위의 점 $(t, f(t))$에서 그은 접선의 방정식 : $y = f'(t)(x - t) + f(t)$
점 P의 좌표 : $(0, f(t) - tf'(t))$

점 $P(0, f(t) - tf'(t))$와 점 $Q(0, k)$는 모두 y축 위에 존재하므로 두 점 사이의 거리는 두 점의 y좌표의 차와 같다. 따라서 두 점 사이의 거리는 $|f(t) - tf'(t) - k|$가 된다.

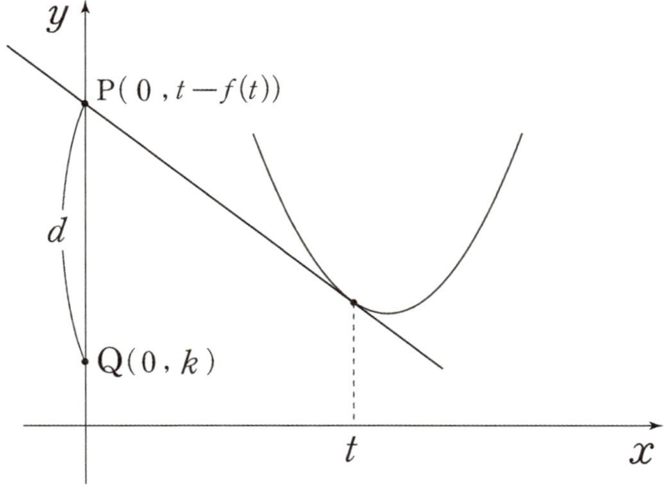

④ $y = f(x)$의 그래프 위를 움직이는 점 P와 $y = g(x)$의 그래프 위를 움직이는 점 Q 사이의 거리

수능에서는 잘 출제하지 않는다. $y = f(x)$와 $y = g(x)$ 위를 움직이는 점을 각각
$P(s, f(s))$, $Q(t, g(t))$라 할 때 두 점 사이의 거리 공식을 이용하면 거리함수의 변수가 두 개 (s, t)
존재하기 때문이고, 교수님들은 학생들이 '거리 공식'에 꽂힐 것을 알기 때문이다.

수학 II 에서는 움직이는 두 점 사이의 거리를 '함수'로 접근하기 힘들다. 그럼 어떻게 관찰할까?

〈Chapter 1〉의 불연속×불연속 유형에서 각각의 함수를 한꺼번에 생각하지 말고, 하나씩 단계적으로 해결하라고 했었다. 마찬가지로, 한 점의 위치를 '고정' 시킨 채로 다른 한 점을 '움직'이면서 두 점 사이의 거리를 관찰할 수 있는데, 이 경우 고정된 점과 움직이는 점을 관찰하는 셈이 된다.

　　※ 이는 **'하나의 변수로 통일할 수 없는 두 개 이상의 변수가 존재'**하는 경우에 공통되게 사용할 수 있는 테크닉이므로 필수 도구로서 알아두자.

관련 교육청 문제를 풀어보면서 이해해보자.

그림과 같이 함수 $y = 2\sqrt{x}$ 의 그래프 위를 움직이는 점 P와 직선 $y = x + 2$ 위를 움직이는 점 Q 에 대하여 선분 PQ의 중점을 M이라 하자. 점 M과 점 A$(0, 8)$ 사이의 거리의 최솟값은? [4점]

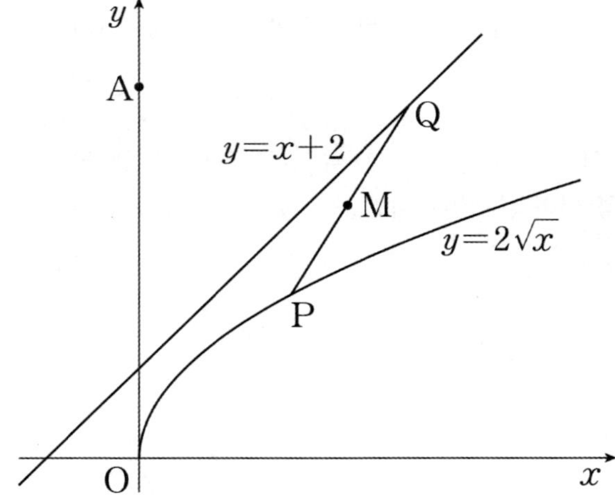

① $\dfrac{13\sqrt{2}}{4}$　　② $\dfrac{27\sqrt{2}}{8}$　　③ $\dfrac{7\sqrt{2}}{2}$　　④ $\dfrac{29\sqrt{2}}{8}$　　⑤ $\dfrac{15\sqrt{2}}{4}$

1. $P(p, 2\sqrt{p})$, $Q(q, q+2)$ 모두 서로 다른 함수의 그래프 위를 움직이는 점이다.

선분 PQ의 중점을 구해보면 점 $\left(\dfrac{p+q}{2},\ \dfrac{2\sqrt{p}+q+2}{2}\right)$가 되고,

이 점과 점 $A(0,\,8)$ 사이의 거리 공식을 이용하면 아주 괴랄한 거리함수가 등장한다.
'잘 비벼보면 어떻게 함수를 해석할 수 있지 않을까?' 시도는 좋다만, 수학Ⅱ 과정에서는 사실 불가능에 가깝다고 보는 게 맞다.

책의 서두에서 말했듯이, 킬러를 풀지 못하는 가장 큰 요인은 '잘못된 길로 가고 있다는 확신의 부재'와 그에 따른 '방향 전환의 부재'이다.
본문에서 말했던 테크닉을 이용하여 무리함수 그래프 위를 움직이는 점 P를 고정하자.

그렇다면, 선분 PQ의 중점은 어떻게 될까? $\left(\dfrac{p+q}{2},\ \dfrac{2\sqrt{p}+q+2}{2}\right)$를 작성하는 건 이제 머릿속에서 지워버려야 한다.

(고정된 점 P)와 (직선 $y = x+2$ 위를 움직이는 점 Q)의 **중점 M은 선분 PQ의 중점을 지나가면서 기울기가 1인 직선 $y = x + k\ (x \geq 0)$ 위를 움직인다.**

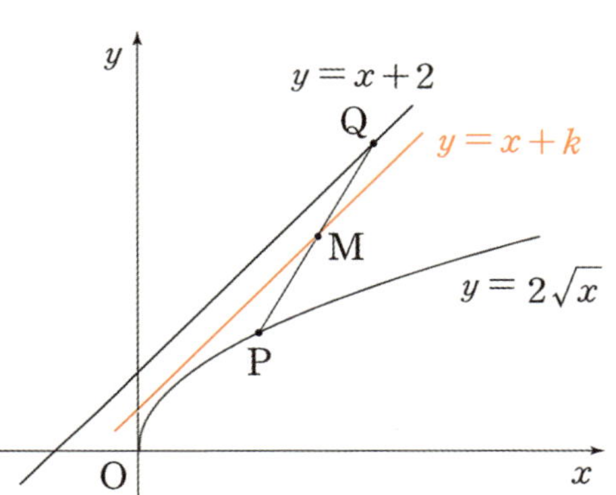

삼각형의 변을 관찰하면 쉽게 이해할 수 있다.

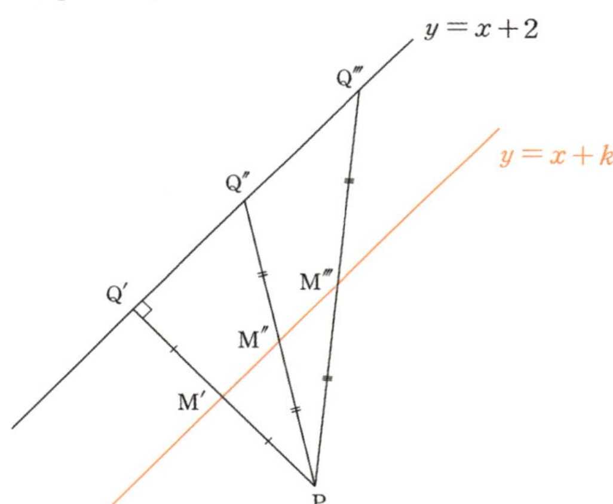

이때, (P와 Q의 중점 M과 A 사이의 거리의 최솟값)은 (A와 직선 $y = x + k$ 사이의 거리)와 같다.

따라서 **'움직이는 점 P'** 에 대해 M과 A 사이의 거리가 최소가 되려면 **직선 $y = x + k$ 가 점 A의 가장 가까이에 존재**해야 한다. 이를 만족하는 P의 위치는 $y = 2\sqrt{x}$ 의 미분계수가 1인 지점이다.

2. 점 P의 위치가 아래의 그림과 같을 때 k의 값을 구하자. $k = \dfrac{r+2}{2}$ 이므로 r의 값을 구하면 된다.

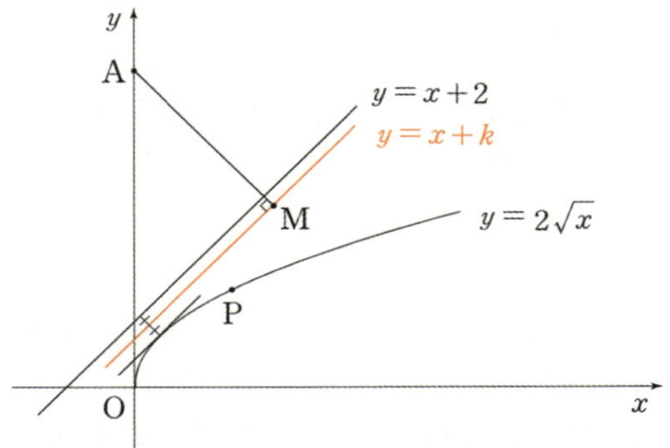

수학Ⅱ 과정에서는 $y = 2\sqrt{x}$ 의 도함수를 구할 수 없으므로 r의 값을 방정식을 통해 구하는 수밖에 없다. 방정식 $2\sqrt{x} = x + r \ (x \geq 0)$의 양변을 제곱하여 이차방정식으로 만들어주면

$$4x = (x+r)^2, \ x^2 + (2r-4)x + r^2 = 0$$

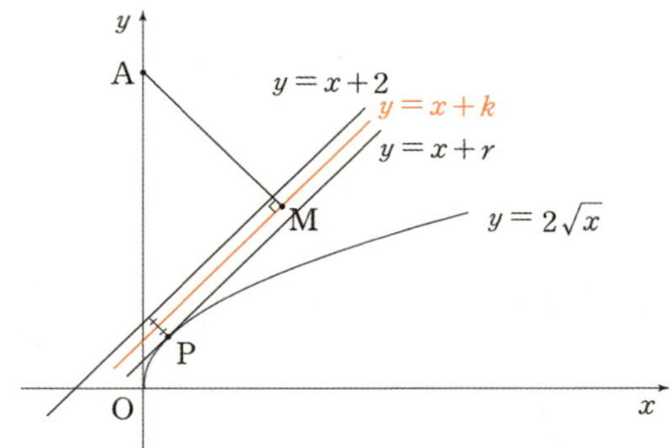

이차방정식 $x^2 + (2r-4)x + r^2 = 0 \ (x \geq 0)$이 '중근'을 가지므로 판별식 $D = 0$이다.

$$\frac{D}{4} = (r-2)^2 - r^2 = -4r + 4 = 0$$

$r = 1$이므로 $k = \dfrac{1+2}{2} = \dfrac{3}{2}$ 이다. 이때, (M 과 A$(0, 8)$ 사이의 거리의 최솟값)은 (A$(0, 8)$과 직선 $y = x + \dfrac{3}{2}$ 사이의 거리)와 같다.

점과 직선 사이의 거리 공식을 이용하면, $\dfrac{\left| 0 - 8 + \dfrac{3}{2} \right|}{\sqrt{1^2 + (-1)^2}} = \dfrac{13}{2} \times \dfrac{1}{\sqrt{2}} = \dfrac{13}{4}\sqrt{2}$

답은 ①!!

문제 세팅은 되게 간단하지만, 꽤 어려운 문제다. 수능과는 어느 정도 괴리가 있는데, **(고정된 점 P)와 (직선 위를 움직이는 점 Q)의 중점이 직선 $y = x + k$ 위를 움직이는 것을 알아차리는 게 약간의 발상을 포함하기 때문이다.** 하지만 하나의 점을 고정하고, 다른 하나의 점을 이동시키는 테크닉은 중요하므로 꼭 알아두자.

(2) 거리의 최소·최대

① $y = f(x)$의 그래프를 그릴 수 있는 경우

$f(x)$ 위의 점 P와 직선 l 사이의 거리의 최솟값 또는 최댓값을 구할 때,

(i) $y = f(x)$**가 미분가능**하면 $y = f(x)$에서 **직선 l의 기울기와 동일한 미분계수를 갖는 지점과 직선 l까지의 거리**가 그 후보가 된다. 그래프를 관찰하여 후보 중에서 답이 되는 지점을 찾으면 된다.
(직선 l의 기울기와 동일한 미분계수를 갖는 지점이 없는 $f(x)$를 문제로 제시하지는 않는다.)

예를 들어 사차함수 $y = f(x)$의 그래프가 아래 그림과 같을 때, 곡선 $y = f(x)$ 위의 점 P와 직선 l 사이의 거리의 **최솟값은 점 P_1와 직선 l 사이의 거리**가 된다. 만약 점 P가 두 점 P_1과 P_3 사이를 움직인다면 점 P와 직선 l 사이의 거리의 최댓값은 점 P_2와 직선 l 사이의 거리가 된다.

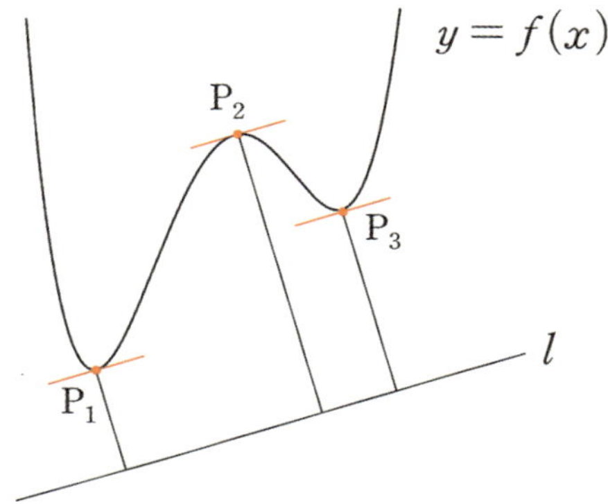

(ii) $y = f(x)$**가 미분가능하지 않은 점이 존재**한다면,
그래프를 관찰하여 직선 l과의 거리가 가장 가까운 곳을 직접 찾는 수밖에 없다.

② $y = f(x)$의 그래프를 정확히 그릴 수 없는 경우

그래프로 판단할 수 없으므로 그래프의 관점이 아닌 식의 관점으로 풀어야 하고,
점과 직선 사이의 거리 공식을 이용하면 된다.

직선 l의 방정식을 $y = ax + b$, 점 P의 좌표를 $(t, f(t))$라 하면
점 P와 직선 l 간의 거리는 $\dfrac{|at - f(t) + b|}{\sqrt{a^2 + 1}}$ 이다.

따라서 $g(t) = \dfrac{|at - f(t) + b|}{\sqrt{a^2 + 1}}$ 로 설정하여 t에 대한 함수 $g(t)$의 최댓값과 최솟값을 구해주면 된다.
식 설정 후 최대 최소 판정 문항과 비슷한 느낌이다.

※ 기출에서 ②를 다룬 경우는 거의 없다.

닫힌 구간 $[0,\,2]$에서 정의된 함수

$$f(x) = ax(x-2)^2 \left(a > \frac{1}{2}\right)$$

에 대하여 곡선 $y = f(x)$와 직선 $y = x$의 교점 중 원점 O가 아닌 점을 A라 하자. 점 P가 원점으로부터 점 A까지 곡선 $y = f(x)$ 위를 움직일 때, 삼각형 OAP의 넓이가 최대가 되는 점 P의 x좌표가 $\frac{1}{2}$이다. 상수 a의 값은? [4점]

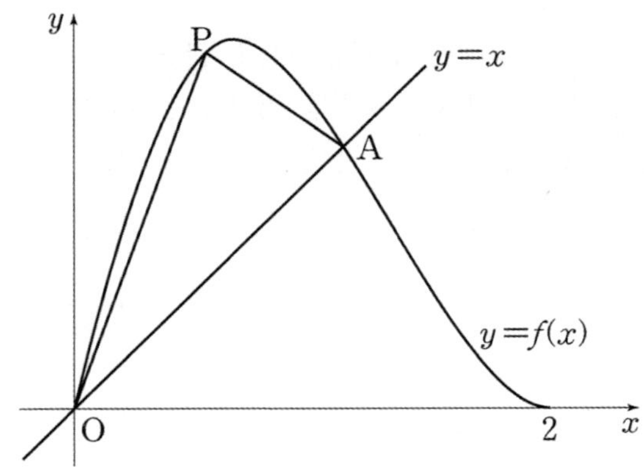

① $\dfrac{5}{4}$ ② $\dfrac{4}{3}$ ③ $\dfrac{17}{12}$ ④ $\dfrac{3}{2}$ ⑤ $\dfrac{19}{12}$

---

1. 삼각형 OAP의 밑변은 $\overline{\mathrm{OA}}$ 로 고정되었다. 높이의 최댓값을 구하자.

점 P가 직선 $y = x$의 기울기와 동일한 $f(x)$의 미분계수를 갖는 지점에 존재할 때 삼각형의 높이가 최대가 된다. 그러한 점 P의 x좌표가 $\frac{1}{2}$이므로 $f'\left(\frac{1}{2}\right) = 1 \ (0 \leq x \leq 2)$를 만족하는 a값을 구하자.

2. $f(x) = ax(x-2)^2 \left(a > \dfrac{1}{2}\right)$

$f'(x) = a(x-2)^2 + ax(2x-4)$

$f'\left(\dfrac{1}{2}\right) = a\left(-\dfrac{3}{2}\right)^2 + a \times \dfrac{1}{2} \times (-3)$

$\qquad = \dfrac{9}{4}a - \dfrac{3}{2}a = \dfrac{3}{4}a = 1 \quad \therefore \ a = \dfrac{4}{3}$

답은 ②!!

(3) 거리 vs 함숫값의 차

간혹 거리와 함숫값의 차를 똑같은 것으로 오해하는 경우가 있다.
그 결과 $y = f(x)$와 $y = g(x)$ 사이의 거리를 차이함수를 이용해 $|f(x) - g(x)|$로 표현하는 오류를 저지른다.

그러나 거리와 함숫값의 차는 명확히 다르다.
거리는 굳이 x 좌표가 같을 필요가 없지만 함숫값의 차는 동일한 x 값에서의 두 함수의 차를 의미한다.

그래프로 관찰하면 더욱 선명하게 이해할 수 있다. α는 함숫값의 차를, β는 거리를 의미한다.

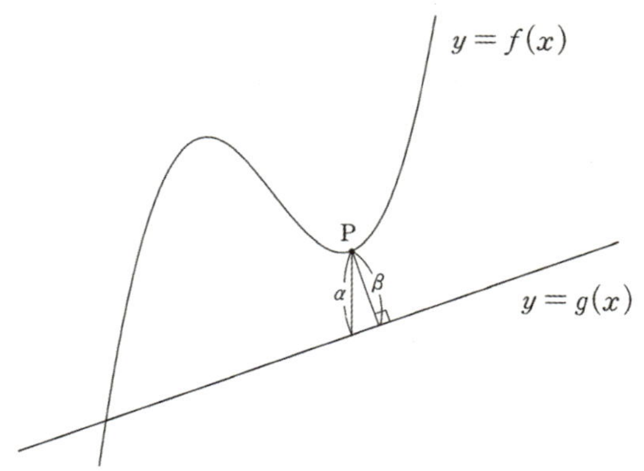

거리와 함숫값의 차를 혼동하는 일은 없도록 하자.

수학II에만 해당하는 내용이 아니라 수능 수학의 문제 구성 자체에 관한 팁이다. 문제를 풀어나갈 때는 구해야 할 것을 항상 의식하자. 문제를 거의 다 푼 다음 마지막에 구해야 할 것을 보는 것이 아니라, **구해야 할 것을 먼저 보고, 풀이 방향을 그에 맞춰나가야 한다.**

(1) $g(\beta+1)-f(\beta+1)$

18학년도 6월 평가원 30번 문항에서 최종적으로 구해야 할 것이다. 현재 수학II 기출에서 등장한 구해야 할 것 중 가장 아름다운 형태로 꼽고 싶다. $f(\beta+1)$의 값 혹은 $g(\beta+1)$의 값을 물을 수도 있었을 텐데, '굳이' 두 함수를 빼서 $g(\beta+1)-f(\beta+1)$의 값을 묻고 있다. 문제의 주인공은 $f(x)$나 $g(x)$가 아닌 차이함수 $g(x)-f(x)$라는 평가원의 메시지다.

(2) a_{40}

수열 문제에서 자주 등장하는 구해야 할 것이다. 수열 a_n의 40번째 항을 일일이 나열해서 구할 리는 없다. 수열 a_n이 어떠한 규칙성을 지닐 것이라는 평가원의 메시지다.

(3) ~의 최댓값, 최솟값

여러 가지 생각을 할 수 있다. 어떤 미지수는 그 값을 정확히 알아낼 수 없고, 범위만 알아낼 수 있음을 생각해 볼 수 있다. 또는 직접 함수식을 설정해서 해당 함수의 최댓값, 최솟값을 구해야 할 수도 있다.

(4) 함수 $f(x)$의 극댓값과 극솟값의 차는?

함수 $f(x)$의 극댓값과 극솟값을 각각 구한 후에 그 차이를 묻는 문제일 수도 있겠지만, 함수 $f(x)$의 식을 완전히 알 수 없어 극댓값과 극솟값을 각각 구하지 못할 수도 있겠다는 생각도 해야 한다.

혹은 $f(x)$가 삼차함수라면, **이차함수 넓이 공식과 삼차함수 극값의 관계 도구**를 떠올리는 것도 좋은 태도다.

위의 예시만 있는 것은 아니다. 그렇다고 모든 문제에서 구해야 할 것이 중요하게 작용하는 것은 아니다. '구해야 할 것에 집중하는 태도'가 문제 풀이에 도움이 될 때도 있다는 점을 의식하고, 스스로 저런 사례들을 발견해 나가자.

(1) $\{xf(x)\}' = f(x) + xf'(x)$ (단, $f(x)$는 미분가능)

$xf(x)$ 뿐만 아니라
$$\{(x-a)f(x)\}' = f(x) + (x-a)f'(x)$$
$$\{(ax+b)f(x)\}' = af(x) + (ax+b)f'(x)$$
등등 다양한 곱의 미분에서도 $f(x)$와 $f'(x)$가 같은 식에서 등장할 수 있다.

〈Chapter 3〉의 예제 20학년도 9월 평가원 21번에서도 이 도구가 등장했다.

(2) 함수 $y = f(x)$의 $x = a$에서의 접선의 방정식 (단, $f(x)$는 $x = a$에서 미분가능)

$$y = f'(a)(x-a) + f(a)$$

접선의 방정식을 적지 못하는 사람은 없다.
그러나 역으로 $y = f'(a)(x-a) + f(a)$ 식을 보고 이 식의 의미가 $y = f(x)$의 $x = a$에서의 접선의 방정식이라는 것을 파악하는 사람은 그리 많지 않다. 특히, $f'(a)(1-a) = 1 - f(a)$와 같은 식을 보고 '$y = f'(a)(x-a) + f(a)$가 점 $(1, 1)$을 지난다.'는 정보를 뽑기는 너무 힘들다.
지금 당장은 쉬워 보여도 문제 속에서 등장하면 놓칠 수 있으므로 정확히 알아두자.

(3) $\displaystyle\int_a^b f'(x)dx = f(b) - f(a)$ (단, $f'(x)$는 닫힌 구간 $[a, b]$에서 연속)

미적분의 기본정리다. 도함수 $f'(x)$의 정적분은 원함수 $f(x)$의 함숫값 차에 대응한다.

– 〈Chapter 7, 8〉

최고차항의 계수가 1인 삼차함수 $f(x)$가 $f(0) = 0$, $f(\alpha) = 0$, $f'(\alpha) = 0$이고 함수 $g(x)$가 다음 두 조건을 만족시킬 때, $g\left(\dfrac{\alpha}{3}\right)$의 값은? (단, α는 양수이다.) [4점]

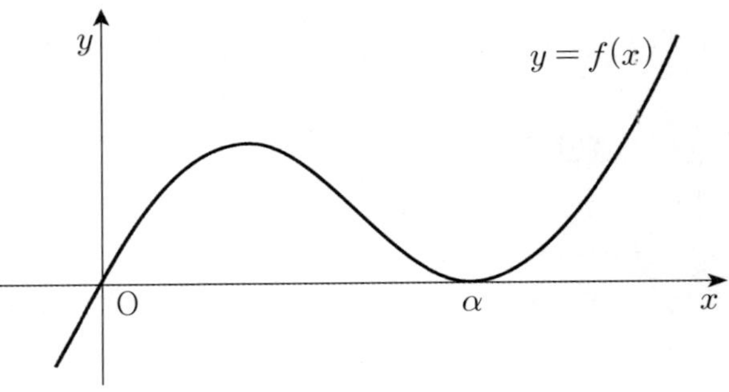

(가) $g'(x) = f(x) + xf'(x)$
(나) $g(x)$의 극댓값이 81이고 극솟값이 0이다.

① 56   ② 58   ③ 60   ④ 62   ⑤ 64

1. (가)에서 양변을 x에 대하여 적분하면
$g(x) = xf(x) + C$이다. (단, C는 적분상수)

$f(x) = x(x - \alpha)^2$이므로
$g(x) = xf(x) + C = x^2(x - \alpha)^2 + C$
이때, (나)에서 $g(x)$의 극솟값이 0 이므로
$C = 0$이고 $g(x) = x^2(x - \alpha)^2$이다.

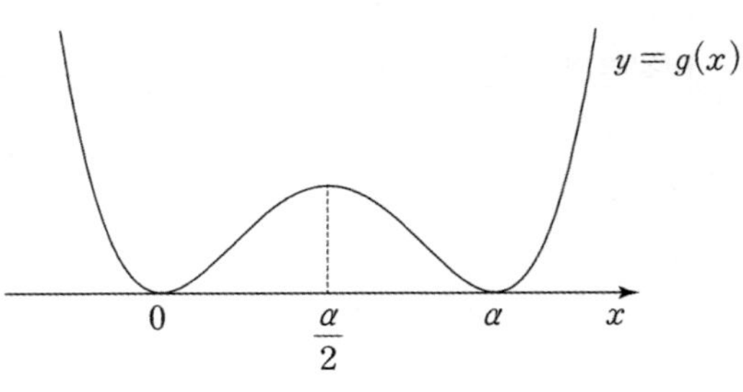

2. 사차함수 $g(x)$의 그래프는 $x = \dfrac{\alpha}{2}$에 대해 대칭이므로 함수 $g(x)$는 $x = \dfrac{\alpha}{2}$에서 극댓값을 갖는다.

(나)에서 $g(x)$의 극댓값이 81이므로 $g\left(\dfrac{\alpha}{2}\right) = 81$이다.

$g(x) = x^2(x - \alpha)^2$이므로 $g\left(\dfrac{\alpha}{2}\right) = \left(\dfrac{\alpha}{2}\right)^2\left(-\dfrac{\alpha}{2}\right)^2 = \dfrac{\alpha^4}{2^4} = 81$, $\alpha^4 = 2^4 \times 3^4$

$\alpha = 6 \ (\because \ \alpha > 0)$, $g(2) = 2^2 \times (2 - 6)^2 = 64$

답은 ⑤!!

함수 $f(x) = (x-2)^3$과 두 실수 m, n에 대하여 함수 $g(x)$를

$$g(x) = \begin{cases} f(x) & (|x| < a) \\ mx+n & (|x| \geq a) \end{cases} \ (a > 0)$$

이라 하자.

함수 $g(x)$가 실수 전체의 집합에서 연속일 때, <보기>에서 옳은 것만을 있는 대로 고른 것은? [4점]

< 보 기 >

ㄱ. $a = 1$일 때, $m = 13$이다.

ㄴ. 함수 $g(x)$가 $x = a$에서 미분가능할 때, $m = 48$이다.

ㄷ. $f(a) - 2af'(a) > n - ma$를 만족시키는 자연수 a의 개수는 5이다.

① ㄱ   ② ㄱ, ㄴ   ③ ㄱ, ㄷ   ④ ㄴ, ㄷ   ⑤ ㄱ, ㄴ, ㄷ

함수 $g(x)$의 연속 조건이 제시되었지만 할 수 있는 건 없다. 두 식 $f(a)=ma+n$, $f(-a)=-ma+n$을 미리 세워도 되지만 보기에서 직접적으로 필요할 때 세워도 상관없다. 보기로 바로 들어가자.

1. $f(1)=m+n$, $f(-1)=-m+n$

   m과 n에 관한 두 가지 방정식을 연립해서 m, n을 구할 수도 있지만 **구하는 것을 잘 관찰**하자.
   m은 직선 $y=mx+n$의 기울기이고, **직선의 기울기는 직선이 지나는 두 점 사이의 평균변화율과 같다.**

   함수 $g(x)$가 실수 전체의 집합에서 연속이므로 직선 $y=mx+n$은 점 $(1, f(1))$와
   점 $(-1, f(-1))$을 지난다.

   따라서 $m=\dfrac{f(1)-f(-1)}{1-(-1)}=\dfrac{(1-2)^3-(-1-2)^3}{2}=\dfrac{-1+27}{2}=13$ (O)

2. 우미분계수와 좌미분계수를 일일이 $\displaystyle\lim_{x\to a\pm}\dfrac{g(x)-g(a)}{x-a}$로 구할 필요 없다.

   $f(x)$와 $mx+n$가 모두 미분가능하고, $g(x)$가 $x=a$에서 연속이므로

   ($g(x)$의 $x=a$에서 우미분계수)$=m$
   ($g(x)$의 $x=a$에서 좌미분계수)$=f'(a)$

   $g(x)$가 $x=a$에서 미분가능하므로 $f'(a)=m$이다. 미지수가 a, m 2개이므로 조건이 하나 더 필요하다. $g(x)$가 실수 전체의 집합에서 연속이므로 $f(a)=ma+n$, $f(-a)=-ma+n$

   $f(a)=(a-2)^3=ma+n \cdots \textcircled{\small ㄱ}$
   $f(-a)=(-a-2)^3=-(a+2)^3=-ma+n \cdots \textcircled{\small ㄴ}$

   $\textcircled{\small ㄱ}-\textcircled{\small ㄴ}$을 하면
   $(a-2)^3+(a+2)^3=2am$
   $(a^3-6a^2+12a-8)+(a^3+6a^2+12a+8)=2am$
   $2a^3+24a=2am$
   $\therefore\ m=a^2+12\ (\because\ a>0)$

   $m=a^2+12$을 방정식 $f'(a)=m$에 대입하자. $f'(a)=a^2+12$
   $3(a-2)^2=a^2+12,\ 3a^2-12a+12=a^2+12,\ 2a^2-12a=0,$
   $2a(a-6)=0,\ a=6\ (\because\ a>0)$

   $\therefore\ m=6^2+12=48$ (O)

3. **부등식을 관찰하면 그 형태가 굉장히 독특하다. 무언가 의미가 있진 않을까** 하고 생각해야 한다. 우선,
부등식의 (우변)은 직선 $y = mx + n$과 연결지으면 직선의 $x = -a$에서의 y좌표임을 알 수 있다.

다음으로 좌변 $f(a) - 2af'(a)$을 살펴보면, $f(a)$와 $f'(a)$가 같은 식에 존재하므로 본문에서 배운
$f(a)$와 $f'(a)$가 같은 식에 등장하는 3가지 경우를 떠올리자.

① $\{xf(x)\}' = f(x) + xf'(x)$

　$y = xf(x)$의 $x = a$에서의 미분계수 : $f(a) + af'(a)$

　$f(a) - 2af'(a)$와 비슷하기는 하지만 다르다.

② 함수 $y = f(x)$의 $x = a$에서의 접선의 방정식

　$y = f'(a)(x - a) + f(a)$에 $x = -a$를 대입하면 $y = -2af'(a) + f(a)$이므로

　$f(a) - 2af'(a) > n - ma$의 (좌변)은 함수 $y = f(x)$의 $x = a$에서의 접선의 $x = -a$일 때의
　함숫값을 의미한다.

부등식 $f(a) - 2af'(a) > n - ma$의 의미를 모두 밝혀냈다.
곡선 $y = f(x)$의 $x = a$에서의 접선의 $x = -a$일 때의 함숫값은 직선 $y = mx + n$의 $x = -a$
일 때의 함숫값보다 커야 한다. 그러나 두 직선의 방정식에 $x = -a$를 대입해서 함숫값을 직접 구하
려고 하면 안 된다. 기껏 부등식의 의미를 잘 파악하고 그 의미를 십분 활용하지 못하는 풀이이다.
'직선'에 주목하자.

ⅰ) 함수 $g(x)$는 실수 전체의 집합에서 연속이므로 직선 $y = mx + n$은 점 $(a, f(a))$를 지난다.
　　그리고 $f(x)$의 $x = a$에서의 접선의 방정식은 당연히 점 $(a, f(a))$를 지난다.
ⅱ) 두 직선의 기울기는 모두 양수이다.

따라서 $f(x)$의 $x = a$에서의 접선의 기울기 $f'(a)$가
직선 $y = mx + n$의 기울기 m보다 작으면
접선의 $x = -a$일 때의 함숫값은 직선의 $x = -a$일 때의 함숫값보다 크다.

해설은 문장을 통해 이러한 결론을 도출했지만, **실전에서 문제를 푸는 학생이라면 $y = f(x)$의**
그래프만 보고도 이러한 결론을 도출할 수 있어야 한다.

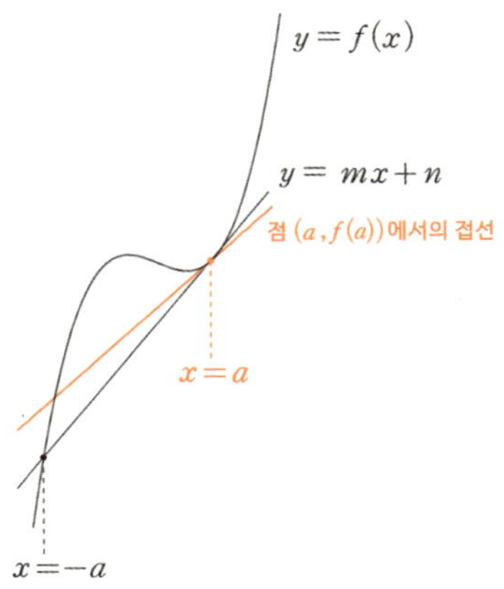

$$(f(x)\text{의 } x=a\text{에서의 접선의 기울기})=f'(a)=3(a-2)^2$$
$$(\text{직선 } y=mx+n\text{의 기울기})=m=a^2+12$$
$$3(a-2)^2 < a^2+12,\ 3a^2-12a+12 < a^2+12$$
$$2a^2-12a < 0,\ 2a(a-6) < 0$$
$$\therefore\ 0 < a < 6$$

$0 < a < 6$과 $a > 0$의 공통부분은 $0 < a < 6$이다.
따라서 부등식을 만족시키는 자연수 a의 개수는 5이다. (O)

ㄱ, ㄴ, ㄷ 모두 옳으므로 **답은 ⑤**!!

※선지 (ㄷ)을 식으로만 푸는 풀이

$f(a)-2af'(a) > n-ma$은 세 개의 변수 a, n, m을 포함한 부등식이다. 여러 변수를 포함한 하나의 부등식은 풀기 어려우므로, **여러 변수를 하나의 변수로 통일하여 하나의 변수에 관한 부등식으로 만들자.** $g(x)$가 실수 전체의 집합에서 연속이라는 점을 통해 a, m, n의 관계식을 도출할 수 있다.

선지 (ㄴ)에서 구한 것을 이용하자. (ㄴ)으로 돌아가 $m=a^2+12$을 ㉰에 대입하면
$$-(a^3+6a^2+12a+8)=-a(a^2+12)+n \quad \therefore\ n=-6a^2-8$$

따라서 $f(x)=(x-2)^3$, $m=a^2+12$, $n=-6a^2-8$ 세 가지 정보를 통해
$f(a)-2af'(a) > n-ma$을 a에 관한 부등식으로 만들어준 다음
$a > 0$과의 공통부분을 구해주면 자연수 a의 개수를 따질 수 있다.

$$(a-2)^3-2a\times 3(a-2)^2 > (-6a^2-8)-a(a^2+12)$$
$$(a^3-6a^2-12a-8)-(6a^3-24a^2+24a) > -a^3-6a^2-12a-8$$
$$-4a^3+24a^2 > 0,\ a^2(a-6) < 0 \quad a^2 > 0\text{이므로 부등식의 양변을 } a^2\text{으로 나누면}$$
$$a-6 < 0,\ a < 6$$

$a > 0$과의 공통부분을 구해주면 a의 최종 범위는 $0 < a < 6$이다. 따라서 부등식을 만족시키는 자연수 a의 개수는 5이다. (O)

comment

1. 굉장히 잘 만든 문항이라 생각한다. 태도도 좋고, 사용된 도구들도 간결하다. 이런 문항을 얼마나 빠르고 간결하게 푸는지에 따라 100점인지, 턱걸이 1등급인지 결정된다.

2. (ㄷ)의 출제 의도는 전자의 풀이로 보이고, 학생들도 전자의 풀이를 제대로 소화했으면 한다.

CASE 분류는 기본적으로
확정되지 않은 상황, 미지수가 있는 상황, 더 이상 알 수 없는(추가 조건이 없는) 상황에서 떠올릴 수 있어야 한다.

'불확실한 상황'에서 CASE 분류를 해야 한다는 대강의 가이드라인만 존재할 뿐 정확히 어떤 문제, 어떤 순간에 CASE 분류를 해야 하는지 그 명확한 기준은 없다. 불확실한 상황이라 생각했지만, 캐낼 수 있는 것들이 꽤 숨겨져 있는 경우도 많기에 CASE 분류 시도도 꺼려진다.

애초에 CASE 분류라는 것이 확률과 통계가 아니고서는 딱 떨어진 교과서적 개념이 아니기 때문에 정해진 틀을 정립하는 게 굉장히 어렵다. 하지만 CASE 분류는 함수 문제에서 굉장히 많이 등장하므로 소홀히 할 수는 없다.

따라서 기출 문항을 여러 번 제대로 풀어보면서 CASE 분류가 요구되는 순간에 대한 감을 스스로 익혀야 한다.
지금까지 많은 예제 문항 해설에서 CASE 분류를 적용해 왔으니 이 책을 여러 번 복습하면서 CASE 분류 감을 잡길 바란다.

함수

$$f(x) = \begin{cases} a(3x - x^3) & (x < 0) \\ x^3 - ax & (x \geq 0) \end{cases}$$

의 극댓값이 5일 때, $f(2)$의 값은? (단 a는 상수이다.) [4점]

① 5   ② 7   ③ 9   ④ 11   ⑤ 13

1. **구간에 따라 정의된 함수 $f(x)$의 극댓값을 따지기 위해서는 $f(x)$의 그래프를 그려야 한다.**

$$f(x) = \begin{cases} a(3x - x^3) & (x < 0) \\ x^3 - ax & (x \geq 0) \end{cases} \text{에서 } g(x) = a(3x - x^3), \ h(x) = x^3 - ax \text{라 하자.}$$

그래프 개형을 알기 위해 도함수를 관찰할 수도 있지만 두 삼차함수 $g(x)$와 $h(x)$를 인수분해할 수 있으므로 x축과의 교점을 통해 $f(x)$의 개형을 바로 파악하자.

– 〈Chapter 4. 다항함수〉

$$g(x) = -ax(x + \sqrt{3})(x - \sqrt{3})$$
$$h(x) = x(x^2 - a)$$

참고 : $g(x)$와 $h(x)$는 모두 홀수차항으로만 이루어져 있으므로 기함수다. 상위권과 하위권의 차이 중 하나는 이런 세밀한 정보 도출 능력이다.

a 값을 알 수 없으므로 정확한 개형을 그리기 힘들다. 하지만 a에 관한 추가 조건은 없다.
CASE를 분류하는 수밖에 없다. a의 부호를 기준으로 설정하면 모든 CASE를 따질 수 있다.

---

2. (1) $a > 0$일 때

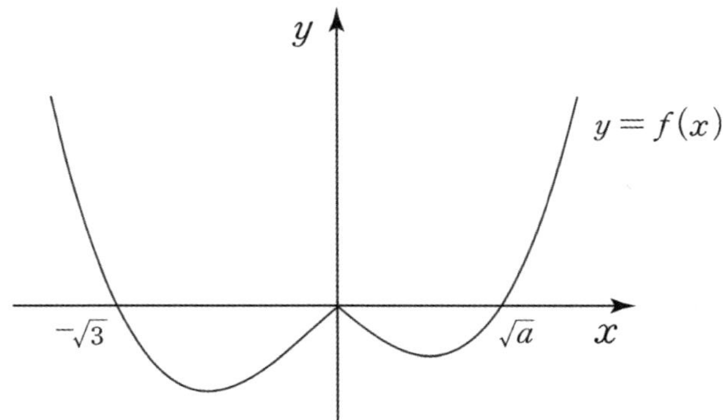

$$f(x) = \begin{cases} g(x) = a(3x - x^3) = -ax(x + \sqrt{3})(x - \sqrt{3}) & (x < 0) \\ h(x) = x^3 - ax = x(x + \sqrt{a})(x - \sqrt{a}) & (x \geq 0) \end{cases}$$

$f(x)$는 $x = 0$에서 극댓값을 갖지만, 그 값은 5가 아니다. (X)

(2) $a = 0$일 때

$$f(x) = \begin{cases} 0 & (x < 0) \\ x^3 & (x \geq 0) \end{cases}$$ 이므로 그래프는 다음과 같다.

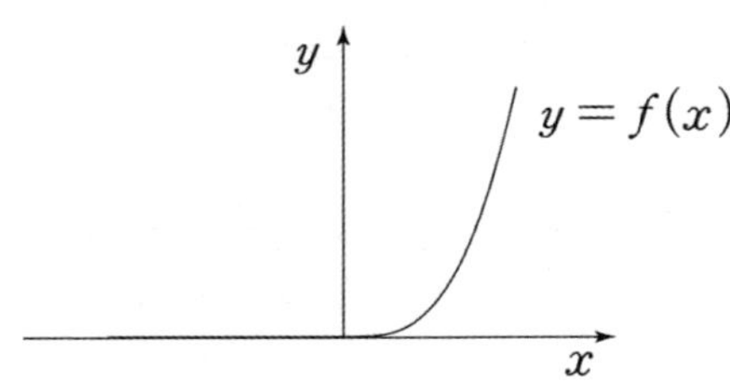

$f(x)$의 극댓값은 존재하지 않는다. (X)

$a < 0$일 때가 답이겠다.

(3) $a < 0$

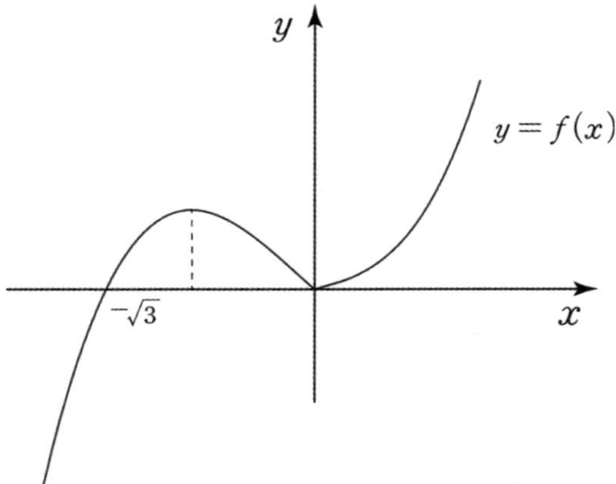

$$f(x) = \begin{cases} g(x) = a(3x - x^3) = -ax(x + \sqrt{3})(x - \sqrt{3}) & (x < 0) \\ h(x) = x^3 - ax = x(x^2 - a) & (x \geq 0) \end{cases}$$

$f(x)$는 $-\sqrt{3} < x < 0$에서 극댓값을 갖는다. ($x \geq 0$일 때 $f(x)$의 그래프는 '기함수인 동시에 증가함수인 삼차함수'의 그래프의 $x \geq 0$에서의 개형과 같다.) (O)

---

3. $g(x) = a(3x - x^3)$을 x에 대하여 미분하여 극댓값을 갖는 x좌표를 구한 다음 $g(x)$에 대입하여 풀 수도 있지만, **삼차함수 비율 중 $1 : \sqrt{3}$ 비율이 떠오르면 좋겠다.**

$1 : \sqrt{3}$ 비율에 의해 삼차함수 $g(x)$는 $x = -1$에서 극댓값을 갖는다.

극댓값은 5이므로 $g(-1) = 5$

$g(-1) = a(-3 + 1) = -2a = 5$

$\therefore a = -\dfrac{5}{2}$

$$f(x) = \begin{cases} -\dfrac{5}{2}(3x - x^3) & (x < 0) \\ x^3 + \dfrac{5}{2}x & (x \geq 0) \end{cases}$$ 이므로 $f(2) = 2^3 + \dfrac{5}{2} \times 2 = 8 + 5 = 13$

답은 ⑤!!

두 삼차함수 $f(x)$와 $g(x)$가 모든 실수 x에 대하여

$$f(x)g(x) = (x-1)^2(x-2)^2(x-3)^2$$

을 만족시킨다. $g(x)$의 최고차항의 계수가 3이고, $g(x)$가 $x=2$에서 극댓값을 가질 때, $f'(0) = \dfrac{q}{p}$ 이다. $p+q$의 값을 구하시오. (단, p와 q는 서로소인 자연수이다.) [4점]

1. $f(x)g(x) = (x-1)^2(x-2)^2(x-3)^2$

$f(x)$와 $g(x)$ 모두 삼차함수이므로 $(x-1)$ 2개, $(x-2)$ 2개, $(x-3)$ 2개 총 6개의 인수 중에서 3개씩을 인수로 나눠 가져야 한다. 어느 하나의 함수라도 이 중에서 정확히 3개를 갖지 않는다면 두 함수 모두 삼차함수가 아니게 된다.

추가 조건은 $g(x)$에 관한 조건이므로 $g(x)$를 중심으로 풀어나가자. $g(x)$는 $x=2$에서 극댓값을 가지고 $f(x)g(x)$의 인수 중에는 $(x-2)^2$이 포함되어 있다. 만약 $g(2)=0$이면 $g(x)$는 $x=2$에서 x축에 접하고, $g(2)\neq 0$이면 $g(x)$는 $x=2$에서 x축에 접하지 않는다.
$g(2)=0$과 $g(2)\neq 0$으로 두 가지 CASE를 나누자.

(1) $g(2)=0$

$g(x)$의 그래프 개형은 다음과 같다.

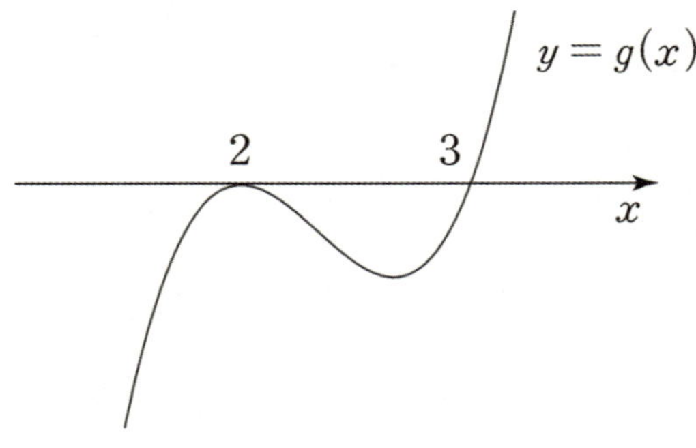

이 경우 $g(x)$는 $(x-2)^2$을 인수로 가지므로 남은 4개의 인수 $(x-1)^2$, $(x-3)^2$ 중 하나를 인수로 가져야 하는데, $(x-3)$을 가질 수밖에 없다. 함수 $g(x)$가 x축과 만나는 다른 점의 x좌표는 2보다 크기 때문이다.
따라서 $g(x)$가 $(x-2)^2(x-3)$을 인수로 가질 때 모든 조건을 만족시킨다. (O)

(2) $g(2)\neq 0$

$g(x)$는 $(x-2)$을 인수로 가지지 않는다. 따라서 $g(x)$는 나머지 4개의 인수 $(x-1)^2(x-3)^2$ 중에서 3개를 가져야 하는데, 식만 쳐다보고 있으면 안 된다. $g(x)$의 그래프를 관찰하자.

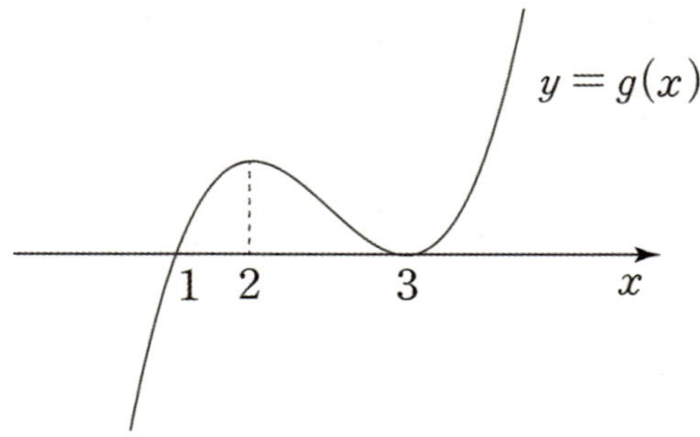

$g(x)$가 $x=2$에서 극댓값을 가지기 위해서는 $(x-1)(x-3)^2$을 인수로 가져야 한다.
$g(x)$의 최고차항 계수는 3이므로 $g(x) = 3(x-1)(x-3)^2$ ......?

이렇게 풀면 안 된다. **삼차함수의 비율**을 고려했을 때 $g(x)$가 $(x-1)(x-3)^2$를 인수로 가지면 극 댓값을 갖는 x좌표는 $\dfrac{5}{3}$가 되어 조건을 위배한다. (X)

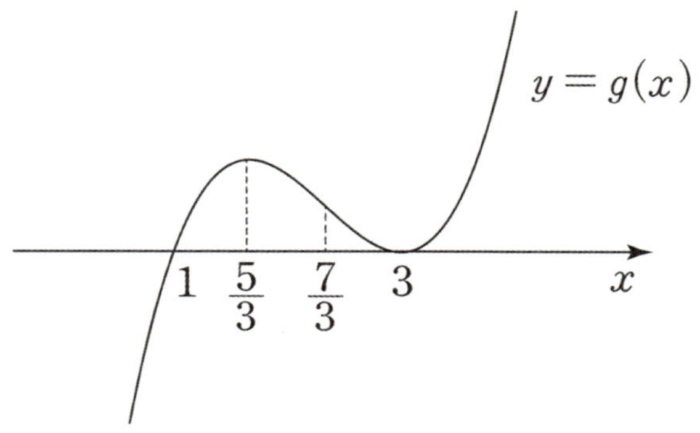

2. $g(x)$의 최고차항 계수는 3이고 $f(x)$의 최고차항 계수는 $\dfrac{1}{3}$이다.

$$\therefore \ g(x) = 3(x-2)^2(x-3), \ f(x) = \frac{1}{3}(x-1)^2(x-3)$$

모든 조건을 해결했다. $f'(x) = \dfrac{1}{3}(2x-2)(x-3) + \dfrac{1}{3}(x-1)^2$이므로

$$f'(0) = \frac{1}{3}(-2)(-3) + \frac{1}{3}(-1)^2 = 2 + \frac{1}{3} = \frac{7}{3}$$

$p + q = 10$이므로 **답은 10!!**

곡선 $y = g(x)$가 $x = 2$에서 x축에 접할 때가 가장 특수한 상황이라는 것이 느껴져야 한다.
함수를 추론할 때는 항상 '특수한 상황'부터 살펴보자!

※ **CASE 분류 기준의 다양성**

본 해설에서는 $g(2)$를 기준으로 $g(2) = 0$과 $g(2) \neq 0$ 두 가지 CASE를 나눴지만 다른 기준으로도 충분히 풀어나갈 수 있다. $g(x)$는 $(x-1)$ 2개, $(x-2)$ 2개, $(x-3)$ 2개 총 6개 중에서 3개를 인수로 가져야 하므로 $g(x)$의 식은 $g(x) = (x-a)(x-b)(x-c)$와 $g(x) = (x-a)^2(x-b)$ 두 개의 꼴 중 하나이다. 따라서 두 개의 CASE를 살펴보면 된다.